工程质量安全手册实施指南丛书

市政工程实体质量 控制与管理操作指南

白雪峰　孟广有　刘久发　王景文　主编

U0178159

中国建筑工业出版社

图书在版编目（CIP）数据

市政工程实体质量控制与管理操作指南／白雪峰等
主编. —北京：中国建筑工业出版社，2019.11
（工程质量安全手册实施指南丛书）
ISBN 978-7-112-24339-6

Ⅰ.①市… Ⅱ.①白… Ⅲ.①市政工程－工程质
量－质量控制－指南 ②市政工程－工程质量－工程
管理－指南 Ⅳ.①TU99-62

中国版本图书馆CIP数据核字（2019）第226970号

2018年9月21日住房和城乡建设部发布《工程质量安全手册（试行）》，要求工程建设
各方主体必须遵照执行，将工程质量安全要求落实到每个项目、每个员工，落实到工程建
设全过程。本书以市政工程实体质量控制与管理为主线，从材料质量控制、工序质量控制
点、质量检查、施工质量资料管理的全新视角，侧重对影响结构安全和主要使用功能的分
部、分项工程及关键工序的施工质量控制与管理内容，有利于切实促进、规范施工企业及
项目质量行为、提升质量管理水平。

本书包括材料质量控制基础、城镇道路工程实体质量控制、城市桥梁工程实体质量控
制、给水排水管道工程实体质量控制、城镇燃气管道工程实体质量控制、城镇供热管网工
程实体质量控制、市政工程施工质量资料管理7章内容。

本书可作为市政工程质量管理人员执行《工程质量安全手册（试行）》及培训考核的
指导用书，或作为工具书指导其现场工作。也可供施工技术人员、现场管理人员及相关专
业师生学习参考使用。

责任编辑：赵晓菲　朱晓瑜
责任校对：张惠雯

工程质量安全手册实施指南丛书
市政工程实体质量控制与管理操作指南
白雪峰　孟广有　刘久发　王景文　主编
*
中国建筑工业出版社出版、发行（北京海淀三里河路9号）
各地新华书店、建筑书店经销
北京建筑工业印刷厂制版
天津翔远印刷有限公司印刷
*
开本：787×1092毫米　1/16　印张：23¼　字数：561千字
2020年1月第一版　　2020年1月第一次印刷
定价：**82.00**元
ISBN 978-7-112-24339-6
　　（34840）

2017 年 12 月 11 日，住房和城乡建设部在《关于开展工程质量管理标准化工作的通知》（建质〔2017〕242 号）提出"以施工现场为中心，以质量行为标准化和工程实体质量控制标准化为重点，建立企业和工程项目自我约束、自我完善、持续改进的质量管理工作机制，严格落实工程参建各方主体质量责任，全面提升工程质量水平"。2018 年 9 月 21 日住房城乡建设部发布《工程质量安全手册（试行）》，要求工程建设各方主体必须遵照执行，将工程质量安全要求落实到每个项目、每个员工，落实到工程建设全过程。

为了促进《工程质量安全手册（试行）》的宣贯、实施，本书结合现行相关国家和行业标准的规定及工程实践，以市政工程实体质量控制与管理为主线，从材料质量控制、工序质量控制点、质量检查、施工质量资料管理的全新视角，侧重对影响结构安全和主要使用功能的分部、分项工程及关键工序的施工质量控制与管理内容，有利于切实促进、规范施工企业及项目质量行为、提升质量管理水平。

本书内容贴近施工现场质量控制和管理工作实践，切实反映施工现场质量管理人员的实际需求，避免过多空洞、抽象的程序性理论，充分体现实用性、便捷性。为了表述更形象、更生动，书中引用若干示例图片，但限于多种因素，未能一一注明原创作者，在此向他们致以深深的谢意。尤其要感谢中国建筑工业出版社朱晓瑜老师的鼓励和帮助。本书由白雪峰、孟广友、刘久发、王景文主编，书中焊接相关内容由长春市九台区职业技术教育中心孟广有编写，燃气管道相关内容由白雪峰、刘久发编写，常文见、高升、姜宇峰、齐兆武、王彬、王继红、王景怀、王军霞、王立春、魏凌志、杨天宇、周丽丽、祝海龙、祝教纯参编，一并致谢。

限于编者对工程质量相关知识、标准学习、理解深度不够和实践经验的不足，书中难免有疏漏甚或不当之处，诚盼广大读者批评指正或提出宝贵意见（E-mail：1258567683@qq.com）。

2019 年 6 月

目 录

第4章
给水排水管道工程实体质量控制

第5章
城镇燃气管道工程实体质量控制

第6章
城镇供热管网工程实体质量控制

第7章
市政工程施工质量资料管理

第1章　材料质量控制基础

1.1　材料质量控制依据

市政工程材料、构配件、设备质量控制（以下简称材料质量控制）的控制依据如下：

（1）国家、行业、企业和地方标准、规范、规程和规定。

建筑材料的技术标准分为国家标准、行业标准、企业标准和地方标准等，各级标准分别由相应的标准化管理部门批准并颁布。

（2）工程设计文件及施工图纸。

（3）工程施工合同。

（4）施工组织设计、（专项）施工方案。

（5）工程建设监理合同。

（6）产品说明书、产品质量证明书、产品质量试验报告、质检部门的检测报告、有效鉴定证书、实验室复试报告。

1.2　材料质量检验方法和程序

1. 检验的目的

材料质量检验的目的是通过一系列的检测手段，将所取得的材料质量数据与材料质量标准相对照，借以判断材料质量的可靠性，能否使用于工程；同时，还有利于掌握材料质量信息。

2. 检验的方法

材料质量检验的方法有书面检查、外观检查、理化检验和无损检验四种。

（1）书面检查：由监理工程师对施工单位提供的质量保证资料、合格证、试验报告等进行审查。

（2）外观检查：由监理工程师或材料专业监理人员对施工单位提供的样品，从品种、规格、标准、外观尺寸等进行直观检查。

（3）理化检验：借助试验设备、仪器对材料样品的化学成分、机械性能等进行科学的鉴定。

（4）无损检验：在不破坏材料样品的前提下，利用超声波、X射线、表面探伤等仪器进行检测，如混凝土回弹及桩基低应变检测等。

3. 检验的程序

根据材料质量信息和保证资料的具体情况，其质量检验程序分免检、抽检、全部检验三种。

（1）免检：即免去质量检验过程，对有足够质量保证的一般资料，实践证明质量长期稳定，且质量保证资料齐全的材料，可予免检。

（2）抽检：按随机抽样的方法对材料进行抽样检验。如当监理工程师对施工单位提供的材料或质量保证资料有所怀疑，则对成批生产的构配件应按一定比例进行抽样检验。

（3）全部检验：凡对进口的材料设备和重要工程部位所用的材料，应进行全部检验，以确保材料质量和工程质量。

1.3 市政工程常用材料质量控制

1.3.1 混凝土材料

（1）水泥：水泥宜采用普通硅酸盐水泥、火山灰质硅酸盐水泥。当选用矿渣水泥时，应掺用适宜品种的外加剂；水泥应具有出厂合格证和质量检验报告单，进场后应取样复试合格，其质量符合设计要求和国家现行标准的规定。用于限制氯离子含量的场所时应有法定检测单位出具的碱含量检测报告。

当对水泥质量有怀疑或水泥出厂超过 3 个月时，在使用前必须进行复试，并按复试结果使用。不同品种的水泥不得混合使用。

（2）砂：宜选用质地坚硬、级配良好的中粗砂，其含泥量不应大于 3%。砂的品种、规格、质量符合现行行业标准《普通混凝土用砂、石质量及检验方法标准》JGJ 52 的要求，进场后应取样复试。

用于限制集料活性的场所应有法定检测单位出具的集料活性检测报告。

（3）石子：石子最大粒径不得大于结构截面最小尺寸的 1/4，不得大于钢筋最小净距的 3/4，且不得大于 40mm。其含泥量不得大于 1%，吸水率不应大于 1.5%。进场后应按产地、类别、加工方法和规格等不同情况分批进行检验，其品种、规格、质量应符合现行行业标准《普通混凝土用砂、石质量及检验方法标准》JGJ 52 的要求，进场应取样复试。

用于限制集料活性的场所应有法定检测单位出具的集料活性检测报告，禁止使用高碱活性石子。

（4）混凝土拌合用水：宜采用饮用水。当采用其他水源时，其水质应符合现行行业标准《混凝土用水标准》JGJ 63 的规定。

（5）混凝土外加剂：外加剂应有产品说明书、出厂检验报告、合格证和性能检测报告，进场后应取样复试，其质量和应用技术应符合现行国家标准《混凝土外加剂》GB 8076 和《混凝土外加剂应用技术规范》GB 50119 的规定。有害物含量和碱含量检测报告应由有相应资质等级的检测部门出具，并应检验外加剂与水泥的适应性。

（6）掺合料：粉煤灰可采用 Ⅰ、Ⅱ 级粉煤灰，并应有相关出厂合格证或质量证明书和法定检测单位提供的质量检测报告，经复试合格后方可投入使用，其掺量应通过试验确定。其质量应符合现行国家标准《用于水泥和混凝土中的粉煤灰》GB/T 1596 等的规定。

（7）膨胀剂：可掺加微膨胀剂，进厂应有合格证明，进厂后应取样复试，其掺量应通过试验确定。

（8）脱模剂：宜选用质量稳定、无气泡、脱模效果好的油质脱模剂，使用后应能使构件外观颜色一致，表面光滑、气泡少。

1.3.2 钢筋及钢筋网片

钢筋进场时应检查产品合格证、出厂检验报告和进场复验报告。复验内容包括：拉力试验（屈服、抗拉强度和伸长率）、冷弯试验。具体要求如下：

（1）出厂合格证应由钢厂质检部门提供或供销部门转抄，内容包括：生产厂家名称、炉罐号（或批号）、钢种、强度、级别、规格、重量及件数、生产日期、出厂批号，力学性能检验数据及结论，化学成分检验数据及结论，并有钢厂质量检验部门印章及标准编号。出厂合格证（或其转抄件、复印件）备注栏内应由施工单位写明单位工程名称及使用部位。

（2）试验报告应有法定检测单位提供，内容包括：委托单位、工程名称、使用部位、钢筋级别、钢种、钢号、外形标志、出厂合格证编号、代表数量、送样日期、原始记录编号、报告编号、试验日期、试验项目及数据、结论。

（3）其质量必须符合现行国家标准《钢筋混凝土用钢》GB/T 1499 等的规定。

（4）钢筋按表 1-1 进行外观检查，并将外观检查不合格的钢筋及时剔除。

（5）钢筋应按类型、直径、钢号、批号等条件分别堆放，并应避免油污、锈蚀。

（6）当发现钢筋脆断、焊接性能不良或力学性能显著不正常等现象时，应对该批钢筋进行化学分析或其他专项检验。

钢筋外观检查要求   表 1-1

钢筋种类	外观要求
热轧钢筋	表面无裂缝、结疤和折叠，如有凸块不得超过螺纹的高度，其他缺陷的高度或深度不得超过所在部位的允许偏差，表面不得沾有油污
热处理钢筋	表面无肉眼可见的裂纹、结疤和折叠，如有凸块不得超过横肋的高度，表面不得沾有油污
冷拉钢筋	表面不得有裂纹和局部缩颈，不得沾有油污

（7）冷轧带肋钢筋网片

1）工厂化制造的冷轧带肋钢筋网片的品种、级别、规格应符合设计要求，进厂应有产品合格证、出厂质量证明书和试验报告单，进场后应抽取试件作力学性能试验，其质量应符合现行国家标准《冷轧带肋钢筋》GB/T 13788 的规定。

2）钢筋网片必须具有足够的刚度和稳定性。

3）钢筋网焊点应符合设计要求，并符合现行行业标准《公路桥涵施工技术规范》JTG/T F50 的规定。

1.3.3 石料

石料的强度应达到设计要求，饱和单轴极限抗压强度一般不得低于 30MPa，跨径在 30m 以上的石拱桥不得低于 40MPa。

（1）外观：质细、色均、无裂缝、表面洁净、强韧、密实、耐久、坚固。

（2）片石：大致成型，单个石块中间部分厚度不小于15cm。

（3）块石：大致方正，上下面大致平行，厚度不小于20cm，宽度、长度分别为厚度的1～1.5倍及1.5～3倍，尖边、薄边厚度至少不小于7cm。

（4）粗料石：大致六面体，厚度不小于20cm，宽度、长度分别为厚度的1～1.5倍及2.5～4倍，表面凹陷深度不大于2cm。用作镶面丁石的长度应比相邻镶面顺石宽度大15cm以上，加工镶面粗料时，修凿面每10cm长须有錾路4～5条，侧面修凿面应与外露面垂直，正面凹陷深度不应超过1.5cm。

（5）拱石：由粗料石加工成，岩层面应垂直于拱轴线，拱圈石厚度不小于20cm，高度至少为厚度的1.2～2倍，长度至少为厚度的2.5～4倍。

（6）石料先经监理工程师鉴定后，然后每1000m³取2组试块，每组不得少于3块，送有资质的单位检测，最后确认是否满足设计要求。

1.3.4　砂浆

（1）砂浆的类别和强度等级应符合设计要求。

（2）砂浆适宜的圆锥沉入度即稠度：在炎热干燥环境中为50～70mm，寒冷潮湿环境中为40～50mm；砌片石、块石应为50～70mm，砌料石应为70～100mm。

（3）砂浆应有良好的保水性。

（4）若设计有冻融循环次数要求的砂浆，经冻融试验后，质量损失率应不大于5%，强度损失率应不大于25%。

（5）砂浆应有良好的硬化速度，凝固后除应满足强度要求外，还须满足粘结性、耐久性、收缩率等要求。

1.4　市政工程常用材料进场检查项目

1.4.1　市政工程常用材料进场检查

市政工程常用材料进场检查要点，见表1-2。

市政工程常用材料进场检查要点　　　　　　　　　　表1-2

序号	材料名称	进场检查要点	应具备的基本资料
1	土	检查其是否含淤泥、腐殖土及有机物等杂质，是否为房渣土； 检查其含水量、土块的粒径、塑性指数等是否符合设计要求	
2	砂	检查其级配情况、质地是否坚硬、颗粒是否洁净； 检查其泥块、有机物等杂质的含量	
3	石	检查其级配情况、质地是否坚硬、颗粒是否洁净；	厂家的安全生产许可证

序号	材料名称	进场检查要点	应具备的基本资料
3	石	检查石子中泥块、有机物等杂质的含量； 按产地、类别、加工方法和规格等不同，检查进场石子是否满足施工要求	厂家的安全生产许可证
4	水泥	检查其品种、类型、强度等级、出厂日期等是否与质量证明文件相符； 检查其是否过期，是否受潮结块； 按规定抽样其相关性能指标	合格证、出厂检验报告
5	自拌混凝土	检查其配合比是否符合设计要求，搅拌是否均匀； 检查其坍落度、和易性等指标是否满足工程施工要求	
6	商品混凝土	检查其配合比是否符合设计要求，搅拌是否均匀； 检查其坍落度、和易性等指标是否满足工程施工要求	生产厂家的合格证，所用原材料品种等资料
7	外加剂	检查其品种、出厂日期等是否与质量证明文件相符； 检查其是否过期，其外观质量应无杂质，色泽均匀； 按规定抽样检查其相关性能指标	合格证、出厂检验报告
8	掺合料	检查其类型、规格是否与质量证明文件相符； 检查其是否过期，是否有受潮结块； 抽样检查其相关性能指标	合格证、出厂检验报告
9	石灰	检查其品种、类型、等级等是否与质量证明文件相符； 检查其杂质含量	生产厂家的出厂检验报告
10	砂石等混合料	检查其级配是否符合设计要求； 检查其是否存在过多的杂质； 检查其含水率，应满足工程施工要求	
11	砖、砌块	检查其类型、规格、强度等级是否与质量证明文件相符； 检查其外观质量，应无破损、掉角、裂缝等缺陷	生产厂家的出厂检验报告
12	石材	检查其类型、规格是否与质量证明文件相符； 检查其外观质量，应无风化、剥落、裂纹等缺陷	生产厂家的出厂检验报告
13	自拌砂浆	检查其配合比是否符合设计或施工文件要求； 检查其稠度是否满足工程施工要求	
14	预拌砂浆	检查其配合比是否符合设计或施工文件要求； 检查其稠度是否满足工程施工要求	生产厂家的合格证，所用原材料品种等资料

序号	材料名称		进场检查要点	应具备的基本资料
15	普通钢筋		检查其品种、钢号、规格、强度等级、出厂日期等是否与质量证明文件相符； 检查其外观质量，应无损伤，表面无裂纹、油污、颗粒状或片状老锈	合格证、出厂检验报告
16	钢筋接头	闪光对焊接头	检查其焊接质量，应无有横向裂纹、烧伤； 接头处钢筋轴线应无较大弯折或偏移	
17		电弧焊接头	检查其焊缝质量，应无凹陷、焊瘤、裂纹、气孔、焊渣及咬边等质量缺陷； 接头处钢筋轴线应无较大弯折或偏移	
18		电渣压力焊接头	检查其焊接质量，应无明显的烧伤缺陷； 接头处钢筋轴线应无较大弯折或偏移	
19		气压焊接头	检查其焊接质量，应平缓圆滑； 接头处钢筋轴线应无较大弯折或偏移	
20		预埋件钢筋T形接头	检查接头外观质量，应无钢板焊穿、凹陷、气孔、夹渣等缺陷； 接头处钢筋轴线应无较大弯折或偏移	
21		直螺纹接头	检查接头螺纹长度，应能保证两丝头在连接套中间可靠顶紧； 检查接头螺纹外观质量，应无滑丝、断丝等缺陷	
22		套筒挤压接头	检查挤压后套筒长度是否满足设计要求； 接头处钢筋轴线应无过大弯折	
23	焊接骨架和网片		检查焊点是否牢固，是否灼伤主筋； 检查骨架和网片的规格是否满足设计要求	
24	预应力钢筋		检查其质量证明文件是否齐全、有效； 检查其规格是否应与质量证明文件相符； 检查其外观质量，应无损伤、锈蚀或影响与水泥粘结的油污； 检查有粘结预应力筋外观质量，应无弯折，表面无裂纹、机械损伤、氧化铁锈或油污； 检查无粘结预应力筋护套，应光滑、无裂缝，无明显褶皱、无严重破损	合格证、出厂检验报告
25	锚具、夹具和连接器		检查其品种、规格、型号、出厂日期等项目是否与质量证明文件相符； 检查其外观质量，应无污染、锈蚀、机械损伤、裂纹等缺陷	合格证、出厂检验报告

序号	材料名称	进场检查要点	应具备的基本资料
26	张拉设备	检查其规格、型号等是否满足施工要求； 检查张拉设备检定日期； 检查张拉设备是否能正常运转	检定部门的检定报告
27	模板	检查模板的规格、型号等是否满足施工要求； 检查模板外观质量，应平整、洁净，无油污、翘曲、划痕等缺陷	安全生产许可证
28	模板支架	检查模板支架的规格、型号等是否满足施工要求； 检查支架外观质量，应无裂缝、翘曲等缺陷	出厂检验报告
29	预制混凝土构件	检查其品种、规格、型号等与质量证明文件相符； 检查其外观质量，应无缺棱掉角、蜂窝、麻面、露筋等缺陷	生产厂家的出厂检验报告
30	预制混凝土成品桩	检查其规格、型号，应与质量证明文件相符； 检查其外观质量，应无蜂窝、露筋、裂缝等缺陷； 检查其横截面边长、桩顶对角线偏差、桩尖中心线、桩身弯曲矢高、桩顶平整度等项目偏差，应符合设计要求	合格证、出厂检验报告
31	成品钢管桩	检查其规格、型号，应与出厂检验报告相符； 检查其外径、断面尺寸、矢高等项目偏差，应符合设计要求； 检查其端部平面平整度、端部平面与桩中心线倾斜值，应符合设计要求	出厂检验报告
32	涂料	检查其品种、类型、出厂日期等是否与质量证明文件相符； 检查涂料是否过期，是否有杂质，色泽是否均匀； 按规定抽样检查其有害物含量等自拌	合格证、出厂检验报告
33	防水卷材	检查其类型、规格等是否与质量证明文件相符； 检查其外观质量，应色泽均匀，无断裂、皱褶、孔洞、剥离等质量缺陷	合格证、出厂检验报告
34	橡胶止水带	检查其规格、型号等是否与质量证明文件相符； 检查其外观质量，应顺直，颜色一致，无气泡、裂纹、折叠、麻点或划痕等缺陷； 检查其接茬处是否平整，是否有毛刺、裂缝等缺陷	合格证、出厂检验报告

序号	材料名称		进场检查要点	应具备的基本资料
35	密封膏		检查其品种、强度、出厂日期等是否与质量证明文件相符； 检查其是否过期； 检查其外观质量，应无杂质，色泽均匀	合格证、出厂检验报告
36	保温材料	粒状保温材料	检查其规格、类型等是否与质量证明文件相符； 检查其外观质量，颗粒级配应良好，无杂质	出厂检验报告
37		板状保温材料	检查其规格、类型等是否与质量证明文件相符； 检查其外观质量，应平整，颜色均匀，无明显的凸凹，无杂质	出厂检验报告
38	钢板		检查其规格、型号等是否与质量证明文件相符； 检查其外观质量，应厚度均匀，无翘曲、麻点、锈蚀等缺陷	出厂检验报告
39	紧固件		检查其规格、型号等是否与质量证明文件相符； 检查其外观质量，应无损伤、无生锈	合格证、出厂检验报告
40	钢零部件		检查其规格、型号等是否与质量证明文件相符； 检查其外观质量，应无结疤、裂纹、折叠、分层、锈蚀、麻点或划痕等缺陷； 检查其焊接质量，应无焊渣、毛刺、裂缝等缺陷	出厂检验报告
41	焊接材料		检查其规格、型号等是否与质量证明文件相符； 检查焊条是否受潮； 检查焊剂是否结块，应无杂物； 焊丝上应无油渍、锈蚀	合格证、出厂检验报告
42	填缝板		检查其规格、类型等是否与质量证明文件相符； 检查其外观质量，应平整，无明显的凸凹	出厂检验报告
43	栏杆		检查栏杆的规格、型号等是否与质量证明文件相符； 检查其外观质量，应平直，厚度均匀，无翘曲、麻点、锈蚀，色泽一致	合格证、出厂检验报告
44	覆面板		检查其规格、类型等是否与质量证明文件相符； 检查其外观质量，应平整，无明显的凸凹，无杂质	出厂检验报告

序号	材料名称	进场检查要点	应具备的基本资料
45	饰面板	检查其品种、规格、颜色和性能等是否与质量证明文件相符; 检查其外观质量,表面应平整顺直,边角整齐,无裂缝、皱褶、划痕、斑点等缺陷	合格证、出厂检验报告
46	球墨铸铁管	检查其规格、型号等是否与质量证明文件相符; 检查其外观质量,应无破损、无裂缝,防腐层完好	合格证、出厂检验报告
47	预应力混凝土管	检查其规格、型号等是否与质量证明文件相符; 检查其外观质量,外壁应平滑,无空鼓、脱皮、蜂窝、开裂、漏筋等缺陷; 检查管端外观,应无掉角、损伤; 检查其承插口处外观,应光滑、平整,无缺口、裂纹; 实测管道椭圆度,其偏差应符合设计要求或相关标准的规定	合格证、出厂检验报告
48	钢管	检查其规格、型号等是否与质量证明文件相符; 检查其外观质量,应无锈蚀、裂纹、斑疤、裂纹、严重锈蚀等缺陷	合格证、出厂检验报告
49	塑料管	检查其规格、型号等是否与质量证明文件相符; 检查其外观质量,应无损坏、变形、变质; 检查管材内壁,应光滑、清洁,无划伤、气泡、裂口及明显的色泽不均等	合格证、毒性检测报告、出厂检验报告
50	管材配件	检查其规格、型号等是否与质量证明文件相符	生产厂家的合格证、出厂检验报告
51	井盖等配件	检查其规格、类型等是否与质量证明文件相符; 检查其外观质量,防腐材料的涂刷应均匀,无明显的凸凹不平,表面无破损、划痕	出厂检验报告

1.4.2 市政工程常用材料、成品、半成品的试验项目

市政工程常用材料、成品、半成品的试验项目,见表1-3。

市政工程常用材料、成品、半成品的试验项目 表1-3

序号	材料		常规试验项目	非常规试验项目
1	水泥	硅酸盐水泥	凝结时间、强度、安定性、标准稠度用水量、胶砂流动度(掺火山灰质混合材料时)、细度	烧失量,氧化镁、三氧化硫、碱含量

序号	材料		常规试验项目	非常规试验项目
2	水泥	快硬硫铝酸盐水泥	凝结时间、强度	比表面积、游离氧化钙
3		膨胀硫铝酸盐水泥	凝结时间、强度、自由膨胀率	比表面积、游离氧化钙
4		高铝水泥	凝结时间、强度、细度	化学成分
5	钢材	热轧钢筋	拉伸（屈服点、抗拉、伸长率）、冷弯、尺寸、重量	化学成分、反向弯曲
6		热轧盘条	拉伸（屈服点、抗拉、伸长率）、冷弯、尺寸、重量	化学成分
7		冷轧带肋钢筋	拉伸（抗拉、伸长率）、冷弯、尺寸、重量	化学成分、松弛、屈服强度
8		预应力混凝土用热处理钢筋	拉伸（屈服点、抗拉、伸长率）、冷弯	化学成分、表面、松弛
9		冷拉钢筋	拉伸（屈服点、抗拉、伸长率）、冷弯	化学成分、重量偏差
10		预应力混凝土用热处理钢丝	拉伸（屈服点、抗拉、伸长率）、反复弯曲	化学成分、松弛
11		预应力混凝土用热处理钢绞线	拉伸（屈服负荷、破坏负荷、伸长率）	反复弯曲
12		冷拔低碳钢丝	拉伸（抗拉、伸长率）、反复弯曲	
13		冷轧扭钢筋	拉伸（抗拉、伸长率）、冷弯	化学成分、轧扁厚度、节距定尺长度、重量
14		电阻点焊骨架和网片	拉伸、抗剪	化学成分
15		闪光对焊接头	拉伸、弯曲	化学成分
16		电弧焊接头	拉伸	化学成分
17		电渣压力焊接头	拉伸	化学成分
18		气压焊接头	拉伸	化学成分、冷弯
19		预埋件钢筋 T 型接头	拉伸	化学成分
20		锥螺纹接头	单向拉伸	高应力、大变形反复拉压
21		带肋钢筋套筒挤压接头	单向拉伸	高应力、大变形反复拉压
22		结构钢（碳素、低合金）	拉伸（屈服点、抗拉、伸长率）、冷弯	化学成分、断面收缩率、硬度、冲击、焊接件（焊缝金属、焊接接头）的机械性能
23	沥青及沥青混合料	重交通道路石油沥青	软化点、延度、针入度、老化、黏附性、密度	含蜡量、溶解度、动力黏度、薄膜加热试验
24		中、轻交通道路石油沥青	软化点、延度、针入度、老化、黏附性、密度	含蜡量、溶解度、蒸发损失试验

序号	材料		常规试验项目	非常规试验项目
25	沥青及沥青混合料	道路用乳化石油沥青	电荷、黏度、针入度、残留延伸比、溶解度、黏附性、沥青含量、拌合稳定度、pH值	破乳速度试验、冰冻稳定性、筛上剩余量、贮存稳定度、水泥拌合试验残留含量
26		道路用液体石油沥青	黏度、软化点	馏出量、水分、甲苯不溶物、含萘量、焦油酸含量
27		沥青混合料	稳定度、流值、含油量、级配、标准密度	
28	砌筑材料	煤渣砖	抗折、抗压、尺寸	抗冻、碳化性能、放射性
29		蒸压灰砂砖	抗折、抗压、尺寸	抗冻、收缩
30		烧结普通砖	抗压强度、尺寸、泛霜、石灰爆裂	抗冻、吸水率、强度等级、冻融
31		粉煤灰砖（蒸养）	抗折、抗压、尺寸	抗冻、收缩
32		石材（料石、毛石）	抗压强度	密度、软化系数、空隙率、堆积密度
33		路面砖、路缘石	外观质量、尺寸偏差、强度、吸水率	耐磨性、抗冻性
34	砂石	砂	颗粒级配、含泥量、泥块含量、堆积密度、表观密度、空隙率	含水率坚固性、有害物质含量、碱集反应
35		水泥混凝土用碎石或卵石	颗粒级配、含泥量、泥块含量、堆积密度、表观密度、针片状含量、压碎指标值、空隙率	含水率、有害物质含量、碱骨料反应
36		沥青混凝土用碎石或卵石	颗粒级配、含泥量、泥块含量、堆积密度、表观密度、针片状含量、与沥青的黏附性、空隙率、含水率、压碎指标	有害物质含量、碱骨料反应
37	石灰	生石灰	CaO + MgO含量、未消解残渣含量	CO_2含量、产浆量
38		生石灰粉	CaO + MgO含量、细度	CO_2含量、产浆量
39		消石灰粉	CaO + MgO含量	CO_2含量、产浆量、游离水、体积安定性、细度
40	水泥、石灰、粉煤灰类混合料		水泥剂量、石灰剂量、7d无侧限抗压强度、级配、最大干密度、最佳含水量、密实度	
41	商品混凝土		坍落度（维勃稠度）、强度、密度	抗冻、抗渗、含气量、氯化物总量、凝结时间
42	混凝土外加剂	减水剂、早强剂、引气剂、缓凝剂	减水率、泌水率比、含气量、抗压强度比、钢筋锈蚀、凝结时间差、氯离子含量	收缩率比、相对耐久性

序号	材料		常规试验项目	非常规试验项目
43	混凝土外加剂	泵送剂	坍落度增加值、保留值、泌水率比、抗压强度比、钢筋锈蚀、氯离子含量	收缩率比、含气量、相对耐久性
44		防水剂	凝结时间、抗压强度比、抗渗、钢筋锈蚀、氯离子含量	泌水率比、需水量比、收缩率比、抗冻、钢筋锈蚀
45		防冻剂	冻融强度损失率比、负温抗压强度比、同减水剂	泌水率比、含气量、收缩率比、抗渗比
46		膨胀剂	细度、限制膨胀率、抗压强度、抗折强度	含水率、氧化镁含量
47		速凝剂	凝结时间、抗压强度、抗压强度比	细度、含水率
48	混凝土预制构件		外观质量、尺寸偏差、抗压强度、抗折强度	耐磨性、抗冻性、吸水率
49	管材、管件	混凝土和钢筋混凝土排水管	外压荷载、内水压、尺寸、抗压强度	吸水率
50		石棉水泥输水管	外观质量、公差尺寸、轴向抗压强度、水压抗渗	外压强度、吸水率
51		排水陶管	外观质量、尺寸与公差、抗外压强度、抗渗、吸湿率	耐酸度、抗弯
52		铸铁管	抗拉、水压	化学成分、硬度、气密性、表面质量
53		给水用硬聚氯乙烯管	维卡软化温度、纵向回缩率、扁平落锤冲击、拉伸屈服应力、水压	密度、吸水性、耐丙酮性
54		铸铁管件	胀裂、水压	外观质量
55	保温、防腐材料	膨胀珍珠岩	密度、粒度、含水率	抗压强度、尺寸、导热系数
56		板状保温材料（膨胀珍珠岩、膨胀蛭石制品）	密度、含水率、吸湿率、抗压强度	导热系数、不燃性、断裂荷载
57		石棉、矿渣棉制品	密度、尺寸、导热系数	纤维直径、憎水性、最高使用温度、吸湿性、不燃性、渣球含量、酸度系数
58		环氧煤沥青涂料	表干时间、实干时间、固化时间	
59		沥青防腐涂料		
60	防水材料	沥青玛琋脂	耐热度、柔韧性、粘结力	软化点
61		改性沥青胶黏剂	粘结剥离强度	固含量、黏度、耐热性、含水率

序号	材料		常规试验项目	非常规试验项目
62	防水材料	合成高分子胶粘剂	粘结剥离强度、初期耐水性、密度、表干时间、挤出性	渗出性指数、下垂度、低温贮存稳定性、收缩率、低温柔性、拉伸粘结性、恢复率、拉伸—压缩循环性能
63		石油沥青防水卷材	拉力、耐热度、柔度、不透水性	浸涂材料含量、重量
64		高聚物改性沥青防水卷材	拉伸性能、耐热度、柔度、不透水性	老化、尺寸、耐碱性
65		合成高分子防水卷材	拉伸性能、断裂伸长率、低温弯折性、抗渗透性	热老化保持率、尺寸变化率、抗穿孔性、黏合性、热老化、水溶液处理
66		水性沥青基防水涂料	固含量、耐热度、柔性、不透水性、抗冻性、粘结性	干燥时间、耐热性、柔度
67		高聚物改性沥青防水涂料	固含量、耐热性、柔性、不透水性、延伸性	不挥发物含量、低温柔性、粘结强度
68		合成高分子防水涂料	固含量、柔性、不透水性、拉伸强度、断裂延伸率	加热伸缩率、老化

注：常规试验项目是指必须做的项目；非常规试验项目是指必要时才做的试验项目。工程实践中具体的试验项目，应根据现行相关标准的规定以及工程设计文件、工程施工（供货）合同、施工组织设计、（专项）施工方案、工程建设监理合同等技术文件的要求，进行相应的调整。

第2章　城镇道路工程实体质量控制

2.1　基本规定

2.1.1　施工质量验收的规定

城镇道路工程施工质量的控制、检查、验收，应符合现行行业标准《城镇道路工程施工与质量验收规范》CJJ 1 及相关标准的规定。

1. 基本规定

（1）施工单位应具备相应的城镇道路工程施工资质。

（2）施工单位应建立健全施工技术、质量、安全生产管理体系，制定各项施工管理制度，并贯彻执行。

（3）施工前，施工单位应组织有关施工技术管理人员深入现场调查，了解掌握现场情况，做好充分的施工准备工作。

（4）工程开工前，施工单位应根据合同文件、设计文件和有关的法规、标准、规范、规程，并根据建设单位提供的施工界域内地下管线等构筑物资料、工程水文地质资料等踏勘施工现场，依据工程特点编制施工组织设计，并按其管理程序进行审批。

（5）施工单位应按合同规定的、经过审批的有效设计文件进行施工。严禁按未经批准的设计变更、工程洽商进行施工。

（6）施工中应对施工测量进行复核，确保准确。

（7）施工中必须建立安全技术交底制度。并对作业人员进行相关的安全技术教育与培训。作业前主管施工技术人员必须向作业人员进行详尽的安全技术交底，并形成文件。

（8）在冬期、雨期、高温季节施工时，应结合工程实际情况，制定专项施工方案，并经审批程序批准后实施。

（9）施工中，前一个分项工程未经验收合格严禁进行后一个分项工程施工。

（10）与道路同期施工，敷设于城镇道路下的新管线等构筑物，应按先深后浅的原则与道路配合施工。施工中应保护好既有及新建地上杆线、地下管线等构筑物。

（11）道路范围（含人行步道、隔离带）内的各种检查井井座应设于混凝土或钢筋混凝土井圈上，井盖宜能锁固。检查井的井盖、井座应与道路交通等级匹配。

（12）施工中应按合同文件的要求，根据国家现行标准的有关规定，进行施工过程与成品质量控制。

（13）道路工程应划分为单位工程、分部工程、分项工程和检验批，作为工程施工质量检验和验收的基础。

（14）单位工程完成后，施工单位应进行自检，并在自检合格的基础上，将竣工资料、自检结果报监理工程师，申请预验收。监理工程师应在预验合格后报建设单位申请正式验收。建设单位应依相关规定及时组织相关单位进行工程竣工验收，并应在规定时间内报建设行政主管部门备案。

2. 分部（子分部）工程、分项工程、检验批的划分

开工前，施工单位应会同建设单位、监理工程师确认构成建设项目的单位工程、分部工程、分项工程和检验批，作为施工质量检验、验收的基础，并应符合下列规定：

（1）建设单位招标文件确定的每一个独立合同应为一个单位工程。

当合同文件包含的工程内涵较多，或工程规模较大或由若干独立设计组成时，宜按工程部位或工程量、每一独立设计将单位工程分成若干个单位工程。

（2）单位（子单位）工程应按工程的结构部位或特点、功能、工程量划分分部工程。

分部工程的规模较大或工程复杂时宜按材料种类、工艺特点、施工工法等，将分部工程划为若干子分部工程。

（3）分部工程（子分部工程）可由一个或若干个分项工程组成，应按主要工种、材料、施工工艺等划分分项工程。

（4）分项工程可由一个或若干检验批组成。检验批应根据施工、质量控制和专业验收需要划定。各地区应根据城镇道路建设实际需要，划定适应的检验批。

（5）各分部（子分部）工程相应的分项工程、检验批应按表2-1的规定执行。未规定时，施工单位应在开工前会同建设单位、监理工程师共同研究确定。

城镇道路分部（子分部）工程与相应的分项工程、检验批　　表2-1

分部工程	子分部工程	分项工程	检验批
路基	—	土方路基	每条路或路段
		石方路基	每条路或路段
		路基处理	每条处理段
		路肩	每条路肩
基层	—	石灰土基层	每条路或路段
		石灰粉煤灰稳定砂砾（碎石）基层	每条路或路段
		石灰粉煤灰钢渣基层	每条路或路段
		水泥稳定土类基层	每条路或路段
		级配砂砾（砾石）基层	每条路或路段
		级配碎石（碎砾石）基层	每条路或路段
		沥青碎石基层	每条路或路段
		沥青贯入式基层	每条路或路段
面层	沥青混合料面层	透层	每条路或路段
		粘层	每条路或路段
		封层	每条路或路段
		热拌沥青混合料面层	每条路或路段
		冷拌沥青混合料面层	每条路或路段

分部工程	子分部工程	分项工程	检验批
面层	沥青贯入式与沥青表面处治面层	沥青贯入式面层	每条路或路段
		沥青表面处治面层	每条路或路段
	水泥混凝土面层	水泥混凝土面层（模板、钢筋、混凝土）	每条路或路段
	铺砌式面层	料石面层	每条路或路段
		预制混凝土砌块面层	每条路或路段
广场与停车场	—	料石面层	每个广场或划分的区段
		预制混凝土砌块面层	每个广场或划分的区段
		沥青混合料面层	每个广场或划分的区段
		水泥混凝土面层	每个广场或划分的区段
人行道	—	料石人行道铺砌面层（含盲道砖）	每条路或路段
		混凝土预制块铺砌人行道面层（含盲道砖）	每条路或路段
		沥青混合料铺筑面层	每条路或路段
人行地道结构	现浇钢筋混凝土人行地道结构	地基	每座通道
		防水	每座通道
		基础（模板、钢筋、混凝土）	每座通道
		墙与顶板（模板、钢筋、混凝土）	每座通道
	预制安装钢筋混凝土人行地道结构	墙与顶部构件预制	每座通道
		地基	每座通道
		防水	每座通道
		基础（模板、钢筋、混凝土）	每座通道
		墙板、顶板安装	每座通道
	砌筑墙体、钢筋混凝土顶板人行地道结构	顶部构件预制	每座通道
		地基	每座通道
		防水	每座通道
		基础（模板、钢筋、混凝土）	每座通道
		墙体砌筑	每座通道或分段
		顶部构件、顶板安装	每座通道或分段
		顶部现浇（模板、钢筋、混凝土）	每座通道或分段
挡土墙	现浇钢筋混凝土挡土墙	地基	每道挡土墙地基或分段
		基础	每道挡土墙基础或分段
		墙（模板、钢筋、混凝土）	每道墙体或分段
		滤层、泄水孔	每道墙体或分段

分部工程	子分部工程	分项工程	检验批
挡土墙	现浇钢筋混凝土挡土墙	回填土	每道墙体或分段
		帽石	每道墙体或分段
		栏杆	每道墙体或分段
	装配式钢筋混凝土挡土墙	挡土墙板预制	每道墙体或分段
		地基	每道挡土墙地基或分段
		基础（模板、钢筋、混凝土）	每道基础或分段
		墙板安装（含焊接）	每道墙体或分段
		滤层、泄水孔	每道墙体或分段
		回填土	每道墙体或分段
		帽石	每道墙体或分段
		栏杆	每道墙体或分段
	砌筑挡土墙	地基	每道墙体地基或分段
		基础（砌筑、混凝土）	每道基础或分段
		墙体砌筑	每道墙体或分段
		滤层、泄水孔	每道墙体或分段
		回填土	每道墙体或分段
		帽石	每道墙体或分段
	加筋土挡土墙	地基	每道挡土墙地基或分段
		基础（模板、钢筋、混凝土）	每道基础或分段
		加筋挡土墙砌块与筋带安装	每道墙体或分段
		滤层、泄水孔	每道墙体或分段
		回填土	每道墙体或分段
		帽石	每道墙体或分段
		栏杆	每道墙体或分段
附属构筑物	—	路缘石	每条路或路段
		雨水支管与雨水口	每条路或路段
		排（截）水沟	每条路或路段
		倒虹管及涵洞	每座结构
		护坡	每条路或路段
		隔离墩	每条路或路段
		隔离栅	每条路或路段
		护栏	每条路或路段
		声屏障（砌体、金属）	每处声屏障墙
		防眩板	每条路或路段

3. 施工质量控制、过程检验、验收

施工中应按下列规定进行施工质量控制，并应进行过程检验、验收：

（1）工程采用的主要材料、半成品、成品、构配件、器具和设备应按相关专业质量标准进行进场检验和使用前复验。现场验收和复验结果应经监理工程师检查认可。凡涉及结构安全和使用功能的，监理工程师应按规定进行平行检测或见证取样检测，并确认合格。

（2）各分项工程应按现行行业标准《城镇道路工程施工与质量验收规范》CJJ 1进行质量控制，各分项工程完成后应进行自检、交接检验，并形成文件，经监理工程师检查签认后，方可进行下个分项工程施工。

4. 施工质量验收合格标准

（1）工程施工质量应按下列要求进行验收：

1）工程施工质量应符合现行行业标准《城镇道路工程施工与质量验收规范》CJJ 1和相关专业验收规范的规定。

2）工程施工应符合工程勘察、设计文件的要求。

3）参加工程施工质量验收的各方人员应具备规定的资格。

4）工程质量的验收均应在施工单位自行检查评定合格的基础上进行。

5）隐蔽工程在隐蔽前，应由施工单位通知监理工程师和相关单位人员进行隐蔽验收，确认合格，并形成隐蔽验收文件。

6）监理工程师应按规定对涉及结构安全的试块、试件和现场检测项目，进行平行检测、见证取样检测并确认合格。

7）检验批的质量应按主控项目和一般项目进行验收。

8）对涉及结构安全和使用功能的分部工程应进行抽样检测。

9）承担复验或检测的单位应为具有相应资质的独立第三方。

10）工程的外观质量应由验收人员通过现场检查共同确认。

（2）隐蔽工程应由专业监理工程师负责验收。检验批及分项工程应由专业监理工程师组织施工单位项目专业质量（技术）负责人等进行验收。关键分项工程及重要部位应由建设单位项目负责人组织总监理工程师、施工单位项目负责人和技术质量负责人、设计单位专业设计人员等进行验收。分部工程应由总监理工程师组织施工单位项目负责人和技术质量负责人等进行验收。

（3）检验批合格质量应符合下列规定：

1）主控项目的质量应经抽样检验合格。

2）一般项目的质量应经抽样检验合格；当采用计数检验时，除有专门要求外，一般项目的合格点率应达到80%及以上，且不合格点的最大偏差值不得大于规定允许偏差值的1.5倍。

3）具有完整的施工原始资料和质量检查记录。

（4）分项工程质量验收合格应符合下列规定：

1）分项工程所含检验批均应符合合格质量的规定。

2）分项工程所含检验批的质量验收记录应完整。

（5）分部工程质量验收合格应符合下列规定：

1）分部工程所含分项工程的质量均应验收合格。

2）质量控制资料应完整。

3）涉及结构安全和使用功能的质量应按规定验收合格。

4）外观质量验收应符合要求。

（6）单位工程质量验收合格应符合下列规定：

1）单位工程所含分部工程的质量均应验收合格。

2）质量控制资料应完整。

3）单位工程所含分部工程验收资料应完整。

4）影响道路安全使用和周围环境的参数指标应符合设计要求。

5）外观质量验收应符合要求。

（7）单位工程验收应符合下列要求：

1）施工单位应在自检合格基础上将竣工资料与自检结果，报监理工程师申请验收。

2）监理工程师应约请相关人员审核竣工资料进行预检，并据结果写出评估报告，报建设单位。

3）建设单位项目负责人应根据监理工程师的评估报告组织建设单位项目技术质量负责人、有关专业设计人员、总监理工程师和专业监理工程师、施工单位项目负责人参加工程验收。该工程的设施运行管理单位应派员参加工程验收。

5. 工程竣工验收

（1）工程竣工验收，应由建设单位组织验收组进行。验收组应由建设、勘察、设计、施工、监理、设施管理等单位的有关负责人组成，亦可邀请有关方面专家参加。验收组组长由建设单位担任。

工程竣工验收应在构成道路的各分项工程、分部工程、单位工程质量验收均合格后进行。当设计规定进行道路弯沉试验、荷载试验时，验收必须在试验完成后进行。道路工程竣工资料应于竣工验收前完成。

（2）工程竣工验收应符合下列规定：

1）质量控制资料应符合现行行业标准《城镇道路工程施工与质量验收规范》CJJ 1 相关的规定。

检查数量：全部工程。

检查方法：查质量验收、隐蔽验收、试验检验资料。

2）安全和主要使用功能应符合设计要求。

检查数量：全部工程。

检查方法：查相关检测记录，并抽检。

3）观感质量检验应符合现行行业标准《城镇道路工程施工与质量验收规范》CJJ 1 要求。

检查数量：全部。

检查方法：目测并抽检。

（3）竣工验收时，应对各单位工程的实体质量进行检查。

（4）当参加验收各方对工程质量验收意见不一致时，应由政府行业行政主管部门或工程质量监督机构协调解决。

（5）工程竣工验收合格后，建设单位应按规定将工程竣工验收报告和有关文件报政府行政主管部门备案。

2.1.2 主要材料质量控制

钢筋、混凝土材料、石料等材料的质量控制，参见本书 1.3 节中相关内容。

1. 道路石油沥青

（1）沥青材料应附有炼油厂的沥青质量检验单。运至拌合厂的沥青材料必须按照现行行业标准《公路工程沥青及沥青混合料试验规程》JTG E20 进行检验，经评定合格后方可使用。

（2）沥青材料的选择应根据交通量、气候条件、施工方法、沥青面层类型、材料来源、设计、标书要求等情况确定。当采用改性沥青时应进行试验，并根据试验结果对照相应技术要求确定方案。

（3）沥青混合料拌合厂应将不同来源、不同标号的沥青分开存放，不得混杂。在使用期间，沥青罐或储油池中的沥青不宜低于 130℃，并不得高于 180℃。

在冬季停止施工期间，沥青可在低温状态下存放。经较长时间存放的沥青在使用前应抽样检验，不符合质量要求的不得使用。同一工程使用不同沥青时，应明确记录各种沥青所使用的路段及部位。

（4）道路石油沥青在存储、使用及存放过程中应采取防水措施，并避免雨水或加热管导热油渗漏进入沥青罐中。

2. 改性沥青

（1）高速公路、一级公路或某些特殊重要工程的沥青面层当采用改性沥青时，其基质沥青应符合现行行业标准《公路沥青路面施工技术规范》JTG F40 的规定。

（2）改性剂生产者或供应商应提供产品的名称、代号、标号与质量检验单，以及运输、储存、使用方法和涉及健康、环保、安全等有关资料。

（3）根据需要，在改性沥青中还可加入稳定剂类、分散剂类等辅助外加剂。

（4）制备改性沥青可采用一种改性剂，也可以同时采用几种不同的改性剂进行复合改性。

（5）现场制造的改性沥青宜随配随用；短时间保存时，应保持适宜的温度，并进行不间断地搅拌或泵送循环，以保证改性沥青具有足够的稳定性和使用质量。

（6）成品改性沥青应附产品说明书，注明产品名称、代号、标号、运输与存放条件、使用方法、生产工艺、安全须知等。

（7）外购的成品改性沥青，在使用前应取样融化检验是否有离析现象，确认无明显的分离、凝聚等现象，且各项性能指标均符合现行行业标准《城镇道路工程施工与质量验收规范》CJJ 1 要求时，方可使用。

（8）改性剂应按产品所规定的条件储存在室内，保持干燥，注意通风和防火，并按进库顺序使用，不超过保质期。

（9）现场加工改性沥青成品的储存应符合规定的要求，储存时间不得超过保质期。经检验，确认已经发生离析的改性沥青不得使用。

3. 乳化石油沥青

（1）乳化石油沥青的质量要求，应符合有关规范的规定。乳化沥青适用于沥青路面的透层、粘层与封层。

（2）乳化沥青可利用胶体磨或匀油机等乳化机械在沥青拌合现场制备，乳化剂用量（按有效含量计）宜为沥青质量的 0.3%。制备现场乳化沥青的温度，应通过试验确定，乳化剂水溶液的温度宜为 40~70℃，石油沥青宜加热至 120~160℃。乳化沥青制造后应及时使用。经较长时间存放的乳化沥青在使用前应抽样检验，离析冻结破乳质量不符合技术要求的不准使用，存放期以不离析、不冻结、不破乳为度。

4. 液体石油沥青

液体石油沥青的质量应符合现行行业标准《公路沥青路面施工技术规范》JTG F40 的有关规定。使用前应根据试验确定掺配比例。

5. 煤沥青

（1）煤沥青的质量应符合现行行业标准《公路沥青路面施工技术规范》JTG F40 的有关规定。

（2）煤沥青使用期间在储油池或沥青罐中储存温度宜为 70~90℃，并应避免长期储存。经较长时间存放的煤沥青在使用前应抽样检测，质量不合格不得使用。

6. 粗集料

（1）用于沥青面层的粗集料，由具有生产许可证的采石场生产。

（2）粗集料的粒径规格应按照规定选用，当生产的粗集料与其他材料配合后的级配符合各类沥青面层的矿料使用要求时，可以使用。

（3）粗集料应洁净、干燥、无风化、无杂质，并具有足够的强度和耐磨耗性。

（4）粗集料应具有良好的颗粒形状。

（5）路面抗滑表层粗集料，应选择坚硬、耐磨、冲击性好的碎石，其磨光值应符合规范要求。

7. 细集料

（1）沥青面层的细集料可采用天然砂、机制砂及石屑，其规格应分别符合规范要求。

（2）细集料应洁净、干燥、无风化、无杂质，并有适当的颗粒级配，其质量应符合规范要求。

（3）热拌沥青混合料的细集料，宜采用优质的天然砂或机制砂。

（4）细集料应与沥青有良好的粘结能力。

8. 填料

（1）沥青混合料的填料，宜采用石灰岩或岩浆岩中的强基性岩等憎水性石料，经磨细得到的矿粉。矿粉要求干燥、洁净、无泥土等杂质，其质量应符合现行行业标准《公路工程沥青及沥青混合料试验规程》JTG E20 的要求。当采用水泥、石灰（消石灰或生石灰粉）作填料时，其用量不宜超过矿料总量的 2%。

（2）采用沥青混合料拌合厂的回收粉尘作填料时，回收粉尘必须洁净、无杂质、塑性指数小于 4，其用量不得超过填料的 50%，其余质量要求与矿粉相同。

9. 接缝材料

（1）胀缝接缝板应选用能适应混凝土面板膨胀收缩、施工时不变形、弹性复原率高、耐久性良好的材料。

（2）填缝材料宜使用树脂类、橡胶类的填缝材料及其制品，各种性能应符合有关规程要求。

10. 路缘石、预制混凝土路缘石

路缘石主要包括立缘石、平缘石、专用缘石，宜用石材或混凝土制作，应有出厂合格证。施工前应根据设计图纸要求，选择符合规定的石材或预制混凝土路缘石。安装前应按产品质量标准进行现场检验，合格后方可使用。

2.2 路基工程

2.2.1 一般规定

1. 施工准备

（1）交桩点已经过测量复核。

（2）完成各类原材料检测并报验经过审查批准，已完成所需原材料、材料配合比试验，并经审查批准。

2. 施工测量

（1）填方段路基每填一层恢复一次中线、边线并进行高程测设。在距路床顶 1.5m 内，应按设计纵、横断面数据控制；达到路床设计高程后应准确放样路基中心线及两侧边线，并将路基顶设计高程准确测设到中心及两侧桩位上，按设计中线、宽度、坡度、高程控制并自检，自检合格并报监理工程师。合格后由复核人员及专业监理工程师签认。确认后，方可进行下道工序施工。

（2）路基挖方段应按设计高程及边坡坡度计算并放出上口开槽线；每挖深一步恢复一次中线、边线并进行高程测设；高程点应布设在两侧护壁处或其他稳定可靠的部位。挖至路床顶 1m 左右时，高程点应与附近的高级水准点联测。

（3）直线上中桩测设的间距不应大于 50m，平曲线上宜为 20m；当地势平坦且曲线半径大于 800m 时，其中桩间距可为 40m。当公路曲线半径为 30～60m、缓和曲线长度为 30～50m 时，其中桩间距不应大于 10m。当公路曲线半径和缓和曲线长度小于 30m 或采用回头曲线时，中桩间距不应大于 5m。

（4）根据工程需要，可测设线路起终点桩、百米桩、平曲线控制桩和断链桩，并应根据竖曲线的变化情况加桩。

（5）在桥台两侧台背回填范围内，应在台背上标出分层填筑标高线。

（6）对于管涵等构筑物应首先测设其开槽中心线及边线；达到槽底高程后，检测高程并恢复中心线；管基础完成后，检测管基顶面高程，在管基顶面精确测设并弹出中心线或结构边线。

3. 施工试验

（1）中心实验室按照设计文件及监理工程师的要求，对取自挖方、借土场、料场的填方材料及路基基底进行土工试验，试验内容主要有：液限、塑限、塑性指数、天然稠度或液性指数，颗粒大小分析试验，含水量试验，密度试验，相对密度试验，土的击实试验，土的强度试验（CBR）值，有机质含量试验及易溶盐含量试验。

（2）将试验结果提交监理工程师，批准后方可采用。

4. 试验路段

（1）开工之前，应选择试验路段进行填筑压实试验，以确定土方、石方工程的正确压实方法、为达到规定的压实度所需要的压实设备的类型及其组合工序、各类压实设备在最佳组合下的各自压实遍数以及能被有效压实的压实层厚度等，从中选出路基施工的最佳方案以指导全线施工。

（2）在开工前至少 28d 完成试验路段的压实试验，并以书面形式向监理工程师按试验情况提出拟在路堤填料分层平行摊铺和压实所用的设备类型及数量清单，所用设备的组合及压实遍数、压实厚度、松铺系数，供监理工程师审批。

（3）试验段的位置由监理工程师现场选定，长度为不小于 200m 的全幅路基为宜。采用监理批准的压实设备、筑路材料进行试验。压实试验进行到规定的压实度所需施工程序为止，并记录压实设备的类型和工序及碾压遍数。对同类材料以此作为现场控制的依据。

（4）不同的筑路材料应单独做试验段。

（5）对于工程地质不良地段，必须会同设计人员和监理进行现场查看，制定科学合理的施工方案，施工时认真执行。

2.2.2 土方路基

1. 材料质量控制

（1）填方材料的强度（CBR）值应符合设计要求，其最小强度值应符合设计要求和现行行业标准《城镇道路工程施工与质量验收规范》CJJ 1 的规定。不应使用淤泥、沼泽土、泥炭土、冻土、有机土以及含生活垃圾的土作路基填料。对液限大于 50%、塑性指数大于26、可溶盐含量大于 5%、700℃有机质烧失量大于 8% 的土，未经技术处理不得用作路基填料。

（2）填方中使用房渣土、工业废渣等需经过试验，确认可靠并经建设单位、设计单位同意后方可使用。

2. 工序质量控制点

（1）场地清理

1）在路基填筑前，将取土场和路基范围内的树木、垃圾、有机物残渣及原地面杂草等不适用材料清除，并排除地面积水。对妨碍视线、影响行车的树木、灌木丛等会同有关部门协商后在施工前进行砍伐、移植处理。

2）路基范围内的树根要全部挖除，清除下来的垃圾、废料、树根及表土等不适用材料堆放在监理工程师指定的地点。

3）凡监理工程师指定要保留的植物与构造物，要妥善加以保护。

4）对路基范围内的树根坑、障碍物及建筑物移去后的坑穴，用经设计与监理工程师批准的材料回填至周围标高。回填分层压实，密实度不小于95%。

（2）施工排水与降水

1）施工前，应根据工程地质、水文、气象资料、施工工期和现场环境编制排水与降水方案。在施工期间排水设施应及时维修、清理，保证排水通畅。

2）施工排水与降水应保证路基土壤天然结构不受扰动，保证附近建筑物和构筑物的安全。

3）施工排水与降水设施，不得破坏原有地面排水系统，且宜与现况地面排水系统及道路工程永久排水系统相结合。

4）当采用明沟排水时，排水沟的断面及纵坡应根据地形、土质和排水量确定。当需用排水泵时，应根据施工条件、渗水量、扬程与吸程要求选择。施工排出水，应引向离路基较远的地点。

5）在细砂、粉砂土中降水时，应采取防止流沙的措施。

6）在路堑坡顶部外侧设排水沟时，其横断面和纵向坡度，应经水力计算确定。且底宽与沟深均不宜小于50cm。排水沟离路堑顶部边缘应有足够的防渗安全距离或采取防渗措施，并在路堑坡顶部筑成倾向排水沟2%的横坡。排水沟应采取防冲刷措施。

（3）挖方

1）在施工测量完成前不得进行施工。如果遇到不适用的材料，要予以挖除。在挖除之前，对不适用材料的范围先行测量，经监理工程师确认批准后方可施工，并在开挖完成后及回填之前重新测量。

2）人机配合土方作业。必须设专人指挥。机械作业时，配合作业人员严禁处在机械作业和走行范围内。配合人员在机械走行范围内作业时，机械必须停止作业。

3）使用房渣土、粉砂土等作为填料时，应经试验确定。

4）挖土时应自上向下分层开挖，严禁掏洞开挖。作业中断或作业后，开挖面应做成稳定边坡。

5）路基开挖必须根据测量的中心线及两侧边线进行，一般每侧要比路面宽出30~50cm，挖方路基不得超挖，路床碾压前，应根据设计高程，按预留沉落量清理路床土方。

6）机械开挖作业时，必须避开构筑物、管线，在距管道边1m范围内应采用人工开挖；在距直埋缆线2m范围内必须采用人工开挖。

7）严禁挖掘机等机械在电力架空线路下作业。需在其一侧作业时，垂直及水平安全距离应符合表2-2的规定。

挖掘机、起重机（含吊物、载物）等机械与电力架空线路的最小安全距离 表2-2

电压（kV）		<1	10	35	110	220	330	500
安全距离（m）	沿垂直方向	1.5	3.0	4.0	5.0	6.0	7.0	8.5
	沿水平方向	1.5	2.0	3.5	4.0	6.0	7.0	8.5

8）弃土、暂存土均不得妨碍各类地下管线等构筑物的正常使用与维护，且应避开建筑物、围墙、架空线等。严禁占压、损坏、掩埋各种检查井、消火栓等设施。

（4）填方

1）填方前应将地面积水、积雪（冰）和冻土层、生活垃圾等清除干净。

2）路基填方高度应按设计标高增加预沉量值。预沉量应根据工程性质、填方高度、填料种类、压实系数和地基情况与建设单位、监理工程师、设计单位共同商定确认。

3）不同性质的土应分类、分层填筑，不得混填，填土中大于10cm的土块应打碎或剔除。

4）填土应分层进行。下层填土验收合格后，方可进行上层填筑。路基填土宽度每侧应比设计规定宽50cm。

5）路基填筑中宜做成双向横坡，一般土质填筑横坡宜为2%～3%，透水性小的土类填筑横坡宜为4%。

6）透水性较大的土壤边坡不宜被透水性较小的土壤所覆盖。

7）受潮湿及冻融影响较小的土壤应填在路基的上部。

8）在路基宽度内，每层虚铺厚度应视压实机具的功能确定。人工夯实虚铺厚度应小于20cm。

9）路基填土中断时，应对已填路基表面土层压实并进行维护。

10）原地面横向坡度在1:10～1:5时，应先翻松表土再进行填土；原地面横向坡度陡于1:5时应做成台阶形，每级台阶宽度不得小于1m，台阶顶面应向内倾斜；在沙土地段可不做台阶，但应翻松表层土。

（5）土方压实

1）路基压实度应符合设计要求和现行行业标准《城镇道路工程施工与质量验收规范》CJJ 1的规定。

2）压实应先轻后重、先慢后快、均匀一致。压路机最快速度不宜超过4km/h。

3）填土的压实遍数，应按压实度要求，经现场试验确定。

4）压实过程中应采取措施保护地下管线、构筑物安全。

5）碾压应自路基边缘向中央进行，压实度应达到要求，且表面应无显著轮迹、翻浆、起皮、波浪等现象（图2-1）。

压路机轮外缘距路基边应保持安全距离，碾缘外侧距填土边缘不得小于50cm，以防发生溜坡事故。一般可将路堤土两侧加宽50cm，碾压成型后修整到设计宽度。如路基边缘不易碾压时，应用人工或蛙式打夯机夯实。

图2-1　路基碾压示例

6）压实应在土壤含水量接近最佳含水量值时进行。其含水量偏差幅度经试验确定。

7）当管道位于路基范围内时，其沟槽的回填土压实度应符合现行国家标准《给水排水管道工程施工及验收规范》GB 50268的有关规定，且管顶以上50cm范围内不得用压路机压实。当管道结构顶面至路床的覆土厚度不大于50cm时，应对管道结构进行加固。当管道结构顶面至路床的覆土厚度在50～80cm时，路基压实过程中应对管道结构采取保护或加固措施。

8）旧路加宽时，填土宜选用与原路基土壤相同的土壤或透水性较好的土壤。

9）路基填、挖接近完成时，应恢复道路中线、路基边线，进行整形，并碾压成活。压实度应符合设计要求和现行行业标准《城镇道路工程施工与质量验收规范》CJJ 1 的有关规定。

3. 质量检查

（1）路床应平整、坚实，无显著轮迹、翻浆、波浪、起皮等现象，路堤边坡应密实、稳定、平顺。

（2）检查路基压实度、弯沉值。

（3）土路基允许偏差应符合现行行业标准《城镇道路工程施工与质量验收规范》CJJ 1 的规定。

2.2.3 石方路基

1. 材料质量控制

（1）填料粒径进行控制，最大粒径应不大于 500mm，并不宜超过层厚的 2/3，路床底面以下 400mm 范围内，填料粒径应小于 150mm，路床填料粒径应小于 100mm。

（2）复核石料的抗压强度和路床顶面填土强度 CBR 值，并进行其他土工试验项目的复核。

2. 工序质量控制点

（1）试验路段

1）开工前选择长度不小于 200m 的全幅路基作为试验路段，以确定能达到最大压实干密度的松铺厚度与压实机械组合，以及相应的压实遍数、沉降差等施工参数。

2）施工单位编制试验段总结报告并上报监理审批，根据试验数据制定填石路基施工措施，从而指导大面积填石路基施工。

（2）路基压实度检测

采用 12t 以上振动压路机进行压实试验，按照试验段确定的遍数和摊铺厚度，当压实层顶面稳定，碾压无轮迹时，可判断为密实状态；否则应重新碾压。合格后经有关方面签认，方可进行下一层填筑施工。

（3）石方填筑

1）修筑填石路堤时，应进行地表清理，逐层水平填筑石块，摆放平稳。填筑层厚度及石块尺寸应符合设计要求和施工规范规定。填石空隙用石渣、石屑嵌压稳定。上、下路床填料和石料最大尺寸应符合规范规定。采用振动压路机分层碾压，压至填筑层顶面石块稳定，20t 以上压路机振压两遍无明显标高差异。

2）填筑施工过程中要注意在填石路堤顶面与细粒土填土层之间应设过渡层。

3）填石路堤宜选用 12t 以上的振动压路机、25t 以上的轮胎压路机或 2.5t 以上的夯锤压（夯）实。

4）填石路基施工应按试验路段确定的松铺厚度、压实机械型号及组合、压实速度及压实遍数、沉降差等参数进行控制。

5）施工过程中为保证填筑的边坡外观质量，应注意采用辅助人工进行边坡码砌，码砌的边坡表面应紧贴、密实，无明显孔洞、松动，砌块间承接面向内倾斜，坡面平顺。

6）填石路基施工过程中，应注意采用机械或人工拣选粒径过大及材质不符合规范要求的填料。

7）应注意岩性相差较大的填料应分层或分段填筑。严禁将软质石料与硬质石料混合使用。

8）每层填料在按试验段确定的碾压遍数碾压结束后，应观察碾压的轮迹并采用水准仪检测其沉降差，实测的沉降差应小于或等于试验段确定的沉降差参数。

3. 质量检查

（1）挖石方路基（路堑）

1）上边坡必须稳定，严禁有松石、险石。

2）挖石方路基允许偏差应符合现行行业标准《城镇道路工程施工与质量验收规范》CJJ 1 的规定。

（2）填石路堤

1）压实密度应符合试验路段确定的施工工艺，沉降差不应大于试验路段确定的沉降差。

2）路床顶面应嵌缝牢固，表面均匀、平整、稳定，无推移、浮石。

3）边坡应稳定、平顺，无松石。

4）填石方路基允许偏差应符合现行行业标准《城镇道路工程施工与质量验收规范》CJJ 1 的规定。

2.2.4 路肩及构筑物处理

1. 材料质量控制

参见本书 1.3 节、2.2.2 节和 2.2.3 节中相关内容。

2. 工序质量控制点

（1）路肩

1）路肩应与路基、基层、面层等各层同步施工。

2）路肩应平整、坚实，直线段肩线应直顺，曲线段应顺畅。

（2）构筑物处理

新建管线等构筑物间或新建管线与既有管线、构筑物间有矛盾时，应报请建设单位，由管线管理单位、设计单位确定处理措施，并形成文件指导施工。路基范围内存在既有地下管线等构筑物时，施工应符合下列规定：

1）施工前，应根据管线等构筑物顶部与路床的高差，结合构筑物结构状况，分析、评估其受施工影响程度，采取相应的保护措施。

2）构筑物拆改或加固保护处理措施完成后，应由建设单位、管理单位参加并进行隐蔽验收，确认符合要求、形成文件后，方可进行下一工序施工。

3）施工中，应保持构筑物的临时加固设施处于有效工作状态。

4）对构筑物的永久性加固，应在达到规定强度后，方可承受施工荷载。

（3）沟槽回填土

1）回填土应保证涵洞（管）、地下构筑物结构安全和外部防水层及保护层不受破坏。

2）预制涵洞的现浇混凝土基础强度及预制件装配接缝的水泥砂浆强度达 5MPa 后，方可进行回填。砌体涵洞应在砌体砂浆强度达到 5MPa，且预制盖板安装后进行回填；现浇钢筋混凝土涵洞，其胸腔回填土宜在混凝土强度达到设计强度 70％后进行，顶板以上填土应在达到设计强度后进行。

3）涵洞两侧应同时回填，两侧填土高差不得大于 30cm。

4）对有防水层的涵洞靠防水层部位应回填细粒土，填土中不得含有碎石、碎砖及大于 10cm 的硬块。

5）涵洞位于路基范围内时，其顶部及两侧回填土，参见本书 2.2.2 节中相关内容。

6）土壤最佳含水量和最大干密度应经试验确定。

7）回填过程不得劈槽取土，严禁掏洞取土。

3. 质量检查

（1）路肩肩线应顺畅、表面平整，不积水、不阻水。

（2）路肩压实度应大于或等于 90％。

（3）路肩允许偏差应符合现行行业标准《城镇道路工程施工与质量验收规范》CJJ 1 的规定。

2.2.5 软土路基

1. 材料质量控制

参见本书 1.3 节、1.4 节及 2.1.2 节中相关内容。

2. 工序质量控制点

（1）置换土

1）填筑前，检查是否排除地表水并清除腐殖土、淤泥。

2）填料宜采用透水性土。处于常水位以下部分的填土，不得使用非透水性土壤。

3）填土应由路中心向两侧按要求分层填筑并压实，层厚宜为 15cm。

4）分段填筑时，接茬应按分层做成台阶形状，台阶宽不宜小于 2m。

（2）抛石挤淤

1）当原地基的淤泥范围、深度较大，软土层厚度小于 3.0m，且位于水下或为含水量极高的淤泥时，可使用抛石挤淤。

2）对软基处理的边线进行抽检核查，确保软基处置的宽度符合设计要求及规范规定。

3）施工过程中要注意对片石的材质进行控制，应选用不易风化的片石，石料中尺寸小于 30cm 粒径的含量不得超过 20％。

4）抛填方向应根据道路横断面下卧软土地层坡度而定。坡度平坦时自地基中部渐次向两侧扩展；坡度陡于 1∶10 时，自高侧向低侧抛填，并在低侧边部多抛投，使低侧边部约有 2m 宽的平台顶面。

5）抛石露出水面或软土面后，应用较小石块填平、碾压密实，再铺设反滤层填土压实。

（3）砂垫层置换

1）在路基施工范围内遇到原地基部分位置土质湿度过大，且位于地下水最高水位以下时，宜采用排水性能好，被水浸泡仍能保持足够承载力的砂或砂砾换填。

2）根据设计和监理工程师的要求，在清理的基底上分层铺筑符合要求的砂或砂砾，分层铺筑松铺厚度不得超过300mm，并逐层压实至规定的压实度。

3）砂垫层应宽出路基边脚0.5～1.0m，两侧以片石护砌。

（4）反压护道

采用反压护道时，护道宜与路基同时填筑。当分别填筑时，必须在路基达到临界高度前将反压护道施工完成。压实度应符合设计要求，且不应低于最大干密度的90%。

（5）灰土换填

1）在路基施工范围内遇到原地基部分位置含水量较大，但未受地下水影响时，宜在土中掺入生石灰拌合均匀后分层填筑压实。

2）施工时应按设计要求的石灰含量将灰土拌合均匀，控制含水量，如土料水分过多或不足时应晾干或洒水润湿，以达到灰土最佳含水量。掌握分层松铺厚度，按采用的压实机具现场试验来确定，一般情况下松铺厚度不大于300mm，分层压实厚度不大于200mm。

3）压实后的灰土应采取排水措施，3d内不得受水浸泡。灰土层铺筑完毕后，要防止日晒雨淋，及时铺筑上层。

（6）碎石桩处治软土地基

1）进场碎石材料应符合设计要求，采用含泥砂量小于10%、粒径19～63mm的碎石或砾石作桩料，并随时控制记录现场材料数量。

2）施工前应进行成桩试验，确定控制水压、电流和振冲器的振留时间等参数。

3）应严格按试桩结果控制电流和振冲器的留振时间。分批加入碎石，注意振密挤实效果，防止发生"断桩"或"颈缩桩"。在碎石桩施工中应根据沉管和挤密情况，重点控制碎石用量，通过控制桩管提升高度及速度和压入深度及速度，挤密次数和时间、电机的工作电流等，以保证挤密均匀和桩身的连续性。

4）应分层加入碎石（砾石）料，观察振实挤密效果，防止断桩、缩颈。

5）桩距、桩长、灌石量等应符合设计要求。

6）施工过程中做好原始记录，详细记录每根桩的桩长、投料量、提升高度和速度、挤压次数、振动电流强度、留振时间和投料高度等施工参数。

7）控制好施工顺序，严格按现场布好的桩位打桩，不能任意移位。

8）做好沉降观测。

（7）土工材料处理

1）土工合成材料质量应符合设计要求，无老化，外观无破损，无污染。其抗拉强度、顶破强度、负荷延伸率等均应符合设计要求及有关产品质量标准的规定。

2）根据设计图表恢复路线中桩、边桩，定出路堤坡脚，土工合成材料的边缘线、锚固沟边线、路基填土标高线。在边桩放样时，应考虑预加沉落度，在进行边坡放样时，采用挂线法或坡度样板法，放样同时也须考虑沉降对边坡坡比的影响。

3）检查并记录基层是否平整，严禁表面有碎石、块石等坚硬的凸出物，摊铺时应紧贴基层，在原地基上铺设一层30～50cm厚的砂垫层。铺设土工材料后，运、铺料等施工机具不得在其上直接行走。

4）按设计和施工要求铺设、张拉、固定，不得扭曲、折皱，在斜坡上时保持一定的松紧度。接缝搭接、粘结强度和长度应符合设计要求，上、下层土工合成材料搭接缝应交替错开。

5）每压实层的压实度、平整度经检验合格后，方可于其上铺设土工材料。土工材料应完好，发生破损应及时修补或更换。

6）铺设土工材料时，应将其沿垂直于路轴线展开，并视填土层厚度选用符合要求的锚固钉固定、拉直，不得出现扭曲、折皱等现象。

土工材料纵向搭接宽度不应小于30cm，采用锚接时其搭接宽度不得小于15cm；采用胶结时胶接宽度不得小于5cm，其胶结强度不得低于土工材料的抗拉强度。

相邻土工材料横向搭接宽度不应小于30cm。

7）路基边坡留置的回卷土工材料，其长度不应小于2m。

8）土工材料铺设完后，应立即铺筑上层填料，其间隔时间不应超过48h。

9）双层土工材料上、下层接缝应错开，错缝距离不应小于50cm。

10）施工过程中出现破损的土工合成材料时，应及时修补或更换并进行记录。

（8）塑料排水板处治

1）塑料排水板露天堆放要遮盖，不得长时间暴晒，防止损坏滤膜。

2）塑料排水板超过孔口的长度应能伸入砂垫层不小于500mm，预留段及时弯折埋设于砂垫层中，与砂垫层贯通，并采取保护措施。

3）塑料排水板不得搭接，施工中防止泥土等杂物进入套管内，一旦发现应及时清除；打设形成的孔洞应用砂回填，不得用土块堵塞。塑料水板下沉时不得出现扭结、断裂现象。

4）施工时应加强检查，保证板距、垂直度、板长、回带长度等符合规范要求，否则应予重打，重打的桩位与原桩位置不大于板距的15%，对于施工段地表的硬壳（一般约在0.5~1.0m）当插入杆后所留杆孔，不能用黏土块或其他材料堵塞，必须用砂灌满，以防堵塞排水通道使处理失败，埋设沉降观测板进行沉降观测。

（9）砂桩处理

1）砂宜采用含泥量小于3%的粗砂或中砂。

2）检查砂的含水量：应根据成桩方法选定填砂的含水量。

3）砂桩应砂体连续、密实。

4）检查桩长、桩距、桩径、填砂量应符合设计要求。

（10）粉喷桩处治

1）石灰应采用磨细I级钙质石灰（最大粒径小于2.36mm、氧化钙含量大于80%），宜选用SiO_2和Al_2O_3含量大于70%，烧失量小于10%的粉煤灰、普通或矿渣硅酸盐水泥。

2）工艺性成桩试验桩数不宜少于5根，以获取钻进速度、提升速度、搅拌、喷气压力与单位时间喷入量等参数。

3）检查柱距、桩长、桩径、承载力等应符合设计要求。

4）粉喷桩必须根据试验确定的技术参数进行施工，操作人员应如实记录压力、喷粉量、钻进速度、提升速度、钻入深度及每根桩的钻进时间等，应随时检查记录施工异常情况。

5）要控制粉喷桩到每一段的水泥喷洒量都比较均匀，且无断桩，无泥土的隔断层。

3. 质量检查

（1）换填土处理软土路基

参见本书 2.2.2 节中相关内容。

（2）砂垫层处理软土路基

1）砂垫层的材料质量应符合设计要求。

2）砂垫层的压实度应大于等于 90%。

3）检查砂垫层宽度、厚度。

（3）反压护道

1）压实度不应小于 90%。

2）宽度、高度应符合设计要求。

（4）土工材料处理软土路基

1）土工材料的技术质量指标应符合设计要求。

2）土工合成材料敷设、胶接、锚固和回卷长度应符合设计要求。

3）下承层面不得有突刺、尖角。

4）检查土工合成材料铺设的下承面平整度、下承面拱度。

（5）塑料排水板

1）塑料排水板质量必须符合设计要求。

2）塑料排水板下沉时不得出现扭结、断裂等现象。

3）板深不小于设计要求，排水板在井口外应伸入砂垫层 50cm 以上。

（6）砂桩处理软土路基

1）砂桩材料应符合设计要求。

2）复合地基承载力不应小于设计规定值。

3）桩长不小于设计要求。

4）检查砂桩桩距、桩径、竖直度。

（7）碎石桩处理软土路基

1）碎石桩材料应符合设计要求。

2）复合地基承载力不应小于设计要求值。

3）桩长不应小于设计要求值。

4）检查碎石桩桩距、桩径、竖直度。

（8）粉喷桩处理软土地基

1）水泥的品种、级别及石灰、粉煤灰的性能指标应符合设计要求。

2）桩长不应小于设计要求值。

3）复合地基承载力应不小于设计要求值。

4）检查粉喷桩成桩强度、桩距、桩径、竖直度。

2.2.6 湿陷黄土路基

1. 材料质量控制

参见本小节"2.工序质量控制点"中"（1）土料试验项目"及"（3）换填法处理"中

第一条相关内容。

2. 工序质量控制点

（1）土料试验项目

确定取土场，并对路堤填料进行复查和取样。对用作填料的土进行试验，项目如下：

1）液限、塑限、塑性指数、天然稠度或液性指数。

2）颗粒大小分析试验。

3）含水量试验。

4）密度试验。

5）相对密度试验。

6）土的击实试验。

7）土的强度试验（CBR值）。

8）土的有机质含量试验及易溶盐含量试验。

9）黄土的湿陷性判定、黄土的自重湿陷性判定及湿陷等级。

（2）试验段施工

1）应在不同的试验路段采用不同的施工方案，从中选出路基施工的最佳方案，指导全线施工。

2）试验路段位置应选择在地质条件、断面形式均具有代表性的地段，路段长度不宜小于100m。

3）试验段所有的材料和机具应与将来全线施工所用的材料和机具相同。通过试验来确定不同填料采用不同机具压实的最佳含水量、适宜的松铺厚度和相应的碾压遍数、最佳的机械组合和施工组织。一般按松铺厚度300mm进行试验，以确保压实层的均匀。

4）试验路段施工中应加强对有关指标的检测；完成后，应及时写出试验报告。如发现路基设计有缺陷时，应提出变更设计意见。

5）黄土陷穴的处理方案、工作量等应由施工单位会同建设、设计及监理单位认可，并履行相关手续后执行。

（3）换填法处理

1）换填材料可选用黄土、其他黏性土或石灰土，其填筑压实检查要点同土方路基。采用石灰土换填时，消石灰与土的质量配合比，宜为9：91（二八灰土）或12：88（三七灰土）。

2）换填宽度应宽出路基坡脚0.5～1.0m。

3）填筑用土中大于10cm的土块必须打碎，并应在接近土的最佳含水量时碾压密实。

（4）强夯处理

1）夯实施工前，必须查明场地范围内的地下管线等构筑物的位置及标高，严禁在其上方采用强夯施工，靠近其施工必须采取保护措施，消除强夯对邻近建筑物的有害影响。

2）施工前应按设计要求在现场选点进行试夯，通过试夯确定施工参数，如夯锤质量、落距、夯点布置、夯击次数和夯击遍数等。

3）夯击前应对夯点放样进行复核，夯完后检查夯坑位置，发现偏差或漏夯应及时纠正。

4）地基处理范围不宜小于路基坡脚外3m。

5）应划定作业区，并应设专人指挥施工。

6）施工过程中应检查并做好施工记录，应记录每个夯点的夯沉量，原始记录应完整、齐全。当参数变异时，应及时采取措施处理。

7）强夯施工应按设计规定的夯击顺序进行；如设计无规定，则应按"由内而外，隔行跳夯"的原则完成全部夯点的施工。

8）强夯施工完成后，应通过标准贯入、静力触探等原位测试，测量地基的夯后承载能力是否达到设计要求。

9）按设计铺筑垫层，并分层碾压密实。

10）路堤边坡应整平夯实，并应采取防止路面水冲刷措施。

3. 质量检查

（1）路基土的压实度应符合设计要求。

（2）检查湿陷性黄土夯实夯点累计夯沉量、湿陷系数，应符合现行行业标准《城镇道路工程施工与质量验收规范》CJJ 1 的规定。

2.3 基层工程

2.3.1 一般规定

1. 施工准备

（1）路基、路床的轴线、高程、平整度、横坡、宽度等已经过测量复核。

（2）完成基层检测并报验经过审查批准，做好基层的干密度试验，试验结果经专业监理工程师审查批准。

（3）对各类原材料进行进场验收，对所需原材料复测检验并取得试验报告，检查各种混合料配合比设计。

（4）石灰、粉煤灰类混合料应拌合均匀，色泽调和一致，砂砾（碎石）最大粒径不大于50mm，且大于20mm的灰块不得超过10%，石灰中严禁含有未消解颗粒，如由厂家供应则应提供营业资质合格证及相应备案证书和试验报告。

2. 试验路段

试验段施工选取100～200m的具有代表性的路段，并采用计划用于主体工程的材料、配合比、压实设备和施工工艺进行实地铺筑试验，以确定在不同压实条件下达到设计压实度时的松铺厚度、压实系数、压实机械组合、最少压实遍数和施工工艺流程等。

3. 路面基层施工测量

（1）路面基层施工前，应复核所有路基高程，并与设计高程对比，以供高程调整。

（2）路面基层施工测量重点在控制各层厚度与宽度。平面测设时，应定出该层的中心与边线桩位。边线桩位放样时应比该层设计宽度大100mm，以保证压实后该层的设计宽度。

（3）高程测设时，应将设计高程测设到中线与边线高程控制桩上；在使用摊铺机作业时，此时高程控制桩应采用可调式托盘；且桩位间距不应大于10m，在匝道处可加密至5m。在摊铺机行进中，应有专人看管托盘，若发现托盘移动或钢丝绳从托盘掉下时，应立即重测该处高程。

（4）当分段施工时，平面及高程放样应进入相邻施工段 50～100m，以保证分段衔接处线形的平顺美观。

（5）在匝道出入口或其他不规则地段，高程放样应根据设计提供的方格网进行。

2.3.2 石灰稳定土类基层

1. 材料质量控制

（1）土的质量要求

1）宜采用塑性指数 10～15 的粉质黏土、黏土。

2）土中的有机物含量宜小于 10%。

3）使用旧路的级配砾石、砂石或杂填土等应先进行试验。级配砾石、砂石等材料的最大粒径不宜超过分层厚度的 60%，且不应大于 10cm。土中欲掺入碎砖等粒料时，粒料掺入含量应经试验确定。

（2）石灰的质量要求

1）宜用 1～3 级的新灰。

2）磨细生石灰，可不经消解直接使用；块灰应在使用前 2～3d 完成消解，未能消解的生石灰块应筛除，消解石灰的粒径不得大于 10mm。

3）对储存较久或经过雨期的消解石灰应先经过试验，根据活性氧化物的含量决定能否使用和使用办法。

（3）水应符合现行行业标准《混凝土用水标准》JGJ 63 的规定。宜使用饮用水及不含油类等杂质的清洁中性水，pH 值宜为 6～8。

（4）水泥、石灰、粉煤灰经进场检验、取样复试合格。产品合格证、出厂检验报告、复试检测报告等文件齐全。水泥应检验强度等级、凝结时间和安定性等指标。

（5）检查石灰稳定土配合比、混合料的最佳含水量、最大干密度、压实度是否符合设计要求。

（6）土质或粒料应符合设计和施工规范要求，土块应经粉碎，石灰必须充分消解，矿渣应分解稳定后才能使用。

（7）对拌合站的水泥、集料等原材料进行检查，核查新进场材料的名称、规格、来源、进场数量、抽检是否合格等。对有疑问的原材料要进行复检，合格后方可使用。

（8）石灰土搅拌前，应先筛除集料中不符合要求的颗粒，使集料的级配和最大粒径符合要求。

2. 工序质量控制点

（1）试验项目

1）在石灰稳定土层施工前，应取有代表性的土样进行下列土工试验：

① 颗粒分析。

② 液限和塑性指数。

③ 击实试验。

④ 砾石的压碎值试验。

⑤ 有机质含量（必要时做）。

⑥硫酸盐含量（必要时做）。

2）石灰应做有效氧化钙和氧化镁含量试验、细度和含水量等试验。

（2）混合料拌制（厂拌）

1）宜采用强制式搅拌机进行搅拌。配合比应准确，搅拌应均匀；含水量宜略大于最佳值；石灰土应过筛（20mm方孔）。

2）检查并记录拌合设备状态、打印设备情况，应特别注意检查冷料仓皮带传动轮转速与料仓斗门尺寸是否同确定生产配合比时确定的参数一致。检查电子计量设备是否正常，检查设备合格期标定是否在有效期内。

3）应根据土和石灰的含水量变化、集料的颗粒组成变化，及时调整搅拌用水量。

4）在拌合混合料过程中，应按规定频率对拌制的混合料进行抽检，记录抽检的时间、灰剂量、含水量等。检查督促施工人员对每车混合料的出场时间、车辆编号、使用的结构层位等进行详细的记录，根据铺筑现场监理的需要及时提供混合料出厂记录信息。

5）拌成的石灰土应及时运送到铺筑现场。运输中应采取防止水分蒸发和防扬尘措施。

6）搅拌厂应向现场提供石灰土配合比、R7强度标准值及石灰中活性氧化物含量的资料。

7）出厂检验：稳定土要及时进行外观、石灰（水泥）剂量和含水量检验，稳定土颜色均匀一致，无灰条灰团，无明显粗细集料离析现象，石灰（水泥）剂量要符合设计要求。

（3）摊铺

1）检查下承层表面应平整、坚实，压实度、平整度、纵断高程、中线偏差、宽度、横坡度、边坡等各项指标必须符合有关规定。

2）恢复施工段的中线，直线段每20m设一中桩，平曲线每10m设一中桩。

3）相关地下管线的预埋及回填等已完成并经验收合格。

4）施工前进行100～200m试验段施工，确定机械设备组合效果、压实虚铺系数和施工方法。

5）厂拌石灰土摊铺施工前对下承层进行清扫，并适当洒水润湿。压实系数应经试验确定。现场人工摊铺时，压实系数宜为1.65～1.70。

6）厂拌石灰土宜采用机械摊铺。每次摊铺长度宜为一个碾压段。

7）摊铺掺有粗集料的石灰土时，粗集料应均匀。

（4）碾压要点

1）铺好的石灰土应当天碾压成活。

2）碾压时的含水量宜在最佳含水量的允许偏差范围内。

3）直线和不设超高的平曲线段，应由两侧向中心碾压；设超高的平曲线段，应由内侧向外侧碾压。

4）初压时，碾速宜为20～30m/min；灰土初步稳定后，碾速宜为30～40m/min。

5）人工摊铺时，宜先用6～8t压路机碾压，灰土初步稳定，找补整形后，方可用重型压路机碾压。

6）当采用碎石嵌丁封层时，嵌丁石料应在石灰土底层压实度达到85％时撒铺，然后继续碾压，使其嵌入底层，并保持表面有棱角外露。

7）纵、横接缝均应设直茬。纵向接缝宜设在路中线处。接缝应做成阶梯形，梯级宽不应小于 1/2 层厚；横向接缝应尽量减少。

（5）石灰土养护

1）石灰土成活后应立即洒水（或覆盖）养护，保持湿润，直至上层结构施工为止。

2）石灰土碾压成活后可采取喷洒沥青透层油养护，并宜在其含水量为 10% 左右时进行。

3）石灰土养护期应封闭交通。

3. 质量检查

（1）基层、底基层的压实度应符合下列要求：

1）城市快速路、主干路基层大于或等于 97%，底基层大于或等于 95%。

2）其他等级道路基层大于或等于 95%，底基层大于或等于 93%。

（2）基层、底基层试件作 7d 无侧限抗压强度，应符合设计要求。

（3）表面应平整、坚实、无粗细骨料集中现象，无明显轮迹、推移、裂缝，接茬平顺，无贴皮、散料。

（4）石灰稳定土类基层及底基层允许偏差应符合现行行业标准《城镇道路工程施工与质量验收规范》CJJ 1 的规定。

2.3.3 水泥稳定土类基层

1. 材料质量控制

（1）水泥质量要求：

1）应选用初凝时间大于 3h、终凝时间不小于 6h 的 32.5 级、42.5 级普通硅酸盐水泥、矿渣硅酸盐、火山灰硅酸盐水泥。水泥应有出厂合格证与生产日期，复验合格方可使用。

2）水泥贮存期超过 3 个月或受潮，应进行性能试验，合格后方可使用。

（2）土质量要求：

1）土的均匀系数不应小于 5，宜大于 10，塑性指数宜为 10～17。

2）土中小于 0.6mm 颗粒的含量应小于 30%。

3）宜选用粗粒土、中粒土。

（3）粒料质量要求：

1）级配碎石、砂砾、未筛分碎石、碎石土、砾石和煤矸石、粒状矿渣等材料均可作粒料原材。

2）当作基层时，粒料最大粒径不宜超过 37.5mm。

3）当作底基层时，粒料最大粒径：对城市快速路、主干路不应超过 37.5mm；对次干路及以下道路不应超过 53mm。

4）碎石、砾石、煤矸石等的压碎值：对城市快速路、主干路基层与底基层不应大于 30%；对其他道路基层不应大于 30%，对底基层不应大于 35%。

5）集料中有机质含量不应超过 2%。

6）集料中硫酸盐含量不应超过 0.25%。

（4）水泥、土、水经进场检验、取样复试合格。产品合格证、出厂检验报告、复试检测报告等文件齐全。

（5）检查水泥稳定土配合比、混合料的最佳含水量、最大干密度、压实度是否符合设计要求。

2. 工序质量控制点

（1）试验项目

1）在水泥稳定土层施工前，应取有代表性的土样进行下列土工试验：

① 颗粒分析。

② 液限和塑性指数。

③ 击实试验。

④ 砾石的压碎值试验。

⑤ 有机质含量（必要时做）。

⑥ 硫酸盐含量（必要时做）。

2）石灰应做有效氧化钙和氧化镁含量试验、细度和含水量等试验。

3）水泥应检验强度等级、凝结时间和安定性等指标。

（2）混合料拌制（厂拌）

1）集料应过筛，级配应符合设计要求。

2）混合料配合比应符合要求，计量准确；含水量应符合施工要求，并搅拌均匀。

3）搅拌厂应向现场提供产品合格证及水泥用量、粒料级配、混合料配合比、R7强度标准值。

4）水泥稳定土类材料运输时，应采取措施防止水分损失。

5）其他要求参见本书2.3.2节中相关内容。

（3）摊铺

1）水泥稳定土的下承层已施工完毕并交验。

2）检查水泥土基层的下承层：表面应平整、坚实，各项检测必须符合有关规定。检测项目包括压实度、弯沉、平整度、纵断高程、中线偏差、宽度、横坡度、边坡等。

3）按施工要求在老路面或土基上恢复中线，加密坐标点、水准点控制网。直线段每10m设一桩、曲线段每5m设一桩，并在两侧路肩边缘外设指示桩，确定平面位置和高程。

4）大面积施工前应完成100～200m试验段施工，以确定合理的机械组合、碾压遍数、施工含水量、虚铺厚度以及生产能力等工艺指标，用以指导下一步施工。

5）土质或粒料应符合设计和施工规范要求，土块应经粉碎，石灰必须充分消解，矿渣应分解稳定后才能使用。

6）水泥用量和矿料级配应按设计控制准确，摊铺时应消除离析现象。

7）检查并记录下承层病害或缺陷（如翻浆、冒浆、松散、积水、较为密集的裂缝等）处理情况。

8）对摊铺前基层（底基层）的纵、横接缝（如有）处理情况，中断或结束施工后纵、横接缝的处理情况进行检查。

9）摊铺施工过程中对送料车辆配置数量、运输距离、运输时间、覆盖情况、等待卸料车辆数量等进行监控，混合料从拌合到碾压终止的时间不应超过3～4h，并应短于水泥的终凝时间；对拌合至摊铺碾压的时间段如超出规定时间的，要予以铲除废弃并进行记录。

10）在基层（底基层）铺筑施工时，要对混合料的含水量、松铺厚度进行检测记录，如摊铺后含水量过高或含水量不足，应要求施工技术人员采取相应措施，保证在最佳含水量规定的范围内及时进行碾压施工。碾压时应先用轻型压路机稳压，后用重型压路机碾压至要求的压实度。

11）摊铺检查：

①施工前应通过试验确定压实系数。水泥土的压实系数宜为1.53～1.58，水泥稳定砂砾的压实系数宜为1.30～1.35。

②宜采用专用摊铺机械摊铺。

③水泥稳定土类材料自搅拌至摊铺完成，不应超过3h。应按当班施工长度计算用料量。

④分层摊铺时，下层养护7d后，方可摊铺上层材料。

（4）碾压与接缝

1）在混合料摊铺与碾压施工过程中，对摊铺机和压路机的行走速度进行观测记录，应注意监控施工时机械的组合情况、压实遍数、轮迹重叠宽度等情况。对摊铺后出现的集料离析、拉痕等问题，应督促施工人员在碾压前及时进行处理。

2）应在含水量等于或略大于最佳含水量时进行碾压。

3）宜采用12～18t压路机作初步稳定碾压，混合料初步稳定后用大于18t的压路机碾压，压至表面平整、无明显轮迹，且达到要求的压实度。

4）水泥稳定土类材料，宜在水泥初凝前碾压成活。

5）当使用振动压路机时，应符合环境保护和周围建筑物及地下管线、构筑物的安全要求。

6）在碾压完成后应及时进行压实度抽检，对抽检的压实度与厚度进行记录。对压实度不足的路段应在规定的时间内及时进行补压并达到合格。

7）纵、横接缝均应设直茬。纵向接缝宜设在路中线处。接缝应做成阶梯形，梯级宽不应小于1/2层厚；横向接缝应尽量减少。

（5）养护

1）碾压完成后，对基层（底基层）表面外观质量情况及采取的养生措施等进行记录。

2）基层宜采用洒水养护，保持湿润。采用乳化沥青养护，应在其上撒布适量石屑。养护期间应封闭交通。常温下成活后应经7d养护，方可在其上铺筑面层。

3. 质量检查

（1）基层、底基层的压实度应符合下列要求：

1）城市快速路、主干路基层大于等于97%，底基层大于等于95%；

2）其他等级道路基层大于等于95%，底基层大于等于93%。

（2）基层、底基层7d的无侧限抗压强度应符合设计要求。

（3）表面应平整、坚实、接缝平顺，无明显粗、细骨料集中现象，无推移、裂缝、贴皮、松散、浮料。

（4）基层及底基的偏差应符合现行行业标准《城镇道路工程施工与质量验收规范》CJJ 1的规定。

2.3.4 石灰、粉煤灰稳定砂砾基层

1. 材料质量控制

（1）水泥、石灰、粉煤灰、砂砾经进场检验、取样复试合格。产品合格证、出厂检验报告、复试检测报告等文件齐全。

（2）检查石灰、粉煤灰、砂砾（碎石）配合比、混合料的最佳含水量、最大干密度、压实度是否符合设计要求。

（3）石灰、水的要求，参见本书 2.3.2 节中的相关内容。

（4）粉煤灰应符合下列规定：

1）粉煤灰中的 SiO_2、Al_2O_3 和 Fe_2O_3 总量宜大于 70%；在温度为 700℃时的烧失量宜小于或等于 10%。

2）当烧失量大于 10%时，应经试验确认混合料强度符合要求时，方可采用。

3）细度应满足 90%通过 0.3mm 筛孔，70%通过 0.075mm 筛孔，比表面积宜大于 $2500cm^2/g$。

（5）砂砾应经破碎、筛分，级配宜符合设计要求和现行行业标准《城镇道路工程施工与质量验收规范》CJJ 1 的规定，破碎砂砾中最大粒径不应大于 37.5mm。

2. 工序质量控制点

（1）混合料拌制（厂拌）

1）根据实验室提供的配合比确定施工配合比，要加强搅拌站的管理，配料要准确、拌合应均匀，搅拌时应控制好含水量。

2）搅拌厂应向现场提供产品合格证及石灰活性氧化物含量、粒料级配、混合料配合比及 R7 强度标准值的资料。

3）运送混合料应覆盖，防止遗撒、扬尘。

（2）摊铺

1）大面积施工前应完成试验段施工，通过试验段确定合理的机械组合、碾压遍数、施工含水量、虚铺厚度以及生产能力等工艺指标。

2）检查下承层表面要平整、坚实，具有规定的路拱，宽度、高程、平整度、压实度、弯沉或 CBR 值符合要求。下承层已经过检查验收，并办理交接手续。

3）当下承层为新施工的水泥稳定或石灰稳定层时，应确保其养生 7d 以上。当下承层为土基时，必须用 10t 以上压路机碾压 3～4 遍，过干或表层松散时应适当洒水，对过湿有弹簧现象应挖开晾晒、换土或掺石灰、水泥处理。当下承层为老路面时，应先处理老路面的低洼、坑洞、搓板、辙槽及松散处。

4）混合料在摊铺前其含水量宜在最佳含水量的允许偏差范围内。

5）混合料每层最大压实厚度应为 20cm，且不宜小于 10cm。

6）摊铺中发生粗、细集料离析时，应及时翻拌均匀。

7）其他要求，参见本书 2.3.2 节中相关内容。

（3）碾压与接缝

参见本书 2.3.2 节中相关内容。

（4）养护

1）混合料基层，应在潮湿状态下养护。养护期视季节而定，常温下不宜少于7d。

2）采用洒水养护时，应及时洒水，保持混合料湿润；采用喷洒沥青乳液养护时，应及时在乳液面撒嵌丁料。

3）养护期间宜封闭交通。需通行的机动车辆应限速，严禁履带车辆通行。

3. 质量检查

参见本书2.3.2节中相关内容。

2.3.5 石灰、粉煤灰、钢渣稳定土类基层

1. 材料质量控制

（1）石灰、水的质量要求，参见本书2.3.2节中相关内容。

（2）粉煤灰的质量要求，参见本书2.3.4节中相关内容。

（3）钢渣破碎后堆存时间不应少于半年，且达到稳定状态，游离氧化钙（fCaO）含量应小于3%；粉化率不得超过5%。钢渣最大粒径不应大于37.5mm，压碎值不应大于30%，且应清洁，不含废镁砖及其他有害物质；钢渣质量密度应以实际测试值为准。

（4）当采用石灰粉煤灰稳定土时，土的塑性指数宜为12～20。

（5）当采用石灰与钢渣稳定土时，土的塑性指数不应小于6，且不应大于30，宜为7～17。

2. 工序质量控制点

（1）混合料拌制（厂拌）

1）石灰、粉煤灰、钢渣经进场检验、取样复试合格。产品合格证、出厂检验报告、复试检测报告等文件齐全。

2）检查石灰、粉煤灰、钢渣混合料配合比设计、混合料的最佳含水量、最大干密度、压实度是否符合设计要求。

3）其他工序质量控制要求，参见本书2.3.4节中相关内容。

（2）摊铺

1）检查下承层：其表面应平整、坚实，压实度、平整度、纵断高程、中线偏差、宽度、横坡度、边坡等各项指标应符合设计要求和有关规范规定。

2）恢复施工段的中线，直线段每20m设一中桩，平曲线每10m设一中桩。

3）拌合设备的预拌调试：通过预拌，并对混合料进行石灰剂量、强度、筛分、击实、含水量等指标的测试，以完成对拌合站控制参数的调试。

4）完成试验段施工，编制试验段总结报告并履行审批手续或批复完成。正式施工作业以前，要选择具有代表性的路段，进行200m左右的试验段施工，以确定虚铺系数和施工设备的组合、数量以及摊铺压实工艺等。

5）其他工序质量控制要求，参见本书2.3.4节中相关内容。

（3）碾压与养护

参见本书2.3.4节中相关内容。

3. 质量检查

参见本书 2.3.2 节中相关内容。

2.3.6 级配砂砾及级配砾石基层

1. 材料质量控制

（1）天然砂砾应质地坚硬，含泥量不应大于砂质量（粒径小于 5mm）的 10%，砾石颗粒中细长及扁平颗粒的含量不应超过 20%。

（2）级配砾石用于城市次干路及其以下道路底基层时，级配中最大粒径宜小于 53mm，做基层时最大粒径不应大于 37.5mm。

（3）级配砂砾及级配砾石的颗粒范围和技术指标宜符合现行行业标准《城镇道路工程施工与质量验收规范》CJJ 1 的规定。

（4）集料压碎值应符合现行行业标准《城镇道路工程施工与质量验收规范》CJJ 1 的规定。

2. 工序质量控制点

（1）摊铺

1）级配碎（砾）石的下承层表面应平整、坚实，并验收合格。检测项目包括压实度、弯沉（封顶层）、平整度、纵断高程、中线偏差、宽度、横坡度等。

2）压实系数应通过试验段确定。每层摊铺虚厚不宜超过 30cm。

3）砂砾应摊铺均匀一致，发生粗、细骨料集中或离析现象时，应及时翻拌均匀。

4）摊铺长度至少为一个碾压段 30～50m。

（2）碾压成活

1）碾压前应洒水，洒水量应使全部砂砾湿润，且不导致其层下翻浆。

2）碾压过程中应保持砂砾湿润。

3）碾压时应自路边向路中倒轴碾压。采用 12t 以上压路机进行，初始碾速宜为 25～30m/min；砂砾初步稳定后，碾速宜控制在 30～40m/min。碾压至轮迹不应大于 5mm，砂石表面应平整、坚实，无松散和粗、细集料集中等现象。

4）上层铺筑前，不得开放交通。

3. 质量检查

（1）基层压实度大于等于 97%、底基层压实度大于等于 95%。

（2）弯沉值不应大于设计规定。

（3）表面应平整、坚实，无松散和粗、细集料集中现象。

（4）级配砂砾及级配砾石基层和底基层允许偏差应符合现行行业标准《城镇道路工程施工与质量验收规范》CJJ 1 的有关规定。

2.3.7 级配碎石及级配碎砾石基层

1. 材料质量控制

（1）轧制碎石的材料可为各种类型的岩石（软质岩石除外）、砾石。轧制碎石的砾石粒径应为碎石最大粒径的 3 倍以上，碎石中不应有黏土块、植物根叶、腐殖质等有害物质。

（2）碎石中针片状颗粒的总含量不应超过20％。

（3）级配碎石及级配碎砾石颗粒范围和技术指标应符合现行行业标准《城镇道路工程施工与质量验收规范》CJJ 1的规定。

（4）级配碎石及级配碎砾石石料的压碎值应符合现行行业标准《城镇道路工程施工与质量验收规范》CJJ 1的规定。

（5）碎石或碎砾石应为多棱角块体，软弱颗粒含量应小于5％；扁平细长碎石含量应小于20％。

2. 工序质量控制点

（1）摊铺

1）检查下承层：表面应平整、坚实，并验收合格。检测项目包括压实度、弯沉（封顶层）、平整度、纵断高程、中线偏差、宽度、横坡度等。

2）运输、摊铺、碾压等设备及施工人员已就位，拌合及摊铺设备已调试运转良好。

3）级配碎（砾）石已检验、试验合格。

4）试验段施工选取100～200m的具有代表性的路段，并采用计划用于主体工程的材料、配合比、压实设备和施工工艺进行实地铺筑试验，已确定在不同压实条件下达到设计压实度时的松铺厚度、压实系数、压实机械组合、最少压实遍数和施工工艺流程等。

5）宜采用机械摊铺符合级配要求的厂拌级配碎石或级配碎砾石。

6）压实系数应通过试验段确定，人工摊铺宜为1.40～1.50，机械摊铺宜为1.25～1.35。

7）摊铺碎石每层应按虚厚一次铺齐，颗粒分布应均匀，厚度一致，不得多次找补。

8）已摊平的碎石，碾压前应断绝交通，保持摊铺层清洁。

（2）碾压成活

1）铺好的石灰土应当天碾压成活。

2）碾压前和碾压中应适量洒水。碾压时的含水量宜在最佳含水量的允许偏差范围内。

3）直线和不设超高的平曲线段，应由两侧向中心碾压；设超高的平曲线段，应由内侧向外侧碾压。

4）初压时，碾速宜为20～30m/min，灰土初步稳定后，碾速宜为30～40m/min。

5）碾压中对有过碾现象的部位，应进行换填处理。

6）人工摊铺时，宜先用6～8t压路机碾压，灰土初步稳定，找补整形后，方可用重型压路机碾压。

7）当采用碎石嵌丁封层时，嵌丁石料应在石灰土底层压实度达到85％时撒铺，然后继续碾压，使其嵌入底层，并保持表面有棱角外露。

8）纵、横接缝均应设直茬。纵向接缝宜设在路中线处。接缝应做成阶梯形，梯级宽不应小于1/2层厚。横向接缝应尽量减少。

9）碎石压实后及成活中应适量洒水，视压实碎石的缝隙情况撒布嵌缝料。

10）机械铺摊时，宜采用12t以上的压路机碾压成活，碾压至缝隙嵌挤应密实，稳定坚实，表面平整，轮迹小于5mm。

11）未铺装上层前，对已成活的碎石基层应保持养护，不得开放交通。

3. 质量检查

（1）级配碎石压实度，基层不得小于97%，底基层不应小于95%。

（2）弯沉值不应大于设计规定。

（3）外观质量：表面应平整、坚实，无推移、松散、浮石现象。

（4）级配碎石及级配碎砾石基层和底基层的偏差应符合现行行业标准《城镇道路工程施工与质量验收规范》CJJ 1 的有关规定。

2.4　沥青混合料面层

2.4.1　一般规定

1. 施工准备

（1）基层高程、宽度、横坡、轴线已经过测量复核。

（2）进场的沥青摊铺机、压路机等设备已报验并经专业监理工程师签认。

（3）完成各类原材料检测并报验经过审查批准（见证取样，专业监理工程师审批）已完成所需原材料，沥青面层配合比试验，并经专业监理工程师核准配合比是否正常，厂家应提供资质证书及备案证书。

2. 材料质量控制

（1）沥青的质量技术要求：

1）宜优先采用 A 级沥青作为道路面层使用。B 级沥青可作为次干路及其以下道路面层使用。当缺乏所需标号的沥青时，可采用不同标号沥青掺配，掺配比应经试验确定。

2）在高温条件下宜采用黏度较大的乳化沥青，寒冷条件下宜使用黏度较小的乳化沥青。

3）用于透层、粘层、封层及拌制冷拌沥青混合料的液体石油沥青的技术要求应符合现行行业标准《城镇道路工程施工与质量验收规范》CJJ 1 的规定。

4）当使用改性沥青时，改性沥青的基质沥青应与改性剂有良好的配伍性。

（2）粗集料的质量技术要求：

1）粗集料应符合工程设计规定的级配范围。

2）集料对沥青的黏附性，城市快速路、主干路应大于或等于 4 级；次干路及以下道路应大于或等于 3 级；集料具有一定的破碎面颗粒含量，具有 1 个破碎面宜大于 90%，2 个及以上的宜大于 80%。

3）粗集料的质量技术要求、粗集料的粒径规格应符合设计要求和现行行业标准《城镇道路工程施工与质量验收规范》CJJ 1 的规定。

（3）细集料的质量技术要求：

1）细集料应洁净、干燥、无风化、无杂质。

2）热拌密级配沥青混合料中天然砂的用量不宜超过集料总量的 20%，沥青玛琦脂碎石混合料（SMA）和大孔隙开级配排水式沥青磨耗层（OGFC）不宜使用天然砂。

3）细集料的质量要求、沥青混合料用天然砂规格、沥青混合料用机制砂或石屑规格应符合设计和现行行业标准《城镇道路工程施工与质量验收规范》CJJ 1 的规定。

（4）矿粉应用石灰岩等憎水性石料磨制。城市快速路与主干路的沥青面层不宜采用粉煤灰作填料。当次干路及以下道路用粉煤灰作填料时，其用量不应超过填料总量50%，粉煤灰的烧失量应小于12%。沥青混合料用矿粉质量要求应符合设计和现行行业标准《城镇道路工程施工与质量验收规范》CJJ 1的规定。

（5）纤维稳定剂应在250℃条件下不变质。不宜使用石棉纤维。木质素纤维技术要求应符合设计和现行行业标准《城镇道路工程施工与质量验收规范》CJJ 1的规定。

（6）不同料源、品种、规格的原材料应分别存放，不得混存。

3. 旧路面处理

（1）当采用旧沥青路面作为基层加铺沥青混合料面层时，应对原有路面进行处理、整平或补强，使其符合设计要求，并检查是否符合以下规定：

1）符合设计强度、基本无损坏的旧沥青路面经整平后可作基层使用。

2）旧路面有明显损坏，但强度能达到设计要求的，应对损坏部分进行处理。

3）填补旧沥青路面，凹坑应按高程控制、分层铺筑，每层最大厚度不宜超过10cm。

（2）旧路面整治处理中刨除与铣刨产生的废旧沥青混合料应集中回收，再生利用。

（3）当旧水泥混凝土路面作为基层加铺沥青混合料面层时，应对原水泥混凝土路面进行处理、整平或补强，使其符合设计要求，并检查是否符合以下规定：

1）对原混凝土路面应作弯沉试验，符合设计要求，经表面处理后，可作基层使用；

2）对原混凝土路面层与基层间的空隙，应填充处理；

3）对局部破损的原混凝土面层应剔除，并修补完好；

4）对混凝土面层的胀缝、缩缝、裂缝应清理干净，并应采取防反射裂缝措施。

2.4.2 热拌沥青混合料面层

热拌沥青混合料（HMA）适用于各种等级道路的面层。其种类应按集料公称最大粒径、矿料级配、空隙率划分，应按工程要求选择适宜的混合料规格、品种。

1. 材料质量控制

（1）沥青、碎石、矿粉、砂、改性剂、稳定剂、木质素纤维、乳化剂等应有产品合格证或质量检验报告，进厂后应按有关规定取样复试。

（2）对沥青、矿粉、碎石等原材料进行检查，核查新进场材料的名称、规格、来源、进场数量、抽检是否合格等。对有疑问的原材料要进行复检，合格后方可使用，特别是沥青进场的检测，要做到每车检测，并留样备查。

（3）检查沥青、油料等材料物资的存放位置及安全防范措施到位情况。注意矿粉的防雨、防潮措施，做好对回收废料（回收矿粉等）的处理情况的检查与记录，不得将回收废料再次使用。

（4）沥青混合料的矿料质量及矿料级配应符合设计要求和施工规范要求。

（5）其他质量控制要求，参见本书2.4.1节中相关内容。

2. 工序质量控制点

（1）沥青混合料拌制

1）对沥青混合料拌制的配合比同生产配合比进行对比，检验其符合性并予以记录。

2）严格控制各种矿料和沥青用量及各种材料和沥青混合料的加热温度，沥青材料及混合料的各项指标应符合设计和现行行业标准《城镇道路工程施工与质量验收规范》CJJ 1 的要求。

3）控制沥青混合料搅拌时间应经试拌确定，以沥青均匀裹覆集料为度。间歇式搅拌机每盘的搅拌周期不宜少于 45s，其中干拌时间不宜少于 5~10s。改性沥青和 SMA 混合料的搅拌时间应适当延长。

4）生产添加纤维的沥青混合料时，搅拌机应配备同步添加投料装置，搅拌时间宜延长 5s 以上。

5）用成品仓贮存沥青混合料，贮存期混合料降温不得大于 10℃。贮存时间普通沥青混合料不得超过 72h；改性沥青混合料不得超过 24h；SMA 混合料应当日使用；OGFC 应随拌随用。

6）拌合后的沥青混合料应均匀一致，无花白，无粗细料分离和结团成块现象。

7）在沥青拌合混合料过程中，应按规定频率对拌制的混合料进行抽检，记录抽检的时间、油石比、沥青加热温度、出料温度等。

（2）沥青混合料运输

1）对每车混合料的车辆编号、出场时间、出场温度、覆盖情况、使用的结构层位等进行详细的记录，根据铺筑现场需要及时提供混合料出场记录信息。

2）废料应在指定地点堆放和处理，不得随意堆弃，防止造成环境污染。

3）沥青混合料出厂时，应逐车检测沥青混合料的质量和温度，并附带载有出厂时间的运料单。不合格品不得出厂。

4）热拌沥青混合料的运输检查：

①热拌沥青混合料宜采用与摊铺机匹配的自卸汽车运输。

②运料车装料时，应防止粗细集料离析。

③运料车应具有保温、防雨、防混合料遗撒与沥青滴漏等功能。

④沥青混合料运输车辆的总运力应比搅拌能力或摊铺能力有所富余。

⑤沥青混合料运至摊铺地点，应对搅拌质量与温度进行检查，合格后方可使用。

（3）沥青混合料摊铺

1）拌沥青混合料铺筑前，应复查基层和附属构筑物质量，确认符合要求，并对施工机具设备进行检查，确认处于良好状态。

2）检查下承层或基层，必须碾压密实，表面干燥、清洁、无浮土，其平整度和路拱度应符合要求。

3）沥青混合料面层的基层表面应喷洒透层油，在透层油完全渗透入基层后方可铺筑面层。检查并记录封层、透层、粘层油洒布情况。

4）沥青混凝土下面层必须在基层验收合格并清扫干净、喷洒乳化沥青 24h 后方可进行施工。

5）沥青混凝土下面层施工应在路缘石安装完成并经监理验收合格后进行。路缘石与沥青混合料接触面应涂刷粘结油。

6）沥青混凝土中、表面层施工前，应对下面层和桥面混凝土铺装进行质量检测汇总。

对存在缺陷部分进行必要的铣刨处理。

7）沥青混凝土中、表面层施工应在下面层或桥面防水层施工完成经监理验收合格后进行。对中、下面层表面泥泞、污染等必须清理干净并喷洒粘层油。

8）沥青混合料面层集料的最大粒径应与分层压实层厚度相匹配。密级配沥青混合料，每层的压实厚度不宜小于集料公称最大粒径的 2.5～3 倍；对 SMA 和 OGFC 等嵌挤型混合料不宜小于公称最大粒径的 2～2.5 倍。

9）各层沥青混合料应满足所在层位的功能性要求，便于施工，不得离析。各层应连续施工并联结成一体。

10）摊铺施工过程中对运料车辆配置数量、运输距离、运输时间、覆盖情况、等待卸料车辆数量等进行监控。

11）城市快速路、主干路宜采用两台以上摊铺机联合摊铺。每台机器的摊铺宽度宜小于6m。表面层宜采用多机全幅摊铺，减少施工接缝。

12）对摊铺前沥青面层的纵、横接缝（如有）处理情况，中断或结束施工后纵、横接缝的处理情况进行检查。要注意检查和控制横向接缝处路面的平整度，并对影响接缝处平整度的部分进行切割，在切割的垂直面涂刷沥青处理。

13）摊铺沥青混合料应均匀、连续不间断，不得随意变换摊铺速度或中途停顿。摊铺速度宜为2～6m/min。摊铺时螺旋送料器应不停顿地转动，两侧应保持有不少于送料器高度2/3的混合料，并保证在摊铺机全宽度断面上不发生离析（图2-2）。熨平板按所需厚度固定后不得随意调整。

图2-2　沥青摊铺示例

14）注意控制摊铺温度和碾压温度，对混合料到场温度、摊铺温度、碾压温度、松铺厚度、摊铺机行走速度等均要认真检测并记录，沥青混合料的最低摊铺温度应根据气温、下卧层表面温度、摊铺层厚度与沥青混合料种类经试验确定。城市快速路、主干路不宜在气温低于10℃条件下施工。对温度超出设计要求和现行行业标准《城镇道路工程施工与质量验收规范》CJJ 1 规定的混合料要予以废弃或铲除并进行记录。

15）摊铺层发生缺陷应找补，并停机检查，排除故障。

16）路面狭窄部分、平曲线半径过小的匝道小规模工程可采用人工摊铺。

17）在沥青面层铺筑施工时，应严格控制摊铺厚度和平整度，避免离析。

18）对摊铺时出现的集料花白、结团、离析、拉痕等问题，应督促施工人员在碾压前及时进行处理。

（4）施工接缝

1）沥青混合料面层的施工接缝应紧密、平顺。

2）上、下层的纵向热接缝应错开15cm；冷接缝应错开30～40cm。相邻两幅及上、下层的横向接缝均应错开1m以上。

3）表面层接缝应采用直茬，以下各层可采用斜接茬，层较厚时也可做阶梯形接茬。

4）对冷接茬施工前，应在茬面涂少量沥青并预热。

（5）沥青混合料压实

1）应选择合理的压路机组合方式及碾压步骤，以达到最佳碾压结果。沥青混合料压实宜采用钢筒式静态压路机与轮胎压路机或振动压路机组合的方式压实。

2）压实应按初压、复压、终压（包括成型）三个阶段进行。压路机应以慢而均匀的速度碾压，压路机的碾压速度宜符合设计要求。

① 初压温度以能稳定混合料，且不产生推移、发裂为度。碾压应从外侧向中心碾压，碾速稳定均匀。初压应采用轻型钢筒式压路机碾压1～2遍。初压后应检查平整度、路拱，必要时应修整。

② 复压应紧跟初压进行，复压应连续进行。碾压段长度宜为60～80m。当采用不同型号的压路机组合碾压时，每一台压路机均应做全幅碾压。密级配沥青混凝土宜优先采用重型的轮胎压路机进行碾压，碾压到要求的压实度为止（图2-3）。

图2-3 沥青碾压示例

对大粒径沥青稳定碎石类的基层，宜优先采用振动压路机复压。厚度小于30mm的沥青层不宜采用振动压路机碾压。相邻碾压带重叠宽度宜为10～20cm。振动压路机折返时应先停止振动。

采用三轮钢筒式压路机时，总质量不宜小于12t。大型压路机难于碾压的部位，宜采用小型压实工具进行压实。

③ 终压温度应符合设计要求和现行行业标准《城镇道路工程施工与质量验收规范》CJJ 1的有关规定。终压宜选用双轮钢筒式压路机，碾压至无明显轮迹为止。

3）SMA混合料不宜采用轮胎压路机碾压，宜采用振动压路机或钢筒式压路机碾压。OGFC混合料宜用12t以上的钢筒式压路机碾压。

4）保证沥青混合料在规定的温度范围内及时进行压实至设计或规范要求的密实度。

5）在沥青混合料压实施工过程中，对压路机的行走速度进行观测记录，应注意监控施工时机械的组合情况、压实遍数、轮迹重叠宽度等情况。

6）碾压过程中碾压轮应保持清洁，可对钢轮涂刷隔离剂或防粘剂，严禁刷柴油。当采用向碾压轮喷水（可添加少量表面活性剂）方式时，必须严格控制喷水量成雾状，不得漫流。

7）压路机不得在未碾压成型路段上转向、调头、加水或停留。在当天成型的路面上，不得停放各种机械设备或车辆，不得散落矿料、油料等杂物。

8）对路面与路缘石结合部要注意检查，保证压实机械碾压到位，机械碾压不上的必须采取其他措施保证结合部的压实，对因机械挤靠而造成路缘石移位的段落，应要求随后重新进行安装处理并进行记录。

9）在碾压完成后应检测路面温度，热拌沥青混合料路面应待摊铺层自然降温至表面温度低于 50℃后，方可开放交通。

3. 质量检查

（1）热拌沥青混合料质量

1）检查道路用沥青的产品出厂合格证、出厂检验报告和进场复检报告，其品种、标号应符合国家现行有关标准的规定。

2）检查沥青混合料所选用的粗集料、细集料、矿粉、纤维稳定剂等的产品出厂合格证、出厂检验报告和进场复检报告，其质量及规格应符合现行行业标准《城镇道路工程施工与质量验收规范》CJJ 1 的有关规定。

3）热拌沥青混合料、热拌改性沥青混合料、SMA 混合料，应检查其出厂合格证、检验报告并进场复验，拌合温度、出厂温度应符合现行行业标准《城镇道路工程施工与质量验收规范》CJJ 1 的有关规定。

4）沥青混合料品质应符合马歇尔试验配合比技术要求。

（2）热拌沥青混合料面层质量

1）沥青混合料面层压实度，对城市快速路、主干路不应小于 96％；对次干路及以下道路不应小于 95％。

2）面层厚度应符合设计要求，允许偏差为 −5～+10mm。

3）弯沉值不应大于设计要求值。

（3）表面应平整、坚实，接缝紧密，无枯焦；不应有明显轮迹、推挤裂缝、脱落、烂边、油斑、掉渣等现象，不得污染其他构筑物。面层与路缘石、平石及其他构筑物应接顺，不得有积水现象。

（4）热拌沥青混合料面层允许偏差应符合现行行业标准《城镇道路工程施工与质量验收规范》CJJ 1 的规定。

2.4.3 冷拌沥青混合料面层

冷拌沥青混合料适用于支路及其以下道路的面层、支路的表面层，以及各级道路沥青路面的基层、连接层或整平层。冷拌改性沥青混合料可用于沥青路面的坑槽冷补。

1. 材料质量控制

（1）冷拌沥青混合料宜采用乳化沥青或液体沥青拌制，也可采用改性乳化沥青。

（2）冷拌沥青混合料宜采用密级配，当采用半开级配的冷拌沥青碎石混合料路面时，应铺筑上封层。

（3）冷拌沥青混合料宜采用厂拌，施工时，应采取防止混合料离析的措施。

（4）检查并记录生产设备状态、打印设备情况、沥青加热温度是否符合设计要求和现行行业标准《城镇道路工程施工与质量验收规范》CJJ 1 的有关规定。

（5）检查沥青等材料物资的存放位置及安全防范措施到位情况。注意腐蚀性原料的人身安全及操作过程中的注意事项等。

（6）其他质量控制要求，参见本书 2.4.1 节中相关内容。

2. 工序质量控制点

（1）混合料拌制

1）当采用阳离子乳化沥青搅拌时，宜先用水湿润集料。

2）混合料的搅拌时间应通过试拌确定。机械搅拌时间不宜超过 30s，人工搅拌时间不宜超过 60s。

3）在乳化沥青制备过程中，应按规定对生产的乳化沥青进行抽检，记录抽检的时间、沥青（或改性沥青）温度、乳化剂添加量、皂液温度、皂液 pH 值、成品乳化沥青温度等。对乳化沥青生产过程中的配方要求同设计配方要求进行对比，检验其符合性并予以记录。

4）对于生产出的乳化沥青，在测试其指标合格后方可使用。对于不符合标准的不合格乳化沥青，要确定为废料并予以记录。废料应在指定地点堆放和处理，不得随意堆弃，防止造成环境污染。

（2）摊铺、接缝与压实

1）已拌好的混合料应立即运至现场摊铺，并在乳液破乳前结束。在搅拌与摊铺过程中已破乳的混合料，应予废弃。

2）冷拌沥青混合料摊铺后宜采用 6t 压路机初压初步稳定，再用中型压路机碾压。当乳化沥青开始破乳，混合料由褐色转变成黑色时，应改用 12～15t 轮胎压路机复压，将水分挤出后暂停碾压，待水分基本蒸发后继续碾压至轮迹小于 5mm，表面平整，压实度符合要求为止。

3）冷拌沥青混合料路面的上封层应在混合料压实成型，且水分完全蒸发后施工。

4）冷拌沥青混合料路面施工结束后宜封闭交通 2～6h，并应做好早期养护。开放交通初期车速不得超过 20km/h，不得在其上刹车或掉头。

5）其他摊铺、接缝与压实控制要点，参见本书 2.4.2 节中相关内容。

3. 质量检查

（1）面层所用乳化沥青和集料的规格、质量检查，参见本书 2.4.2 节中相关规定。

（2）冷拌沥青混合料的压实度不应小于 95％。

（3）面层厚度应符合设计要求，允许偏差为 -5～+15mm。

（4）表面应平整、坚实，接缝紧密，不应有明显轮迹、粗细骨料集中、推挤、裂缝、脱落等现象。

（5）冷拌沥青混合料面层允许偏差应符合现行行业标准《城镇道路工程施工与质量验收规范》CJJ 1 的规定。

2.4.4 沥青透层、粘层与封层

1. 材料质量控制

参见本书 2.4.1 节中相关内容。

2. 工序质量控制点

（1）透层

1）用作透层油的基质沥青的针入度不宜小于 100。液体沥青的黏度应通过调节稀释剂的品种和掺量经试验确定。

2）透层油的用量与渗透深度宜通过试洒确定，不宜超出设计要求和现行行业标准《城镇道路工程施工与质量验收规范》CJJ 1 的规定。

3）用于石灰稳定土类或水泥稳定土类基层的透层油宜紧接在基层碾压成型后表面稍变干燥但尚未硬化的情况下喷洒。洒布透层油后，应封闭各种交通。

4）透层油宜采用沥青洒布车或手动沥青洒布机喷洒。洒布设备喷嘴应与透层沥青匹配，喷洒应呈雾状，洒布管高度应使同一地点接受 2～3 个喷油嘴喷洒的沥青。

5）透层油应洒布均匀，有花白遗漏应人工补洒，喷洒过量的应立即撒布石屑或砂吸油，必要时作适当碾压。

6）透层油洒布后的养护时间应根据透层油的品种和气候条件经试验确定。液体沥青中的稀释剂全部挥发或乳化沥青水分蒸发后，应及时铺筑沥青混合料面层。

7）当气温低于 10℃时，风力大于 5 级及以上时，不得进行透层施工。

（2）粘层

1）双层式或多层式热拌热铺沥青混合料面层之间应喷洒粘层油，或在水泥混凝土路面、沥青稳定碎石基层、旧沥青路面层上加铺沥青混合料层时，应在既有结构和路缘石、检查井等构筑物与沥青混合料层连接面喷洒粘层油。

2）粘层油宜采用快裂或中裂乳化沥青、改性乳化沥青，也可采用快、中凝液体石油沥青，检查其规格和用量，应符合设计要求和现行行业标准《城镇道路工程施工与质量验收规范》CJJ 1 的规定。所使用的基质沥青标号宜与主层沥青混合料相同。

3）检查粘层油品种和用量：应根据下卧层的类型通过试洒确定，并应符合设计要求和现行行业标准《城镇道路工程施工与质量验收规范》CJJ 1 的规定。当粘层油上铺筑薄层大孔隙排水路面时，粘层油的用量宜增加到 0.6～1.0L/m^2。沥青层间兼作封层的粘层油宜采用改性沥青或改性乳化沥青，其用量不宜少于 1.0L/m^2。

4）粘层油宜在摊铺面层当天洒布，其控制要点，参见（1）透层中相关内容。

5）粘层沥青应均匀洒布或涂刷，浇洒过量处应予刮除，洒布不到部分，采用人工进行补洒。在路缘石、雨水口、检查井等局部应用刷子人工涂刷。

6）当气温低于 10℃时，风力大于 5 级及以上时，不得进行粘层施工。

（3）封层

1）封层油宜采用改性沥青或改性乳化沥青。

2）检查集料质量：应质地坚硬、耐磨、洁净、粒径级配应符合要求。

3）用于稀浆封层的混合料其配合比应经设计、试验，符合要求后方可使用。

4）下封层宜采用层铺法表面处治或稀浆封层法施工。沥青（乳化沥青）和集料用量应根据配合比设计确定。

5）沥青应洒布均匀、不露白，封层应不透水。

6）当气温低于 10℃时，风力大于 5 级及以上时，不得进行封层施工。

3. 质量检查

（1）检查透层、粘层、封层所采用沥青和封层粒料的产品出厂合格证、出厂检验报告和进场复检报告，其质量、规格的检查，参见本书 2.4.1 节中相关内容。

（2）透层、粘层、封层所采用沥青的品种、标号和封层粒料质量、规格的检查，参见本书 2.4.1 节中相关内容。

（3）透层、粘层、封层的宽度不应小于设计规定值。

（4）封层油层与粒料洒布应均匀，不应有松散、裂缝、油丁、泛油、波浪、花白、漏洒、堆积、污染其他构筑物等现象。

2.4.5 透水沥青面层

1. 材料质量控制

（1）透水沥青路面的透水层面应采用高黏度改性沥青作为结合料，基层可采用高黏度改性沥青、改性沥青或普通道路石油沥青。

（2）高黏度改性沥青宜采用成品高黏度改性沥青。

（3）改性沥青和普通道路石油沥青的技术指标应符合现行行业标准《城镇道路路面设计规范》CJJ 169 的规定。

（4）透水沥青混合料中粗集料宜采用轧制碎石。

（5）透水沥青路面透水面层的细集料应采用机制砂。

（6）透水沥青路面的透水基层集料可采用天然砂和石屑。

（7）透水沥青混合料的矿粉宜采用石灰岩矿粉。

（8）透水沥青混合料中掺和的纤维可采用木质素纤维、矿物纤维等。

（9）其他材料质量控制要求，参见本书 2.4.1 节中相关内容。

2. 工序质量控制点

（1）温度控制

透水沥青混合料运输过程中，应采取保温措施。运送到摊铺现场的混合料温度不应低于175℃。

（2）摊铺

1）应采用沥青摊铺机摊铺。摊铺机受料前，应在料斗内涂刷防粘剂并在施工中经常将两侧板收拢。

2）铺筑透水沥青混合料时，一台摊铺机的铺筑宽度不宜超过 6.0（双车道）～7.5m（三车道以上），宜采用两台或多台摊铺机前后错开 10～20m 成梯队方式同步摊铺。

3）施工前，应提前 0.5～1.0h 预热摊铺机熨平板，使其温度不低于 100℃。铺筑过程中，熨平板的振捣或夯锤压实装置应具有适宜的振动频率和振幅。

4）摊铺机应缓慢、均匀、连续不间断地摊铺，不得随意变换速度或中途停顿。摊铺速度宜控制在 1.5～3.0m/min。

5）透水沥青混合料的摊铺温度不应低于 170℃。

6）透水沥青混合料的松铺系数应通过试验段确定。摊铺过程中应随时检查摊铺层厚度及路拱、横坡。

（3）路面压实及成型

1）压实过程中，初压温度不应低于 160℃。复压应紧接初压进行，复压温度不应低于130℃。终压温度不宜低于 90℃。

2）压实机械组合方式和压实遍数应根据试验路段确定。

（4）面层接缝和过渡

1）透水沥青混合料的接缝及渐变过渡段施工应符合现行行业标准《公路沥青路面施工技术规范》JTG F40 的有关规定。

2）透水沥青路面与不透水沥青路面衔接处，应做好封水、防水处理。

3. 质量检查

（1）透水沥青混合料面层压实度，对城市快速路、主干路不应小于 96%；对次干路及以下道路不应小于 95%。

（2）透水沥青面层厚度应符合设计要求，允许偏差为＋10～－5mm。

（3）弯沉值应满足设计要求。

（4）透水沥青面层渗透系数应达到设计要求。

（5）透水沥青路面表面应平整、坚实，接缝紧密，无枯焦；不应有明显轮迹、推挤裂缝、脱落、烂边、油斑、掉渣等现象，不得污染其他构筑物。面层与路缘石、平石及其他构筑物应接顺，不得有积水现象。

（6）透水沥青混合料面层允许偏差应符合现行行业标准《透水沥青路面技术规程》CJJ/T 190 的规定。

2.5 沥青贯入式与沥青表面处治

2.5.1 沥青贯入式面层

1. 材料质量控制

（1）沥青材料宜选道路用 B 级沥青或由其配制的快裂喷洒型阳离子乳化沥青（PC–1）或阴离子乳化沥青（PA–1）。

（2）集料应选择有棱角、嵌挤性好的坚硬石料；当使用破碎砾石时，具有一个破碎面的颗粒应大于 80%，两个或两个以上破碎面应大于 60%。主集料的最大粒径应与结构层厚相匹配。

（3）其他质量控制要求，参见本书 2.4.1 节中相关内容。

2. 工序质量控制点

（1）摊铺

1）检查已验收合格的基层及安砌的侧石、缘石窨井、雨水井等其他附属构筑物是否符合要求。

2）检测面层的施工放样，边线及中线的控制高程。

3）各层沥青的洒布质量控制，参见本书 2.4.4 节中透层的相关内容。

4）在主层集料撒布时，检查其松铺厚度、平整度及均匀度。随喷洒沥青油，随撒布嵌缝料，随扫填均匀，不得有重叠现象，个别有不均匀处，应及时找补。

5）检查浇洒透层油的用量、厚度及均匀度。

6）控制沥青或乳化沥青的浇洒温度，应根据沥青标号及气温情况选择。采用乳化沥青时，应在碾压稳定后的主集料上先撒布一部分嵌缝料，当需要加快破乳速度时，可将乳液加温，乳液温度不得超过 60℃。每层沥青完成浇洒后，应立即撒布相应的嵌缝料，嵌缝料应撒布均匀。使用乳化沥青时，嵌缝料撒布应在乳液破乳前完成。

（2）碾压

1）控制初碾压遍数，嵌缝料撒布后应立即用 8～12t 钢筒式压路机碾压，碾压时应随压随扫，使嵌缝料均匀嵌入。至压实度符合设计要求、平整度符合规定为止。

2）压实过程中严禁车辆通行。

3）终碾后即可开放交通，且应设专人指挥交通，以使面层全部宽度均匀压实。面层完全成型前，车速度不得超过 20km/h。

3. 质量检查

（1）检查沥青、乳化沥青、集料、嵌缝料的查出厂合格证及进场复检报告，其质量应符合设计要求及现行行业标准《城镇道路工程施工与质量验收规范》CJJ 1 的有关规定。

（2）压实度不应小于 95％。

（3）弯沉值不得大于设计要求值。

（4）面层厚度应符合设计要求，允许偏差为－5～＋15mm。

（5）表面应平整、坚实、石料嵌锁稳定、无明显高低差；嵌逢料、沥青应洒布均匀，无花白、积油、漏浇、浮料等现象，且不应污染其他构筑物。

（6）沥青贯入式面层允许偏差应符合现行行业标准《城镇道路工程施工与质量验收规范》CJJ 1 的规定。

2.5.2 沥青表面处治面层

1. 材料质量控制

（1）沥青表面处治面层使用的道路石油沥青、乳化沥青的种类、标号和集料的质量规格应符合设计要求及现行行业标准《城镇道路工程施工与质量验收规范》CJJ 1 的规定，适应当地环境条件。

（2）沥青表面处治的集料最大粒径应与处治层的厚度相符。

（3）其他质量控制要求，参见本书 2.4.1 节中相关内容。

2. 工序质量控制点

（1）喷洒沥青

1）检查基层整修是否平整完好，杂物浮土是否清除干净。

2）检验石料规格及技术指标，并对沥青针入度、软化点等技术性能进行抽检。

3）检查喷洒沥青的速度和喷洒量，洒布宽度范围内喷洒应均匀，不得有油包、油丁、波浪、泛油现象，不得污染其他构筑物。

4）在清扫干净的碎石或砾石路面上铺筑沥青表面处治面层时，应喷洒透层油。在旧沥青路面、水泥混凝土路面、块石路面上铺筑沥青表面处治面层时，可在第一层沥青用量中增加 10％～20％，不再另洒透层油或粘层油。

5）沥青表面处治施工各工序应紧密衔接，洒布各层沥青后均应立即用集料洒布机洒布相应的集料。每个作业段长度应根据施工能力确定，并在当天完成。人工撒布集料时，应等距离划分段落备料。

6）控制沥青表面处治面层的沥青洒布温度，应根据气温及沥青标号选择，石油沥青宜为130～170℃，乳化沥青乳液温度不宜超过60℃。洒布车喷洒沥青纵向搭接宽度宜为10～15cm，洒布各层沥青的搭接缝应错开。

（2）摊铺、碾压与养护

1）摊铺与碾压质量控制，参见本书2.3.7节中相关内容。

2）嵌缝料应采用轻、中型压路机边碾压、边扫墁，及时追补集料，集料表面不得洒落沥青。

3）沥青表面处治成型后，及时进行外观检查，并应做好初期养护工作。

3. 质量检查

（1）沥青、乳化沥青的品种、指标、规格应符合设计要求和现行行业标准《城镇道路工程施工与质量验收规范》CJJ 1的有关规定。

（2）集料应压实平整，沥青应洒布均匀、无露白，嵌缝料应撒铺、扫墁均匀，不应有重叠现象。

（3）沥青表面处治允许偏差应符合现行行业标准《城镇道路工程施工与质量验收规范》CJJ 1的规定。

2.6 水泥混凝土面层

2.6.1 一般规定

1. 材料质量控制

混凝土路面材料质量控制，见表2-3。

混凝土路面材料质量控制 表2-3

序号	材料名称	质量要求
1	水泥	（1）重交通以上等级道路、城市快速路、主干路应采用42.5级以上的道路硅酸盐水泥或硅酸盐水泥、普通硅酸盐水泥；中、轻交通等级的道路可采用矿渣水泥，其强度等级不宜低于32.5级。水泥应有出厂合格证（含化学成分、物理指标），并经复验合格，方可使用。 （2）不同等级、厂牌、品种、出厂日期的水泥不得混存、混用。出厂期超过三个月或受潮的水泥，必须经过试验，合格后方可使用。 （3）水泥品种、级别、质量、包装、贮存，应符合国家现行有关标准的规定
2	粗集料	（1）粗集料应采用质地坚硬、耐久、洁净的碎石、砾石、破碎砾石。城市快速路、主干路、次干路及有抗（盐）冻要求的次干路、支路混凝土路面使用的粗集料级别不应低于Ⅰ级。Ⅰ级集料吸水率不应大于1.0%，Ⅱ级集料吸水率不应大于2.0%。 （2）粗集料宜采用人工级配。 （3）粗集料的最大公称粒径，碎砾石不应大于26.5mm，碎石不应大于31.5mm，砾石不宜大于19.0mm；钢纤维混凝土粗集料最大粒径不宜大于19.0mm
3	细集料	（1）宜采用质地坚硬，细度模数在2.5以上，符合级配规定的洁净粗砂、中砂。 （2）使用机制砂时，还应检验砂磨光值，其值宜大于35，不宜使用抗磨性较差的水成岩类机制砂。

序号	材料名称	质 量 要 求
3	细集料	（3）城市快速路、主干路宜采用一级砂和二级砂。 （4）海砂不得直接用于混凝土面层。淡化海砂不应用于城市快速路、主干路、次干路，可用于支路
4	水	水应符合现行行业标准《混凝土用水标准》JGJ 63 的规定。宜使用饮用水及不含油类等杂质的清洁中性水，pH 值为 6～8
5	外加剂	（1）外加剂宜使用无氯盐类的防冻剂、引气剂、减水剂等。 （2）外加剂应符合现行国家标准《混凝土外加剂》GB 8076 的有关规定，并应有合格证。 （3）使用外加剂应经掺配试验，并应符合现行国家标准《混凝土外加剂应用技术规范》GB 50119 的有关规定
6	外加剂的使用	（1）外加剂的掺量应由混凝土试配试验确定。 （2）引气剂与减水剂或高效减水剂等外加剂复配在同一水溶液中时，不应发生絮凝现象。 （3）钢纤维混凝土严禁采用海水、海砂，不得掺加氯盐及氯盐类早强剂、防冻剂等外加剂。 （4）当施工现场的气温高于 30℃、搅拌物温度在 30～35℃、空气相对湿度小于 80％时，混凝土中宜掺缓凝剂、保塑剂或缓凝减水剂等
7	钢筋	（1）钢筋的品种、规格、成分，应符合国家现行标准和设计规定，应具有生产厂的牌号、炉号，检验报告和合格证，并经复试（含见证取样）合格。 （2）钢筋不得有锈蚀、裂纹、断伤和刻痕等缺陷。 （3）钢筋应按类型、直径、钢号、批号等分别堆放，并应避免油污、锈蚀
8	钢纤维	（1）单丝钢纤维抗拉强度不宜小于 600MPa。 （2）钢纤维长度应与混凝土粗集料最大公称粒径相匹配，最短长度宜大于粗集料最大公称粒径的 1/3；最大长度不宜大于粗集料最大公称粒径的 2 倍，钢纤维长度与标称值的允许偏差为 ±10％。 （3）宜使用经防蚀处理的钢纤维，严禁使用带尖刺的钢纤维。 （4）应符合现行行业标准《混凝土用钢纤维》YB/T 151 的有关要求
9	传力杆（拉杆）、滑动套	材质、规格应符合规定。可采用镀锌钢管、硬塑料管等制作滑动套
10	胀缝板	宜采用厚 20mm、水稳定性好、具有一定柔性的板材制作，且应经防腐处理
11	填缝材料	宜采用树脂类、橡胶类、聚氯乙烯胶泥类、改性沥青类填缝材料，并宜加入耐老化剂
12	透水水泥混凝土用增强料	对于聚合物乳液：含固量 40％～50％，延伸率 ≥150％，极限拉伸强度 ≥1.0MPa。 对于活性 SiO_2：SiO_2 含量应大于 85％
13	透水水泥混凝土用集料	必须使用质地坚硬、耐久、洁净、密实的碎石料。碎石的性能指标应符合现行国家标准《建设用卵石、碎石》GB/T 14685 中的二级要求

2. 基层检查

（1）基层高程、宽度、横坡、轴线已经过测量复核。

（2）进场的混凝土摊铺机、振动梁、提浆泵等混凝土摊铺、养护、成型等机具试运行合格，已报验并经专业监理工程师签认。

（3）施工前，应按设计规定划分混凝土板块，板块划分应从路口开始，必须避免出现锐角。曲线段分块，应使横向分块线与该点法线方向一致。直线段分块线应与面层胀、缩缝结合，分块距离宜均匀。分块线距检查井盖的边缘宜大于1m。

（4）基层质量必须符合规定要求，并应对基层的中心线、标高、宽度、坡度、平整度、回弹弯沉值、强度进行检测，验算的基层整体模量应满足设计要求。

（5）检查下承层病害或缺陷处理情况，检查、确认现场是否具备混凝土路面浇筑施工的条件。

2.6.2 普通水泥混凝土面层

1. 材料质量控制

见表2-1中相关内容。

2. 模板与钢筋工序质量控制点

（1）模板安装

1）模板应与混凝土的摊铺机械相匹配。模板高度应为混凝土板设计厚度。

2）钢模板应直顺、平整，每1m设置1处支撑装置。

3）木模板直线部分板厚不宜小于5cm，每0.8～1m设1处支撑装置；弯道部分板厚宜为1.5～3cm，每0.5～0.8m设1处支撑装置，模板与混凝土接触面及模板顶面应刨光。

4）支模前应核对路面标高、面板分块、胀缝和构造物位置。

5）模板应安装稳固、顺直、平整，无扭曲，相邻模板连接应紧密平顺，不应错位。

6）严禁在基层上挖槽嵌入模板。

7）使用轨道摊铺机应采用专用钢制轨模。

8）模板安装完毕，应进行检验，合格后方可使用。

（2）钢筋安装

1）钢筋安装前应检查其原材料品种、规格与加工质量，确认符合设计要求。

2）钢筋网片的绑扎应分片进行，以便施工时安装方便。纵横向钢筋交叉点应绑扎牢固，尤其是最外边的交叉点。

3）由于钢筋网片容易变形，安装时一般先浇筑一层混凝土并整平振实后，再安放钢筋网片。

4）严禁将钢筋网片直接放在模内，待浇筑混凝土后再分段提起，如果这样做，势必会导致钢筋的严重变形。

5）钢筋网、角隅钢筋等安装应牢固、位置准确。钢筋安装后应进行检查，合格后方可使用。

6）传力杆安装应牢固、位置准确。胀缝传力杆应与胀缝板、提缝板一起安装。

7）钢筋加工允许偏差项目：钢筋网的长度与宽度、钢筋网眼尺寸、钢筋骨架宽度及高度、钢筋骨架长度，应符合设计要求和现行行业标准《城镇道路工程施工与质量验收规范》CJJ 1的规定。

8）钢筋安装允许偏差项目：受力钢筋排距和间距、钢筋弯起点位置、箍筋和横向钢筋间距、钢筋预埋位置、钢筋保护层，应符合设计要求和现行行业标准《城镇道路工程施工与质量验收规范》CJJ 1的规定。

3. 混凝土搅拌与运输工序质量控制点

（1）混凝土搅拌

1）混凝土的搅拌时间应按配合比要求与施工对其工作性要求经试拌确定最佳搅拌时间。每盘最长总搅拌时间宜为80～120s。

2）外加剂宜稀释成溶液，均匀加入进行搅拌。

3）混凝土应搅拌均匀，出仓温度应符合施工要求。

4）当钢纤维体积率较高，搅拌物较干时，搅拌设备一次搅拌量不宜大于其额定搅拌量的80％。

5）钢纤维混凝土的投料次序、方法和搅拌时间，应以搅拌过程中钢纤维不产生结团和满足使用要求为前提，通过试拌确定。

6）钢纤维混凝土严禁用人工搅拌。

（2）混凝土运输

1）施工中应根据运距、混凝土搅拌能力、摊铺能力确定运输车辆的数量与配置。

2）不同摊铺工艺的混凝土搅拌物从搅拌机出料到运输、铺筑完毕的允许最长时间应符合现行行业标准《城镇道路工程施工与质量验收规范》CJJ 1的规定。

3）严格控制混凝土配合比，进行砂、碎石、水泥的计量和坍落度试验。

4）混凝土运输中不得离析。

4. 混凝土铺筑工序质量控制点

（1）铺筑检查项目

1）基层或砂垫层表面、模板位置、高程等符合设计要求。模板支撑接缝严密、模内洁净、隔离剂涂刷均匀。

2）钢筋、预埋胀缝板的位置正确，传力杆等安装符合要求。

3）混凝土搅拌、运输与摊铺设备，状况良好。

（2）三辊轴机组铺筑

1）三辊轴机组铺筑混凝土面层时，辊轴直径应与摊铺层厚度匹配，且必须同时配备一台安装插入式振捣器组的排式振捣机，振捣器的直径宜为50～100mm，间距不应大于其有效作用半径的1.5倍，且不得大于50cm。

2）当面层铺装厚度小于15cm时，可采用振捣梁。其振捣频率宜为50～100Hz，振捣加速度宜为4～5g（g为重力加速度）。

3）当一次摊铺双车道面层时，应配备纵缝拉杆插入机，并配有插入深度控制和拉杆间距调整装置。

4）卸料应均匀，布料应与摊铺速度相适应。

5）设有接缝拉杆的混凝土面层，应在面层施工中及时安设拉杆。

6）三辊轴整平机分段整平的作业单元长度宜为20～30m，振捣机振实与三辊轴整平工序之间的时间间隔不宜超过15min。

7）在一个作业单元长度内，应采用前进振动、后退静滚方式作业，最佳滚压遍数应经过试铺确定。

（3）采用轨道摊铺机铺筑

1）最小摊铺宽度不宜小于 3.75m。

2）坍落度宜控制在 20～40mm。

3）当施工钢筋混凝土面层时，宜选用两台箱型轨道摊铺机分两层两次布料。下层混凝土的布料长度应根据钢筋网片长度和混凝土凝结时间确定，且不宜超过 20m。

4）轨道摊铺机应配备振捣器组，当面板厚度超过 150mm、坍落度小于 30mm 时，必须插入振捣。

5）轨道摊铺机应配备振动梁或振动板对混凝土表面进行振捣和修整。使用振动板振动提浆饰面时，提浆厚度宜控制在（44±1）mm。

6）面层表面整平时，应及时清除余料，用抹平板完成表面整修。

（4）人工小型机具施工

1）混凝土松铺系数宜控制在 1.10～1.25。

2）摊铺厚度达到混凝土板厚的 2/3 时，应拔出模内钢钎，并填实钎洞。

3）混凝土面层分两次摊铺时，上层混凝土的摊铺应在下层混凝土初凝前完成，且下层厚度宜为总厚的 3/5。

4）混凝土摊铺应与钢筋网、传力杆及边缘角隅钢筋的安放相配合。

5）一块混凝土板应一次连续浇筑完毕。

6）混凝土使用插入式振捣器振捣时，不应过振，且振动时间不宜少于 30s，移动间距不宜大于 50cm。使用平板振捣器振捣时应重叠 10～20cm，振捣器行进速度应均匀一致。

（5）真空脱水作业

1）真空脱水应在面层混凝土振捣后、抹面前进行。

2）开机后应逐渐升高真空度，当达到要求的真空度，开始正常出水后，真空度应保持稳定，最大真空度不宜超过 0.085MPa，待达到规定脱水时间和脱水量时，应逐渐减小真空度。

3）真空系统安装与吸水垫放置位置，应便于混凝土摊铺与面层脱水，不得出现未经吸水的脱空部位。

4）混凝土试件，应与吸水作业同条件制作、同条件养护。

5）真空吸水作业后，应重新压实整平，并拉毛、压痕或刻痕。

（6）面层成活

1）现场应采取防风、防晒等措施；抹面拉毛等应在跳板上进行，抹面时严禁在板面上洒水、撒水泥粉。

2）采用机械抹面时，真空吸水完成后即可进行。先用带有浮动圆盘的重型抹面机粗抹，再用带有振动圆盘的轻型抹面机或人工细抹一遍。

3）混凝土抹面不宜少于 4 次，先找平抹平，待混凝土表面无泌水时再抹面，并依据水泥品种与气温控制抹面间隔时间。

4）混凝土面层应拉毛、压痕或刻痕，其平均纹理深度应为 1～2mm。

（7）切缝与填缝

1）切缝应视混凝土强度的增长情况，比常温施工适度提前。铺筑现场宜设遮阳棚。

2）胀缝间距应符合设计要求，缝宽宜为 20mm。在与结构物衔接处、道路交叉和填挖土方变化处，应设胀缝。

3）胀缝上部的预留填缝空隙，宜用提缝板留置。提缝板应直顺，与胀缝板密合、垂直于面层。

4）缩缝应垂直板面，宽度宜为 4～6mm。切缝深度：设传力杆时，不应小于面层厚的 1/3，且不得小于 70mm；不设传力杆时不应小于面层厚的 1/4，且不应小于 60mm。

5）机切缝时，宜在水泥混凝土强度达到设计强度 25%～30%时进行。

5. 面层养护与填缝工序质量控制点

（1）面层养护

1）水泥混凝土面层成活后，应及时养护。可选用保湿法和塑料薄膜覆盖等方法养护。气温较高时，养护不宜少于 14d；低温时，养护期不宜少于 21d。

2）昼夜温差大的地区，应采取保温、保湿的养护措施。

3）养护期间应封闭交通，不应堆放重物；养护终结，应及时清除面层养护材料。

4）混凝土板在达到设计强度的 40%以后，行人方可通行。

5）控制拆模时间：混凝土抗压强度达 8.0MPa 及以上方可拆模。当缺乏强度实测数据时，侧模允许最早拆模时间宜符合设计要求和现行行业标准《城镇道路工程施工与质量验收规范》CJJ 1 的规定。

（2）填缝

1）混凝土板养护期满后应及时填缝，缝内遗留的砂石、灰浆等杂物，应剔除干净。

2）应按设计要求选择填缝料，并根据填料品种制定工艺技术措施。

3）灌注填缝料必须在缝槽干燥状态下进行，填缝料应与混凝土缝壁黏附紧密，不渗水。

4）填缝料的充满度应根据施工季节而定，常温施工应与路面平，冬期施工，宜略低于板面。

5）在面层混凝土弯拉强度达到设计强度，且填缝完成前，不得开放交通。

6. 质量检查

（1）原材料质量

1）水泥品种、级别、质量、包装、贮存，应符合国家现行有关标准的规定。

2）混凝土中掺加外加剂的质量应符合现行国家标准《混凝土外加剂》GB 8076 和《混凝土外加剂应用技术规范》GB 50119 的规定。

3）钢筋品种、规格、数量、下料尺寸及质量应符合设计要求及国家现行有关标准的规定。

4）钢纤维的规格质量应符合设计要求及现行行业标准《城镇道路工程施工与质量验收规范》CJJ 1 的有关规定。

5）粗集料、细集料应符合现行行业标准《城镇道路工程施工与质量验收规范》CJJ 1 的有关规定。

6）水应符合现行行业标准《混凝土用水标准》JGJ 63 的规定。宜使用饮用水及不含油类等杂质的清洁中性水，pH 值宜为 6～8。

（2）混凝土面层质量

1）混凝土弯拉强度应符合设计要求。

2）混凝土面层厚度应符合设计要求，允许误差为 ±5mm。

3）抗滑构造深度应符合设计要求。

4）水泥混凝土面层应板面平整、密实，边角应整齐、无裂缝，并不应有石子外露和浮浆、脱皮、踏痕、积水等现象，蜂窝麻面面积不得大于总面积的 0.5%。

5）伸缩缝应上下垂直、走向直顺，缝内不应有杂物。伸缩缝在规定的深度和宽度范围内应全部贯通，传力杆应与缝面垂直。

6）混凝土路面允许偏差应符合现行行业标准《城镇道路工程施工与质量验收规范》CJJ 1 的规定。

2.6.3 透水水泥混凝土面层

透水水泥混凝土作为新型生态环保型产品，适用于新建的城镇轻荷载道路、园林中的轻型荷载道路、广场和停车场等透水水泥混凝土路面。不适用于严寒地区、湿陷性黄土地区、盐渍土地区、膨胀土地区的路面。

1. 材料质量控制

（1）水泥、外加剂（粉剂）及增强材料在储存、运输、堆放时需要防潮。

（2）增强料有利于改善集料接触点的粘结强度，从而提高透水水泥混凝土强度，延长使用寿命。市场上有各种类型增强料供配制透水水泥混凝土时使用。生产厂家不同，增强料名称也不同（有的称增强胶结料，有的称胶结料），但其作用目的相同，因此无论何种产品，必须有厂方的合格证及使用说明，增强料的质量是确保透水水泥混凝土成品质量的关键。

（3）碎石的粒径影响透水率，选择适当粒径的碎石视透水要求而定，粒径大透水率大，反之则小。根据已有的试验结果，建议碎石粒径采用单一级配。

（4）其他要求，见表 2-1 中相关内容。

2. 基层处理工序质量控制点

（1）路基应稳定、均质，并应为路面结构提供均匀的支承。

（2）基层应具有足够的强度和刚度。

（3）透水水泥混凝土路面基层横坡度宜为 1%～2%，面层横坡度应与基层横坡度相同。

（4）全透水结构的人行道（图 2-4）基层可采用级配砂砾、级配碎石及级配砾石基层，基层厚度不应小于 150mm。

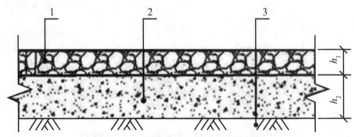

图 2-4　全透水结构的人行道示意

1—透水水泥混凝土面层；2—基层；3—路基

全透水结构的其他道路（图 2-5）级配砂砾、级配碎石及级配砾石基层上应增设多孔隙水泥稳定碎石基层，基层应符合下列规定：

1）多孔隙水泥稳定碎石基层不应小于 200mm；

2）级配砂砾、级配碎石及级配砾石基层不应小于 150mm。

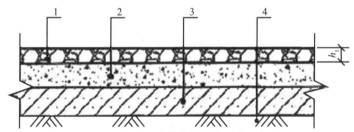

图 2-5　全透水结构的其他道路示意
1—透水水泥混凝土面层；2—多孔隙水泥稳定碎石基层；
3—级配砂砾、级配碎石及级配砾石基层；4—路基

（5）半透水结构（图 2-6）应符合下列要求：

1）水泥混凝土基层的抗压强度等级不应低于 C20，厚度不应小于 150mm；

2）稳定土基层或石灰、粉煤灰稳定砂砾基层厚度不应小于 150mm。

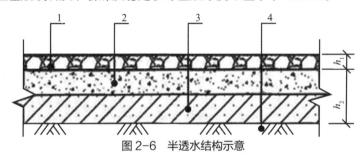

图 2-6　半透水结构示意
1—透水水泥混凝土面层；2—混凝土基层；3—稳定土类基层；4—路基

（6）面层施工前应按规定对基层、排水系统进行检查验收，符合要求后方能进行面层施工。

（7）在透水水泥混凝土面层施工前，应对基层进行清洁处理，处理后的基层表面应粗糙、清洁、无积水，并应保持一定湿润状态。

3. 搅拌与运输工序质量控制点

（1）搅拌

1）透水水泥混凝土宜采用强制性搅拌机进行搅拌，搅拌机的容量应根据工程量、施工进度、施工顺序和运输工具等参数选择。新拌混凝土出机至作业面运输时间不宜超过 30min。

2）进入搅拌机的原材料必须计量准确，并应符合下列要求：

① 袋装水泥应抽查袋重的准确性。

② 每台班拌制前应精确测定集料的含水率，并应根据集料的含水率，调整透水水泥混凝土配比中的用水量，由施工现场试验确定施工配合比。

③ 透水水泥混凝土原材料（按质量计）的允许误差，不应超过下列规定：

水泥：±1%；增强料：±1%；集料：±2%；水：±1%；外加剂：±1%。

3）透水水泥混凝土的拌制宜先将集料和50%用水量加入搅拌机搅拌30s，再加入水泥、增强料、外加剂搅拌40s，最后加入剩余用水量搅拌50s以上。

4）当透水水泥混凝土面层采用双色组合层设计时，应采用不同搅拌机分别搅拌不同色彩的混凝土。

（2）运输

1）透水水泥混凝土拌合物运输时应防止离析，并应注意保持拌合物的湿度，必要时应采取遮盖等措施。

2）透水水泥混凝土拌合物从搅拌机出料后，运至施工地点进行摊铺、压实直至浇筑完毕的允许最长时间，可由实验室根据水泥初凝时间及施工气温确定，并应符合表2-4的规定。

透水水泥混凝土从搅拌机出料至浇筑完毕的允许最长时间　　　表2-4

施工气温 T（℃）	允许最长时间（h）
$5 \leqslant T < 10$	2.0
$10 \leqslant T < 20$	1.5
$20 \leqslant T < 32$	1.0

4. 面层铺筑工序质量控制点

（1）普通透水水泥混凝土铺筑

1）模板的制作与立模要求：

① 模板应选用质地坚实、变形小、刚度大的材料，模板的高度应与混凝土路面厚度一致。

② 立模的平面位置与高程应符合设计要求，模板与混凝土接触的表面应涂隔离剂。

③ 透水水泥混凝土拌合物摊铺前，应对模板的高度、支撑稳定情况等进行全面检查。

2）透水水泥混凝土拌合物摊铺应均匀，平整度与排水坡度应符合要求，摊铺厚度应考虑松铺系数，其松铺系数宜为1.1。

采用全透水结构形式时，其透水水泥混凝土面层强度等级不应小于C20，厚度（h_1）不宜小于80mm；当其他路面采用全透水水泥混凝土结构形式时，其透水水泥混凝土面层强度等级不应小于C30，厚度（h_1）不宜小于180mm；半透水结构，其透水水泥混凝土面层强度等级不应小于C30，厚度（h_1）不宜小于180mm。

3）透水水泥混凝土宜采用平整压实机，或采用低频平板振动器振动和专用滚压工具滚压。压实时应辅以人工补料及找平，人工找平时施工人员应穿减压鞋进行操作。

用低频平板振动器振动时，应防止在同一处振动时间过长而出现离析现象，以及过于密实而影响透水率。

减压鞋是透水水泥混凝土技术作业人员的专用工具，主要是增大接触面积，减少施工时对透水水泥混凝土面层的破坏。

4）透水水泥混凝土压实后，宜使用抹平机对透水水泥混凝土面层进行收面，必要时应配合人工拍实、整平。整平时必须保持模板顶面整洁，接缝处板面应平整。

5）模板的拆模时间应根据气温和混凝土强度增长情况确定；拆模不得损坏混凝土路面的边角，应保持透水水泥混凝土块体完好。

（2）彩色透水水泥混凝土铺筑

当采用彩色透水水泥混凝土双色组合层施工时，上面层应在下面层初凝前进行铺筑，其表面层厚度不应小于30mm。

为保证上面层与下面层之间有良好的粘结，色泽一致，二层施工时间不应超过1h。

双色组合层面层施工时，应设两台搅拌机同时搅拌。

（3）露骨透水水泥混凝土铺筑

1）随时检查施工表面的初凝状况，有初凝现象时可均匀喷洒适量缓凝剂，选用塑料薄膜覆盖等方法养护，并应防止阳光直晒。

2）表层混凝土终凝前应及时采用高压水枪冲洗面层，除去表面的胶凝材料，均匀裸露出天然石材，以颗粒不松动为宜。

3）表层冲洗后应及时去除表面和气隙内的剩余浆料，并应覆盖塑料薄膜进行保湿养护。

4）露骨透水水泥混凝土模板的制作与立模、摊铺、压实、拆模等工序质量控制要求，参见（1）普通透水水泥混凝土铺筑中相关内容。

5. 接缝与养护工序质量控制点

（1）接缝

1）透水水泥混凝土面层应设置纵向和横向接缝。纵向接缝的间距应按路面宽度在3.0～4.5m范围内确定，横向接缝的间距宜为4.0～6.0m；广场平面尺寸不宜大于25m^2，面层板的长宽比不宜超过1.3。当基层有结构缝时，面层缩缝应与其相应结构缝位置一致，缝内应填嵌柔性材料。路面缩缝切割深度宜为（1/2～1/3）h_1（h_1为面层厚度），切割深度一般控制在不小于30mm。

2）当透水水泥混凝土面层施工长度超过30m，应设置胀缝。在透水水泥混凝土面层与侧沟、建筑物、雨水口、铺面的砌块、沥青铺面等其他构造物连接处，应设置胀缝。路面胀缝应与路面厚度相同。

3）施工中施工缝可代替缩缝。

4）施工中的缩缝、胀缝均应嵌入弹性嵌缝材料，但不能采用热流性的材料，以免热流性的材料渗透到透水水泥混凝土的孔隙中堵塞孔隙。

（2）养护

1）透水水泥混凝土路面施工完毕后，宜采用塑料薄膜覆盖等方法养护。养护时间应根据透水水泥混凝土强度增长情况确定，养护时间不宜少于14d。

2）养护期间透水混凝土面层不得通车，并应保证覆盖材料的完整。

3）透水水泥混凝土路面未达到设计强度前不得投入使用。透水水泥混凝土路面的强度，应以透水水泥混凝土试块强度为依据。

6. 质量检查

（1）原材料质量

1）水泥品种、级别、质量、包装、储存，应符合国家现行有关标准的规定。

2）混凝土中掺加外加剂的质量应符合现行国家标准《混凝土外加剂》GB 8076和《混

凝土外加剂应用技术规范》GB 50119 的规定。

3）集料应采用质地坚硬、耐久、洁净的碎石和砾石，并应符合现行行业标准《透水水泥混凝土路面技术规程》CJJ/T 135 的规定。

（2）透水水泥混凝土路面面层质量

1）透水水泥混凝土路面弯拉强度应符合设计要求。

2）透水水泥混凝土路面抗压强度应符合设计要求。

3）透水水泥混凝土路面面层透水系数应达到设计要求。

4）透水水泥混凝土路面面层厚度应符合设计要求，允许误差为 ±5mm。

（3）透水水泥混凝土路面面层应板面平整、边角应整齐，不应有石子脱落现象。

（4）路面接缝应上下垂直、走向直顺，缝内不应有杂物。

（5）彩色透水水泥混凝土路面颜色应均匀一致。

（6）露骨透水水泥混凝土路面表层石子分布应均匀一致，不得有松动现象。

（7）透水水泥混凝土路面面层允许偏差应符合现行行业标准《透水水泥混凝土路面技术规程》CJJ/T 135 的规定。

2.7 铺砌式面层

2.7.1 料石面层

1. 材料质量控制

（1）开工前，应选用符合设计要求的料石。当设计无要求时，宜优先选择花岗石等坚硬、耐磨、耐酸石材，石材应表面平整、粗糙，表面纹理垂直于板边沿，不得有斜纹、乱纹现象，边沿直顺、四角整齐，不得有凹凸不平现象。

（2）检查料石石材的物理性能和外观质量，应符合现行行业标准《城镇道路工程施工与质量验收规范》CJJ 1 的规定。

（3）检查料石加工尺寸允许偏差，应符合现行行业标准《城镇道路工程施工与质量验收规范》CJJ 1 的规定。

（4）宜采用现行国家标准《通用硅酸盐水泥》GB 175 中规定的水泥。

（5）宜用质地坚硬、干净的粗砂或中砂，含泥量应小于 5%。

（6）搅拌用水应符合现行行业标准《混凝土用水标准》JGJ 63 的规定。宜使用饮用水及不含油类等杂质的清洁中性水，pH 值宜为 6～8。

（7）铺砌应采用干硬性水泥砂浆，虚铺系数应经试验确定。

2. 工序质量控制点

（1）铺砌

1）基层高程、宽度、横坡、轴线已经过测量复核。

2）对基层进行验收，经签认合格。

3）铺砌控制基线的设置距离，直线段宜为 5～10m，曲线段应视情况适度加密。

4）当采用水泥混凝土做基层时，铺砌面层胀缝应与基层胀缝对齐。

5）铺砌中砂浆应饱满，且表面平整、稳定、缝隙均匀。与检查井等构筑物相接时，应平整、美观，不得反坡。不得采用在料石下填塞砂浆或支垫方法找平。

6）伸缩缝材料应安放平直，并应与料石粘贴牢固。

（2）灌缝、养护

1）在铺装完成并检查合格后，应及时灌缝。表面应平整、稳固、无翘动，缝线直顺、灌缝饱满，无反坡积水现象。

2）铺砌面层完成后，必须封闭交通，并应湿润养护，当水泥砂浆达到设计强度后。方可开放交通。

3. 质量检查

（1）石材质量、外形尺寸应符合设计要求及现行行业标准《城镇道路工程施工与质量验收规范》CJJ 1 的有关规定。

（2）砂浆平均抗压强度等级应符合设计要求，任一组试件抗压强度最低值不应低于设计强度的85％。

（3）表面应平整、稳固、无翘动，缝线直顺、灌缝饱满，无反坡积水现象。

（4）料石面层允许偏差应符合现行行业标准《城镇道路工程施工与质量验收规范》CJJ 1 的规定。

2.7.2　预制混凝土砌块面层

1. 材料质量控制

（1）核查混凝土预制砌块的出厂合格证、生产日期和混凝土原材料、配合比、弯拉强度、抗压强度试验结果资料。铺装前应进行外观检查与强度试验抽样检验（含见证抽样）。

（2）复查砌块的弯拉或抗压强度，应符合设计要求。当砌块边长与厚度比小于5时应以抗压强度控制。

（3）复查砌块的耐磨性试验，磨坑长度不得大于35mm，吸水率应小于8％，其抗冻性应符合设计要求。

（4）预制砌块表面应平整、粗糙。检查砌块加工尺寸与外观质量，允许偏差应符合现行行业标准《城镇道路工程施工与质量验收规范》CJJ 1 的规定。

（5）砌筑砂浆所用水泥、砂、水的质量控制，参见本书2.7.1节中的有关内容。

（6）砂浆平均抗压强度等级应符合设计要求，任一组试件抗压强度最低值不应低于设计强度的85％。

2. 工序质量控制点

（1）基层高程、宽度、横坡、轴线已经过测量复核。

（2）对基层进行验收，经签认合格。

（3）混凝土砌块铺砌与养护，参见本书2.7.1节中相关内容。

3. 质量检查

（1）砌块的强度应符合设计要求。

（2）砂浆平均抗压强度等级应符合设计要求，任一组试件抗压强度最低值不应低于设计强度的85％。

（3）砌块表面应平整、稳固、无翘动，缝线直顺、灌缝饱满，无反坡积水现象。

（4）预制混凝土砌块面层允许偏差应符合现行行业标准《城镇道路工程施工与质量验收规范》CJJ 1 的规定。

2.7.3　透水砖面层

1. 材料质量控制

（1）透水砖的透水系数不应小于等于 1.0×10^{-2}cm/s，外观质量、尺寸偏差、力学性能、物理性能等其他要求应符合现行行业标准《砂基透水砖》JG/T 376 和《再生骨料地面砖和透水砖》CJ/T 400 的规定。

（2）用于铺筑人行道的透水砖其防滑性能（BPN）不应小于 60，耐磨性不应大于 35mm。使用除冰盐或融雪剂的透水砖路面，应增加抗盐冻性试验：经 25 次冻融循环，质量损失不应大于 0.50kg/m^2，抗压强度损失不应大于 20%。

（3）普通水泥、外加剂、施工用水的质量要求，见表 2-1 中相关内容。

（4）透水水泥混凝土、外加剂、增强材料的质量要求，见本书 2.6.3 节中相关内容。

（5）粗集料应使用质地坚硬、耐久、洁净的碎石、碎砾石、砾石。有抗盐冻要求的结构层使用粗集料不应低于 Ⅱ 级。Ⅰ 级集料吸水率不应大于 1.0%，Ⅱ 级集料吸水率不应大于 2.0%。

（6）细集料宜采用机制砂。各级细集料技术指标应符合现行行业标准《城镇道路工程施工与质量验收规范》CJJ 1 的规定。有抗盐冻要求的结构层使用细集料不应低于 Ⅱ 级。

2. 工序质量控制点

（1）基层

基层可采用透水粒料基层、透水水泥混凝土基层、水泥稳定碎石基层等类型，并应具有足够的强度、透水性和水稳定性。连续孔隙率不应小于 10%。

1）级配碎石基层要求

① 级配碎石可用于土质均匀，承载能力较好的土基。

② 基层顶面压实度按重型击实标准，应达到 95% 以上。

③ 级配碎石集料基层压碎值不应大于 26%，公称最大粒径不宜大于 26.5mm，集料中小于或等于 0.075mm 颗粒含量不应超过 3%。

2）透水水泥混凝土基层要求

① 基层集料压碎值不应大于 26%，公称最大粒径不宜大于 31.5mm，集料中小于或等于 2.36mm 颗粒含量不应超过 7%。

② 透水水泥混凝土基层的配比应通过试验确定，满足强度和透水性要求。

3）透水性水泥稳定碎石基层要求

① 透水水泥稳定碎石基层的设计抗压强度指标为：保湿养生 6d、浸水 1d 后无侧限抗压强度应在 2.5~3.5MPa，冻融循环 25 次后不应小于 2.5MPa。养护期间应封闭交通。

② 透水或水泥稳定碎石基层集料压碎值不应大于 30%，公称最大粒径不宜大于 31.5mm，集料中小于或等于 0.075mm 颗粒含量不应超过 2%。

③ 透水水泥稳定碎石基层的配比应通过试验确定，并应达到强度和透水性要求。

（2）透水砖面层

1）面层施工前应按规定对道路各结构层、排水系统及附属设施进行检查验收，符合要求后方可进行面层施工。

2）透水路面施工前各类地下管线应先行施工完毕，施工中应对既有及新建地上杆线、地下管线等建（构）筑物采取保护措施。

3）透水砖铺筑时，基准点和基准面应根据平面设计图、工程规模及透水砖规格、块形及尺寸设置。

4）透水砖的铺筑应从透水砖基准点开始，并以透水砖基准线为基准，按设计图铺筑。铺筑透水砖路面应纵横拉通线铺筑，每3~5m设置基准点。

5）透水砖铺筑过程中，不得直接站在找平层上作业，不得在新铺设的砖面上拌合砂浆或堆放材料。

6）透水砖铺筑中，应随时检查牢固性与平整度，应及时进行修整，不得采用向砖底部填塞砂浆或支垫等方法进行砖面找平；应采用切割机械切割透水砖。

7）透水砖的接缝宽度不宜大于3mm，宜采用中砂灌缝。曲线外侧透水砖的接缝宽度不应大于5mm、内侧不应小于2mm；竖曲线透水砖接缝宽度宜为2~5mm。

8）人行道、广场等透水砖路面的边缘部位应设有路缘石。

9）透水砖铺筑完成后，表面敲实，应及时清除砖面上的杂物、碎屑，面砖上不得有残留水泥砂浆。面层铺筑完成后基层未达到规定强度前，严禁车辆进入。

3. 质量检查

（1）透水砖的透水性能、抗滑性、耐磨性、块形、颜色、厚度、强度等应符合设计要求。

（2）结构层的透水性应逐层验收，其性能应符合设计要求。

（3）透水砖的铺筑形式应符合设计要求。

（4）水泥、外加剂、集料及砂的品种、级别、质量、包装、储存等应符合国家现行有关标准的规定。

（5）透水砖铺砌应平整、稳固，不应有污染、空鼓、掉角及断裂等外观缺陷，不得有翘动现象，灌缝应饱满，缝隙一致。

（6）透水砖面层与路缘石及其他构筑物应接顺，不得有反坡积水现象。

（7）透水砖铺装允许偏差应符合现行行业标准《透水砖路面技术规程》CJJ/T 188的规定。

2.8　人行道、广场及停车场

2.8.1　料石与预制砌块铺砌人行道面层

1. 材料质量控制

（1）核查料石、混凝土预制砌块的出厂合格证、生产日期和混凝土原材料、配合比、强度、耐磨性能试验结果资料。

（2）料石应表面平整、粗糙，色泽、规格、尺寸应符合设计要求，其抗压强度不宜小于

80MPa，且应符合现行行业标准《城镇道路工程施工与质量验收规范》CJJ 1 的要求。料石加工尺寸允许偏差应符合现行行业标准《城镇道路工程施工与质量验收规范》CJJ 1 的规定。

（3）检查水泥混凝土预制人行道砌块的抗压强度，应符合设计要求，设计未规定时，不宜低于 30MPa。砌块应表面平整、粗糙、纹路清晰、棱角整齐，不得有蜂窝、露石、脱皮等现象；彩色道砖应色彩均匀。

（4）料石、预制砌块宜由预制厂生产，并应提供强度、耐磨性能试验报告及产品合格证。

（5）预制人行道料石、砌块进场后，应经检验合格后方可使用。

2．工序质量控制点

（1）样板段

大面积施工前，通过样板段确定土基压实度等实验数据、面砖挂线铺装方案、缝宽控制方案以及转弯处、无障碍坡道、路沿石边、界石边、挡车柱、广告牌、检查井周边等细节处理方案等，作为正式施工的控制依据。

（2）浇筑基层混凝土

人行道混凝土基层应优先采用再生骨料商品混凝土。混凝土进场时应随车提供出场合格证、检验报告和开盘鉴定。进场后，应立即进行坍落度试验，并按相关要求制作试块。坍落度应控制在 14～16cm。振捣时应注意振捣均匀，振捣时间不宜过长，以不再浮出气泡为止，在混凝土浇筑过程中，随时进行观察，确保基层平整。

（3）施工缝设置与混凝土基层养护

基层混凝土施工缝应留置在胀缝位置。缩缝、胀缝应按设计要求进行设置，若设计未明确，应按以下要求设置：缩缝每隔 5m 设置 1 道，切缝宽度 3～8mm，切缝深度 25～30mm；胀缝每 75m 设置一道，宽度 20mm，深度同基层厚度。

混凝土浇筑完毕后，应及时养护。夜间温度较低时，应覆盖毛毡保温防冻。

（4）水泥砂浆结合层

结合层施工时应按设计标高进行网状挂线，水泥砂浆应均匀铺设在基层表面，确保道板与砂浆结合紧密，水泥砂浆强度等级应符合设计要求及国家现行标准规定。

（5）料石、预制砌块铺设

料石、预制砌块应紧随砂浆结合层进行铺装。铺装时，应从路缘石边向界石方向顺序铺装。应拉线铺装，在花坛石边及路缘石边根据设计标高顺向挂 2 道施工线，长度 20m，边线内挂线加密，每 20cm（一块板）一道，作为顺向控制线。每隔 3m 横向布设施工线进行高程控制，形成网格状控制体系。缝宽应采用 2mm 厚垫片进行控制；平整度应采用 3m 靠尺和塞尺随铺随检，不符合要求的立即进行调整。

料石、预制砌块应适应杆件、箱体、构筑物形状进行衔接铺设，铺设前应进行尺寸计算，在施工现场防尘棚内用无齿锯切割异形道板进行安装。铺装坡度应符合设计要求，并应以路缘石顶标高为标准按坡度放线，以利于人行道排水。

（6）盲道铺砌

1）盲道砖一般在人行道路中距外侧界石 1/3 位置设置，具体依照设计要求，且施工时应避开路灯、树木、挡墙、检查井等障碍物，路口处盲道砖应铺设为无障碍形式，铺装形式应满足设计图纸要求。

2）盲道铺砌除应符合本书 2.7 节中相关内容外，尚应遵守下列规定：

① 行进盲道砌块与提示盲道砌块不得混用。

② 盲道必须避开树池、检查井、杆线等障碍物。

3）路口处盲道应铺设为无障碍形式。

3. 质量检查

（1）料石铺砌人行道面层

1）路床与基层压实度应大于或等于 90％。

2）砂浆平均抗压强度等级应符合设计要求。

3）石材的强度、外观尺寸应符合设计要求。

4）盲道铺砌应正确。

5）料石铺砌应稳固、无翘动，表面平整、缝线直顺、缝宽均匀、灌缝饱满，无翘边、翘角、反坡、积水现象。

6）料石铺砌允许偏差应符合现行行业标准《城镇道路工程施工与质量验收规范》CJJ 1 的规定。

（2）混凝土预制砌块铺砌人行道（含盲道）

1）路床与基层压实度应大于或等于 90％。

2）混凝土预制砌块（含盲道砌块）强度应符合设计要求。

3）砂浆平均抗压强度等级应符合设计要求，任一组试件抗压强度最低值不应低于设计强度的 85％。

4）盲道铺砌应连续、平顺，转角块导引方向无误，铺筑范围内无树池、垃圾桶、电线杆、广告牌等障碍物，上下坡道平缓，无沟坎。

5）人行道（含盲道）铺砌应稳固、无翘动，表面平整、缝线直顺、缝宽均匀、灌缝饱满，无翘边、翘角、反坡、积水现象。

6）预制砌块铺砌允许偏差应符合现行行业标准《城镇道路工程施工与质量验收规范》CJJ 1 的规定。

2.8.2 沥青混合料铺筑人行道面层

1. 材料质量控制

参见本书 2.4 节中相关内容。

2. 工序质量控制点

（1）基层高程、宽度、横坡、轴线已经过测量复核。

（2）检查沥青混凝土铺装层厚度，不应小于 3cm，沥青石屑、沥青砂铺装层厚不应小于 2cm。

（3）检查沥青混凝土铺装层压实度不应小于 95％。表面应平整，无明显轮迹。

（4）其他工序质量控制要求，参见本书 2.4 节中相关内容。

3. 质量检查

（1）路床与基层压实度应大于或等于 90％。

（2）沥青混合料品质应符合马歇尔试验配合比技术要求。

（3）沥青混合料压实度不应小于95％。

（4）表面应平整、密实，无裂缝、烂边、掉渣、推挤现象，接茬应平顺、烫边无枯焦现象，与构筑物衔接平顺、无反坡积水。

（5）沥青混合料铺筑人行道面层允许偏差应符合现行行业标准《城镇道路工程施工与质量验收规范》CJJ 1 的规定。

2.8.3　广场与停车场铺装

1. 材料质量控制

（1）核查石材、混凝土预制砌块的出厂合格证、生产日期和混凝土原材料、配合比、强度、耐磨性能试验结果资料。

（2）复核石材的品种、规格、数量等是否符合设计要求。

（3）检查石材外观质量，对有裂纹、缺棱、掉角、有色差和表面有缺陷的石材予以剔除。

（4）对混凝土基层施工验收合格，经签认合格。

2. 工序质量控制点

（1）基层高程、宽度、横坡、轴线已经过测量复核。

（2）检查混凝土基层，表面应平整、坚实、粗糙、清洁，表面的浮土、浮浆及其他污染物清理干净并充分湿润，无积水。

（3）检查坡度：施工中宜以广场与停车场中的雨水口及排水坡度分界线的高程控制面层铺装坡度。面层与周围构筑物、路口应接顺，不得积水。

（4）广场与停车场的路基施工质量控制，参见本书 2.3 节中相关内容。

（5）广场与停车场的基层施工质量控制，参见本书 2.3 节中相关内容。

（6）采用铺砌式面层施工质量控制，参见本书 2.7 节中相关内容。

（7）采用沥青混合料面层施工质量控制，参见本书 2.4 节中相关内容。

（8）采用现浇混凝土面层施工质量控制，参见本书 2.6 节中相关内容。

（9）广场中盲道铺砌施工质量控制，参见本书 2.8.1 节中相关内容。

3. 质量检查

（1）料石面层

1）石材质量、外形尺寸及砂浆平均抗压强度等级，参见本书 2.7.1 节中相关内容。

2）广场、停车场料石安装质量，参见本书 2.7.1 节中相关内容。

3）广场、停车场料石面层允许偏差项目：高程、平整度、宽度、坡度、井框与路面高差、相邻板高差、纵横缝直顺度、缝宽。

（2）预制混凝土砌块面层

1）预制块强度、外形尺寸及砂浆平均抗压强度等级，参见本书 2.7.2 节中相关内容。

2）广场、停车场预制块安装质量，参见本书 2.7.2 节中相关内容。

3）广场、停车场预制混凝土砌块面层允许偏差项目：高程、平整度、宽度、坡度、井框与路面高差、相邻板高差、纵横缝直顺度、缝宽。

（3）透水砖面层

透水砖铺砌质量，参见本书 2.7.3 节中相关内容。

（4）沥青混合料面层

1）广场、停车场沥青混合料面层的铺装质量，参见本书 2.4.2 节、2.4.3 节中相关内容。

2）广场、停车场沥青混合料面层厚度应符合设计要求，允许偏差为 ±5mm。

3）广场、停车场沥青混合料面层允许偏差项目：高程、平整度、宽度、坡度、井框与路面高差。

（5）水泥混凝土面层

1）混凝土原材料与混凝土面层质量，参见本书 2.6.6 节中相关内容。

2）广场、停车场水泥混凝土面层外观质量，参见本书 2.6.6 节中相关内容。

3）广场、停车场水泥混凝土面层允许偏差项目：高程、平整度、宽度、坡度、井框与路面高差、相邻板高差、纵缝直顺度、横缝直顺度、蜂窝麻面面积。

（6）盲道铺砌

广场、停车场中的盲道铺砌质量，参见本书 2.8.1 节中相关内容。

2.9 挡土墙

现浇钢筋混凝土挡土墙；装配式钢筋混凝土挡土墙；砌体挡土墙；加筋土挡土墙。

2.9.1 一般规定

（1）检查挡土墙基槽测量放线定位，复测基槽轴线坐标和基底标高。

（2）基坑开挖至基底设计标高并清理后，参加施工单位、勘察、设计、建设等单位共同进行验槽，合格后方能进行基础工程施工。基槽开挖后，应检验下列内容：

1）核对基坑的位置、平面尺寸、坑底标高。

2）核对坑底土质和地下水情况。

3）空穴、古墓、古井、防空掩体及地下埋设物的位置、深度、形状。

（3）挡土墙基础地基承载力必须符合设计要求，且经检测验收合格后方可进行后续工序施工。

（4）检查挡土墙基槽周边的排水措施，保持基槽和边坡面的干燥。

（5）验收挡土墙基槽的规格、尺寸和槽底土质以及地基承载力。

（6）检查挡土墙泄水孔、反滤层的设置是否符合设计要求。

（7）检查挡土墙的排水系统、泄水孔、反滤层和结构变形缝是否符合设计要求。

（8）检查挡土墙背回填土施工情况，要求做到分层夯实，选料及密实度符合设计要求。墙背填土应采用透水性材料或设计规定的填料，土方施工应在挡土墙主体结构防水层的保护层完成，且保护层砌筑砂浆强度达到 3MPa 后方可进行。挡土墙拐角两侧填土应对称进行，高差不宜超过 30cm。

（9）挡土墙顶设帽石时，帽石安装应平顺、坐浆饱满、缝隙均匀。

2.9.2 现浇钢筋混凝土挡土墙

1. 材料质量控制

（1）混凝土原材料、配合比与施工除应符合现行国家标准《混凝土结构工程施工质量验收规范》GB 50204 的有关规定。

（2）集料中有活性集料时，应采用无碱外加剂；混凝土中总含碱量控制限值：集料膨胀量 0.02%～0.06% 时，小于等于 6.0kg/m³；集料膨胀量大于 0.06%～0.12%，小于等于 3.0～6.0kg/m³。

（3）混凝土配合比应经试配确定，其强度、抗冻性、抗渗性等应符合设计要求，其和易性、流动性应满足施工要求。

2. 工序质量控制点

（1）模板及预埋件

1）检查模板安装尺寸是否满足设计要求。

2）检查模板安装是否严密，支撑是否牢固，其刚度和稳定性是否能可靠地承受浇筑混凝土的侧压力和施工荷载。

3）检查预埋件和预留孔的位置和数量是否满足设计要求。

4）检查模板内杂物是否清理干净，浇筑前，木模板应浇水湿润，但不致基槽积水。

（2）钢筋加工、成型与安装

钢筋加工、成型与安装应符合现行行业标准《城市桥梁工程施工与质量验收规范》CJJ 2 的有关规定。

（3）混凝土施工

1）检查进场商品混凝土所附配合比设计单。

2）现场进行商品混凝土坍落度试验，对每车混凝土均需进行坍落度试验，并做好现场检测记录。

3）混凝土浇筑前，钢筋、模板应经验收合格。模板内污物、杂物应清理干净，积水排干，缝隙堵严。

4）浇筑混凝土自由落差不得大于 2m。侧墙混凝土宜分层对称浇筑，两侧墙混凝土高差不宜大于 30cm，宜一次浇筑完成。浇筑混凝土应分层进行，浇筑厚度应符合设计要求和现行行业标准《城镇道路工程施工与质量验收规范》CJJ 1 的规定。

5）混凝土浇筑过程中，应随时对混凝土进行振捣并保证使其均匀密实。

6）当插入式振捣器以直线式行列插入时，移动距离不应超过作用半径的 1.5 倍；以梅花式行列插入时，移动距离不应超过作用半径的 1.75 倍；振捣器不得触碰钢筋。

7）振捣器宜与模板保持 5～10cm 净距。

8）在下层混凝土尚未初凝前，应完成上层混凝土的振捣。振捣上层混凝土时振捣器应插入下层 5～10cm。

9）控制混凝土运输与浇筑的全部时间不得超过设计规定。

10）现场需留置施工缝时，宜留置在结构剪力较小且便于施工的部位。施工缝应在留茬混凝土具有一定强度后进行凿毛处理，人工凿毛时强度宜为 2.5MPa，风镐凿毛时强度宜为

10MPa。

11）检查施工缝的留设位置和处理措施是否符合经审查的施工技术方案的要求。

12）混凝土成型后应根据环境条件选用适宜的养护方法进行养护。

13）变形缝安装应垂直，变形缝埋件（止水带）应处于所在结构的中心部位。严禁用铁钉、钢丝等穿透变形带材料，固定止水带。

14）结构混凝士达到设计规定强度，且保护防水层的砌体砂浆强度达到3MPa后，方可回填土。

3. 质量检查

（1）地基承载力应符合设计要求。

（2）钢筋品种和规格、加工、成型、安装应符合设计要求。

（3）混凝土强度应符合设计要求。

（4）混凝土表面应光洁、平整、密实，无蜂窝、麻面、露筋现象，泄水孔通畅。

（5）钢筋加工与安装偏差、现浇混凝土挡土墙允许偏差、预制混凝土栏杆允许偏差、栏杆安装允许偏差应符合现行行业标准《城镇道路工程施工与质量验收规范》CJJ 1的规定。

（6）路外回填土压实度应符合设计要求。

2.9.3 装配式钢筋混凝土挡土墙

1. 材料质量控制

（1）混凝土的原材料、配合比应符合规范规定，强度应符合设计要求。

（2）墙板外露面光洁、色泽一致，不得有蜂窝、露筋、缺边、掉角等。

（3）墙板有硬伤、裂缝时不得使用（经设计和有关部门鉴定，并采取措施者除外）。

（4）预制钢筋混凝土墙板、顶板、梁、柱等构件应有生产日期、出厂检验合格标识与产品合格证及相应的钢筋、混凝土原材料检测、试验资料。安装前应进行检验，确认合格。

2. 工序质量控制点

（1）现浇混凝土基础施工

1）检查地基承载力必须符合设计要求。地基承载力应经检验确认合格。

2）检查基础结构下的混凝土垫层强度和厚度：垫层混凝土宜为C15级，厚度宜为10～15cm。

3）检查基础杯口混凝土强度，应达到设计强度的75%以后，方可进行安装。

4）安装前，将构件与连接部位凿毛并清扫干净，杯槽应按高程要求铺设水泥砂浆。

（2）预制构件运输存放

预制构件运输应支撑或紧固稳定，不应损伤构件。构件混凝土强度不应低于设计要求，且不得低于设计强度的70%。

预制构件的存放场地，应平整坚实，排水顺畅。构件应分类存放，支垫正确、稳固，方便吊运。

（3）挡土墙板安装

1）起吊点应符合设计要求，设计未要求时，应经计算确定。构件起吊时，绳索与构件水平面所成角度不宜小于60°。

2）基础杯口混凝土达到设计强度的75%以后，方可进行安装。

3）安装前应将构件与连接部位凿毛并清扫干净。杯槽应按高程要求铺设水泥砂浆。

4）构件安装时，混凝土的强度应符合设计要求，且不应低于设计强度的75%；预应力混凝土构件和孔道灌浆的强度应符合设计要求，设计未要求时，不应低于砂浆设计强度的75%。

5）在有杯槽基础上安装墙板就位后，使用楔块固定。无杯槽基础上安装墙板，墙板就位后，采用临时支撑固定牢固。

6）墙板安装应位置准确、直顺并与相邻板板面平齐，板缝与变形缝一致。

7）预制墙板的拼缝应与基础变形缝吻合。

8）墙板与基础采用焊接连接时，安装前应检查预埋件位置；墙板安装定位后，应及时焊接牢固，并对焊缝进行防腐处理。

9）检查板缝及杯口混凝土达到规定强度或墙板与基础焊接牢固合格，且盖板安装完毕后，方可拆除支撑。

10）墙板灌缝应插捣密实，板缝外露面宜用相同强度的水泥砂浆勾缝，勾缝应密实、平顺。

11）杯口浇筑宜在墙体接缝填筑完毕后进行。杯口混凝土达到设计强度的75%以上，且保护防水层砌体的砂浆强度达到3MPa后，方可回填土。

3. 质量检查

（1）地基承载力应符合设计要求。

（2）基础钢筋品种与规格、混凝土强度应符合设计要求。

（3）预制挡土墙板钢筋、混凝土强度应符合设计要求及现行行业标准《城镇道路工程施工与质量验收规范》CJJ 1 的规定。

（4）挡土墙板应焊接牢固。焊缝长度、宽度、高度均应符合设计要求，且无夹渣、裂纹、咬肉现象。

（5）挡土墙板杯口混凝土强度应符合设计要求。

（6）预制挡土墙板安装应板缝均匀、灌缝密实，泄水孔通畅。帽石安装边缘顺畅、顶面平整、缝隙均匀密实。

（7）预制墙板的允许偏差、混凝土基础的允许偏差、挡土墙板安装允许偏差应符合现行行业标准《城镇道路工程施工与质量验收规范》CJJ 1 的规定。

（8）栏杆质量，参见本书 2.9.2 节中相关内容。

2.9.4 砌体挡土墙

1. 材料质量控制

（1）检查砌块（石料）、砂浆原材料材质、尺寸、外观质量等是否符合设计要求，审查复测报告。

（2）预制砌块强度、规格应符合设计要求。

（3）砌筑应采用水泥砂浆，砌筑砂浆的强度应符合设计要求。稠度宜按设计要求控制，加入塑化剂时砌体强度降低不得大于10％。

（4）宜采用32.5～42.5级硅酸盐水泥、普通硅酸盐水泥、矿渣水泥或火山灰水泥和质地坚硬、含泥量小于5％的粗砂、中砂及饮用水拌制砂浆。

2. 工序质量控制点

（1）放样验槽

1）检查施工放样。

2）检查基底地质情况，并进行基底承载力检测。

（2）砌筑

1）施工中宜采用立杆、挂线法控制砌体的位置、高程与垂直度。

2）墙体每日连续砌筑高度不宜超过1.2m。分段砌筑时，分段位置应设在基础变形缝部位。相邻砌筑段高差不宜超过1.2m。

3）沉降缝嵌缝板安装应位置准确、牢固，缝板材料符合设计要求。

4）砌块应上下错缝、丁顺排列、内外搭接，砂浆应饱满。

5）各砌层的砌块（石料）应安放稳固，砌块间应砂浆饱满，粘结牢固，不得直接贴靠或脱空。砌筑时底浆应铺满，竖缝砂浆应先在已砌砌块（石料）侧面铺放一部分，然后于砌块（石料）放好后填满捣实。

6）砌筑上层砌块（石料）时，应避免振动下层砌块（石料）。砌筑工作中断后恢复砌筑时，需清扫和湿润新旧砌体接合面。

3. 质量检查

（1）地基承载力应符合设计要求。

（2）砌块、石料强度应符合设计要求。

（3）砂浆的平均抗压强度等级应符合设计要求，任一组试件抗压强度最低值不应低于设计强度的85％。

（4）挡土墙应牢固，外形美观，勾缝密实、均匀，泄水孔通畅。

（5）砌筑挡土墙允许偏差应符合现行行业标准《城镇道路工程施工与质量验收规范》CJJ 1的规定。

（6）栏杆质量，参见本书2.9.2节中相关内容。

2.9.5 加筋土挡土墙

1. 材料质量控制

（1）检查加筋土、筋带、墙面预制混凝土块、面板填缝材料、砂浆原材料等质量等是否符合设计要求，审查复测报告。

（2）加筋土应按设计规定选土，不得采用白垩土、硅藻土及腐殖土等。施工前应对所用土料进行物理、力学试验，确定加筋土的最大干密度和最佳含水量，作为压实过程的压实度控制标准。当料场变化时，按新料场重新试验。填料不得含有冻块、有机料及垃圾。填料粒径不宜大于填料压实厚度的2/3，且最大粒径不得大于150mm。

（3）施工前应对筋带材料进行拉拔、剪切、延伸性能复试，其指标符合设计要求方可使用。采用钢质拉筋时，应按设计要求作防腐处理。

2. 工序质量控制点

（1）现浇混凝土基础

参见本书 2.9.3 节中相关内容。

（2）挡土墙板预制

预制挡土墙板安装前应进行检验，确认合格，具体参见本书 2.9.3 节中相关内容。

（3）挡土墙板安装与筋带铺设

1）检查施工测量：中线测量、恢复原有中线桩，测定加筋土工程的墙面板基线，直线段 20m 设一桩，曲线段 10m 设一桩，还可根据地形适当加桩，并应设置施工用固定桩；水平测量、测量中线桩和加筋土工程基础标高，并设置施工水准点；复测中线桩核对横断面并按需要增补横断面测量。

2）检查预制挡土墙板起吊点应符合设计要求，设计未要求时，应经计算确定。构件起吊时，绳索与构件水平面所成角度不宜小于 60°。

3）施工前应对筋带材料进行拉拔、剪切、延伸性能复试，其指标符合设计要求方可使用。采用钢质拉筋时，应按设计要求作防腐处理。

4）安装挡墙板，应向路堤内倾斜，检查其斜度应符合设计要求。

5）施工中应控制加筋土的填土层厚及压实度。每层虚铺厚度不宜大于 25cm，压实度应符合设计要求，且不得小于 95%。

6）筋带位置、数量必须符合设计要求。填土中设有土工布时，土工布搭接宽度宜为 30~40cm，并应按设计要求留出折回长度。

7）施工中应对每层填土检测压实度，并按施工方案要求观测挡墙板位移。

8）挡土墙投入使用后，应对墙体变形进行观测，确认符合要求。

3. 质量检查

（1）地基承载力应符合设计要求。

（2）基础混凝土强度应符合设计要求。

（3）预制挡墙板的质量应符合设计要求。

（4）拉环、筋带材料应符合设计要求。

（5）拉环、筋带的数量、安装位置应符合设计要求，且粘结牢固。

（6）填土土质、压实度应符合设计要求。

（7）墙面板应光洁、平顺、美观无破损，板缝均匀，线形顺畅，沉降缝上下贯通顺直，泄水孔通畅。

（8）加筋土挡土墙板安装允许偏差、加筋土挡土墙总体允许偏差应符合现行行业标准《城镇道路工程施工与质量验收规范》CJJ 1 的规定。

（9）加筋土挡土墙总体允许偏差应符合现行行业标准《城镇道路工程施工与质量验收规范》CJJ 1 的规定。

（10）栏杆质量，参见本书 2.9.2 节中相关内容。

2.10 道路附属物

2.10.1 路缘石

1. 材料质量控制

（1）检查路缘石生产厂家提供产品强度、规格尺寸等技术资料及产品合格证。安装前应按产品质量标准进行现场检验，合格后方可使用。

（2）路缘石宜采用石材或预制混凝土标准块。路口、隔离带端部等曲线段路缘石，宜按设计弧形加工预制，也可采用小标准块。

（3）石质路缘石应采用质地坚硬的石料加工，强度应符合设计要求，宜选用花岗石。

（4）预制混凝土路缘石的混凝土强度等级应符合设计要求。设计未规定时，不应小于C30。

（5）路缘石吸水率不得大于8%。有抗冻要求的路缘石经50次冻融试验（D50）后，质量损失率应小于3%，抗盐冻性路缘石经ND25次试验后，质量损失应小于$0.5kg/m^2$。

（6）预制混凝土路缘石加工尺寸允许偏差、预制混凝土路缘石外观质量允许偏差应符合现行行业标准《城镇道路工程施工与质量验收规范》CJJ 1的规定。

（7）检查其他原材料合格证及复试报告单、砂浆配合比经实验室确定。

2. 工序质量控制点

（1）道路基层经验收合格。

（2）对隐蔽工程进行验收，经签认合格。

（3）检查安装路缘石的控制桩，直线段桩距宜为10～15m；曲线段桩距宜为5～10m；路口处桩距宜为1～5m。

（4）对道路中心线及纵坡高程进行复测，控制好允许误差。

（5）对排砌的平侧石、路缘石均应抽检其线形及高程，目测发现的突折点必须整改。

（6）路缘石背后宜浇筑水泥混凝土支撑，并还土夯实。还土夯实宽度不宜小于50cm，高度不宜小于15cm，压实度不得小于90%。

（7）路缘石宜采用M10水泥砂浆灌缝。灌缝后，常温期养护不应少于3d。

（8）路缘石应以干硬性砂浆铺砌，砂浆应饱满、厚度均匀。

（9）路缘石砌筑应稳固、直线段顺直、曲线段圆顺、缝隙均匀。

（10）路缘石灌缝应密实，平缘石表面应平顺、不阻水。

3. 质量检查

（1）混凝土路缘石强度应符合设计要求。

（2）路缘石应砌筑稳固、砂浆饱满、勾缝密实，外露面清洁、线条顺畅，平缘石不阻水。

（3）立缘石、平缘石安砌允许偏差应符合现行行业标准《城镇道路工程施工与质量验收规范》CJJ 1的规定。

2.10.2 雨水支管与雨水口

1. 材料质量控制

（1）检查所使用的井框、井箅子及支管的材质、尺寸、外观质量、出厂合格证及相关检测说明资料，由监理工程师签认。

（2）检查施工砂浆配合比设计及有关强度试验报告，并经平行试验合格。

2. 工序质量控制点

（1）雨水支管铺设

1）根据设计文件和图纸规定，检测井位、支管的定位、定向和高程。雨水支管、雨水口位置应符合设计要求，且满足路面排水要求。当设计规定位置不能满足路面排水要求时，应在施工前办理变更设计。

2）侧立式雨水口的进水箅口设置在侧石或路缘石的位置上，应与侧石或路缘石齐顺，雨水口盖座面应与人行道面平齐。

3）平卧式雨水口一般设置在平石位置上，座面应与路面及平石平齐。盖座外缘应与侧石紧靠，并必须稳固地安放在井身上。

4）检查雨水支管、雨水口基底是否坚实，现浇混凝土基础应振捣密实，强度符合设计要求。

（2）砌筑雨水口施工

1）雨水管端面应露出井内壁，其露出长度不应大于2cm。

2）雨水口井壁，应表面平整，砌筑砂浆应饱满，勾缝应平顺。

3）雨水管穿井墙处，管顶应砌砖券。

4）井底应采用水泥砂浆抹出雨水口泛水坡。

（3）回填与接干线管

1）雨水支管与雨水口四周回填应密实。处于道路基层内的雨水支管应做360°混凝土包封。且在包封混凝土达至设计强度75%前不得放行交通。

2）雨水支管与既有雨水干线连接时，宜避开雨期。施工中，需进入检查井时，必须采取防缺氧、防有毒和有害气体的安全措施。

3. 质量检查

（1）管材应符合现行国家标准《混凝土和钢筋混凝土排水管》GB/T 11836的有关规定。

（2）基础混凝土强度应符合设计要求。

（3）砂浆的平均抗压强度等级应符合设计要求，任一组试件抗压强度最低值不应低于设计强度的85%。

（4）雨水口内壁勾缝应直顺、密实，无漏勾、脱落。井框、井箅应完整、配套，安装平稳、牢固。

（5）雨水支管安装应直顺，无错口、反坡、存水，管内清洁，接口处内壁无砂浆外露及破损现象。管端面应完整。

（6）雨水支管与雨水口允许偏差应符合现行行业标准《城镇道路工程施工与质量验收规范》CJJ 1的规定。

2.10.3 排（截）水沟

1. 材料质量控制

（1）检查所使用的砌块、混凝土、预制盖板等材料和配件的出厂合格证及相关检测说明资料，由监理工程师签认。

（2）检查施工砂浆配合比设计及有关强度试验报告，并做平行试验合格。

2. 工序质量控制点

（1）土沟不得超挖，沟底、边坡应夯实，严禁用虚土贴底、贴坡。

（2）砌体和混凝土排水沟、截水沟的土基应夯实。

（3）砌体沟应坐浆饱满、勾缝密实，不应有通缝。沟底应平整，无反坡、凹兜现象；边坡、侧墙应表面平整，与其他排水设施的衔接应平顺。

（4）混凝土排水沟、截水沟的混凝土应振捣密实，强度应符合设计要求，外露面应平整。

（5）盖板沟的预制盖板，混凝土振捣应密实，混凝土强度应符合设计要求，配筋位置应准确，表面无蜂窝、无缺损。

3. 质量检查

（1）预制砌块强度应符合设计要求。

（2）预制盖板的钢筋品种、规格、数量，混凝土的强度应符合设计要求。

（3）砂浆的平均抗压强度等级应符合设计要求，任一组试件抗压强度最低值不应低于设计强度的 85%。

（4）砌筑砂浆饱满度不应小于 80%。

（5）砌筑水沟沟底应平整、无反坡、凹兜，边墙应平整、直顺、勾缝密实。与排水构筑物衔接顺畅。

（6）砌筑排水沟或截水沟允许偏差应符合现行行业标准《城镇道路工程施工与质量验收规范》CJJ 1 的规定。

（7）土沟断面应符合设计要求，沟底、边坡应坚实，无贴皮、反坡和积水现象。

2.10.4 护坡

1. 材料质量控制

（1）检查所使用的砌块、石料、混凝土、预制盖板等材料和配件的出厂合格证及相关检测说明资料，由监理工程师签认。

（2）检查砌块、石料的规格、外形、外观质量是否符合设计要求。

（3）检查施工砂浆配合比设计及有关强度试验报告，并做平行试验合格。

2. 工序质量控制点

（1）检验已测量放线的构筑物位置尺寸、高程和基底处理情况。

（2）随时抽检所使用的石料规格及外形尺寸，检测砂浆的稠度等技术指标。

（3）检查砌筑的施工质量、灌浆饱满度，沉降缝分段位置、泄水孔、预埋件，反滤层及防水设施等是否符合设计要求或规范规定。

（4）砌体工程完成时，应及时对断面尺寸、顶面高程、墙面垂直度、轴线位移、平整度等项目进行检查，发现缺陷，及时补修完整，并进行检查验收。

3. 质量检查

（1）预制砌块强度应符合设计要求。

（2）砂浆的平均抗压强度等级应符合设计要求，任一组试件抗压强度最低值不应低于设计强度的85%。

（3）基础混凝土强度应符合设计要求。

（4）砌筑线形顺畅、表面平整、咬砌有序、无翘动。砌缝均匀、勾缝密实。护坡顶与坡面之间缝隙封堵密实。

（5）护坡允许偏差应符合现行行业标准《城镇道路工程施工与质量验收规范》CJJ 1的规定。

2.10.5 护栏

1. 材料质量控制

（1）检查护栏的出厂合格证及相关技术资料。护栏应由有资质的工厂加工。护栏的材质、规格形式及防腐处理应符合设计要求。加工件表面不得有剥落、气泡、裂纹、疤痕、擦伤等缺陷。

（2）对钢制构件表面和焊接钢管的质量进行外观检查。

2. 工序质量控制点

（1）护栏架设应连续、平顺，与道路竖曲线相协调。立柱必须垂直。

（2）护栏高度应符合设计和交通安全设施的有关要求。

（3）镀锌保护层已被磨损的金属外露面、所有锚固件的螺纹部分及螺栓的切断断头都应按设计要求进行防护。

（4）护栏立柱应埋置于坚实的基础内。埋设位置应准确，深度应符合设计要求。

（5）护栏的波形梁的起讫点和道口处应按设计要求进行端头处理。

3. 质量检查

（1）护栏质量、护栏立柱应符合设计要求。

（2）护栏柱基础混凝土强度应符合设计要求。

（3）护栏柱置入深度应符合设计要求。

（4）护栏安装应牢固、位置正确、线形美观。

（5）护栏安装允许偏差应符合现行行业标准《城镇道路工程施工与质量验收规范》CJJ 1的规定。

第3章 城市桥梁工程实体质量控制

3.1 基本规定

城市桥梁工程施工质量的控制、检查、验收，应符合现行行业标准《城市桥梁工程施工与质量验收规范》CJJ 2 及相关标准的规定。

3.1.1 施工质量验收的规定

1. 单位工程、分部工程、分项工程、检验批划分

开工前，施工单位应会同建设单位、监理单位将工程划分为单位、分部、分项工程和检验批，作为施工质量检查、验收的基础，并应符合下列规定：

（1）建设单位招标文件确定的每一个独立合同应为一个单位工程。当合同文件包含的工程内容较多，或工程规模较大，或由若干独立设计组成时，宜按工程部位或工程量、每一独立设计将单位工程分成若干子单位工程。

（2）单位（子单位）工程应按工程的结构部位或特点、功能、工程量划分分部工程。分部工程的规模较大或工程复杂时宜按材料种类、工艺特点、施工工法等，将分部工程划为若干子分部工程。

（3）分部工程（子分部工程）中，应按主要工种、材料、施工工艺等划分分项工程。分项工程可由一个或若干检验批组成。

（4）检验批应根据施工、质量控制和专业验收需要划定。

（5）各分部（子分部）工程相应的分项工程宜按表 3-1 的规定执行。未规定时，施工单位应在开工前会同建设单位、监理单位共同研究确定。

城市桥梁分部（子分部）工程与相应的分项工程、检验批对照表　　　表 3-1

序号	分部工程	子分部工程	分项工程	检验批
1	地基与基础	扩大基础	基坑开挖、地基、土方回填、现浇混凝土（模板与支架、钢筋、混凝土）、砌体	每个基坑
		沉入桩	预制桩（模板、钢筋、混凝土、预应力混凝土）、钢管桩、沉桩	每根桩
		灌注桩	机械成孔、人工挖孔、钢筋笼制作与安装、混凝土灌注	每根桩
		沉井	沉井制作（模板与支架、钢筋、混凝土、钢壳）、浮运、下沉就位、清基与填充	每节、座

序号	分部工程	子分部工程	分项工程	检验批
1	地基与基础	地下连续墙	成槽、钢筋骨架、水下混凝土	每个施工段
		承台	模板与支架、钢筋、混凝土	每个承台
2	墩台	砌体墩台	石砌体、砌块砌体	每个砌筑段、浇筑段、施工段或每个墩台、每个安装段（件）
		现浇混凝土墩台	模板与支架、钢筋、混凝土、预应力混凝土	
		预制混凝土柱	预制柱（模板、钢筋、混凝土、预应力混凝土）、安装	
		台背填土	填土	
3	盖梁		模板与支架、钢筋、混凝土、预应力混凝土	每个盖梁
4	支座		垫石混凝土、支座安装、挡块混凝土	每个支座
5	索塔		现浇混凝土索塔（模板与支架、钢筋、混凝土、预应力混凝土）、钢构件安装	每个浇筑段、每根钢构件
6	锚锭		锚固体系制作、锚固体系安装、锚碇混凝土（模板与支架、钢筋、混凝土）、锚索张拉与压浆	每个制作件、安装件、基础
7	桥跨承重结构	支架上浇筑混凝土梁（板）	模板与支架、钢筋、混凝土、预应力钢筋	每孔、联、施工段
		装配式钢筋混凝土梁（板）	预制梁（板）（模板与支架、钢筋、混凝土、预应力混凝土）、安装梁（板）	每片梁
		悬臂浇筑预应力混凝土梁	0号段（模板与支架、钢筋、混凝土、预应力混凝土）、悬浇段（挂篮、模板、钢筋、混凝土、预应力混凝土）	每个浇筑段
		悬臂拼装预应力混凝土梁	0号段（模板与支架、钢筋、混凝土、预应力混凝土）、梁段预制（模板与支架、钢筋、混凝土）、拼装梁段、施加预应力	每个拼装段
		顶推施工混凝土梁	台座系统、导梁、梁段预制（模板与支架、钢筋、混凝土、预应力混凝土）、顶推梁段、施加预应力	每节段
		钢梁	现场安装	每个制作段、孔、联
		结合梁	钢梁安装、预应力钢筋混凝土梁预制（模板与支架、钢筋、混凝土、预应力混凝土）、预制梁安装、混凝土结构浇筑（模板与支架、钢筋、混凝土、预应力混凝土）	每段、孔
		拱部与拱上结构	浇筑拱圈、现浇混凝土拱圈、劲性骨架混凝土拱圈、装配式混凝土拱部结构、钢管混凝土拱（拱肋安装、混凝土压注）、吊杆、系杆拱、转体施工、拱上结构	每个砌筑段、安装段、浇筑段、施工段

序号	分部工程	子分部工程	分项工程	检验批
7	桥跨承重结构	斜拉桥的主梁与拉索	0号段混凝土浇筑、悬臂浇筑混凝土主梁、支架上浇筑混凝土主梁、悬臂拼装混凝土主梁、悬拼钢箱梁、支架上安装钢箱梁、结合梁、拉索安装	每个浇筑段、制作段、安装段、施工段
		悬索桥的加劲梁与缆索	索鞍安装、主缆架设、主缆防护、索夹和吊索安装、加劲梁段拼装	每个制作段、安装段、施工段
8	顶进箱涵		工作坑、滑板、箱涵预制（模板与支架、钢筋、混凝土）、箱涵顶进	每坑、每制作节、顶进节
9	桥面系		排水设施、防水层、桥面铺装层（沥青混合料铺装、混凝土铺装模板、钢筋、混凝土）、伸缩装置、地袱和缘石与挂板、防护设施、人行道	每个施工段、每孔
10	附属结构		隔声与防眩装置、梯道（砌体；混凝土模板与支架、钢筋、混凝土；钢结构）、桥头搭板（模板、钢筋、混凝土）、防冲刷结构、照明、挡土墙▲	每砌筑段、浇筑段、安装段、每座构筑物
11	装饰与装修		水泥砂浆抹面、饰面板、饰面砖和涂装	每跨、侧、饰面
12	引道▲			

注：表中"▲"项应符合现行行业标准《城镇道路工程施工与质量验收规范》CJJ 1 的有关规定。

2. 施工质量验收的基本规定

（1）施工中应按下列规定进行施工质量控制，并进行过程检验、验收：

1）工程采用的主要材料、半成品、成品、构配件、器具和设备应按相关专业质量标准进行验收和按规定进行复验，并经监理工程师检查认可。凡涉及结构安全和使用功能的，监理工程师应按规定进行平行检测、见证取样检测并确认合格。

2）各分项工程应按现行行业标准《城市桥梁工程施工与质量验收规范》CJJ 2 进行质量控制，各分项工程完成后应进行自检、交接检验，并形成文件，经监理工程师检查签认后，方可进行下一个分项工程施工。

（2）工程施工质量应按下列要求进行验收：

1）工程施工质量应符合现行行业标准《城市桥梁工程施工与质量验收规范》CJJ 2 和相关专业验收规范的规定。

2）工程施工应符合工程勘察、设计文件的要求。

3）参加工程施工质量验收的各方人员应具备规定的资格。

4）工程质量的验收均应在施工单位自行检查评定的基础上进行。

5）隐蔽工程在隐蔽前，应由施工单位通知监理工程师和相关单位进行隐蔽验收，确认合格后，形成隐蔽验收文件。

6）监理应按规定对涉及结构安全的试块、试件、有关材料和现场检测项目，进行平行检测、见证取样检测并确认合格。

7）检验批的质量应按主控项目和一般项目进行验收。

8）对涉及结构安全和使用功能的分部工程应进行抽样检测。

9）承担见证取样检测及有关结构安全检测的单位应具有相应资质。

10）工程的外观质量应由验收人员通过现场检查共同确认。

（3）隐蔽工程应由专业监理工程师负责验收。检验批及分项工程应由专业监理工程师组织施工单位项目专业质量（技术）负责人等进行验收。关键分项工程及重要部位应由建设单位项目负责人组织总监理工程师、专业监理工程师、施工单位项目负责人和技术质量负责人、设计单位专业设计人员等进行验收。分部工程应由总监理工程师组织施工单位项目负责人和技术质量负责人、专业监理工程师等进行验收。

3. 检验批、分项工程、分部工程、单位工程质量验收合格标准

（1）检验批合格质量应符合下列规定：

1）主控项目的质量应经抽样检验合格。

2）一般项目的质量应经抽样检验合格；当采用计数检验时，除有专门要求外，一般项目的合格点率应达到80%及以上，且不合格点的最大偏差值不得大于规定允许偏差值的1.5倍。

3）具有完整的施工操作依据和质量检查记录。

（2）分项工程质量验收合格应符合下列规定：

1）分项工程所含检验批均应符合合格质量的规定。

2）分项工程所含检验批的质量验收记录应完整。

（3）分部工程质量验收合格应符合下列规定：

1）分部工程所含分项工程的质量均应验收合格。

2）质量控制资料应完整。

3）涉及结构安全和使用功能的质量应按规定验收合格。

4）外观质量验收应符合要求。

（4）单位工程质量验收合格应符合下列规定：

1）单位工程所含分部工程的质量均应验收合格。

2）质量控制资料应完整。

3）单位工程所含分部工程中有关安全和功能的控制资料应完整。

4）影响桥梁安全使用和周围环境的参数指标应符合规定。

5）外观质量验收应符合要求。

（5）单位工程验收程序应符合下列规定：

1）施工单位应在自检合格基础上将竣工资料与自检结果，报监理工程师申请验收。

2）总监理工程师应约请相关人员审核竣工资料进行预检，并据结果写出评估报告，报建设单位组织验收。

3）建设单位项目负责人应根据监理工程师的评估报告组织建设单位项目技术质量负责人、有关专业设计人员、总监理工程师和专业监理工程师、施工单位项目负责人参加工程验收。

4. 竣工验收

工程竣工验收应由建设单位组织验收组进行。验收组应由建设、勘察、设计、施工、监理与设施管理等单位的有关负责人组成，亦可邀请有关方面专家参加。工程竣工验收应在构成桥梁的各分项工程、分部工程、单位工程质量验收均合格后进行。当设计规定进行桥梁功能、荷载试验时，必须在荷载试验完成后进行。桥梁工程竣工资料须于竣工验收前完成。

工程竣工验收内容应符合下列规定：

（1）桥下净空不得小于设计要求。

（2）单位工程所含分部工程有关安全和功能的检测资料应完整。

（3）桥梁实体检测允许偏差应符合表 3-2 的规定。

桥梁实体检测允许偏差 表 3-2

项　　目		允许偏差（mm）	检验频率		检验方法
			范围	点数	
桥梁轴线位移		10	每座或每跨、每孔	3	用经纬仪或全站仪检测
桥宽	车行道	±10		3	用钢尺量每孔 3 处
	人行道				
长度		＋200，－100		2	用测距仪
引道中线与桥梁中线偏差		±20		2	用经纬仪或全站仪检测
桥头高程衔接		±3		2	用水准仪测量

注：1. 长度为桥梁总体检测长度；受桥梁形式、环境温度、伸缩缝位置等因素的影响，实际检测中通常检测两条伸缩缝之间的长度，或多条伸缩缝之间的累加长度。
　　2. 连续梁、结合梁两条伸缩缝之间长度允许偏差为 ±15mm。

（4）桥梁实体外形检查应符合下列要求：

1）墩台混凝土表面应平整，色泽均匀，无明显错台、蜂窝麻面，外形轮廓清晰。

2）砌筑墩台表面应平整，砌缝应无明显缺陷，勾缝应密实坚固、无脱落，线角应顺直。

3）桥台与挡墙、护坡或锥坡衔接应平顺，应无明显错台；沉降缝、泄水孔设置正确。

4）索塔表面应平整，色泽均匀，无明显错台和蜂窝麻面，轮廓清晰，线形直顺。

5）混凝土梁体（框架桥体）表面应平整、色泽均匀、轮廓清晰、无明显缺陷；全桥整体线形应平顺、梁缝基本均匀。

6）钢梁安装线形应平顺，防护涂装色泽应均匀、无漏涂、无划伤、无起皮，涂膜无裂纹。

7）拱桥表面平整，无明显错台；无蜂窝麻面、露筋或砌缝脱落现象，色泽均匀；拱圈（拱肋）及拱上结构轮廓线圆顺、无折弯。

8）索股钢丝应顺直、无扭转、无鼓丝、无交叉，锚环与锚垫板应密贴并居中，锚环及外丝应完好、无变形，防护层应无损伤，斜拉索色泽应均匀、无污染。

9）桥梁附属结构应稳固，线形应直顺，应无明显错台，无缺棱、掉角。

（5）工程竣工验收时可抽检各单位工程的质量情况。

（6）工程竣工验收合格后，建设单位应按规定将工程竣工验收报告和有关文件，报政府建设行政主管部门备案。

3.1.2 主要材料、成品、半成品及配件质量控制

钢筋、混凝土材料、石料等材料的质量控制，参见本书 1.3 节中相关内容。

沥青、粗集料、细集料、填料、路缘石、路缘石等材料的质量控制，参见本书 2.1.2 节中相关内容。

1. 预应力锚具、夹具、连接器

（1）预应力钢绞线或钢丝：应根据设计规定的规格型号和技术措施来选用。进场时应有供货单位出具的产品合格证和出厂检验报告，同时，应按进场的批次和产品的抽样检验方案分别进行复验和外观检查，其质量必须符合现行国家标准《预应力混凝土用钢绞线》GB/T 5224 和《预应力混凝土用钢丝》GB/T 5223 的规定。

进场材料分每 60t 为一批次，每批次任取三盘，并从每盘所选的钢绞线端部正常部位截取一根试样进行表面质量、直径偏差和力学性能试验。试验结果如有一项不合格时，则不合格盘报废，并再从该批未验过的取双倍试件进行该不合格项的复验，如仍有一项不合格，则该批钢绞线不合格。

（2）锚具、夹具和连接器应有出厂合格证和质量证明文件，具有可靠的锚固性能、足够的承载能力和良好的适用性，能保证充分发挥预应力筋的强度，并应符合现行国家标准《预应力筋用锚具、夹具和连接器》GB/T 14370 的要求。

进场应按出厂合格证和质量证明书核查其锚固性能类别、型号、规格及数量，无误后分批进行外观、硬度及静载锚固性能检验，确认合格后使用。

验收分批：在同种材料和同一生产工艺条件下，锚具、夹具应以不超过 1000 套组为一验收批。

1）外观检查：每批抽取 10% 的锚具且不少于 10 套，检查其外观和尺寸。如有一套不合格，则取双倍进行复检，若再不合格，则逐套检查，合格者方可使用。

2）硬度检验：每批抽取 5% 且不少于 5 套，每个零件做 3 点，如果一个试件不合格，则取双倍数量重新进行试验，如果仍有一个零件不合格，则逐个检查，合格者方可使用。

3）静载锚固性能试验：从同批中取 6 套锚具组成 3 个组装件进行静载锚固性能试验，如一个试件不符要求，则取双倍重做，如不合格，则该批产品为不合格。

（3）钢绞线：钢绞线应根据设计规定的规格、型号和技术指标来选用。钢绞线每批重量不大于 60t，出厂时应有材料性能检验证书或产品质量合格证，进场时除应对其质量证明书、包装、标志和规格等进行检查外，还应抽样进行表面质量、直径偏差和力学性能复试，其质量应符合现行国家标准《预应力混凝土用钢绞线》GB/T 5224 的规定。

（4）波纹管（金属螺旋管）：进场时除应按出厂合格证和质量保证书核对其类别、型号、规格及数量外，还应对其外观、尺寸、集中荷载下的径向刚度、荷载作用后的抗渗漏及抗弯曲渗漏等进行检验。工地现场加工制作的波纹管也应进行上述检验，其质量应符合现行行业标准《预应力混凝土用金属波纹管》JG 225 的规定。一般以每 500m 为一验收批。

（5）张拉机具及压浆机具：使用前施工方应进行书面报验，待监理工程师签字确认后，方可使用，千斤顶与压力表应配套校验，以确定张拉力与压力表之间的曲线关系，校验应在

经主管部门授权的法定计量机构定期进行，张拉机具应与锚具配套使用，当千斤顶使用超过6个月或200次，或在使用过程中出现不正常情况，或检修后，应重新校验。

（6）成孔材料：高密度聚乙烯塑料波纹管、连接接头等，壁厚不得小于2mm，管道的内横截面面积至少应是预应力筋净截面面积的2.0～2.5倍。出厂有合格证，进场后应按要求进行检验，其材质应符合设计要求和有关规范规定。

2. 成品、半成品、配件

（1）钢箱梁经检验符合现行行业标准《公路桥涵施工技术规范》JTG/T F50的有关规定和设计要求，有出厂合格证及材质和制作检验的有关质量记录。

（2）支座：进场应有装箱清单、产品合格证及支座安装养护细则，规格、质量和有关技术性能指标符合现行公路桥梁支座标准的规定，并满足设计要求。

（3）模数式伸缩装置控制要求

1）模数式伸缩装置由异形钢梁与单元橡胶密封带组合而成，适用于伸缩量为80～120mm的桥梁工程。

2）伸缩装置中所用异形钢梁沿长度方向的直线度应满足1.5mm/m，全长应满足10mm/10m的要求。钢构件外观应光洁、平整，不允许变形扭曲。

3）伸缩装置必须在工厂组装。组装钢件应进行有效的防护处理，吊装位置应用明显颜色标明，出厂时应附有效的产品质量合格证明文件。

（4）预制构件：预制墩柱、预制梁（板）要有出厂合格证，几何尺寸、强度等必须满足设计要求。

3. 螺栓及焊接材料

（1）高强螺栓：可选用大六角和扭剪型两类。制造高强度螺栓、螺母、垫圈的材料应符合现行行业标准《公路桥涵施工技术规范》JTG/T F50的规定和满足设计要求。应由专门的螺栓厂制造，并应有出厂质量证明书，进场后应按有关规定抽样检验。

（2）焊条、焊丝、焊剂：所有焊接用材料必须有出厂合格证，并与母材强度相适应，其质量应符合现行国家标准。

电焊条应有产品合格证，品种、规格、性能等应符合现行国家标准《非合金钢及细晶粒钢焊条》GB/T 5117或《热强钢焊条》GB/T 5118的规定。

4. 防水材料

（1）APP改性沥青防水卷材厚度一般为3mm、4mm，幅宽为1m，卷材面积通常为15m²、10m²、7.5m²，出厂应有合格证及产品检验报告，进场后应抽样复试，其各项性能指标必须符合现行国家标准《塑性体改性沥青防水卷材》GB 18243和现行行业标准《路桥用塑性体改性沥青防水卷材》JT/T 536的规定。

（2）储运卷材时应注意立式码放，高度不超过两层，应避免雨淋、受潮、日晒，注意通风。

5. 其他材料

（1）枕木规格宜为200mm×250mm×2500mm。每根枕木需配置4个道钉。

（2）钢轨规格P43以上，单轨长度12.5m，总数量根据预制厂至桥头距离及桥梁长度确定，配置相应的钢轨夹板及螺栓，每个钢轨接头2个鱼尾板及6个螺栓。

（3）辅助材料：冷底子油、密封材料等配套材料应有出厂说明书、产品合格证和质量证明书，并在有效使用期内使用；所选用的材料必须对基层混凝土有亲和力，且与防水材料材性相融。

3.2　混凝土结构

3.2.1　模板、支架和拱架

1. 材料质量控制

（1）组合钢模板的各类材料，其材质应符合现行国家标准《碳素结构钢》GB/T 700、《低合金高强度结构钢》GB/T 1591 的规定。

（2）组合钢模板钢材的出厂材质证明，应按国家现行有关检验标准进行复检，并应填写检验记录。改制再生钢材加工钢模板不得采用。

（3）应对进场的模板、连接件、支承件等配件的产品合格证、生产许可证、检测报告进行复核，并应对其表面观感、重量等物理指标进行抽检。

（4）现场使用的模板及配件应对其规格、数量逐项清点检查。损坏未经修复的部件不得使用。

2. 工序质量控制点

（1）钢模板制作

1）钢模板的槽板制作应采用专用设备冷轧冲压整体成型的生产工艺，沿槽板向两侧的凸棱倾角，应按标准图尺寸控制。

2）钢模板槽板边肋上的U形卡孔和凸鼓，应采用机械一次冲孔和压鼓成型的生产工艺。

3）钢模板所有横肋均宜冲连接孔。

4）宽度大于或等于400mm 的钢模板纵肋，宜采用矩形管或冷弯型钢。

5）钢模板的组装焊接，应采用组装胎具定位及按焊接工艺要求焊接。

6）钢模板组装焊接后，对模板的变形处理，应采用模板整形机校正。当采用手工校正时，不得损伤模板棱角，且板面不得留有锤痕。

7）钢模板及配件的焊接，宜采用二氧化碳气体保护焊，当采用手工电弧焊时应按现行国家标准《非合金钢及细晶粒钢焊条》GB/T 5117 的有关规定，焊缝外形应光滑、均匀，不得有漏焊、焊穿、裂纹等缺陷；并不应产生咬肉、夹渣、气孔等缺陷。

8）选用焊条的材质、性能及直径的大小，应与被焊物的材质性能及厚度相适应。

9）U形卡应采用冷作工艺成型，其卡口弹性夹紧力不应小于1500N，经 50 次夹松试验后，卡口胀大不应大于 1.2mm。

10）U形卡、L形插销等配件的圆弧弯曲半径，应符合设计图的要求，且不得出现非圆弧形的折角皱纹。

11）连接件宜采用镀锌表面处理，镀锌厚度不应小于 0.05mm，镀层厚度和色彩应均匀，表面应光亮细致，不得有漏镀缺陷。

（2）支架、拱架安设

1）支架立柱必须落在有足够承载力的地基上，立柱底端必须放置垫板或混凝土垫块。支架地基严禁被水浸泡，冬期施工必须采取防止冻胀的措施。

2）支架通行孔的两边应加护桩，夜间应设警示灯。施工中易受漂流物冲撞的河中支架应设牢固的防护设施。

3）安装拱架前，应对立柱支承面标高进行检查和调整，确认合格后方可安装。在风力较大的地区，应设置风缆。

4）安设支架、拱架过程中，应随安装随架设临时支撑。采用多层支架时，支架的横垫板应水平，立柱应铅直，上下层立柱应在同一中心线上。

5）支架或拱架不得与施工脚手架、便桥相连。

6）模板支承系统应为独立的系统，不得与物料提升机、施工升降机、塔吊等起重设备钢结构架体机身及附着设施相连接；不得与施工脚手架、物料周转材料平台等架体相连接。

7）支架安装完成后，应对其平面位置，顶部标高，节点联系及纵、横向稳定性等进行全面检查。

8）模板、钢筋及其他材料等施工荷载应均匀堆置，并应放平放稳。施工总荷载不得超过模板支承系统设计荷载要求。

9）模板、支架、拱架安装完成后，先由项目部组织相关人员进行验收合格后报监理部备案、复查，复查符合要求后方可进行下一工序。

（3）钢模板安装准备

1）采用预组装模板施工时，模板的预组装应在组装平台或经平整处理过的场地上进行。组装完毕后应予编号，并逐块检验后进行试吊，试吊完毕后应进行复查，并应再检查配件的数量、位置和紧固情况。

2）经检查合格的组装模板，应按安装程序进行堆放和装车。平行叠放时应稳当妥帖，并应避免碰撞，每层之间应加垫木，模板与垫木均应上下对齐，底层模板应垫离地面不小于100mm。立放时，应采取防止倾倒并保证稳定的措施，平装运输时，应整堆捆紧。

3）钢模板安装前，应涂刷脱模剂，但不得采用影响结构性能或妨碍装饰工程施工的脱模剂，在涂刷模板脱模剂时，不得沾污钢筋和混凝土接茬处，不得在模板上涂刷废机油。

（4）钢模板安装

1）模板进场后，宜先逐块检查是否平整，边角是否整齐；大型桥梁边、角位置宜制作特殊形式的模板。模板拼装时，宜设模板错缝。

2）现场安装组合钢模板时，应按配板图与施工说明书循序拼装。配件应装插牢固。支柱和斜撑下的支承面应平整垫实，并应有足够的受压面积，支撑件应着力于外钢楞。

3）检查预埋件的规格、数量、尺寸、位置应符合设计要求，并安装牢固。预埋件和预留孔洞的留置除相关专业验收标准有特殊规定外，其允许偏差和检验方法应符合设计要求和有关标准的规定。

4）基础模板应支拉牢固，侧模斜撑的底部应加设垫木。

5）同一条拼缝上的U形卡，不宜向同一方向卡紧。

6）构件两侧模板的对拉螺栓孔应平直相对，穿插螺栓时不得斜拉硬顶。钻孔应采用机具，不得用电、气焊灼孔。

7）钢楞宜取用整根杆件，接头应错开设置，搭接长度不应少于200mm。

8）模板拼装就位后，应先核对设计文件，检查总体尺寸及高程，再检查模板支撑，定位牢固情况，然后看各细部拼缝情况，表面平整度以及涂刷脱模剂情况。

9）模板安装必须稳固牢靠，接缝严密，不得漏浆。模板与混凝土的接触面必须清理干净并涂刷脱模剂，严禁脱模剂污染钢筋。

10）检查模板所使用的对拉螺栓等加固件（承台侧模需在模板外设立支撑固定，墩身侧模需设拉杆固定），防止模板固定不牢，承受侧压力差和出现跑模、爆模、模板变形等现象。

11）模板安装的起拱、支模的方法、焊接钢筋骨架的安装、预埋件和预留孔洞的允许偏差、预组装模板安装的允许偏差，以及预制构件模板安装的允许偏差等，均应按现行国家标准《混凝土结构工程施工质量验收规范》GB 50204的有关规定执行。

12）曲面结构可用双曲可调模板，采用平面模板组装时，应使模板面与设计曲面的最大差值不超过设计的允许值。

13）模板与脚手架之间不得相互连接。

14）模板在安装过程中，必须设置防倾覆设施，如采取设揽风绳等措施。

15）浇筑混凝土前，模板内的积水和杂物应清理干净。

16）模板工程安装完毕，应经检查验收后再进行下道工序。混凝土的浇筑应按现行国家标准《混凝土结构工程施工质量验收规范》GB 50204的有关规定执行。

17）模板及其支架拆除前，应核查混凝土同条件试块强度报告。

（5）模板、支架和拱架的拆除

1）非承重侧模应在混凝土强度能保证结构棱角不损坏时方可拆除，混凝土强度宜为2.5MPa及以上。

2）芯模和预留孔道内模应在混凝土抗压强度能保证结构表面不发生塌陷和裂缝时，方可拔出。

3）钢筋混凝土结构的承重模板、支架和拱架的拆除，应符合设计要求。

4）浆砌石、混凝土砌块拱桥拱架的卸落要求：

① 浆砌石、混凝土砌块拱桥应在砂浆强度达到设计要求强度后卸落拱架，设计未规定时，砂浆强度应达到设计标准值的80%以上。

② 跨径小于10m的拱桥宜在拱上结构全部完成后卸落拱架；中等跨径实腹式拱桥宜在护拱完成后卸落拱架；大跨径空腹式拱桥宜在腹拱横墙完成（未砌腹拱圈）后卸落拱架。

③ 在裸拱状态卸落拱架时，应对主拱进行强度及稳定性验算，并采取必要的稳定措施。

5）模板、支架和拱架拆除应按设计要求的程序和措施进行，遵循"先支后拆、后支先拆"的原则。支架和拱架，应按几个循环卸落，卸落量宜由小渐大。每一循环中，在横向应同时卸落，在纵向应对称均衡卸落。

6）预应力混凝土结构的侧模应在预应力张拉前拆除；底模应在结构建立预应力后拆除。

7）拆除模板、支架和拱架时不得猛烈敲打、强拉和抛扔。模板、支架和拱架拆除后，应维护整理，分类妥善存放。及时清理，防止模板的变形、锈蚀和缺口损坏。

3. 质量检查

（1）组合钢模板工程安装过程中，应进行质量检查和验收，并应检查下列内容：

1）组合钢模板的布局和施工顺序。

2）连接件、支承件的规格、质量和紧固情况。

3）支承着力点和模板结构整体稳定性。

4）模板轴线位置和标志。

5）竖向模板的垂直度和横向模板的侧向弯曲度。

6）模板的拼缝宽度和高低差。

7）预埋件和预留孔洞的规格、数量及固定情况。

（2）模板、支架和拱架制作及安装应符合施工设计图（施工方案）的规定，且稳固牢靠，接缝严密，立柱基础有足够的支撑面和排水、防冻融措施。

（3）固定在模板上的预埋件、预留孔内模不得遗漏，且应安装牢固。

（4）模板制作允许偏差、模板支架和拱架安装允许偏差应符合现行行业标准《城市桥梁工程施工与质量验收规范》CJJ 2 的规定。

3.2.2　钢筋工程

1. 材料质量控制

（1）钢筋应按不同钢种、等级、牌号、规格及生产厂家分批验收，确认合格后方可使用。

（2）钢筋在运输、储存、加工过程中应防止锈蚀、污染和变形。

（3）钢筋的级别、种类和直径应按设计要求采用。当需要代换时，应由原设计单位作变更设计。

（4）预制构件的吊环必须采用未经冷拉的 HPB335 热轧光圆钢筋制作，不得以其他钢筋替代。

2. 钢筋加工与连接工序质量控制点

（1）钢筋加工

1）钢筋弯制前应先调直。钢筋宜优先选用机械方法调直。

当采用冷拉法进行调直时，HRB335、HRB400 钢筋冷拉率不得大于 1%。

2）钢筋下料前，应核对钢筋品种、规格、等级及加工数量，并应根据设计要求和钢筋长度配料。下料后应按种类和使用部位分别挂牌标明。

3）受力钢筋弯制和末端弯钩均应符合设计要求。

4）箍筋末端弯钩的形式应符合设计要求。箍筋弯钩的弯曲直径应大于被箍主钢筋的直径，且 HRB335 不得小于箍筋直径的 4 倍；弯钩平直部分的长度，一般结构不宜小于箍筋直径的 5 倍，有抗震要求的结构不得小于箍筋直径的 10 倍。

5）钢筋宜在常温状态下弯制，不宜加热。钢筋宜从中部开始逐步向两端弯制，弯钩应一次弯成。

6）钢筋加工过程中，应采取防止油渍、泥浆等物污染和防止受损伤的措施。

（2）钢筋接头设置

1）钢筋接头严格按设计文件执行，对轴心受拉和小偏心受拉构件中的钢筋接头，不能使用绑扎接头。

2）当普通混凝土中钢筋直径等于或小于 22mm 时，在无焊接条件时，可采用绑扎连接，但受拉构件中的主钢筋不得采用绑扎连接。

3）在同一根钢筋上宜少设接头。钢筋接头应设在受力较小区段，不宜位于构件的最大弯矩处。

4）在任一焊接或绑扎接头长度区段内，同一根钢筋不得有两个接头。

（3）钢筋闪光对焊

1）从事钢筋焊接的焊工必须经考试合格后持证上岗。钢筋焊接前，必须根据施工条件进行试焊合格后，方可正式施焊。

2）每批钢筋进行焊接焊前，应先选定焊接工艺和参数，进行试焊，在试焊质量合格后，方可正式焊接。

3）焊接时的环境温度不宜低于 0℃。冬期闪光对焊宜在室内进行，且室外存放的钢筋应提前运入车间，焊后的钢筋应等待完全冷却后才能运往室外。在困难条件下，对以承受静力荷载为主的钢筋，闪光对焊的环境温度可降低，但最低不得低于 −10℃。

（4）钢筋搭接或帮条电弧焊

1）接头应采用双面焊缝，在脚手架上进行双面焊困难时方可采用单面焊。

2）钢筋接头采用搭接电弧焊时，两钢筋搭接端部应预先折向一侧（严禁先焊后折），使两接合钢筋轴线一致。

3）当采用搭接焊时，两连接钢筋轴线应一致。双面焊缝的长度不得小于 $5d$，单面焊缝的长度不得小于 $10d$（d 为主钢筋直径）。

4）当采用帮条焊时，帮条直径、级别应与被焊钢筋一致，帮条长度：双面焊缝不得小于 $5d$，单面焊缝不得小于 $10d$（d 为主筋直径）。帮条与被焊钢筋的轴线应在同一平面上，两主筋端面的间隙应为 2～4mm。

5）搭接焊和帮条焊接头的焊缝高度应等于或大于 $0.3d$，并不得小于 4mm；焊缝宽度应等于或大于 $0.7d$（d 为主筋直径），并不得小于 8mm。

6）钢筋与钢板进行搭接焊时应采用双面焊接，搭接长度应大于钢筋直径的 5 倍（HRB335、HRB400 钢筋）。焊缝高度应等于或大于 $0.35d$，且不得小于 4mm；焊缝宽度应等于或大于 $0.5d$，并不得小于 6mm（d 为主钢筋直径）。

（5）钢筋绑扎连接

1）受拉区域内，HRB335、HRB400 钢筋可不做弯钩。

2）直径不大于 12mm 的受压钢筋的末端，以及轴心受压构件中任意直径的受力钢筋的末端，按设计要求可不做弯钩，但搭接长度不得小于钢筋直径的 35 倍。

3）钢筋搭接处，应在中心和两端至少 3 处用绑丝绑牢，钢筋不得滑移。

4）受拉钢筋绑扎接头的搭接长度，应符合设计要求；一般情况下，受压钢筋绑扎接头的搭接长度，应取受拉钢筋绑扎接头长度的 0.7 倍。

5）施工中钢筋受力分不清受拉或受压时，应符合受拉钢筋的规定。

（6）钢筋机械连接

1）从事钢筋机械连接的操作人员应经专业技术培训，考核合格后，方可上岗。

2）钢筋采用机械连接接头时，其应用范围、技术要求、质量检验及采用设备、施工安全、技术培训等应符合现行行业标准《钢筋机械连接技术规程》JGJ 107 的有关规定。

3）当混凝土结构中钢筋接头部位温度低于−10℃时，应进行专门的试验。

4）带肋钢筋套筒挤压接头的套筒两端外径和壁厚相同时，被连接钢筋直径相差不得大于 5mm。套筒在运输和储存中不得腐蚀和沾污。

5）同一结构内机械连接接头不得使用两个生产厂家提供的产品。

6）对于机械连接，应注意检查接头件的型式检验报告，对挤压接头套管材料设备的要求，对操作人员要求，施工安全规定，挤压操作工艺及要求。对于锥螺纹接头，注意对接头的要求和规定、施工准备、锥螺纹加工要求、连接套与钢筋连接要求。

7）对于绑扎接头，注意接头位置及搭接长度、接头面积、最大百分率。

（7）钢筋骨架制作和组装

1）施工现场可根据结构情况和现场运输起重条件，先分部预制成钢筋骨架。入模就位后再焊接或绑扎成整体骨架。为确保分部钢筋骨架具有足够的刚度和稳定性，可在钢筋的部分交叉点处施焊或用辅助钢筋加固。

2）钢筋骨架的焊接应在坚固的工作台上进行。

3）组装时应按设计图纸放大样，放样时应考虑骨架预拱度。

4）组装时应采取控制焊接局部变形措施。

5）骨架接长焊接时，不同直径钢筋的中心线应在同一平面上。

（8）钢筋网片采用电阻点焊

1）如焊接网片只有一个方向受力，受力主筋与两端的两根横向钢筋的全部交叉点必须焊接；如焊接网片为两个方向受力，则四周边缘的两根钢筋的全部交叉点必须焊接，其余的交叉点可间隔焊接或绑、焊相间。

2）当焊接网片的受力钢筋为冷拔低碳钢丝，而另一方向的钢筋间距小于 100mm 时，除受力主筋与两端的两根横向钢筋的全部交叉点必须焊接外，中间部分的焊点距离可增大至 250mm。

3. 钢筋安装工序质量控制点

（1）现场绑扎钢筋

1）钢筋的交叉点应采用绑丝绑牢，必要时可辅以点焊。

2）钢筋网的外围两行钢筋交叉点应全部扎牢，中间部分交叉点可间隔交错扎牢。但双向受力的钢筋网，钢筋交叉点必须全部扎牢。

3）梁和柱的箍筋，除设计有特殊要求外，应与受力钢筋垂直设置；箍筋弯钩叠合处，应位于梁和柱角的受力钢筋处，并错开设置（同一截面上有两个以上箍筋的大截面梁和柱除外）；螺旋形箍筋的起点和终点均应绑扎在纵向钢筋上，有抗扭要求的螺旋箍筋，钢筋应伸入核心混凝土中。

4）矩形柱角部竖向钢筋的弯钩平面与模板面的夹角应为 45°；多边形柱角部竖向钢筋弯钩平面应朝向断面中心；圆形柱所有竖向钢筋弯钩平面应朝向圆心。小型截面柱当采用插入式振捣器时，弯钩平面与模板面的夹角不得小于 15°。

5）绑扎接头搭接长度范围内的箍筋间距：当钢筋受拉时应小于 $5d$，且不得大于 100mm；当钢筋受压时应小于 $10d$（d 为待绑扎钢筋的钢筋直径），且不得大于 200mm。

6）钢筋骨架的多层钢筋之间，应用短钢筋支垫，确保位置准确。

（2）钢筋安装

1）应对照设计图纸，检查钢筋数量、规格、长度、所在位置、绑扎和焊接质量。

2）钢筋在模板内定位及牢固情况，控制钢筋的混凝土保护层厚度，必须符合设计要求。

3）防止脱模剂污染钢筋。

4）安装好的钢筋骨架应有足够的刚度和稳定性，使钢筋位置在浇筑混凝土时不致变动。

5）钢筋工程质量检验应严格按照程序进行，所有钢筋绑扎的规格、尺寸、间距都必须符合设计要求，绑扎完后必须通知监理工程师验收，验收合格后方可进行下一道工序施工。

4. 钢筋接头检验工序质量控制点

（1）钢筋接头外观质量检查

1）闪光对焊接头：接头周缘应有适当的镦粗部分，并呈均匀的毛刺外形。钢筋表面不得有明显的烧伤或裂纹。接头边弯折的角度不得大于 3°。接头轴线的偏移不得大于 0.1d，并不得大于 2mm。

2）搭接焊、帮条焊的接头：采用搭接焊、帮条焊的接头，应逐个进行外观检查。焊缝表面应平顺、无裂纹、夹渣和较大的焊瘤等缺陷。

（2）钢筋接头拉伸试验和冷弯试验

1）闪光对焊接头：在同条件下经外观检查合格的焊接接头，以 300 个作为一批（不足 300 个，也应按一批计），从中切取 6 个试件，3 个做拉伸试验，3 个做冷弯试验。

2）搭接焊、帮条焊的接头：在同条件下完成并经外观检查合格的焊接接头，以 300 个作为一批（不足 300 个，也按一批计），从中切取 3 个试件，做拉伸试验。

3）在同条件下经外观检查合格的机械连接接头，应以每 300 个为一批（不足 300 个也按一批计），从中抽取 3 个试件做单向拉伸试验，并作出评定。如有 1 个试件抗拉强度不符合要求，应再取 6 个试件复验，如再有 1 个试件不合格，则该批接头应判为不合格。

（3）钢筋接头拉伸试验

1）当 3 个试件的抗拉强度均不小于该级别钢筋的规定值，至少有 2 个试件断于焊缝以外，且呈塑性断裂时，应判定该批接头拉伸试验合格。

2）当有 2 个试件抗拉强度小于规定值，或 3 个试件均在焊缝或热影响区发生脆性断裂时，则一次判定该批接头为不合格。

注：当接头试件虽在焊缝或热影响区呈脆性断裂。但其抗拉强度大于或等于钢筋规定抗拉强度的 1.1 倍时，可按在焊缝或热影响区之外呈延性断裂同等对待。

3）当有 1 个试件抗拉强度小于规定值，或 2 个试件在焊缝或热影响区发生脆性断裂。其抗拉强度小于钢筋规定值的 1.1 倍时，应进行复验。复验时，应再切取 6 个试件，复验结果，当仍有 1 个试件的抗拉强度小于规定值，或 3 个试件在焊缝或热影响区呈脆性断裂，其抗拉强度小于钢筋规定值的 1.1 倍时，应判定该批接头为不合格。

（4）钢筋接头冷弯试验

冷弯试验时应将接头内侧的金属毛刺和镦粗凸起部分消除至与钢筋的外表齐平。焊接点应位于弯曲中心，绕芯棒弯曲 90°。

3 个试件经冷弯后，在弯曲背面（含焊缝和热影响区）未发生破裂，应评定该批接头冷弯试验合格；当 3 个试件均发生破裂，则一次判定该批接头为不合格。当有 1 个试件发生破裂，应再切取 6 个试件，复验结果，仍有 1 个试件发生破裂时，应判定该批接头为不合格。

5. 质量检查

（1）材料应符合下列规定：

1）钢筋、焊条的品种、牌号、规格和技术性能必须符合国家现行标准规定和设计要求。

2）钢筋进场时，必须按批抽取试件做力学性能和工艺性能试验，其质量必须符合国家现行标准的规定。

3）当钢筋出现脆断、焊接性能不良或力学性能显著不正常等现象时，应对该批钢筋进行化学成分检验或其他专项检验。

（2）钢筋弯制和末端弯钩均应符合设计要求和现行行业标准《城市桥梁工程施工与质量验收规范》CJJ 2 的规定。

（3）受力钢筋连接应符合下列规定：

1）钢筋的连接形式必须符合设计要求。

2）钢筋接头位置、同一截面的接头数量、搭接长度应符合设计要求和现行行业标准《城市桥梁工程施工与质量验收规范》CJJ 2 的规定。

3）钢筋焊接接头质量应符合现行行业标准《钢筋焊接及验收规程》JGJ 18 的规定和设计要求。

4）HRB335 和 HRB400 带肋钢筋机械连接接头质量应符合现行行业标准《钢筋机械连接技术规程》JGJ 107 的规定和设计要求。

（4）钢筋安装时，其品种、规格、数量、形状，必须符合设计要求。

（5）预埋件的规格、数量、位置等必须符合设计要求。

（6）钢筋表面不得有裂纹、结疤、折叠、锈蚀和油污，钢筋焊接接头表面不得有夹渣、焊瘤。

（7）钢筋加工允许偏差、钢筋网允许偏差、钢筋成型和安装允许偏差应符合现行行业标准《城市桥梁工程施工与质量验收规范》CJJ 2 的规定。

3.2.3 混凝土工程

1. 材料质量控制

（1）水泥

1）选用水泥不得对混凝土结构强度、耐久性和使用条件产生不利影响。

2）选用水泥应以能使所配制的混凝土强度达到要求、收缩小、和易性好和节约水泥为原则。

3）水泥的强度等级应根据所配制混凝土的强度等级选定。

水泥与混凝土强度等级之比，C30 及以下的混凝土，宜为 1.1～1.2；C35 及以上混凝土宜为 0.9～1.5。

4）水泥的技术条件应符合现行国家标准《通用硅酸盐水泥》GB 175 的规定，并应有出厂检验报告和产品合格证。

5）进场水泥，应按现行国家标准《混凝土结构工程施工质量验收规范》GB 50204 的规定进行强度、细度、安定性和凝结时间的试验。

6）当在使用中对水泥质量有怀疑或出厂日期逾 3 个月（快硬硅酸盐水泥逾 1 个月）时，应进行复验，并按复验结果使用。

（2）矿物掺合料

1）配制混凝土所用的矿物掺合料宜为粉煤灰、火山灰、粒化高炉矿渣等材料。

2）矿物掺合料的技术条件应符合现行国家标准《用于水泥和混凝土中的粉煤灰》GB/T 1596、《用于水泥中的火山灰质混合材料》GB/T 2847 等的规定，并应有出厂检验报告和产品合格证。对矿物掺合料的质量有怀疑时，应对其质量进行复验。

3）掺合料中不得含放射性或对混凝土性能有害的物质。

（3）细骨料

1）混凝土的细骨料，应采用质地坚硬、级配良好、颗粒洁净、粒径小于 5mm 的天然河砂、山砂，或采用硬质岩石加工的机制砂。

2）混凝土用砂一般应以细度模数 2.5～3.5 的中、粗砂为宜。

3）砂的分类、级配及各项技术指标应符合现行行业标准《普通混凝土用砂、石质量及检验方法标准》JGJ 52 的有关规定。

（4）粗骨料

1）粗骨料最大粒径应按混凝土结构情况及施工方法选取，最大粒径不得超过结构最小边尺寸的 1/4 和钢筋最小净距的 3/4；在两层或多层密布钢筋结构中，不得超过钢筋最小净距的 1/2，同时最大粒径不得超过 100mm。

2）施工前应对所用的粗骨料进行碱活性检验。

3）粗骨料的颗粒级配范围、各项技术指标以及碱活性检验应符合现行行业标准《普通混凝土用砂、石质量及检验方法标准》JGJ 52 的有关规定。

4）混凝土宜使用非碱活性骨料，当使用碱活性骨料时，混凝土的总碱含量不宜大于 $3kg/m^3$；对大桥、特大桥梁总碱含量不宜大于 $1.8kg/m^3$；对处于环境类别属三类以上受严重侵蚀环境的桥梁，不得使用碱活性骨料。

（5）外加剂

1）外加剂的品种及掺量应根据混凝土的性能要求、施工方法、气候条件、混凝土的原材料等因素，经试配确定。

2）在钢筋混凝土中不得掺用氯化钙、氯化钠等氯盐。无筋混凝土的氯化钙或氯化钠掺量，以干质量计，不得超过水泥用量的 3%。

3）混凝土中氯化物的总含量应符合现行国家标准《混凝土质量控制标准》GB 50164 的规定。位于温暖或寒冷地区，无侵蚀性物质影响及与土直接接触的钢筋混凝土构件，混凝土中的氯离子含量不宜超过水泥用量的 0.30%；位于严寒的大气环境、使用除冰盐环境、滨海环境，氯离子含量不宜超过水泥用量的 0.15%；海水环境和受侵蚀性物质影响的环境，氯离子含量不宜超过水泥用量的 0.10%。

4）掺入加气剂的混凝土的含气量宜为 3.5%～5.5%。

5）使用两种（含）以上外加剂时，应彼此相容。

（6）泵送混凝土的原材料

1）水泥应采用保水性好、泌水性小的品种，混凝土中的水泥用量（含掺合料）不宜小于 300kg/m³。

2）细骨料宜选用中砂，粒径小于 300μm 颗粒所占的比例宜为 15%～20%，砂率宜为 38%～45%。

3）粗骨料宜采用连续级配，其针片状颗粒含量不宜大于 10%。

4）掺入粉煤灰后，砂率宜减小 2%～6%。粉煤灰掺入量，硅酸盐水泥不宜大于水泥重量的 30%、普通硅酸盐水泥不宜大于 20%、矿渣硅酸盐水泥不宜大于 15%。

（7）拌合用水

拌合用水应符合现行行业标准《混凝土用水标准》JGJ 63 的规定。

2. 普通混凝土施工工序质量控制点

（1）混凝土的拌制与运输

1）配制混凝土时，应根据结构情况和施工条件确定混凝土拌合物的坍落度。

2）商品混凝土要有出厂合格证，开盘前要经监理工程师现场核对混凝土配合比无误后，签发开盘令。

混凝土用原材料是否符合设计与规范要求，混凝土配合比是否符合设计要求，拌合是否均匀，并对每车混凝土的出厂时间、车号、混凝土标号、施工部位等做详细记录，同时督促商品混凝土厂家按规范与设计现场测定混凝土坍落度、要求现场留置混凝土试块。

3）现场拌制的混凝土，混凝土原材料应分类放置，不得混淆和污染。拌制混凝土所用各种材料应按质量投料。试验员应在现场及时测定砂、石含水量，监督混凝土配合比的使用及做好混凝土试件和坍落度试验，坍落度不合格者不得使用，做好混凝土灌注记录。

4）拌制混凝土宜采用自动计量装置，并应定期检定，保持计量准确。拌制时应检查材料称量的配合比执行情况，并对骨料含水率进行检测，据以调整骨料和水的用量。

5）使用机械拌制时，应严格控制混凝土延续搅拌的最短时间，自全部材料装入搅拌机开始搅拌起，至开始卸料时止。

6）混凝土拌合物应均匀、颜色一致，不得有离析和泌水现象。

7）混凝土拌合物的坍落度，应在搅拌地点和浇筑地点分别随机取样检测，每一工作班或每一单元结构物不应少于两次。评定时应以浇筑地点的测值为准。如混凝土拌合物从搅拌机出料起至浇筑入模的时间不超过 15min 时，其坍落度可仅在搅拌地点取样检测。

8）混凝土在运输过程中应采取防止发生离析、漏浆、严重泌水及坍落度损失等现象的措施。用混凝土搅拌运输车运输混凝土时，途中应以 2～4r/min 的慢速进行搅动。当运至现场的混凝土出现离析、严重泌水等现象，应进行第二次搅拌。经二次搅拌仍不符合要求，则不得使用。

9）抗冻混凝土、抗渗混凝土、大体积混凝土以及冬期、高温期混凝土的拌制和运输应符合设计要求和相关规范的规定。

（2）混凝土浇筑

1）浇筑混凝土前，应对支架、模板、钢筋和预埋件进行检查，确认符合设计和施工设计要求。模板内的杂物、积水、钢筋上的污垢应清理干净。模板内面应涂刷隔离剂，并不得污染钢筋等。

2）在浇筑混凝土之前应对钢筋进行隐蔽工程验收，确认符合设计要求。

3）自高处向模板内倾卸混凝土时，其落差一般不宜超过2m。当超过2m时，应设置串筒、溜槽或振动管等。倾落高度超过10m时，应设减速装置。

4）混凝土应按一定厚度、顺序和方向水平分层浇筑，上层混凝土应在下层混凝土初凝前浇筑、捣实，上下层同时浇筑时，上层与下层前后浇筑距离应保持1.5m以上。

5）浇筑混凝土时，应采用振动器振捣。振捣时不得碰撞模板、钢筋和预埋部件。振捣持续时间宜为20~30s，以混凝土不再沉落、不出现气泡、表面呈浮浆为度。

6）混凝土的浇筑应连续进行，如因故间断时，其间断时间应小于前层混凝土的初凝时间。混凝土运输、浇筑及间歇的全部时间不得超过规范规定。否则，应设置施工缝。

施工缝宜留置在结构受剪力和弯矩较小、便于施工的部位，且应在混凝土浇筑之前确定。施工缝不得呈斜面。先浇混凝土表面的水泥砂浆和松弱层应及时凿除。凿除时的混凝土强度，水冲法应达到0.5MPa；人工凿毛应达到2.5MPa；机械凿毛应达到10MPa。

经凿毛处理的混凝土面，应清除干净，在浇筑后续混凝土前，应铺10~20mm同配比的水泥砂浆。重要部位及有抗震要求的混凝土结构或钢筋稀疏的混凝土结构，应在施工缝处补插锚固钢筋或石榫；有抗渗要求的施工缝宜做成凹形、凸形或设止水带。

施工缝处理后，应待下层混凝土强度达到2.5MPa后，方可浇筑后续混凝土。

7）浇筑混凝土期间，应经常检查支架、模板、钢筋和预埋件的稳固情况，当发现有松动、变形、移位时，应及时处理。

8）混凝土施工的有关混凝土试件，对标准条件养护试件进行混凝土抗压强度试验，监理检查试验报告。混凝土抗压强度应在混凝土的浇筑地点随机抽样制作（商品混凝土应在浇筑地点按规定抽样检验）。

9）注意混凝土的耐久性、保护层厚度、裂缝宽度、水灰比最大允许值、最低水泥用量等的技术规定，以及保护层垫块质量要求，含碱量的限定，混凝土抗冻性能的规定，混凝土抗渗性能的要求。

10）抗冻混凝土、抗渗混凝土、大体积混凝土以及冬期、高温期混凝土的浇筑应符合设计要求和相关规范的规定。

（3）混凝土养护

1）施工现场应根据施工对象、环境、水泥品种、外加剂以及对混凝土性能的要求，制定具体的养护方案，并要求其严格执行方案规定的养护制度。

2）常温下混凝土浇筑完成后，应及时覆盖并洒水养护。

3）当气温低于5℃时，应采取保温措施，并不得对混凝土洒水养护。

4）检查混凝土洒水养护的时间：采用硅酸盐水泥、普通硅酸盐水泥或矿渣硅酸盐水泥的混凝土，不得少于7d；掺用缓凝型外加剂或有抗渗等要求以及高强度混凝土，不得少于14d。使用真空吸水的混凝土，可在保证强度条件下适当缩短养护时间。

5）采用涂刷薄膜养护剂养护时，养护剂应通过试验确定。

6）采用塑料膜覆盖养护时，应在混凝土浇筑完成后及时覆盖严密，保证膜内有足够的凝结水。

7）抗冻混凝土、抗渗混凝土、大体积混凝土以及冬期、高温期混凝土的养护应符合设计要求和相关规范的规定。

3. 泵送混凝土工序质量控制点

（1）混凝土的供应必须保证输送混凝土的泵能连续工作。

（2）输送管线宜直，转弯宜缓，接头应严密。

（3）泵送前应先用与混凝土成分相同的水泥浆润滑输送管内壁。

（4）泵送混凝土因故间歇时间超过45min时，应采用压力水或其他方法冲洗管内残留的混凝土。

（5）泵送过程中，受料斗内应具有足够的混凝土，以防止吸入空气产生阻塞。

4. 大体积混凝土工序质量控制点

（1）大体积混凝土应均匀分层、分段浇筑，分层混凝土厚度宜为1.5~2.0m。分段数目不宜过多。当横截面面积在200m²以内时不宜大于2段，在300m²以内时不宜大于3段。每段面积不得小于50m²。上、下层的竖缝应错开。

（2）大体积混凝土应在环境温度较低时浇筑，浇筑温度（振捣后50~100mm深处的温度）不宜高于28℃。

（3）大体积混凝土应采取循环水冷却、蓄热保温等控制体内外温差的措施，并及时测定浇筑后混凝土表面和内部的温度，其温差应符合设计要求，当设计无规定时不宜大于25℃。

对于大体积混凝土的测温，为了全面反应混凝土内温度场的变化情况，应根据大体积混凝土结构的平面形状尺寸、厚度等具体情况，合理、经济地布置测温点，并绘制测温点布置图。通常沿纵、横轴向或对角线方向分别布置在距顶面5cm、距底面5cm和中间，当结构厚度较大时，按500~800mm间距可适当增加测点的个数；在平面尺寸方向，一般为3000~5000mm，距边角和表面50mm。在每条测试轴线上，监测点位宜不少于4处（图3-1）。

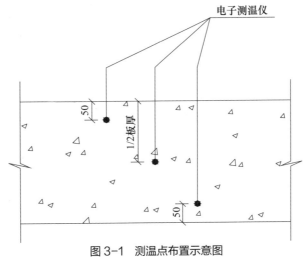

图3-1　测温点布置示意图

5. 质量检查

（1）水泥进场除全数检验合格证和出厂检验报告外，应对其强度、细度、安定性和凝固时间抽样复验。

（2）混凝土外加剂除全数检验合格证和出厂检验报告外，应对其减水率、凝结时间差、抗压强度比抽样检验。

（3）检查配合比设计选定单、试配试验报告和经审批后的配合比报告单，混凝土配合比设计应符合设计要求。

（4）当使用具有潜在碱活性骨料时，混凝土中的总碱含量应符合现行行业标准《城市桥梁工程施工与质量验收规范》CJJ 2 的规定和设计要求。

（5）检查试验报告，混凝土强度等级必须符合设计要求。

（6）混凝土掺用的矿物掺合料除全数检验合格证和出厂检验报告外，应对其细度、含水率、抗压强度比等项目抽样检验。

（7）对细骨料检查试验报告，应抽样检验其颗粒级配、细度模数、含泥量及规定要求的检验项，并应符合现行行业标准《普通混凝土用砂、石质量及检验方法标准》JGJ 52 的规定。

（8）对粗骨料检查试验报告，应抽样检验其颗粒级配、压碎值指标、针片状颗粒含量及规定要求的检验项，并应符合现行行业标准《普通混凝土用砂、石质量及检验方法标准》JGJ 52 的规定。

（9）当拌制混凝土用水采用非饮用水源时，检查其水质分析报告，应符合现行行业标准《混凝土用水标准》JGJ 63 的规定。

（10）用坍落度仪检测混凝土拌合物的坍落度，应符合设计配合比要求。

（11）混凝土原材料每盘称量允许偏差应符合现行行业标准《城市桥梁工程施工与质量验收规范》CJJ 2 的规定。

3.2.4 预应力混凝土

1. 材料质量控制

（1）预应力筋

1）预应力混凝土结构中采用的钢丝、钢绞线、无粘结预应力筋等，应符合现行国家标准《预应力混凝土用钢丝》GB/T 5223、《预应力混凝土用钢绞线》GB/T 5224 和现行行业标准《无粘结预应力钢绞线》JG/T 161 等的规定。每批钢丝、钢绞线、钢筋应由同一牌号、同一规格、同一生产工艺的产品组成。

2）预应力筋进场时，应对其质量证明文件、包装、标志和规格进行检验。

3）钢丝检验每批不得大于 60t；从每批钢丝中抽查 5%，且不少于 5 盘，进行形状、尺寸和表面检查，如检查不合格，则将该批钢丝全数检查；从检查合格的钢丝中抽取 5%，且不少于 3 盘，在每盘钢丝的两端取样进行抗拉强度、弯曲和伸长率试验，试验结果有一项不合格时，则不合格盘报废，并从同批未检验过的钢丝盘中取双倍数量的试样进行该不合格项的复验，如仍有一项不合格，则该批钢丝为不合格。

4）钢绞线检验每批不得大于 60t；从每批钢绞线中任取 3 盘，并从每盘所选用的钢绞线端部正常部位截取一根试样，进行表面质量、直径偏差检查和力学性能试验，如每批少于 3 盘，应全数检查，试验结果如有一项不合格时，则不合格盘报废，并再从该批未检验过的钢绞线中取双倍数量的试样进行该不合格项的复验。如仍有一项不合格，则该批钢绞线为不合格。

5）精轧螺纹钢筋检验每批不得大于 60t，对表面质量应逐根检查；检查合格后，在每批中任选 2 根钢筋截取试件进行拉伸试验，试验结果如有一项不合格，则取双倍数量试件重做试验，如仍有一项不合格，则该批钢筋为不合格。

（2）预应力筋锚具、夹具和连接器

1）预应力筋锚具、夹具和连接器应符合现行国家标准《预应力筋用锚具、夹具和连接器》GB/T 14370 和现行行业标准《预应力筋用锚具、夹具和连接器应用技术规程》JGJ 85 的规定。进场时，应对其质量证明文件、型号、规格等进行检验。

2）锚具、夹片和连接器验收批的划分：在同种材料和同一生产工艺条件下，锚具和夹片应以不超过 1000 套为一个验收批；连接器应以不超过 500 套为一个验收批。

3）外观检查：应从每批中抽取 10% 的锚具（夹片或连接器）且不少于 10 套，检查其外观和尺寸，如有一套表面有裂纹或超过产品标准及设计要求规定的允许偏差，则应另取双倍数量的锚具重做检查，如仍有一套不符合要求，则应全数检查，合格者方可投入使用。

4）硬度检查：应从每批中抽取 5% 的锚具（夹片或连接器）且不少于 5 套，对其中有硬度要求的零件做硬度试验，对多孔夹片式锚具的夹片，每套至少抽取 5 片。每个零件测试 3 点，其硬度应在设计要求范围内，如有一个零件不合格，则应另取双倍数量的零件重新试验，如仍有一个零件不合格，则应逐个检查，合格后方可使用。

5）静载锚固性能试验：大桥、特大桥等重要工程、质量证明文件不齐全、不正确或质量有疑点的锚具，经上述检查合格后，应从同批锚具中抽取 6 套锚具（夹片或连接器）组成 3 个预应力锚具组装件，进行静载锚固性能试验，如有一个试件不符合要求，则应另取双倍数量的锚具（夹片或连接器）重做试验，如仍有一个试件不符合要求，则该批锚具（夹片或连接器）为不合格品。一般中、小桥使用的锚具（夹片或连接器），其静载锚固性能可由锚具生产厂提供试验报告。

（3）预应力管道

1）预应力管道应具有足够的刚度、能传递粘结力。

2）胶管的承受压力不得小于 5kN，极限抗拉力不得小于 7.5kN，且应具有较好的弹性恢复性能。

3）钢管和高密度聚乙烯管的内壁应光滑，壁厚不得小于 2mm。

4）金属螺旋管道宜采用镀锌材料制作，制作金属螺旋管的钢带厚度不宜小于 0.3mm。金属螺旋管性能应符合现行行业标准《预应力混凝土用金属波纹管》JG 225 的规定。

（4）预应力材料存放和运输

预应力材料必须保持清洁，在存放和运输时应避免损伤、锈蚀和腐蚀。预应力筋和金属管道在室外存放时，时间不宜超过 6 个月。预应力锚具、夹具和连接器应在仓库内配套保管。

2. 预应力钢筋制作工序质量控制点

（1）预应力筋的下料长度应根据构件孔道或台座的长度、锚夹具长度等经过计算确定。

（2）预应力筋宜使用砂轮锯或切断机切断，不得采用电弧切割。钢绞线切断前，应在距切口 5cm 处用绑丝绑牢。

（3）钢丝束的两端均采用墩头锚具时，同一束中各根钢丝下料长度的相对差值，当钢丝束长度小于或等于 20m 时，不宜大于 1/3000；当钢丝束长度大于 20m 时，不宜大于 1/5000，且不得大于 5mm。长度不大于 6m 的先张预应力构件，当钢丝成束张拉时，同束钢丝下料长度的相对差值不得大于 2mm。

（4）高强钢丝采用镦头锚固时，宜采用液压冷镦。

（5）预应力筋由多根钢丝或钢绞线组成时，在同束预应力筋内，应采用强度相等的预应力钢材。编束时，应逐根梳理顺直，不扭转，绑扎牢固，每隔 1m 一道，不得互相缠绞。编束后的钢丝和钢绞线应按编号分类存放。钢丝和钢绞线束移运时支点距离不得大于 3m，端部悬出长度不得大于 1.5m。

3. 混凝土施工工序质量控制点

（1）拌制混凝土应优先采用硅酸盐水泥、普通硅酸盐水泥，不宜使用矿渣硅酸盐水泥，不得使用火山灰质硅酸盐水泥及粉煤灰硅酸盐水泥。粗骨料应采用碎石，其粒径宜为 5～25mm。

（2）混凝土中的水泥用量不宜大于 550kg/m³。

（3）混凝土中严禁使用含氯化物的外加剂及引气剂或引气型减水剂。

（4）从各种材料引入混凝土中的氯离子最大含量不宜超过水泥用量的 0.06%。超过以上规定时，宜采取掺加阻锈剂、增加保护层厚度、提高混凝土密实度等防锈措施。

（5）浇筑混凝土时，对预应力筋锚固区及钢筋密集部位，应加强振捣。后张构件应避免振动器碰撞预应力筋的管道。

4. 先张法预应力施工工序质量控制点

（1）预应力钢筋张拉应由工程技术负责人主持，张拉作业人员应经培训考核合格后方可上岗。

（2）张拉设备的校准期限不得超过半年，且不得超过 200 次张拉作业。张拉设备应配套校准，配套使用。

（3）预应力筋的张拉控制应力必须符合设计要求。

（4）预应力筋采用应力控制方法张拉时，应以伸长值进行校核。实际伸长值与理论伸长值的差值应符合设计要求；设计无规定时，实际伸长值与理论伸长值之差应控制在 6% 以内。

（5）预应力张拉时，应先调整到初应力（σ_0），该初应力宜为张拉控制应力（σ_{con}）的 10%～15%，伸长值应从初应力时开始量测。

（6）预应力筋的锚固应在张拉控制应力处于稳定状态下进行，锚固阶段张拉端预应力筋的内缩量，不得大于设计规定。

（7）张拉台座应具有足够的强度和刚度，其抗倾覆安全系数不得小于 1.5，抗滑移安全系数不得小于 1.3。张拉横梁应有足够的刚度，受力后的最大挠度不得大于 2mm。锚板受力中心应与预应力筋合力中心一致。

（8）预应力筋连同隔离套管应在钢筋骨架完成后一并穿入就位。就位后，严禁使用电弧焊对梁体钢筋及模板进行切割或焊接。隔离套管内端应堵严。

（9）预应力筋张拉要求：

1）同时张拉多根预应力筋时，各根预应力筋的初始应力应一致。张拉过程中应使活动横梁与固定横梁保持平行。

2）张拉程序应符合设计要求。张拉钢筋时，为保证施工安全，应在超张拉放张至$0.9\sigma_{con}$时安装模板、普通钢筋及预埋件等。

3）张拉过程中，对于钢丝、钢绞线，同一构件内断丝数不得超过钢丝总数的1％；对于钢筋不允许出现断筋。

（10）放张预应力筋时混凝土强度必须符合设计要求。设计未规定时，不得低于设计强度的75％。放张顺序应符合设计要求。设计未规定时，应分阶段、对称、交错地放张。放张前，应将限制位移的模板拆除。

5. 后张法预应力施工工序质量控制点

（1）预应力管道安装

1）管道应采用定位钢筋牢固地固定于设计位置。

2）金属管道接头应采用套管连接，连接套管宜采用大一个直径型号的同类管道，且应与金属管道封裹严密。

3）管道应留压浆孔和溢浆孔；曲线孔道的波峰部位应留排气孔；在最低部位宜留排水孔。

4）管道安装就位后应立即通孔检查，发现堵塞应及时疏通。管道经检查合格后应及时将其端面封堵。

5）管道安装后，需在其附近进行焊接作业时，必须对管道采取保护措施。

（2）预应力筋安装

1）先穿束后浇混凝土时，浇筑之前，必须检查管道，并确认完好；浇筑混凝土时应定时抽动、转动预应力筋。

2）先浇混凝土后穿束时，浇筑后应立即疏通管道，确保其畅通。

3）混凝土采用蒸汽养护时，养护期内不得装入预应力筋。

4）穿束后至孔道灌浆完成应控制在下列时间以内，否则应对预应力筋采取防锈措施：

①空气湿度大于70％或盐分过大时，7d。

②空气湿度40％～70％时，15d。

③空气湿度小于40％时，20d。

5）在预应力筋附近进行电焊时，应对预应力钢筋采取保护措施。

（3）预应力筋张拉

1）混凝土强度应符合设计要求；设计未规定时，不得低于设计强度的75％，且应将限制位移的模板拆除后，方可进行张拉。

2）预应力筋张拉端的设置，应符合设计要求；当设计未规定时，应符合下列规定：

①曲线预应力筋或长度大于或等于25m的直线预应力筋，宜在两端张拉；长度小于25m的直线预应力筋，可在一端张拉。

②当同一截面中有多束一端张拉的预应力筋时，张拉端宜均匀交错地设置在结构的两端。

3）张拉前应根据设计要求对孔道的摩阻损失进行实测。以便确定张拉控制应力，并确定预应力筋的理论伸长值。

4）预应力筋的张拉顺序应符合设计要求；当设计无规定时，可采取分批、分阶段对称张拉。宜先中间，后上、下或两侧。

5）预应力筋张拉程序应符合设计要求。

6）张拉过程中预应力筋断丝、滑丝、断筋控制值：对于钢丝和钢绞线，每束钢丝、钢铰线断丝、滑丝数不超过1根或1丝，每个断面断丝之和不超过该断面钢丝总数的1%；对于钢筋，不允许出现断筋现象。

（4）预应力筋锚固

张拉控制应力达到稳定后方可锚固，预应力筋锚固后的外露长度不宜小于30mm，锚具应采用封端混凝土保护，当需较长时间外露时，应采取防锈蚀措施。锚固完毕经检验合格后，方可切割端头多余的预应力筋，严禁使用电弧焊切割。

（5）压浆与封锚

1）预应力筋张拉后，应及时进行孔道压浆，对多跨连续有连接器的预应力筋孔道，应张拉完一段灌注一段。孔道压浆宜采用水泥浆，水泥浆的强度应符合设计要求；设计无规定时不得低于30MPa。

2）压浆后应从检查孔抽查压浆的密实情况，如有不实，应及时处理。压浆作业，每一工作班应留取不少于3组砂浆试块，标准养护28d，以其抗压强度作为水泥浆质量的评定依据。

3）压浆过程中及压浆后48h内，结构混凝土的温度不得低于5℃，否则应采取保温措施。当白天气温高于35℃时，压浆宜在夜间进行。

4）埋设在结构内的锚具，压浆后应及时浇筑封锚混凝土。封锚混凝土的强度等级应符合设计要求，不宜低于结构混凝土强度等级的80%，且不得低于30MPa。

5）孔道内的水泥浆强度达到设计规定后方可吊移预制构件；设计未规定时，不应低于砂浆设计强度的75%。

6. 质量检查

（1）混凝土质量检验，参见本书3.2.3节中相关内容。

（2）预应力筋进场检验应符合现行行业标准《城市桥梁工程施工与质量验收规范》CJJ 2的规定。

（3）预应力筋用锚具、夹具和连接器进场检验应符合现行行业标准《城市桥梁工程施工与质量验收规范》CJJ 2的规定。

（4）预应力筋的品种、规格、数量必须符合设计要求。

（5）预应力筋张拉和放张时，混凝土强度必须符合设计要求；设计无规定时，不得低于设计强度的75%。

（6）钢丝、钢绞线先张法允许偏差、钢筋先张法允许偏差、钢筋后张法允许偏差，应符合现行行业标准《城市桥梁工程施工与质量验收规范》CJJ 2的规定。

（7）孔道压浆的水泥浆强度必须符合设计要求，压浆时排气孔、排水孔应有水泥浓浆溢出。

（8）封锚混凝土的强度等级应符合设计要求，不宜低于结构混凝土强度等级的80%，且不得低于30MPa。

（9）预应力筋使用前应进行外观质量检查，不得有弯折，表面不得有裂纹、毛刺、机械损伤、氧化铁锈、油污等。

（10）预应力筋用锚具、夹具和连接器使用前应进行外观质量检查，表面不得有裂纹、机械损伤、锈蚀、油污等。

（11）锚固阶段张拉端预应力筋的内缩量，不得大于设计规定。

3.3 基础工程

3.3.1 扩大基础

1. 材料质量控制

检查回填土最佳含水量、最大干密度前。基坑回填前确认构筑物的混凝土强度报告。

检查扩大基础所用砖、水泥砂浆、砌筑砂浆、混凝土、钢筋的进场合格证及复试报告，其他工序质量控制要求，参见本书1.3节、3.2节中相关内容。

2. 工序质量控制点

（1）基坑防护

1）基础位于旱地上，且无地下水时，基坑顶面应设置防止地面水流入基坑的设施。基坑顶有动荷载时，坑顶边与动荷载间应留有不小于1m宽的护道。

2）遇不良的工程地质与水文地质时，应对相应部位采取加固措施。

3）当基坑受场地限制不能按规定放坡或土质松软、含水量较大基坑坡度不易保持时，应对坑壁采取支护措施。

（2）围堰施工

1）当基础位于河、湖、浅滩中采用围堰进行施工时，施工前应对围堰进行施工设计。

2）围堰顶宜高出施工期间可能出现的最高水位（包括浪高）0.5～0.7m。

3）围堰应减少对现状河道通航、导流的影响。对河流断面被围堰压缩而引起的冲刷，应有防护措施。

4）围堰应便于施工、维护及拆除。围堰材质不得对现况河道水质产生污染。

5）围堰应严密，不得渗漏。

（3）排水、降水

1）当采用集水井排水时，集水井宜设在河流的上游方向。

2）排水设备的能力宜大于总渗水量的1.5～2.0倍。遇粉细砂土质应采取防止泥砂流失的措施。

3）井点降水适用于粉、细砂和地下水位较高、有承压水、挖基较深、坑壁不易稳定的土质基坑。在无砂的黏质土中不宜使用。

4）井管可根据土质分别用射水、冲击、旋转及水压钻机成孔。降水曲线应深入基底设计标高以下0.5m。

5）施工中应做好地面、周边建（构）筑物沉降及坑壁稳定的观测，必要时应采取防护措施。

（4）基坑挖土方

1）基坑宜安排在枯水或少雨季节开挖。

2）坑壁必须稳定。

3）基底应避免超挖，严禁受水浸泡和受冻。

4）当基坑及其周围有地下管线时，必须在开挖前探明现况。对施工损坏的管线，必须及时处理。

5）槽边堆土时，堆土坡脚距基坑顶边线的距离不得小于1m，堆土高度不得大于1.5m。

6）基坑挖至标高后应及时进行基础施工，不得长期暴露。

7）开挖基坑时，不得超挖，避免扰动基底原状土。可在设计基底标高以上暂留0.3m不进行土方机械开挖，应在抄平后由人工挖出。如已经超挖，应将松动部分清除，其处理方案应报监理、设计单位批准。

（5）验槽和回填

1）基坑内地基承载力必须满足设计要求。基坑开挖完成后，应会同设计、勘探单位实地验槽，确认地基承载力满足设计要求。

2）当地基承载力不满足设计要求或出现超挖、被水浸泡现象时，应按设计要求处理，并在施工前结合现场情况，编制专项地基处理方案。

3）检查基坑内有无积水、杂物、淤泥。

4）填土应分层填筑并压实。

5）基坑在道路范围时，不同性质的土应分类、分层填筑，不得混填，填土中大于10cm的土块应打碎或剔除。填土应分层进行。下层填土验收合格后，方可进行上层填筑。

6）当回填涉及管线时，管线四周的填土压实度应符合相关管线的技术规定。

7）围护基坑回填时，应按施工方案要求的程序拆除支撑，严禁一次性拆除。

3. 质量检查

（1）基坑开挖允许偏差应符合现行行业标准《城市桥梁工程施工与质量验收规范》CJJ 2的规定。

（2）地基承载力应按现行行业标准《城市桥梁工程施工与质量验收规范》CJJ 2的规定进行检验，确认符合设计要求。地基处理应符合专项处理方案要求，处理后的地基必须满足设计要求。

（3）回填土方应符合下列要求：

1）当年筑路和管线上填方的压实度标准应符合现行行业标准《城镇道路工程施工与质量验收规范》CJJ 1和相关管线施工标准的规定。

2）除当年筑路和管线上回填土方以外，填方压实度不应小于87%（轻型击实）。

3）填料应符合设计要求，不得含有影响填筑质量的杂物。基坑填筑应分层回填、分层夯实。

（4）现浇混凝土基础的质量检验应符合现行行业标准《城市桥梁工程施工与质量验收规范》CJJ 2的规定，且基础表面不得有孔洞、露筋。

（5）现浇混凝土基础、砌体基础允许偏差，应符合现行行业标准《城市桥梁工程施工与质量验收规范》CJJ 2的规定。

3.3.2 沉入桩

1. 材料质量控制

（1）检查预制桩规格、尺寸、混凝土强度等级及配合比是否符合设计要求，桩表面不得出现孔洞、露筋和受力裂缝。

（2）检查钢管桩的钢材品种、规格及其技术性能是否符合设计要求，检查其制作焊接质量、几何尺寸、防腐涂装质量是否符合设计要求。

2. 混凝土桩、钢桩制作工序质量控制点

（1）混凝土桩制作

1）在现场预制时，场地应平整、坚实、不积水，并应便于混凝土的浇筑和桩的吊运。

2）钢筋混凝土桩的主筋，宜采用整根钢筋，如需接长宜采用闪光对焊。主筋与箍筋或螺旋筋应连接紧密，交叉处应采用点焊或钢丝绑扎牢固。

3）混凝土的坍落度宜为 4～6cm。

4）混凝土应连续浇筑，不得留工作缝。

5）预制桩的起吊强度应符合设计要求；当设计无规定时，顶制桩达设计强度的 75% 方可起吊，起吊应平稳，不得损坏桩身混凝土。预制桩强度达到设计强度的 100% 方可运输，运输时桩身应平置。

6）堆放场地应平整、坚实、排水通畅。

7）混凝土桩的支点应与吊点上下对准，堆放不宜超过 4 层。

（2）钢桩制作

1）钢桩宜在工厂制作，现场拼接应符合现行行业标准《城市桥梁工程施工与质量验收规范》CJJ 2 的有关规定。

2）钢桩防腐应符合设计要求。

3）钢桩位于河床局部冲刷线以下 1.5m 至承台底而以上 5～10cm 部分，应进行防腐处理。

4）防腐前应进行喷砂除锈，达到出现金属光泽，表面无锈蚀点。

5）运输、起吊沉桩过程中，防腐层被破坏时应及时修补。

6）钢桩的支点应布置合理，防止变形，堆放不得超过 3 层。应采取防止钢管桩滚动的措施。

3. 沉桩工序质量控制点

（1）锤击沉桩

1）桩的连接接头强度不得低于桩截面的总强度。钢桩接桩处纵向弯曲矢高不得大于桩长的 0.2%。

2）混凝土预制桩达到设计强度后方可沉桩。

3）沉型钢桩时，应采取防止桩横向失稳的措施。

4）当沉桩的桩顶标高低于落锤的最低标高时，应设送桩，其强度不得小于桩的设计强度。送桩应与桩锤、桩身在同一轴线上。

5）开始沉桩时应控制桩锤的冲击能，低锤慢打；当桩入土一定深度后，可按要求落距和正常锤击频率进行。

6）锤击沉桩的最后贯入度，柴油锤宜为 1～2mm/ 击，蒸汽锤宜为 2～3mm/ 击。

7）停锤应符合下列要求：

① 桩端位于黏性土或较松软土层时，应以标高控制，贯入度作为校核。如桩沉至设计标高，贯入度仍较大时。应继续锤击，其贯入度控制值应由设计确定。

② 桩端位于坚硬、硬塑的黏土及中密以上的粉土、砂、碎石类土、风化岩时，应以贯入度控制。当硬层土有冲刷时应以标高控制。

③ 贯入度已达到要求，而桩尖未达到设计标高时，应在满足冲刷线下最小嵌固深度后，继续锤击 3 阵（每阵 10 锤），贯入度不得大于设计规定的数值。

8）在沉桩过程中发现以下情况应暂停施工，并应采取措施进行处理：

① 贯入度发生剧变。

② 桩身发生突然倾斜、位移或有严重回弹。

③ 桩头或桩身破坏。

④ 地面隆起。

⑤ 桩身上浮。

（2）振动沉桩

1）振动沉桩法应考虑振动对周围环境的影响，并应验算振动上拔力对桩结构的影响。

2）开始沉桩时应以自重下沉或射水下沉，待桩身稳定后再采用振动下沉。

3）每根桩的沉桩作业，应一次完成，中途不宜停顿过久。

4）在沉桩过程中如发生上述锤击沉桩第 8）条中的情况或机械故障应即暂停，查明原因经采取措施后，方可继续施工。

（3）射水沉桩

1）在砂类土、砾石土和卵石土层中采用射水沉桩，应以射水为主；在黏性土中采用射水沉桩，应以锤击为主。

2）当桩尖接近设计高程时，应停止射水进行锤击或振动下沉，桩尖进入未冲动的土层中的深度应根据沉桩试验确定，一般不得小于 2m。

3）采用中心射水沉桩，应在桩垫和桩帽上，留有排水通道，降低高压水从桩尖返入桩内的压力。

4）射水沉桩应根据土层情况，选择高压泵压力和排水量。

（4）桩的复打

1）在"假极限"土中的桩、射水下沉的桩、有上浮的桩均应复打。

2）复打前"休息"天数应符合下列要求：

① 桩穿过砂类土，桩尖位于大块碎石类土、紧密的砂类土或坚硬的黏性土，不得少于 1 昼夜；

② 在粗中砂和不饱和的粉细砂里不得少于 3 昼夜；

③ 在黏性土和饱和的粉细砂里不得少于 6 昼夜。

3）复打应达到最终贯入度小于或等于停打贯入度。

4. 质量检查

（1）预制桩

1）桩表面不得出现孔洞、露筋和受力裂缝。

2）钢筋混凝土和预应力混凝土桩的预制允许偏差应符合现行行业标准《城市桥梁工程施工与质量验收规范》CJJ 2 的规定。

3）桩身表面无蜂窝、麻面和超过 0.15mm 的收缩裂缝。小于 0.15mm 的横向裂缝长度，方桩不得大于边长或短边长的 1/3，管桩或多边形桩不得大于直径或对角线的 1/3；小于 0.15mm 的纵向裂缝长度，方桩不得大于边长或短边长的 1.5 倍，管桩或多边形桩不得大于直径或对角线的 1.5 倍。

（2）钢管桩

1）钢材品种、规格及其技术性能应符合设计要求和相关标准规定。

2）制作焊接质量应符合设计要求和相关标准规定。

3）钢管桩制作允许偏差应符合现行行业标准《城市桥梁工程施工与质量验收规范》CJJ 2 的规定。

（3）沉桩质量

1）沉入桩的入土深度、最终贯入度或停打标准应符合设计要求。

2）沉桩允许偏差、接桩焊缝外观质量应符合现行行业标准《城市桥梁工程施工与质量验收规范》CJJ 2 的规定。

3.3.3 灌注桩

1. 材料质量控制

（1）所需混凝土配合比试验并经过审查批准。检查混凝土配合比时，应重点检查水灰比、最少水泥量及最大水泥用量。

（2）混凝土各类原材料、钢筋的质量控制，参见本书 3.2 节中相关内容。

（3）核查钢筋笼是否通过工序检验合格。核查钢筋笼的长度、直径及钢筋的型号。受力钢筋应平直，表面不得有裂纹及其他损伤。受力钢筋同一截面的接头数量、搭接长度、焊接和机械接头质量应符合施工技术规范要求（图 3-2）。

图 3-2　钢筋笼检查示例

2. 工序质量控制点

（1）试桩

1）进场桩机、混凝土搅拌机、对焊机等设备已报验并经专业监理工程师签认。

2）所有专业人员重要岗位操作工上岗证均经复验，复印件备案，专业监理工程师在签认。

3）安全施工措施已按核定后的施工组织设计准备到位。

4）检查现场各项安全措施是否到位。

5）检查试桩的桩顶是否有破损或强度不足的情况，如有，凿除后重新修补平整。

6）在冰冻季节试桩时，应将桩周围的冻土全部融化，其融化范围符合设计及规范要求。

7）收集试桩的钻探资料。

8）确定试桩数量和试验方法，其试验方法符合试验规程等。

（2）护筒埋设

1）钻孔前应埋设护筒。护筒可用钢或混凝土制作，应坚实、不漏水。当使用旋转钻时，护筒内径应比钻头直径大20cm；使用冲击钻机时，护筒内径应大40cm。

图3-3　护筒示例

2）护筒顶面宜高出施工水位或地下水位2m，并宜高出施工地面0.3m（图3-3）。其高度尚应满足孔内泥浆面高度的要求。

3）在岸滩上的埋设深度：黏性土、粉土不得小于1m；砂性土不得小于2m。当表面土层松软时，护筒应埋入密实土层中0.5m以下。

4）水中筑岛，护筒应埋入河床面以下1m左右。

5）在水中平台上沉入护筒，可根据施工最高水位、流速、冲刷及地质条件等因素确定沉入深度，必要时应沉入不透水层。

6）护筒埋设允许偏差：顶面中心偏位宜为5cm。护筒斜度宜为1%。

（3）钻孔施工

1）钻孔时，孔内水位宜高出护筒底脚0.5m以上或地下水位以上1.5～2m。

2）钻孔时，起落钻头速度应均匀，不得过猛或骤然变速。孔内出土，不得堆积在钻孔周围。

3）钻孔应一次成孔，不得中途停顿。钻孔达到设计深度后，应对孔位、孔径、孔深和孔形等进行检查。

4）钻孔中出现异常情况，应进行处理，并应符合下列要求：

① 坍孔不严重时，可加大泥浆相对密度继续钻进，严重时必须回填重钻。

② 出现流沙现象时，应增大泥浆相对密度，提高孔内压力或用黏土、大泥块、泥砖投下。

③ 钻孔偏斜、弯曲不严重时，可重新调整钻机在原位反复扫孔，钻孔正直后继续钻进。发生严重偏斜、弯曲、梅花孔、探头石时，应回填重钻。

④ 出现缩孔时，可提高孔内泥浆量或加大泥浆相对密度采用上下反复扫孔的方法，恢复孔径。

⑤ 冲击钻孔发生卡钻时，不宜强提。应采取措施，使钻头松动后再提起。

（4）清孔

1）钻孔至设计标高后，应对孔径、孔深进行检查，确认合格后即进行清孔。

2）清孔时，必须保持孔内水头，防止坍孔。

3）清孔后应对泥浆试样进行性能指标试验。

4）清孔后的沉渣厚度应符合设计要求。设计未规定时，摩擦桩的沉渣厚度不应大于300mm；端承桩的沉渣厚度不应大于100mm。

（5）吊装钢筋笼

1）钢筋笼在运输过程中，应采取适当的措施防止其变形，钢筋笼顶端应设置吊环。

2）钢筋笼安装时，必须保证设计要求的钢筋根数。

3）在钢筋笼安放之前，应检查声测管接头和底部处的密封及牢固情况。

4）钢筋笼宜整体吊装入孔。需分段入孔时，上下两段应保持顺直。接头应符合现行行业标准《城市桥梁工程施工与质量验收规范》CJJ 2 的有关规定。

5）应在骨架外侧设置控制保护层厚度的垫块，其间距竖向宜为 2m，径向圆周不得少于 4 处。钢筋笼入孔后，应牢固定位。

6）在骨架上应设置吊环。为防止骨架起吊变形，可采取临时加固措施，入孔时拆除。

7）钢筋笼吊放入孔应对中、慢放，防止碰撞孔壁。下放时应随时观察孔内水位变化，发现异常应立即停放，检查原因。

8）钢筋笼安放过程中要检查钢筋焊接情况，等钢筋笼对中就位好，再将钢筋笼吊挂在孔口的钢护筒上，或在孔口地面上设置扩大受力面积的装置进行吊挂，不得直接将钢筋笼支承在孔底。在钢筋笼安放就位后，应检查其定位及固定情况。

（6）水下混凝土浇筑

1）清孔后，测量孔径、孔深、孔位和沉淀层厚度，确认满足设计或施工技术规范要求后，方可灌注水下混凝土。

2）在吊入钢筋笼后，灌注水下混凝土之前，应再次检查孔内泥浆的性能指标和孔底沉淀厚度，如不符合设计及规范要求时，应进行第二次清孔，符合要求后方可灌注水下混凝土。

3）确认施工机具设备能否满足水下混凝土灌注数量、灌注速度及在规定时间内灌注完毕的要求，水下混凝土的灌注时间不得超过首批混凝土的初凝时间。水下混凝土应连续灌注，严禁有夹层和断桩。

4）根据孔深确定安装的钢导管的总长度、每节长度、节数及每节的顺序等。应进行导管密封性能试验。

① 导管内壁应光滑圆顺，直径宜为 20～30cm，节长宜为 2m。

② 导管不得漏水，使用前应试拼、试压，试压的压力宜为孔底静水压力的 1.5 倍。

③ 导管轴线偏差不宜超过孔深的 0.5%，且不宜大于 10cm。

④ 导管采用法兰盘接头宜加锥形活套；采用螺旋丝扣型接头时必须有防止松脱装置。

5）再次检查孔深确定沉淀层厚度，如符合设计及规范要求时，进行水下混凝土灌注。

6）混凝土运至灌注地点时，检查其均匀性和坍落度等，不符合要求时不得使用，首批混凝土的数量必须满足导管首次埋置深度 1.0m 以上的需要，首批混凝土入孔后，混凝土要连续灌注，不得中断。

① 在灌注水下混凝土前，宜向孔底射水（或射空气）翻动沉淀物 3～5min。

② 混凝土应连续灌注，中途停顿时间不宜大于 30min。

③ 在灌注过程中，导管的埋置深度宜控制在 2～6m。

④ 灌注混凝土应采取防止钢筋骨架上浮的措施。

⑤ 灌注的桩顶标高应比设计高出 0.5～1m。

⑥ 使用全护筒灌注水下混凝土时，护筒底端应埋于混凝土内不小于 1.5m，随导管提升逐步上拔护筒。

7）在灌注过程中，随时测探桩孔内混凝土面的位置，及时调整导管埋深，埋置深度宜控制在2～6m。如发现混凝土在灌注过程中，混凝土面的实际上升高度与理论上升高度有较大偏差时，应记录并及时暂停施工并分析原因（多考虑为溶洞、串孔、塌孔等）。

3. 质量检查

（1）成孔达到设计深度后，必须核实地质情况，确认符合设计要求。

（2）孔径、孔深应符合设计要求。

（3）混凝土抗压强度应符合设计要求。

（4）桩身不得出现断桩、缩径。

（5）钢筋笼制作和安装质量检验应符合现行行业标准《城市桥梁工程施工与质量验收规范》CJJ 2的规定，且钢筋笼底端高程偏差不得大于±50mm。

（6）混凝土灌注桩允许偏差应符合现行行业标准《城市桥梁工程施工与质量验收规范》CJJ 2的规定。

3.3.4 沉井

1. 材料质量控制

（1）筑岛材料应采用透水性好、易于压实和开挖的无大块颗粒的砂土或碎石土。

（2）钢壳沉井的钢材及其焊接质量应符合设计要求和相关标准规定。

（3）混凝土沉井制作所需混凝土原材料、钢筋、模板等的质量控制，参见本书1.3节、1.4节和3.2节中相关内容。

2. 就地制作沉井工序质量控制点

（1）在旱地制作沉井应将原地面平整、夯实；在浅水中或可能被淹没的旱地、浅滩应筑岛制作沉井；在地下水位很低的地区制作沉井，可先开挖基坑至地下水位以上适当高度（一般为1～1.5m），再制作沉井。

（2）制作沉井处的地面承载力应符合设计要求。当不能满足承载力要求时，应采取加固措施。

（3）筑岛制作沉井时，筑岛标高应高于施工期间河水的最高水位0.5～0.7m，当有冰流时，应适当加高。

筑岛的平面尺寸，应满足沉井制作及抽垫等施工要求。无围堰筑岛时，应在沉井周围设置不少于2m的护道，临水面坡度宜为1：1.75～1：3。有围堰筑岛时，沉井外缘距围堰的距离不得小于1.5m。当不能满足时，应考虑沉井重力对围堰产生的侧压力。

筑岛应考虑水流冲刷对岛体稳定性的影响，并采取加固措施。

在斜坡上或在靠近堤防两侧筑岛时，应采取防止滑移的措施。

（4）刃脚部位采用土内模时，宜用黏性土填筑，土模表面应铺20～30mm的水泥砂浆，砂浆层表面应涂隔离剂。

（5）沉井分节制作的高度，应根据下沉系数、下沉稳定性，经验算确定。底节沉井的最小高度，应能满足拆除支垫或挖除土体时的竖向挠曲强度要求。

（6）混凝土强度达到25%时可拆除侧模，混凝土强度达75%时方可拆除刃脚模板。

（7）底节沉井抽垫时，混凝土强度应满足设计文件规定的抽垫要求。抽垫程序应符合设计要求，抽垫后应立即用砂性土回填、捣实。抽垫时应防止沉井偏斜。

3. 沉井下沉工序质量控制点

（1）浮式沉井下沉

1）记录现场投入机械的型号、数量以及施工人员数量，检查下沉前的各项安全措施是否到位。

2）检查、记录现场投入的施工机械的设备状态。

3）下沉前应进行井壁外观检查，检查混凝土强度及抗渗等级。沉井下沉应在井壁混凝土达到规定强度后进行。浮式沉井在下水、浮运前，应进行水密性试验。

4）下沉前应分区、分组、依次、对称、同步的抽除（拆除）刃脚下的垫架（砖垫座），每抽出一根垫木后，在刃脚下立即用砂、卵石或砾砂填实。

5）小型沉井挖土要求分层、对称、均匀地进行，一般在沉井中间开始逐渐挖向四周，每层高 0.4～0.5m，沿刃脚周围保留 0.5～1.5m 宽的土堤，然后沿沉井壁，每 2～3m 一段向刃脚方向逐层全面、对称、均匀地削薄土层，各仓土面高差应在 50cm 以内。

6）在挖土下沉过程中，工长、测量人员、挖土工人应密切配合，加强观测，及时纠偏。挖出之土方不得堆在沉井附近。

7）筒壁下沉时，一般干筒壁外侧填砂，保持不少于 30cm 高。雨季应在填砂外侧作挡水堤，防止出现筒壁外的摩阻力接近于零，而导致沉井突沉或倾斜的现象。

8）沉井接高时，各节的竖向中轴线应与第一节竖向中轴线相重合。接高前应纠正沉井的倾斜。

①沉井悬浮于水中应随时验算沉井的稳定性。

②接高时，必须均匀对称地加载，沉井顶面宜高出水面 1.5m 以上。

③应随时测量墩位处河床冲刷情况，必要时应采取防护措施。

④带气筒的浮式沉井，气筒应加以保护。

⑤带临时性井底的浮式沉井及双壁浮式沉井，应控制各灌水隔舱间的水头差不得超过设计要求。

9）沉井下沉接近设计标高时，应加强观测，检查基底，确认符合设计要求后方可封底，防止超沉。

10）下沉过程中，对下沉的状况进行动态化、信息化管理，随时掌握土层情况，监测、控制下沉，并分析和检验土的阻力与沉井的重力关系。

11）正常下沉时，应自井孔中间向刃脚处均匀对称除土。

12）下沉时随时进行纠偏，保持竖直下沉，每下沉 1m 至少检查 1 次，当出现倾斜时，及时校正。

13）下沉至设计标高以上 2m 左右时，适当放慢下沉速度。

14）沉井下沉中出现开裂，必须查明原因，进行处理后才可以继续下沉。

（2）筑岛沉井下沉

1）记录现场投入机械的型号、数量以及施工人员数量，检查下沉前的各项安全措施是否到位。

2）检查、记录现场投入的施工机械的设备状态。

3）在沉井位于浅水或可能被水淹没的岸滩上时，若地基承载力不够，应采取加固措施。

4）检查制作沉井的岛面、平台面和开挖基坑施工坑底标高，应比施工最高水位高出0.5～0.7m，有流水时，应再适当加高。

5）筑岛的尺寸应满足沉井制作及抽垫等工作要求，无围堰筑岛，宜在沉井周围设置不小于2m宽的护道。有围堰筑岛，护坡道在任何情况下不应小于1.5m。

6）筑岛材料应采用透水好、易于压实的砂土或碎石土等，且不应含有影响岛体受力及抽垫下沉的块体。岛面及地基承载力应满足设计要求。

7）在施工期内，水流受压缩后，应保证岛体稳定，坡面、坡脚不受冲刷，必要时应采取防护措施。

8）在斜坡上筑岛时应进行设计计算，应有防滑措施。在淤泥等软土上筑岛时应将软土挖除，换填或采用其他加固措施。

9）筑岛沉井一般采用钢筋混凝土厚壁沉井，制作前应检查沉井纵、横向中轴线位置是否符合设计要求。

10）筑岛沉井底节支垫的抽除要求：

① 沉井混凝土强度满足沉井抽垫受力的要求方可抽垫。

② 支垫应分区、依次、对称、同步地向沉井外抽出，随抽随用砂土回填捣实，抽垫时应防止沉井偏斜。

③ 定位支点处的支垫，应按设计要求的顺序尽快抽出。

11）沉井下沉应在井壁混凝土达到规定强度后进行。

12）沉井接高时，各节的竖向中轴线应与第一节竖向中轴线相重合。接高前应纠正沉井的倾斜。

13）沉井下沉接近设计标高时，应加强观测，检查基底，确认符合设计要求后方可封底，防止超沉。

14）沉井下沉中出现开裂，必须查明原因，进行处理后才可以继续下沉。

（3）沉井浇筑封底混凝土

1）记录现场投入机械的型号、数量以及施工人员数量，检查高空作业时各项安全措施是否到位。

2）检查、记录现场投入的施工机械的设备状态。

3）检查确认现场是否具备混凝土浇筑施工的条件。

4）沉井下沉至设计标高，对基底进行检验，再经2～3d下沉稳定，或经观测在8h内累计下沉量不大于10mm，即可进行封底。

5）围堰清基应符合设计要求。清基完成并检查合格后，方可浇筑水下混凝土封底。

6）封底前应先将刃脚处新旧混凝土接触面冲洗干净或打毛，对井底进行修整使之成锅底形，由刃脚向中心挖放射形排水沟，填以卵石作成滤水盲沟，在中部设2～3个集水井与盲沟连通，使井底地下水汇集于集水井中用潜水电泵排出，保持水位低于基底面0.5m以下。

7）封底一般铺一层150～500mm厚卵石或碎石层，再在其上浇一层混凝土垫层，在刃脚下切实填严，振捣密实，以保证沉井的最后稳定，达到50%强度后，在垫层上铺卷材防水层，绑钢筋，两端伸入刃脚或凹槽内，浇筑底板混凝土。

8）混凝土浇筑应在整个沉井面积上分层、不间断地进行，由四周向中央推进，并用振动器捣实，当井内有隔墙时，应前后左右对称地逐孔浇筑。

9）混凝土养护期间应继续抽水，待底板混凝土强度达到70%后，对集水井逐个停止抽水，逐个封堵。

10）沉井的水下混凝土封底应全断面一次性连续灌注完成，在围壁处不得出现空洞，不得渗水。对特大型沉井，可划分区域进行封底。

11）采用刚性导管法进行水下混凝土封底时，根据导管作用半径及封底面积确定导管间隔及根数，导管随混凝土面升高而逐步提升，导管的埋深与导管内混凝土下落深度相适应，符合设计和规范要求。

12）水下混凝土面的最终灌注高度，应比设计值高出150mm以上。

4. 质量检查

（1）沉井制作

1）钢壳沉井的钢材及其焊接质量应符合设计要求和相关标准规定。

2）钢壳沉井气筒必须按受压容器的有关规定制造，并经水压（不得低于工作压力的1.5倍）试验合格后方可投入使用。

3）混凝土沉井壁表面应无孔洞、露筋、蜂窝、麻面和宽度超过0.15mm的收缩裂缝。

4）混凝土沉井制作允许偏差应符合现行行业标准《城市桥梁工程施工与质量验收规范》CJJ 2的规定。

（2）沉井浮运

1）预制浮式沉井在下水、浮运前，应进行水密试验，合格后方可下水。

2）钢壳沉井底节应进行水压试验，其余各节应进行水密检查，合格后方可下水。

（3）沉井下沉

1）就地浇筑沉井首节下沉应在井壁混凝土达到设计强度后进行，其上各节达到设计强度的75%后方可下沉。

2）就地制作沉井下沉就位允许偏差、浮式沉井下沉就位允许偏差应符合现行行业标准《城市桥梁工程施工与质量验收规范》CJJ 2的规定。

3）下沉后内壁不得渗漏。

（4）封底填充混凝土

1）沉井在软土中沉至设计高程并清基后，待8h内累计下沉小于10mm时，方可封底。

2）沉井应在封底混凝土强度达到设计要求后方可进行抽水填充。

3.3.5 地下连续墙

1. 材料质量控制

混凝土原材料、钢筋、模板等的质量控制，参见本书1.3节、1.4节和3.2节中相关内容。

2. 工序质量控制点

（1）混凝土导墙施工

1）复核定位放线、轴线、标高。

2）严格监控轴线和净间距的距离和垂直度。

3）现浇的钢筋混凝土导墙宜筑于密实的黏性土层上，对松散粒状土或流动性软弱土体进行地基加固，严防挖槽时导墙底下挖方。

4）安装预制导墙段时，必须保证连接处质量，防止渗漏。

5）导墙背侧需回填土时，应用黏性土并夯实不得漏浆。

6）导墙之间必须加设对撑，混凝土未达到设计强度时，禁止重型机械设备在导墙附近停置或进行作业，防止导墙开裂或位移变形。

7）导墙沟槽灌泥浆前，应将垃圾杂物等消除干净。

（2）槽段开挖、清底和泥浆控制

1）地下连续墙的成槽施工，应根据地质条件和施工条件选用挖槽机械，并采用间隔式开挖，一般地质条件应间隔一个单元槽段。挖槽时，抓斗中心平面应与导墙中心平面相吻合。

2）挖槽过程中应观察槽壁变形、垂直度、泥浆液面高度，并应控制抓斗上下运行速度。如发现较严重坍塌时，应及时将机械设备提出，分析原因，妥善处理。

3）槽段挖至设计深度后，应及时检查槽位、槽深和垂直度，合格后方可进行清底。

4）清底应自底部抽吸并及时补浆，沉淀物淤积厚度不得大于100mm。

5）定期检查泥浆质量，及时调整泥浆指标。

6）泥浆在使用过程中，应经常测定和控制泥浆指标。

7）严格按照施工组织设计的规定进行护壁泥浆配制、管理和废弃。

（3）接头施工

1）接头施工应符合设计要求。

2）锁口管应能承受灌注混凝土时的侧压力，且不得产生位移。

3）安放锁口管时应紧贴槽端，垂直、缓慢下放，不得碰撞槽壁和强行入槽。锁口管应沉入槽底300～500mm。

4）锁口管灌注混凝土2～3h后进行第一次起拔，以后应每30min提升一次，每次提升50～100mm，直至终凝后全部拔出。

5）后继段开挖后，应对前槽段竖向接头进行清刷，清除附着土渣、泥浆等物。

（4）吊放钢筋骨架

1）吊放钢筋骨架时，必须将钢筋骨架中心对准单元节段的中心，准确放入槽内，不得使骨架发生摆动和变形。

2）应及时检查钢筋笼的刚度、吊点和预埋件的设置、保护层厚度、起吊入槽过程中有无变形等。

3）钢筋笼下放前必须对槽壁垂直度、槽宽、槽深、清孔质量及槽底标高，进行严格检查和验收。

4）全部钢筋骨架入槽后，应固定在导墙上，顶端高度应符合设计要求。

5）当钢筋骨架不能顺利地插入槽内时，应查明原因，排除障碍后，重新放入，不得强行压入槽内。

6）钢筋骨架分节沉入时，下节钢筋笼应临时固定在导墙上，上下节主筋应对正、焊接牢固，并经检查合格后方可继续下沉。

7）钢筋笼入槽后的标高符合设计要求。

8）混凝土浇筑时，钢筋笼不得上浮或移动。

（5）水下混凝土浇筑

1）水下混凝土浇筑质量控制参见本书 3.3.3 节中相关内容。

2）应注意混凝土浇灌时导管提升及埋入混凝土的深度。

3）各单元槽段之间所选用的接头方法，应符合设计要求。

4）接头管（箱）应能承受混凝土的压力。

5）浇灌混凝土时，应经常转动及提动接头管。拔管时不得损坏接缝处的混凝土。

6）地下连续墙裸露墙应表面密实、无渗漏；接缝处无明显夹泥和渗水现象。

3. 质量检查

（1）成槽的深度应符合设计要求。

（2）墙身不得有夹层、局部凹进。

（3）接头处理应符合施工设计要求。

（4）地下连续墙允许偏差应符合现行行业标准《城市桥梁工程施工与质量验收规范》CJJ 2 的规定。

3.3.6 现浇混凝土承台

1. 材料质量控制

（1）混凝土原材料、钢筋、模板等的质量控制，参见本书 1.3 节、1.4 节和 3.2 节中相关内容。

（2）检查混凝土配合比时应重点检查水灰比、最少水泥量及最大水泥用量，完成各类原材料检测并报验经过审查批准。

（3）对模板、支架进行进场验收。

2. 工序质量控制点

（1）测量定位控制

1）现场复核承台纵横轴线、墩柱纵横轴线允许偏差。

2）上报各点位的计算数值，由监理工程师进行校核。

3）控制点位的选取，应有监理工程师按照各工程的特殊情况进行现场实地勘察，并确定使用与否。

4）施工单位自检合格后上报的报验申请资料，由监理工程师进行复核。

5）对现场点位进行复核（包括平面坐标，高程），根据复核结果，合格后由复核人员及专业监理工程师在施工记录上签认。

6）在承台浇筑的混凝土达到强度后对其进行复测以确保分项工程点位在设计规范以内；挡土墙要求丈量其宽度长度及高度。

（2）基坑开挖与垫层

1）进场机具、混凝土搅拌机、对焊机等设备已报验并经专业监理工程师签认。

2）所有专业人员重要岗位操作工上岗证均经复验，复印件备案，由专业监理工程师签认。

3）已完成所需混凝土配合比试验并经过审查批准。

（3）模板、钢筋

1）检查立柱的预埋钢筋的位置，按立柱中心控制。

2）检查模板是否拼装牢固，检查模板的拼装情况，主要内容：位置、垂直度、尺寸、高程、模板拼缝情况及刚度等。

3）检查模板是否支撑牢固、拼缝严密，模板的内壁是否光滑、脱模剂是否涂刷到位。

4）检查钢筋的质量情况，主要检查钢筋的型号、尺寸、根数是否正确，检查钢筋的加工、连接、钢筋网的组成及安装、钢筋的保护层厚度是否符合要求。

（4）浇筑混凝土

1）抽检坍落度，并记录过程中异常情况；留置混凝土试块（每一单元最少2组）。

2）在基坑无水情况下浇筑钢筋混凝土承台，如设计无要求，基底应浇筑10cm厚混凝土垫层。

3）在基坑有渗水情况下浇筑钢筋混凝土承台，应有排水措施，基坑不得积水。如设计无要求，基底可铺10cm厚碎石，并浇筑5～10cm厚混凝土垫层。

4）承台混凝土宜连续浇筑成型。分层浇筑时，接缝应按施工缝处理。

5）对轻微的蜂窝、麻面等质量问题及时进行修整。

6）对已成型的成品的标高、轴线、尺寸等进行测量和统计。

7）如发生质量不合格情况按质量事故处理方案执行。

3. 质量检查

（1）现浇钢筋混凝土承台表面应无孔洞、露筋、缺棱掉角、蜂窝、麻面和宽度超过0.15mm的收缩裂缝。

（2）混凝土承台允许偏差应符合现行行业标准《城市桥梁工程施工与质量验收规范》CJJ 2的规定。

3.4 下部结构

3.4.1 现浇混凝土墩台、盖梁

1. 材料质量控制

（1）混凝土原材料、钢筋、模板等的质量控制，参见本书1.3节、1.4节和3.2节中相关内容。

（2）检查混凝土配合比时应重点检查水灰比、最少水泥量及最大水泥用量，完成各类原材料检测并报验经过审查批准。

（3）对模板、支架进行进场验收。

（4）进行预应力张拉设备的检定校验及预应力材料的取样试验。

（5）基础（承台或扩大基础）和预留插筋验收合格。

2. 墩台施工工序质量控制点

（1）重力式混凝土墩台施工

1）墩台混凝土浇筑前应对基础混凝土顶面做凿毛处理，清除锚筋污锈。

2）墩台混凝土宜水平分层浇筑，每次浇筑高度宜为 1.5～2m。

3）墩台混凝土分块浇筑时，接缝应与墩台截面尺寸较小的一边平行，邻层分块接缝应错开，接缝宜做成企口形。分块数量，墩台水平截面积在 200m² 内不得超过 2 块；在 300m² 以内不得超过 3 块。每块面积不得小于 50m²。

（2）柱式墩台施工

1）模板、支架除应满足强度、刚度外，稳定计算中应考虑风力影响。

2）墩台柱与承台基础接触面应凿毛处理，清除钢筋污锈。浇筑墩台柱混凝土时，应铺同配合比的水泥砂浆一层。墩台柱的混凝土宜一次连续浇筑完成。

3）柱身高度内有系梁连接时，系梁应与柱同步浇筑。V 形墩柱混凝土应对称浇筑。

4）采用预制混凝土管做柱身外模时，基础面宜采用凹槽接头，凹槽深度不得小于5cm。上下管节安装就位后，应采用 4 根竖方木对称设置在管柱四周并绑扎牢固，防止撞击错位。混凝土管柱外模应设斜撑，保证浇筑时的稳定。管接口应采用水泥砂浆密封。

3. 现浇混凝土盖梁工序质量控制点

（1）坐标控制点已经过测量复核。

（2）已完成所需混凝土配合比试验并经过审查批准。

（3）进行钢筋的取样试验、钢筋翻样及配料单编制工作。

（4）墩柱经验收合格，墩柱顶面与盖梁接缝位置充分凿毛，满足有关施工缝处理的要求。

（5）在模板拼装完成、自检合格后，填写隐检报验表。

（6）模板支承必须牢固、拼缝必须严密、模内必须洁净。

（7）检查钢筋的质量情况，主要检查钢筋的型号、尺寸、根数是否正确，检查钢筋的加工、连接、钢筋网的组成及安装、钢筋的保护层厚度是否符合要求（图 3-4）。

图 3-4　钢筋检查示例

（8）抽检坍落度（每一工作台班不少于 2 次）及施工配合比情况，并记录过程中异常情况。

（9）盖梁为悬臂梁时，混凝土浇筑应从悬臂端开始。

（10）预应力钢筋混凝土盖梁拆除底模时间应符合设计要求；如设计无规定，预应力孔道压浆强度应达到设计强度后，方可拆除底模板。

4. 质量检查

（1）混凝土与钢管应紧密结合，无空隙。

（2）混凝土表面应无孔洞、露筋、蜂窝、麻面。

（3）现浇混凝土盖梁不得出现超过设计规定的受力裂缝。

（4）现浇混凝土盖梁允许偏差应符合现行行业标准《城市桥梁工程施工与质量验收规范》CJJ 2 的规定。

（5）现浇混凝土墩台允许偏差、现浇混凝土柱允许偏差、现浇混凝土挡土墙允许偏差应符合现行行业标准《城市桥梁工程施工与质量验收规范》CJJ 2 的规定。

3.4.2 预制钢筋混凝土柱和盖梁

1. 材料质量控制

（1）混凝土原材料、钢筋、模板等的质量控制，参见本书 1.3 节、1.4 节和 3.2 节中相关内容。

（2）检查混凝土配合比时应重点检查水灰比、最少水泥量及最大水泥用量，完成各类原材料检测并报验经过审查批准。

（3）对预制构件进场检验。

（4）检查混凝土各种原材料的送检试验工作，审批混凝土配合比报告单。

（5）检查进场的波纹管、预应力钢绞线、锚具等原材料和成品、半成品是否为招标确定的厂家生产，复试试验是否合格。

（6）预应力束中的钢丝、钢绞线应梳理顺直，不得有缠绞、扭麻花现象，表面不应有损伤，单根钢绞线不允许断丝。单根钢筋不允许断筋或滑移。

2. 工序质量控制点

（1）预制柱安装

1）检查所需机具已进场，机械设备状况良好，满足施工需要。

2）检查基础杯口的混凝土强度必须达到设计要求，方可进行预制柱安装。

3）杯口在安装前应校核长、宽、高，确认合格。杯口与预制件接触面均应凿毛处理，埋件应除锈并应校核位置，合格后方可安装。

4）预制柱安装就位后应采用硬木楔或钢楔固定，并加斜撑保持柱体稳定，在确保稳定后方可摘去吊钩。

5）安装后应及时浇筑杯口混凝土，待混凝土硬化后拆除硬楔，浇筑二次混凝土，待杯口混凝土达到设计强度 75% 后方可拆除斜撑。

（2）预制钢筋混凝土盖梁安装

1）预制盖梁安装前，应对接头混凝土面凿毛处理，预埋件应除锈。

2）在墩台柱上安装预制盖梁时，应对墩台柱进行固定和支撑，确保稳定。

3）盖梁就位时，应检查轴线和各部尺寸，确认合格后方可固定，并浇筑接头混凝土。

接头混凝土达到设计强度后，方可卸除临时固定设施。

（3）墩（台）帽预应力张拉（后张法）

1）审查张拉单位和作业人员资质，主要张拉人员必须持证上岗。

2）检查确认现场是否具备高空张拉施工的条件。

3）检查、记录现场投入的设备状态，审查张拉设备标定情况，钢尺、油压表、千斤顶等器具应经检验校正，且在有效期之内，如果超过 6 个月或使用超过 300 次，须重新进行标定，且必须配套使用。当张拉过程中出现异常现象时，应重新进行标定，并审核张拉计算书。

4）同一截面预应力筋接头面积不超过预应力筋总面积的 25%，接头质量应满足施工技术规范要求。

5）预应力筋张拉或放张时，混凝土强度和龄期必须符合设计要求，严格按照设计规定的张拉顺序进行操作。

6）预应力钢丝采用镦头锚时，墩头应头形圆整，不得有歪斜或破裂现象。

7）依据钢绞线实际弹性模量对设计单位和承包人提供的伸长量进行复核。

8）锚具、夹具和连接器应符合设计要求，按施工技术规范的要求经检验合格后方可使用。

9）检查预应力孔道疏通情况，检查孔道是否清理干净，是否有积水。

10）检查施工现场安全措施落实情况，安全措施落实不到位不得进行张拉作业，尤其是高空作业张拉。

11）核查与盖梁同条件养护的混凝土试件强度抗压试验结果，判断是否可以进行预应力张拉施工。

12）制孔管道应安装牢固，接头密合、弯曲圆顺。锚垫板平面应与孔道轴线垂直。

13）当墩台帽梁强度、弹性模量达到设计规定时，方可开始张拉，设计未规定时，混凝土强度应不低于设计强度等级的 80%，弹性模量应不低于混凝土 28d 弹性模量的 80%，张拉时采用"双控"的办法，以应力为主，伸长量为辅，当伸长量误差超过 ±6% 时，应立即指令停止张拉，找出误差超标的原因，提出处理方案，经审批后按要求进行处理。

14）严格按照设计要求的张拉顺序分批进行张拉。

15）两端张拉时，应设统一指挥人员，千斤顶拉力应基本同步加力，两端伸长量也应基本同步，当千斤顶拉力同步上升，两端的伸长量相差较大时，应立即停止张拉，找出原因，消除影响后方可继续张拉。

16）观察张拉过程中有无断丝、滑丝现象，并对张拉情况进行记录，张拉完成后要尽快进行压浆。

17）张拉完毕后，应对锚具锚固情况进行检查，并督促及时进行钢绞线切割与封锚工作。

（4）墩台帽预应力压浆（后张法）

1）检查施工现场安全措施落实情况，高空作业的安全措施落实不到位不得进行压浆作业。

2）审批孔道压浆的净浆配合比，并制作水泥浆试块，每一工班至少应制作 3 组试件。

3）张拉完成后要尽快进行压浆，不得超过规范规定的时间。

4）检查水泥浆是否按批准的级配进行控制，并对水泥浆的质量进行抽查，一般要求真空压浆。

5）观察压浆过程中排气孔和另一锚固端的冒浆情况，压浆压力为 0.5～0.7MPa，并要保持至少 3～5min 稳压。

6）张拉完毕后应采用与墩台帽混凝土同强度等级的混凝土进行封锚，封锚前混凝土面按要求进行凿毛，钢筋按要求进行焊接，锚外钢绞线应采用砂轮锯切割，不得采用电焊或气割。

7）压浆工作在 5℃以下进行时，应采取防冻或保温措施。

8）孔道压浆的水泥浆性能和强度应符合施工技术规范要求，压浆时排气、排水孔应有连续一致的水泥原浆溢出后方可封闭。

9）压浆完成后，待强度达到设计要求后才能拆除底模。

3. 质量检查

（1）柱与基础连接处必须接触严密、焊接牢固、混凝土灌注密实，混凝土强度符合设计要求。

（2）混凝土柱表面应无孔洞、露筋、蜂窝、麻面和缺棱掉角现象。

（3）盖梁表面应无孔洞、露筋、蜂窝、麻面。

（4）预制混凝土柱制作允许偏差应符合现行行业标准《城市桥梁工程施工与质量验收规范》CJJ 2 的规定。

（5）预制柱安装允许偏差应符合现行行业标准《城市桥梁工程施工与质量验收规范》CJJ 2 的规定。

3.4.3 砌体工程

1. 材料质量控制

（1）砌体所用水泥、砂、外加剂、水等材料的质量控制，参见本书 3.2.3 节中相关内容。

（2）砂浆用砂宜采用中砂或粗砂，当缺少中、粗砂时也可采用细砂，但应增加水泥用量。砂的最大粒径，当用于砌筑片石时，不宜超过 5mm；当用于砌筑块石、粗料石时，不宜超过 2.5mm。砂的含泥量：砂浆强度等级不小于 M5 时，不得大于 5%；当砂浆强度等级小于 M5 时不得大于 7%。

（3）石料应符合设计要求的类别和强度，石质应均匀、耐风化、无裂纹。

（4）砂浆的强度应符合设计要求。设计无规定时，主体工程用砂浆强度不得低于 M10，一般工程用砂浆强度不得低于 M5。

设计有明确冻融循环次数要求的砂浆，经冻融试验后，质量损失率不得大于 5%，强度损失率不得大于 25%。

2. 工序质量控制点

（1）浆砌片石

1）在地下水位以下或处于潮湿土壤中的石砌体应采用水泥砂浆砌筑。当遇有侵蚀性水时，水泥种类应按设计规定选择。

2）采用分段砌筑时，相邻段的高差不宜超过 1.2m，工作缝位置宜在伸缩缝或沉降缝处。同一砌体当天连续砌筑高度不宜超过 1.2m。

3）砌体应分层砌筑，各层石块应安放稳固，石块间的砂浆应饱满，粘结牢固，石块不得直接贴靠或留有空隙。砌筑过程中，不得在砌体上用大锤修凿石块。

4）在已砌筑的砌体上继续砌筑时，应将已砌筑的砌体表面清扫干净和湿润。

5）砌体下部宜选用较大的片石，转角及外缘处应选用较大且方正的片石。

6）砌筑时宜以 2～3 层片石组成一个砌筑层，每个砌筑层的水平缝应大致找平，竖缝应错开。灰缝宽度不宜大于 4cm。

7）片石应采取坐浆法砌筑，自外边开始。片石应大小搭配、相互错叠、咬接密实，较大的缝隙中应填塞小石块。

8）砌片石墙必须设置拉结石，拉结石应均匀分布，相互错开，每 0.7m² 墙面至少应设置一块。

（2）浆砌块石

1）用作镶面的块石，外露面四周应加以修凿，其修凿进深不得小于 7cm。镶面丁石的长度不得短于顺石宽度的 1.5 倍。

2）每层块石的高度应尽量一致，每砌筑 0.7～1.0m 应找平一次。

3）砌筑镶面石时，上下层立缝错开的距离应大于 8cm。

4）砌筑填心石时，灰缝应错开。水平灰缝宽度不得大于 3cm；垂直灰缝宽度不得大于 4cm。较大缝隙中应填塞小块石。

5）其他控制要求，参见（1）浆砌片石中相关内容。

（3）浆砌料石

1）每层镶面石均应先按规定灰缝宽及错缝要求配好石料，再用坐浆法顺序砌筑，并应随砌随填塞立缝。

2）一层镶面石砌筑完毕，方可砌填心石，其高度应与镶面石平，当采用水泥混凝土填心，镶面石可先砌 2～3 层后再浇筑混凝土。

3）每层镶面石均应采用一丁一顺砌法，宽度应均匀。相邻两层立缝错开距离不得小于 10cm；在丁石的上层和下层不得有立缝；所有立缝均应垂直。

4）其他控制要求，参见（1）浆砌片石中相关内容。

（4）砌体勾缝及养护

1）砌筑时应及时把砌体表面的灰缝砂浆向内剔除 2cm，砌筑完成 1～2d 内应采用水泥砂浆勾缝。如设计规定不勾缝，则应随砌随将灰缝砂浆刮平。

2）勾缝前应封堵脚手架眼，剔凿瞎缝和窄缝，清除砌体表面粘结的砂浆、灰尘和杂物等，并将砌体表面洒水湿润。

3）砌体勾缝形式、砂浆强度等级应符合设计要求。设计无规定时，块石砌体宜采用凸缝或平缝；细料石及粗料石砌体应采用凹缝。勾缝砂浆强度等级不得低于 M10。

4）砌石勾缝宽度应保持均匀，片石勾缝宽宜为 3～4cm；块石勾缝宽宜为 2～3cm；料石、混凝土预制块缝宽宜为 1～1.5cm。

5）块石砌体勾缝应保持砌筑的自然缝，勾凸缝时，灰缝应整齐，拐弯圆滑流畅、宽度一致，不出毛刺、不得空鼓脱落。

6）料石砌体勾缝应横平竖直、深浅一致，十字缝衔接平顺，不得有瞎缝、丢缝和粘结不牢等现象，勾缝深度应较墙面凹进 5mm。

7）砌体在砌筑和勾缝砂浆初凝后，应立即覆盖洒水、湿润养护 7～14d，养护期间不得碰撞、振动或承重。

3. 质量检查

（1）石材的技术性能和混凝土砌块的强度等级应符合设计要求。

（2）砌筑砂浆中砂、水泥、水和外加剂的质量检验，参见本书 3.2.3 节中相关内容。

（3）砂浆的强度等级必须符合设计要求。

（4）砂浆的饱满度应达到 80% 以上。

（5）砌体必须分层砌筑，灰缝均匀，缝宽符合要求，咬槎紧密，严禁通缝。

（6）勾缝应坚固、无脱落，交接处应平顺，宽度、深度应均匀，灰缝颜色应一致，砌体表面应洁净。

（7）预埋件、泄水孔、滤层、防水设施、沉降缝等应符合设计要求。

（8）砌体砌缝宽度、位置应符合现行行业标准《城市桥梁工程施工与质量验收规范》CJJ 2 的规定。

3.4.4 重力式砌体墩台

1. 材料质量控制

参见本书 3.4.3 节中相关内容。

2. 工序质量控制点

（1）天然地基基底验收合格。非天然基础施工前必须做完基础工程，办理完隐、预检手续。

（2）土质基底如被雪、雨或地下水浸软，必须晾干、夯实，或采取换土、夯填碎卵石的方法加以处理，使基底承载力符合设计要求。

（3）如基坑内有水，必须在基础范围以外挖排水沟，将基坑内水排净。

（4）墩台砌体应采用坐浆法分层砌筑，竖缝均应错开，不得贯通。

（5）砌筑墩台镶面石应从曲线部分或角部开始。

（6）检查桥墩分水体镶面石的抗压强度不得低于设计要求。

（7）砌筑的石料和混凝土预制块应清洗干净，保持湿润。

3. 质量检查

砌体质量检验，参见本书 3.4.3 节中相关内容。砌筑墩台允许偏差应符合现行行业标准《城市桥梁工程施工与质量验收规范》CJJ 2 的规定。

3.4.5 台背填土

1. 材料质量控制

台背填土不得使用含杂质、腐殖物或冻土块的土类。宜采用透水性土。

2. 工序质量控制点

（1）台背、锥坡应同时回填，并应按设计宽度一次填齐。

（2）台背填土宜与路基填土同时进行，宜采用机械碾压。台背 0.8～1m 范围内宜回填砂石、半刚性材料，并采用小型压实设备或人工夯实。

（3）轻型桥台台背填土应待盖板和支撑梁安装完成后，两台对称均匀进行。

（4）刚构应两端对称均匀回填。

（5）拱桥台背填土应在主拱施工前完成；拱桥台背填土长度应符合设计要求。

（6）柱式桥台台背填土宜在柱侧对称均匀地进行。

（7）回填土均应分层夯实。检查填土压实度是否符合现行行业标准《城镇道路工程施工与质量验收规范》CJJ 1 的有关规定。

3. 质量检查

（1）台身、挡墙混凝土强度达到设计强度的 75% 以上时，方可回填土。

（2）拱桥台背填土应在承受拱圈水平推力前完成。

（3）台背填土的长度，台身顶面处不应小于桥台高度加 2m，底面不应小于 2m；拱桥台背填土长度不应小于台高的 3～4 倍。

3.4.6 支座安装

1. 材料质量控制

（1）检查补偿收缩砂浆及混凝土配合比，混凝土各种材料质量控制参见本书 3.2 节中相关内容。

（2）检查环氧砂浆配合比设计，配制环氧砂浆材料用二丁酯、乙二胺、环氧树脂、二甲苯、细砂，除细砂外其他材料应有合格证及使用说明书，细砂品种、质量应符合有关标准规定。

（3）支座进场应有装箱清单、产品合格证及支座安装养护细则，规格、质量和有关技术性能指标符合有关标准的规定，并满足设计要求。

（4）支座进场后取样送有资质的检测单位进行检验，合格后方可使用。

（5）电焊条进场应有合格证，选用的焊条型号应与母材金属强度相适应，品种、规格和质量应符合现行国家标准的规定并满足设计要求。

2. 工序质量控制点

（1）支座基面检查

1）桥墩混凝土强度已达到设计要求，并完成预应力张拉。

2）墩台（含垫石）轴线、高程等复核完毕并符合设计要求。

3）检查墩台顶面是否清扫干净，并设置护栏；上下墩台的梯子是否搭设就位。

4）支座安装平面位置和顶面高程必须正确，不得偏斜、脱空、不均匀受力。

5）支座滑动面上二的聚四氟乙烯滑板和不锈钢板位置应正确，不得有划痕、碰伤。

6）墩台帽、盖梁上的支座垫石和挡块宜二次浇筑，确保其高程和位置的准确。垫石混凝土的强度必须符合设计要求。

（2）板式橡胶支座

1）检查垫石顶面质量及标高：垫石顶面应清理干净，采用干硬性水泥砂浆抹平，顶面标高应符合设计要求。

2）梁板安放时应位置准确，且与支座密贴。如就位不准或与支座不密贴时，必须重新起吊，采取垫钢板等措施，并应使支座位置控制在允许偏差内。不得用撬棍移动梁、板。

（3）盆式橡胶支座

1）当支座上、下座板与梁底和墩台顶采用螺栓连接时，螺栓预留孔尺寸应符合设计要求，安装前应清理干净，采用环氧砂浆灌注；当采用电焊连接时，预埋钢垫板应锚固可靠、位置准确。墩顶预埋钢板下的混凝土宜分2次浇筑，且一端灌入，另一端排气，预埋钢板不得出现空鼓。焊接时应采取防止烧坏混凝土的措施。

2）现浇梁底部预埋钢板或滑板应根据浇筑时气温、预应力筋张拉、混凝土收缩和徐变对梁长的影响设置相对于设计支承中心的预偏值。

3）活动支座安装前应采用丙酮或酒精解体清洗其各相对滑移面，擦净后在聚四氟乙烯板顶面满注硅脂。重新组装时应保持精度。

4）支座安装后，支座与墩台顶钢垫板间应密贴。

（4）球形支座

1）支座出厂时，应由生产厂家将支座调平，并拧紧连接螺栓，防止运输安装过程中发生转动和倾覆。支座可根据设计需要预设转角和位移，但需在厂内装配时调整好。

2）支座安装前应开箱检查配件清单、检验报告、支座产品合格证及支座安装养护细则。开箱后不得拆卸、转动连接螺栓。

3）当下支座板与墩台采用螺栓连接时，应先用钢楔块将下支座板四角调平，高程、位置应符合设计要求，用环氧砂浆灌注地脚螺栓孔及支座底面垫层。环氧砂浆硬化后，方可拆除四角钢楔，并用环氧砂浆填满楔块位置。

4）当下支座板与墩台采用焊接连接时，应采用对称、间断焊接方法将下支座板与墩台上预埋钢板焊接。焊接时应采取防止烧伤支座和混凝土的措施。

5）当梁体安装完毕，或现浇混凝土梁体达到设计强度后，在梁体预应力张拉之前，应拆除上、下支座板连接板。

3. 质量检查

（1）支座应进行进场检验。

（2）支座安装前，应检查跨距、支座栓孔位置和支座垫石顶面高程、平整度、坡度、坡向，确认符合设计要求。

（3）支座与梁底及垫石之间必须密贴，间隙不得大于0.3mm。垫层材料和强度应符合设计要求。

（4）支座锚栓的埋置深度和外露长度应符合设计要求。支座锚栓应在其位置调整准确后固结，锚栓与孔之间隙必须填捣密实。

（5）支座的粘结灌浆和润滑材料应符合设计要求。

（6）支座安装允许偏差应符合现行行业标准《城市桥梁工程施工与质量验收规范》CJJ 2 的规定。

3.5 混凝土梁（板）

3.5.1 先张法预应力梁（板）预制

1. 材料质量控制

参见本书 3.2.4 节中相关内容。

锚具夹片、锚垫板、连接器、预应力筋等必须有质量检验报告和出厂合格证明。进场后应按照规范规定的频率和数量对原材料和连接件进行检查测试，合格后方可使用。

2. 工序质量控制点

（1）模板支设

参见本书 3.2.1 节中相关内容。

（2）预应力筋加工

参见本书 3.2.4 节中相关内容。

（3）张拉和放张

1）制孔管道应安装牢固，接头密合、弯曲圆顺。锚垫板平面应与孔道轴线垂直。

2）张拉时采用"双控"的办法，以应力为主，延伸量为辅，当伸长量误差超过 ±6% 时，应立即指令停止张拉，找出误差超标的原因，提出处理方案，经审批后按要求进行处理。

3）严格按照设计要求的张拉工艺分批进行张拉。

4）两端张拉时，应设统一指挥人员，千斤顶拉力应基本同步加力，两端伸长量也应基本同步，当千斤顶拉力同步上升，两端的伸长量相差较大时，应立即停止张拉，找出原因，消除影响后方可继续张拉。

5）预应力筋放张时构件混凝土的强度和弹性模量（或龄期）符合设计要求。

6）放张顺序符合设计要求，设计未规定时，应分阶段、均匀、对称、相互交错地放张。

7）观察张拉过程中有无断丝、滑丝现象，并对张拉情况进行记录，预应力筋张拉完毕后，其位置与设计位置的偏差应不大于 5mm，同时应不大于构件最短边长的 4%，且宜在 4h 内浇筑混凝土。

8）应对张拉现场的安全防护工作进行检查，未达到施工安全方案要求时不允许张拉。

（4）混凝土浇筑

1）检查确认现场是否具备混凝土浇筑施工的条件。

2）浇筑前要仔细核对图纸（包括通用图纸），注意支座预埋钢板、预应力设备、泄水孔、护栏底座钢筋、箱室通气孔、伸缩缝等预埋件的埋置，千万不可遗漏，预埋时同样要注意各预埋件的尺寸和位置。

3）梁板不得出现露筋和空洞现象。

4）空心板采用胶囊施工时，应采取有效措施防止胶囊上浮。

5）检查混凝土浇筑前模板的支撑与加固情况，检查、记录预埋钢筋、预埋件等的设置情况。支架、模板是否按设计要求设置了合适的预拱度。

6）检查排气孔、压浆孔、泄水孔的预埋管及桥面泄水管是否按设计图纸固定到位，预埋件的预埋是否遗漏且安装牢固，位置准确。

7）对预应力管道的埋设位置严格按照设计图纸仔细认真进行检查核对，浇筑前应检查波纹管的安装位置（图3-5）、密封性及各接头的牢固性，用灌水法做密封性试验，做完密封性试验后用高压风机把管道内残留的水吹出。

8）浇筑施工过程中对供料地点、运输距离等进行记录。对运输到现场的混凝土进行坍落度抽查检测并记录（图3-6）。对混凝土振捣情况、现场制取试件的组数等进行记录。

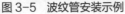

图3-5　波纹管安装示例　　　　图3-6　坍落度测试

9）自高处向模板内倾卸混凝土时，应防止混凝土离析。

10）浇筑过程中，底板、腹板用附着式振捣器并配用插入式振捣器振捣，顶板部分用平板式或插入式振动器振捣，注意不要漏振，不要振破预应力束波纹管道，以防水泥浆堵塞波纹管。

11）箱梁混凝土浇筑分三批前后平行作业，其混凝土浇筑顺序为：底板、腹板→顶板、翼板。

12）注意混凝土浇筑应按顺序、一定的厚度和方向分层进行，分层厚度宜为30cm，必须注意在下层混凝土初凝或重塑前浇筑完上层混凝土，上下层同时浇筑时，上层与下层前后浇筑距离应保持1.5m以上。应特别注意底板与腹板连接部位、腹板与顶板连接部位的振捣质量控制，做好梁顶板厚度控制检查。

（5）养护

1）在混凝土浇筑完成后，应在初凝后尽快保养，采用麻袋或其他物品覆盖混凝土表面，洒水养护。

2）现场制作用于控制拆模、张拉时间的混凝土强度试压块，放置在箱梁室内与之同条件进行养生。

3. 质量检查

参见本书3.2.4节中相关内容。

3.5.2　后张法预应力梁（板）预制

1. 材料质量控制

参见本书3.2.4节中相关内容。

2. 工序质量控制点

（1）预应力筋加工

参见本书 3.2.4 节中相关内容。

（2）预应力管道的安装

1）预应力管道在安装前和安装后应进行仔细的检查，有裂纹和孔洞的应采取措施处理，以免在浇筑混凝土时漏浆而堵塞管道。

2）应严格按照设计要求的位置和高程安装预应力管道，每隔 1m 应用托架将管道固定，曲线半径较小处可适当增加托架，以确保预应力管道的平滑性。

3）当预应力管道需要接长时，对每一个接口都必须认真细致地检查，以确保接口的严密性。

4）为确保孔道压浆的密实性，应在预应力管道竖曲线的最高处设置排气孔。

5）为使预应力筋穿筋顺利，可在预应力管道中预留一根钢丝，以便牵引预应力筋。

6）采用钢管或胶管等管道抽芯法预留预应力孔道时，应在混凝土浇筑完毕后，将预埋的管道抽出形成预应力筋孔道。

7）在浇筑混凝土前穿入预应力筋的，必须在浇筑混凝土的过程中来回抽动预应力筋，防止漏浆粘筋。

（3）穿预应力筋

1）穿预应力筋之前要做好预应力筋的编束工作，将预应力筋的端部做成一滑顺的圆端，并对每根筋编号。

2）预应力穿筋前，应检查清理预应力管道，确认无卡塞时方可穿筋。

3）穿预应力筋，不得强力拉拽，遇有卡塞时，应查明原因并妥善处理后方可继续穿筋。

（4）模板安装

1）预应力筋端部锚垫板处应根据设计角度制作定型钢模板，以确保预应力筋的轴线方向与锚垫板垂直。

2）应确保锚垫板处的模板接缝严密、不漏浆。

（5）预应力钢筋混凝土的浇筑

1）混凝土浇筑时必须按照施工配合比进行，计量准确，以确保混凝土强度。混凝土的浇筑顺序应符合设计要求或规范规定。

2）浇筑混凝土过程中应设专人对预应力管道进行看护，以防止预应力管道移位或变形。

3）要加强锚垫板背后的混凝土的振捣，必要时采取小石子混凝土，以确保混凝土振捣密实。

4）混凝土自浇筑至初凝之前，应密切注意预应力筋孔道，防止碰坏管道而漏浆堵塞。

5）采用管道抽芯法预留预应力孔道时，应严格掌握抽芯时间，抽芯时不能扰动混凝土。

（6）预应力张拉（后张法）

1）制孔管道应安装牢固，接头密合、弯曲圆顺。锚垫板平面应与孔道轴线垂直。

2）锚具、夹具和连接器应符合设计要求，按施工技术规范的要求经检验合格后方可使用。

3）核查与预制梁板同条件养护的混凝土试件强度抗压试验结果，判断是否可以进行预应力张拉施工。

4）安装夹片之前对每根预应力筋进行检查，并做好编号工作。

5）施加预应力的千斤顶、油泵、压力表等应事先进行配套标定，标定后的设备必须配套使用，严禁混用。

6）施加预应力之前，应按照规范规定对孔道的摩阻力进行测定。

7）应分批实测预应力筋的弹性模量，并根据施加预应力大小和预应力筋长度计算出每束预应力筋的计算伸长值。

8）施加预应力时必须按照设计要求和规范规定的张拉顺序进行张拉，张拉力的控制应采用应力控制与应变控制相结合的方法。

9）检查预应力孔道疏通情况，检查孔道是否清理干净，是否有积水。

10）依据钢绞线实际弹性模量与设计单位提供的伸长量进行复核。

11）张拉施工过程中要严格按照设计要求的张拉顺序分批进行张拉。

12）两端张拉时，应设统一指挥人员，千斤顶拉力应基本同步加力，两端伸长量也应基本同步，当千斤顶拉力同步上升，两端的伸长量相差较大时，应立即停止张拉，找出原因，消除影响后方可继续张拉。

13）观察张拉过程中有无断丝、滑丝现象，并对张拉情况进行记录，张拉完成后要尽快进行压浆。

14）张拉完毕后，应对锚具锚固情况进行检查，并及时进行钢绞线切割与封锚工作。

15）认真做好张拉记录，当发现实测伸长值与计算伸长值偏差过大时，应停止张拉，查明原因并妥善处理后方可继续进行。

（7）孔道压浆

1）预应力筋张拉完毕后，应尽早压浆。

2）孔道压浆前先用清水对管道进行冲洗。

3）压浆前，应对预应力筋和锚具、锚垫板进行检查，看是否有滑丝现象的发生；否则，及时卸载处理。

4）应严格按实验室提供的水灰比制备水泥浆，以确保水泥浆强度；压浆时须留试件以检查水泥浆强度。

5）压浆设备应采用活塞式压浆泵，压浆应缓慢、均匀地进行，不得中断；应将所有最高点的排气孔依次一一放开和关闭，使孔道内排气畅通。必要时孔道两侧可同时压浆。

6）应按照设计要求的顺序进行压浆，一般先由下向上，逐层孔道进行压浆。观察压浆过程中排气孔和另一锚固端的冒浆情况，压浆压力为 0.5～0.7MPa，并要保持至少 3～5min 稳压。

7）孔道压浆的水泥浆性能和强度应符合施工技术规范要求，压浆时排气、排水孔应有连续一致的水泥原浆溢出后方可封闭。如压浆不饱满，需二次压浆。

8）孔道压浆完毕后，应及时养护；当气温低于 5℃时，应采取保温措施养护。

9）如实填写孔道压浆记录。

（8）封锚

1）孔道压浆完毕且压浆强度达到设计要求后，即可切断预应力筋、支立模板进行封锚。

2）钢筋按要求进行焊接，锚外预应力筋严禁用气割切断，应用手动无齿锯进行切割。预应力筋的端头应留有足够长度，以满足施工要求。

3）清理施工面并对梁端混凝土凿毛，然后绑封锚区钢筋，支封锚区模板，经监理验收合格后即可进行封锚混凝土施工。

4）封锚混凝土的强度等级应符合设计要求，不宜低于结构混凝土强度等级的80%，且不得低于30MPa。混凝土洒水养护时间不少于7d。

5）压浆完成后待强度符合设计要求后方可移梁。

（9）混凝土浇筑

参见本书3.5.1节中相关内容。

3. 质量检查

参见本书3.2.4节中相关内容。

3.5.3 现浇箱梁

1. 材料质量控制

（1）混凝土原材料、钢筋、模板等的质量控制，参见本书1.3节、1.4节和3.2节中相关内容。

（2）检查混凝土配合比时应重点检查水灰比、最少水泥量及最大水泥用量，完成各类原材料检测并报验经过审查批准。

（3）对模板、支架进行进场验收。

2. 工序质量控制点

（1）支架、模板安装

1）支架搭设前上报经其上级单位技术负责人审核批准过的专项方案，经监理查批准后方可进行支架施工。

2）严格按照批准过的施工方案进行检查、验收，并记录地基承载力、支架预压时的有关数据。预计的支架变形及地基的下沉量应满足施工后梁体设计标高的要求，必要时应采取对支架预压的措施。

3）安装支架时，应根据梁体和支架的弹性、非弹性变形，设置预拱度。

4）支架底部应有良好的排水措施，不得被水浸泡。

5）检查支架和模板的强度、刚度、稳定性是否满足设计或相关规范的要求。

6）检查支架、模板是否按设计要求设置了合适的预拱度，箱梁混凝土浇筑前，必须对支架体系的安全性进行全面检查。施工单位自检模板合格后，填写相关报验单、预检单，报监理检查。

7）检查模板平整度、高程、尺寸，允许偏差符合设计或相关规范要求。

8）检查模板接缝处是否平顺，是否按要求设置预留孔（件），同时检查支座的移动方向是否正确、是否水平、位置是否正确（图3-7）。

（2）钢筋、预埋件、预埋管

1）主要检查钢筋的型号、尺寸、根数是否正确，检查钢筋的加工、连接、钢筋网的组成及安装、钢筋的保护层厚度是否符合要求，对钢筋接头按有关规定取样进行试验，记录检

图 3-7 现浇箱梁模板支设示例

查结果。

2）检查排气孔、压浆孔、泄水孔的预埋管及桥面泄水管是否按设计图纸固定到位，预埋件的设置和固定应满足设计和施工技术规范的规定。应检查预埋是否遗漏且安装牢固，位置准确。

3）对预应力管道的埋设位置严格按照设计图纸仔细认真进行检查核对，浇筑前应检查波纹管的密封性及各接头的牢固性，用灌水法做密封性试验，做完密封性试验后用压缩空气把管道内残留的水吹出。

4）浇筑前要仔细核对图纸（包括通用图纸），注意支座预埋钢板、预应力设备、泄水孔、护栏底座钢筋、箱室通气孔、伸缩缝等预埋件的埋置，不可遗漏，预埋时同样要注意各预埋件的尺寸和位置。

5）现浇钢筋混凝土梁预埋件、预留孔洞的允许偏差可依照设计或相关规范的规定进行控制。

（3）混凝土浇筑

1）浇筑施工过程中对供料地点、运输距离等进行记录。对运输到现场的混凝土进行坍落度抽查检测并记录。对混凝土振捣情况、现场制取试件的组数等进行记录。

2）自高处向模板内倾卸混凝土时，应防止混凝土离析，直接倾卸时，其自由倾落高度不宜超过 2m，超过 2m 时，应通过串筒、溜槽等设施下落，倾落高度超过 10m 时，应设置减速装置，如果高空采用吊车和料斗运送混凝土时，需检查高空作业时的安全措施。

3）浇筑过程中底板和肋板用插入式振捣器振捣，顶板部用平板式振动器振捣，注意不要振破预应力束波纹管道，以防水泥浆堵塞波纹管。

4）箱梁混凝土浇筑分 3 批前后平行作业，其混凝土浇筑顺序为：底板、腹板→顶板、翼板。

5）混凝土浇筑应按一定的厚度和方向分层进行。梁体不得出现露筋和空洞现象。

6）在箱梁浇筑好以后对其中心点位、标高进行复核。

7）在混凝土浇筑完成后，应在初凝后尽快保养，采用麻袋或其他物品覆盖混凝土表面，洒水养护。

8）现场制作用于控制拆模、拆支撑的混凝土强度试压块，放置在箱梁室内与之同条件进行养生。

3. 质量检查

（1）结构表面不得出现超过设计规定的受力裂缝。

（2）结构表面应无孔洞、露筋、蜂窝、麻面和宽度超过 0.15mm 的收缩裂缝。

（3）整体浇筑钢筋混凝土梁、板允许偏差应符合现行行业标准《城市桥梁工程施工与质量验收规范》CJJ 2 的规定。

3.5.4 悬臂浇筑混凝土

1. 材料质量控制

（1）混凝土原材料、钢筋、模板等的质量控制，参见本书 1.3 节、1.4 节和 3.2 节中相关内容。

（2）检查混凝土配合比时应重点检查水灰比、最少水泥量及最大水泥用量，完成各类原材料检测并报验经过审查批准。

（3）对挂篮进行进场验收，检查相关材质证明书、质检报告和挂篮设计计算书。

2. 挂篮安装使用及拆除工序质量控制点

（1）挂篮安装

挂篮宜在厂内进行加工制作。预拼装前应对单个构件进行检查，合格后出厂。挂篮一般由承重、锚固、悬吊、行走、模板及作业平台等几大系统组成（图 3-8）。

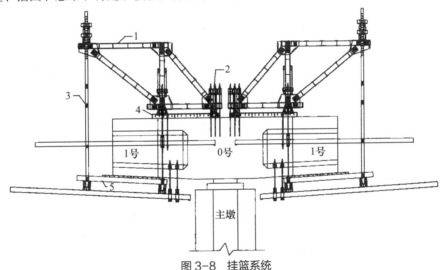

图 3-8 挂篮系统

1—承重系统；2—锚固系统；3—悬吊系统；4—行走系统；5—底篮及模板

1）挂篮安装条件

①墩顶节段纵向预应力管道压浆完毕。

②墩顶节段空间尺寸满足挂篮拼装设计需要。

③墩顶节段上挂篮安装所需预留孔、预埋件已设置正确。

④到场挂篮各构件种类和数量与设计相符。

⑤现场吊装设备满足挂篮各构件、组件吊装需要。

⑥挂篮安装所需设计图纸资料已准备齐全。

⑦挂篮安装所需其他器具已准备齐全。

2）挂篮构件安装

①挂篮应先安装桥面上部构件，再安装桥面下部构件；当安装桥面下部构件时，桥面上部构件应已锚固稳定。

②挂篮各构件宜在地面安装成组拼构件后，再吊装至墩顶进行拼装。

③当整体吊装挂篮组拼构件时，各吊点升降应同步。

④挂篮各构件安装过程中，螺栓群的拧紧顺序应符合现行行业标准《钢结构高强度螺栓连接技术规程》JGJ 82 的相关规定。

3）挂篮承重系统安装

①各片主桁架纵向应平齐，前后误差不应大于 10mm。

②后锚点应受力均匀、锚固牢靠。

③前支点和前吊点应支垫稳固。

④相邻主桁架与前上横梁搁置点顶面高差不得大于 10mm。

⑤前支点的工作平台、安全通道等构件间应紧间牢靠。

⑥防护结构应安装牢固。

4）挂篮锚固及悬吊系统安装

①底篮前后吊点应受力均匀，锚固牢靠。

②内外滑梁的吊挂锚固应牢靠。

③底篮纵梁应稳定牢固。

④吊杆伸出锚固螺母长度应大于 50mm。

⑤当精轧螺纹钢作为吊杆或锚杆时，应采用塑料套管或其他绝缘材料对精轧螺纹钢进行包裹。

⑥精轧螺纹钢的接长应使用专用连接器。

⑦锚杆、吊杆安装完成后应进行预紧，各锚杆、吊杆受力应均衡。

5）挂篮行走轨道安装

①挂篮行走轨道安装前应对桥面安装位置进行找平。

②轨道梁安装应顺直，主桁架下同截面处相邻轨道顶面高差应小于 5mm，轨间距误差应小于 5mm。

6）挂篮模板及作业平台系统安装

①内外模板与梁体的外观尺寸应符合设计要求。

②模板拼接平整度偏差应小于 1mm。

③模板支架应支撑牢固。

④内模背楞、对拉螺杆等应锚固牢靠。

⑤底篮人行安全通道各构件应紧间牢靠。

（2）挂篮检验

1）挂篮安装完毕后，应全面检查安装质量，并应对挂篮进行预压。

2）挂篮安装完成后，应对挂篮后锚固装置、支点和吊杆等进行检验，各构件安装及受力应符合设计要求，不得漏装、错装。

3）挂篮的各类设备应完好，严禁超负荷工作。

4）当挂篮构件间采用高强度螺栓连接时，螺栓预紧力应满足设计要求。

5）当挂篮构件间采用现场焊接方式进行连接时，焊缝质量应满足设计要求，不得出现假焊、漏焊等焊接缺陷。

6）对所用挂篮的安全可靠性及抗倾覆稳定性进行检查，挂篮拼装、拆除应保持两端基本对称同时进行，挂篮拼装应按照结构顺序逐步操作，作业前应对吊装机械及机具进行安全检查。

7）施工单位制作挂篮，通过自检合格，向监理部上报验收资料，监理部组织人员对施工单位的资料进行复核。

（3）挂篮预压

1）挂篮预压的荷载值应取悬臂浇筑最大节段重量的1.2倍。重物应对称加载，荷载分布宜与节段自重一致，不得集中堆载。

2）挂篮加载及卸载应分级进行。加载分级宜为悬臂浇筑最大节段重量的10%、50%、100%、120%。卸载分级宜为悬臂浇筑最大节段重量的100%、50%、10%、空载。

3）挂篮预压过程中应同步测量挂篮变形，并应记录加载时间、荷重及位置。每套挂篮测量断面不应少于3个，并应合理设置测点。未经观测不得进行下一级加载。

4）预压过程中应对挂篮进行检查，发现异常情况应立即停止加载，并应分析原因，采取相应措施。

5）每级卸载完成后，应进行观测和记录，完成后方可进行卸载至下一级。

6）测量完成后应及时整理挂篮变形数据，应绘制挂篮各测点在不同荷载下的变形曲线，分析变形情况。

（4）挂篮前移

1）挂篮前移可采用顶推或牵引方式，前移速度宜控制在每分钟50～100mm。

2）挂篮前移应先拆除模板支撑或拉杆，同步放松前后吊杆锚固，使挂篮模板脱离梁体，确保挂篮与梁体之间的约束完全解除。

3）挂篮在每次行走之前应对其主要构件进行检查，并应符合下列规定：

①挂篮后锚孔和吊杆孔的位置和尺寸应准确。

②挂篮行走千斤顶和手拉葫芦等设备的技术性能应良好。

③各类保险装置设置应完善。

④挂篮与箱梁之间的约束应全部解除。

4）不同轨道梁上的挂篮主桁架前移应保持同步。

5）挂篮前移时，测量人员应跟踪观测，应及时调整挂篮行走轴线偏差。

6）当挂篮前移完成，前后吊杆调整完毕后，应将荷载转移至支座上，不得由千斤顶长期承受施工荷载。

（5）挂篮就位

1）挂篮前移就位后，应立即将后锚固点锁定。

2）挂篮纵向定位误差应小于20mm。

3）挂篮就位后应同步均衡收紧吊杆，应测量并调整模板位置及标高，并应核准中心位置及高程，校正中线。挂篮模板体系轴线偏差不应大于10mm。

4）挂篮施工应控制横向偏载，偏载值不宜超过挂篮设计规定的允许值。

5）挂篮就位后，应对挂篮进行检查，并应符合下列规定：

①后锚设备应连接牢固。

②前后吊杆及横梁应受力正常。

③各螺栓应拧紧。

（6）挂篮维护

1）挂篮使用期间应加强维护，其技术性能应良好。应对下列构件进行检查：

①挂篮移动用的千斤顶、手拉葫芦和钢丝绳。

②挂篮各关键部位设置的保险装置、各销轴的保险销。

③挂篮构件及其焊缝情况。

④挂篮各部位的锚杆、吊杆。

2）当锚杆或吊杆发生螺纹受损、杆件弯曲等情况时，应及时进行调换。

3）高强度拉杆在使用过程中，应采取防火、防热及防腐蚀措施，并应避免电火花、电焊等触及。

4）每一节段浇筑完后，应及时清除散落在挂篮上的混凝土废料。带螺纹的杆件应采取保护措施，避免混凝土散落到螺纹上凝结硬化后影响使用。

5）挂篮应采取防腐和防锈蚀措施。

（7）挂篮使用安全措施

1）挂篮操作前应制定操作规程，并应对相关人员进行安全技术交底，明确操作岗位和监护人员。挂篮应在其设备经检查签字验收后方可开始操作。

2）挂篮安装作业过程中应遵守相关操作规范，并应安排专人指挥调度。

3）严禁在挂篮斜拉带、各类吊杆上进行电焊作业。

4）挂篮安装过程中钢丝绳、捯链葫芦等吊装器具的使用应符合国家现行相关标准的规定。

5）前后吊带在挂篮调节到位后应采用扳手将螺母拧紧，各组吊带应均匀受力。

6）挂篮推进全过程应设专业监护人监督挂篮操作安全。

7）挂篮应设置防止人员坠落的栏杆和围挡，操作平台宜采用全封闭形式。防护栏杆外缘及挂篮底部应设置安全网。挂篮及已浇筑桥体上放置的设备、机具应有临时固定措施，且宜与临空边缘保持一定距离。施工前应加强对作业人员的培训，严禁在高空向下投掷物品。

（8）挂篮拆除

1）构件拆除前，应确认已无荷载作用在挂篮上。

2）挂篮在最后施工节段位置原地拆除时，应按下列步骤进行：

①拆除挂篮外模、内模及其承托系统。

②采用整体下放或分步拆除的方式拆除底篮。

③拆除承重系统主桁架。

④拆除行走系统。

3）挂篮从最后浇筑节段位置后退至预定位置进行拆除前，应确定挂篮在已浇筑节段混凝土上的锚固装置已全部拆除。挂篮后退过程中不得与其他结构相碰。

4）挂篮各构件拆除过程中，应采取防止构件失稳的临时稳固措施。

5）挂篮各构件拆除过程中，当出现卡滞或其他无法正常拆解的情况时，严禁强行拆解，应分析原因后采取措施妥善处理。

6）当有多个构件连接时，应分步进行拆除，并应在拆除过程中观察构件的稳定状态，严禁同步拆除同一构件的所有连接。

3. 主梁浇筑工序质量控制点

（1）钢筋工程

1）钢筋制作及安装

① 在进行腹板和底板钢筋安装时，应将底板与腹板的钢筋连接牢固，连接方式宜采用焊接。

② 底板上下两层钢筋网应采用两端带弯钩的拉筋间定成一个整体。

③ 顶板底层横向钢筋宜采用通长钢筋。

④ 当钢筋与管道相碰时，不得切断钢筋。

⑤ 纵向钢筋接头应相互错开。

2）预制钢筋网片或骨架

① 底板和顶板的钢筋应分上下层制成网片。

② 腹板钢筋应制成骨架。

③ 钢筋网片或骨架应有足够的连接强度和刚度，在吊运过程中不得松脱和变形。

3）钢筋预埋件、预理管检查

参见本书 3.5.3 节中相关内容。

（2）模板工程

1）悬臂浇筑侧模宜采用大块定型模板，底模宜选用胶合板或可拆卸的定型钢模，内模可采用胶合板及木模。内侧模的安装宜在底板、腹板及横隔板钢筋绑扎完毕后进行。模板铺装后应根据监测数据调整模板标高。内模与底模间宜设置拉杆进行定位，防止浇捣混凝土时内模下移或上浮。

2）内外模位置应按梁体结构尺寸、高程和施工预拱度要求进行安装。确定施工预拱度时应考虑下列因素：

① 设计预拱度。

② 在荷载作用下已施工梁段的变形。

③ 挂篮在荷载作用下的弹性变形。

④ 由混凝土预施应力和收缩、徐变引起的挠度。

⑤ 由施工时温度变化引起的挠度。

3）模板安装精度应高于梁体要求精度。模板间支撑和拉结紧固件应按模板及支架结构设计要求安装，混凝土浇捣过程中模板不得出现移位、变形、松动等现象。模板与施工操作平台应分开设置。

4）锚头垫板安装时，端面应与螺旋钢筋的中轴线和预留管道垂直，锚头垫板宜采用螺钉固定在端模板上。

5）箱梁底板浇筑的下料口宜设置在腹板与底板交接处。

6）监理现场对底模的各控制桩号的中线坐标、边线坐标及标高、平整度、宽度、侧模垂直度、模板接缝的顺度等进行验收，要求按照设计或相关规范的规定进行控制。

7）箱段中心点位可按照穿线进行控制；验收合格后给予签认报验申请。

8）其他工序质量控制要求，参见本书3.5.3节中相关内容。

（3）混凝土浇筑

1）悬拼或悬浇块件前，对桥墩根部（0号块件）的高程、桥轴线做详细核查，符合设计要求后，方可进行悬拼或悬浇。

2）悬臂施工必须对称进行，应对轴线和高程进行施工控制。

3）梁段混凝土的浇筑宜采用泵送，坍落度宜控制在90～180mm，并应随温度变化及运输和浇筑速度进行调整。

4）梁段混凝土宜采用一次浇筑，混凝土浇筑方法应符合设计要求。当设计无要求时，应从悬臂端开始向桥墩方向浇筑，并应按所有梁段全部平面面积等高水平分层，纵横向应对称连续浇筑。

5）梁段混凝土采用多次浇筑混凝土时，相邻两次浇筑混凝土的龄期差宜控制在7d以内。水平施工缝处内模宜按混凝土满模浇筑高度立模，以方便施工缝凿毛和清理；底板浇筑时，混凝土应在底板和腹板交接处下料；第二次安装内模时，应保持第一次所立模板紧贴混凝土不松动，以防止第二次浇筑混凝土下溢影响混凝土表面质量；第二次所立模板与既有模板应板面平齐、接缝严密；施工缝应符合现行行业标准《公路桥涵施工技术规范》JTG/T F50相关要求。

6）混凝土按一定的厚度、顺序和方向分层连续浇筑，因故中断间歇时，其间歇时间应小于前层混凝土的初凝时间或能重塑时间。

7）在浇筑施工过程中对供料地点、运输距离等进行记录。对运输到现场的混凝土进行坍落度抽查检测并记录。对混凝土振捣情况、现场制取试件的组数等进行记录。

8）检查自高处向模板内倾斜混凝土时，应防止混凝土离析，直接倾斜时，其自由倾落高度不宜超过2m，超过2m时，应通过串筒、溜槽等设施下落，倾落高度超过10m时，应设置减速装置，如果高空采用吊车和料斗运送混凝土时，需检查高空作业时的安全措施。

9）如果混凝土采用泵送时，应连续泵送，其间歇时间不超过15min，向低处泵送混凝土时，采取必要的措施防止混凝土离析。

10）相邻标准梁段混凝土浇筑，其龄期差宜控制在14d之内。

11）梁体混凝土拆模时间应根据养护方式的不同、季节不同及环境变化情况确定。拆模时混凝土强度应符合设计要求；当设计无要求时，非承重模板拆模时强度不应小于2.5MPa，承重结构及悬臂梁拆模时应达到100%设计强度。

（4）预应力施工

1）主梁预应力施工除应符合现行行业标准《公路桥涵施工技术规范》JTG/T F50的规定。

2）预应力管道的安装定位应准确，备用管道和长束管道应采取措施保证其在使用时的有效性。

3）纵向预应力筋应两端同步且左右对称张拉，最大不平衡束不得超过1束。

4）竖向预应力筋应左右对称单端张拉，并宜从已施工端顺序进行。

5）竖向预应力筋宜采用两次张拉方式；宜通过试验确定其张拉程序和各项参数，张拉持荷时间宜增加1倍；当钢束的伸长值不能满足要求时，可采取补张拉或反复张拉的措施，但张拉应力不得超过设计规定的最大控制应力。

6）对竖向预应力孔道，压浆时应从下端的压浆孔压入，压力宜为0.3～0.4MPa，且压入的速度不宜过快。

7）预应力筋宜采用智能张拉。

（5）墩顶梁段施工

1）墩顶梁临时固结稳定力矩与倾覆力矩之比应符合设计要求；当设计无要求时，固结稳定力矩与倾覆力矩之比不应小于2。

2）当墩身较高或水较深时，可在墩身上部设置预埋件，通过安装在预埋件上的构架来形成临时固结。

3）当墩顶梁临时固结采用精轧螺纹钢时，应在墩顶梁段达到设计强度后及时张拉，张拉力应经设计验算。

4）永久支座应在墩顶梁段底模施工前安装，支座的安装位置和方向应符合设计要求。支座安装前应进行检查，确认规格、类型和外观质量。

5）桥墩与主梁间宜在永久支座两侧的箱梁腹板处设置临时支座。临时支座应符合下列规定：

①临时支座应具有足够的承载能力和稳定性，并应易于拆除。

②临时支座的数量、承载能力及结构尺寸，应经设计计算确定。

③临时支座应在墩顶梁段底模安装前完成。

④临时支座拆除顺序应符合设计要求。

6）墩顶梁段可采用落地支架或托架施工。混凝土浇筑过程中应对支架的变形进行监控，发现异常时应采取应急措施。

7）墩顶梁段宜全断面一次浇筑完成；当梁段过高一次浇筑完成难以保证质量时，可沿高度方向分两次浇筑，但宜将两次浇筑混凝土的龄期差控制在7d以内。

（6）悬臂节段施工

1）在悬臂节段浇筑施工过程中，应跟踪监测高程变化情况，并应与理论计算值进行比较分析，确定下一施工梁段的立模高程。

2）当已施工梁段前端高程偏差较大时，应分次逐步调整待施工梁段前端模板高程。

3）当腹板厚度较小，钢筋、管道密集且纵横重叠时，混凝土宜分层入模、振捣。

4）悬臂节段端部混凝土应进行糙化处理。

5）悬臂节段混凝土预应力筋张拉时．混凝土强度应满足设计要求；当设计无要求时，混凝土龄期不应低于7d，强度不应低于设计强度的90%。

6）悬臂节段预应力筋的张拉除应符合现行行业标准《公路桥涵施工技术规范》JTG/T F50的规定。

7）竖向和横向预应力筋张拉滞后纵向预应力筋不宜大于3个悬臂节段。

8）横向预应力筋应在梁体两侧交替单端张拉，并宜从已施工端顺序进行。每一节段悬臂端的最后 1 根横向预应力筋，应在下一节段横向预应力筋张拉时进行张拉。

（7）边跨现浇段施工

1）边跨现浇宜采用支架法施工。支架应经过设计计算且应具有足够的强度、刚度和稳定性。支架基础类型、面积和厚度应根据支架结构形式、受力情况、地基承载力等条件确定。支架基础应具有足够的承载力。

2）底模安装完成后应对支架进行预压，预压荷载应符合设计要求。预压加载部位及顺序应与支架实际受力状况匹配。

3）支架拆除时间，应在边跨合龙施工完毕后，根据设计要求的混凝土强度等级、混凝土养护情况、环境温度等因素决定。

（8）合龙

1）合龙的顺序应符合设计要求。

2）合龙施工前应对两端悬臂梁段的轴线、高程和梁长受温度影响的偏移值进行观测，并应根据实际观测值进行合龙的施工计算，确定准确的合龙温度、合龙时间及合龙程序。

3）合龙时宜采取措施将合龙口两侧的悬臂端进行临时刚性连接，再浇筑合龙段混凝土。合龙段混凝土宜在一天中气温最低且稳定的时段内浇筑，浇筑后应及时覆盖洒水养护。

4）合龙时在桥面上设置的全部临时施工荷载应符合施工控制的要求。对预应力混凝土连续梁，合龙后应在规定时间内尽快拆除墩梁临时固结装置，应按设计规定的程序完成体系转换和支座反力调整。

5）合龙段预应力管道灌浆应在临时固结装置拆除后进行。

6）合龙段应采取换重施工，换重重量及加载位置应计算确定，压重可采用水箱等方法。

7）施加压重时应对称加载，换重卸载应根据混凝土浇筑速度分级对称进行。

8）临时固结解除过程中应观测各梁段的高程变化，如有异常情况，应立即停止作业，找出原因。

9）临时固结解除过程中不应损坏墩身、支座垫石及箱梁混凝土。

（9）施工监控

1）桥梁应通过施工监控，使线形和内力在施工完成后符合设计要求，并应接近设计成桥状态。

2）监控方案应包括下列内容：

①施工监控总体技术路线。

②施工主要流程和步骤。

③成桥目标线形。

④施工监控的内容。

⑤监控断面、测点布置及量测频率。

⑥监控指令传递方式。

⑦施工预期目标。

⑧偏差分析和调控措施。

3）施工监控应以施工图设计为基础，根据实际施工方案，进行施工过程模拟分析，形成施工全过程的控制目标。

4）施工控制应以控制主梁线形为主，以对悬臂节段的立模标高进行控制来实现。

5）立模阶段应测量当前节段的梁底标高，并应建立梁底标高与对应梁顶测点的关系。梁顶测点应设置在腹板范围，并应在后续施工过程中采取保护措施。

6）每次悬臂浇筑循环中，在挂篮移动且节段浇筑后应对当前及相邻两个已浇筑节段的主梁高程进行量测；预应力施加后、挂篮移动前应对全部已浇筑节段的主梁高程进行量测。

7）每4个悬臂节段宜进行一次主梁轴线测量和各连续梁（T构）之间的高程联测，并应在合龙前进行一次高程联测。

8）墩台沉降观测可选取上部结构荷载变化显著的工况进行，两次观测的时间间隔不宜大于一个月。

9）当施工过程中线形实测值与理论值的偏差超过允许偏差时，应及时查找原因并调整。

10）施工中应对悬臂节段的标高数据进行收集，并应对混凝土弹性模量、混凝土自重、预应力效应等进行参数识别，及时调整监控理论目标。

11）施工现场应根据日照温差对主梁线形的影响进行监测，掌握温度影响规律，用以修正温度的影响。

12）成桥后应编制施工监控成果报告，报告应包含施工过程中的监测数据理论值及实测值。

4. 质量检查

（1）悬臂浇筑必须对称进行，桥墩两侧平衡偏差不得大于设计规定，轴线挠度必须在设计规定范围内。

（2）梁体表面不得出现超过设计规定的受力裂缝。

（3）悬臂合龙时，两侧梁体的高差必须在设计允许范围内。

（4）悬臂浇筑预应力混凝土梁允许偏差应符合现行行业标准《城市桥梁工程施工与质量验收规范》CJJ 2 的规定。

（5）梁体线形平顺，相邻梁段接缝处无明显折弯和错台，梁体表面无孔洞、露筋、蜂窝、麻面和宽度超过 0.15mm 的收缩裂缝。

3.5.5　装配式梁板施工

1. 材料质量控制

参见本书 3.2.4 节中相关内容。

2. 构件预制工序质量控制点

（1）模板检查

参见本书 3.5.2 节中相关内容。

（2）钢筋、预埋件、预埋管检查

参见本书 3.5.2 节中相关内容。

（3）构件制作

1）场地应平整、坚实，并采取必要的排水措施。

2）预制台座应坚固、无沉陷，台座表面应光滑平整，在 2m 长度上平整度的允许偏差为 2mm。气温变化大时应设伸缩缝。

3）模板应根据施工图设置起拱。预应力混凝土梁、板设置起拱时，应考虑梁体施加预应力后的上拱度，预设起拱应折减或不设，必要时可设反拱。

4）采用平卧重叠法浇筑构件混凝土时，下层构件顶面应设隔离层。上层构件须待下层构件混凝土强度达到 5MPa 后方可浇筑。

5）其他工序质量控制要点，参见本书 3.5.2 节中相关内容。

3. 梁（板）安装工序质量控制点

（1）梁（板）、支座检查

1）检查混凝土强度，梁（板）外观质量鉴定情况。

2）检查支座垫石表面及梁板底面是否清理干净，顶面标高是否合格。

3）梁（板）需要吊移出预制底座时，混凝土的强度不得低于设计所要求的吊装强度。梁（板）在安装时，支承结构（墩台、盖梁、垫石）的强度应符合设计要求。

4）梁（板）安装前，墩台支座垫板必须稳固。

（2）梁（板）吊装

1）构件吊点的位置应符合设计要求，设计无要求时，应经计算确定。构件的吊环应竖直。吊绳与起吊构件的交角小于 60° 时应设置吊梁。

2）构件吊运时混凝土的强度不得低于设计强度的 75%，后张预应力构件孔道压浆强度应符合设计要求或不低于设计强度的 75%。

3）正式起吊前必须进行试吊，试吊完毕后方可进行正式吊装作业。

4）平车运梁时，梁端支点要设在规定的范围内，梁的两侧支承牢固，运行要慢，外边梁的安装应特别注意。

5）大型架桥设备应专人指挥，必须服从命令，行动一致、精力集中，发现问题立即停止，待查明原因并解决问题后再继续推进。

6）吊装作业区内严禁人员进入，所有人员不得进入起吊作业范围。

（3）起重机架梁

1）起重机工作半径和高度的范围内不得有障碍物。

2）严禁起重机斜拉斜吊，严禁轮胎起重机吊重物行驶。

3）使用双机抬吊同一构件时，吊车臂杆应保持一定距离，必须设专人指挥。每一单机必须按降效 25% 作业。

（4）门式吊梁车架梁

1）吊梁车吊重能力应大于 1/2 梁重，轮距应为主梁间距的 2 倍。

2）导梁长度不得小于桥梁跨径的 2 倍另加 5~10m 引梁，导梁高度宜小于主梁高度，在墩顶设垫块使导梁顶面与主梁顶面保持水平。

3）构件堆放场或预制场宜设在桥头引道上。桥头引道应填筑到主梁顶高，引道与主梁或导梁接头处应砌筑坚实平整。

4）吊梁车起吊或落梁时应保持前后吊点升降速度一致，吊梁车负载时应慢速行驶，保持平稳，在导梁上行驶速度不宜大于 5m/min。

（5）跨墩龙门吊架梁

1）跨墩龙门架应根据梁的质量、跨度、高度专门设计拼装。

2）门架应跨越桥墩及运梁便线（或预制梁堆场），应高出桥墩顶面 4m 以上。

3）跨墩龙门吊纵移时应空载，吊梁时门架应固定，安梁小车横移就位。

4）运梁便线应设在桥墩一侧，跨过桥墩及便线沿桥两侧铺设龙门吊轨道；轨道基础应坚实、平整，枕木中心距 50cm，铺设重轨，轨道应直顺，两侧龙门轨道应等高。

5）龙门吊架梁时，应将两台龙门吊对准架梁位置，大梁运至门架下垂直起吊，小车横移至安装位置落梁就位。

6）两台龙门吊抬梁起落速度、高度及横向移梁速度应保持一致，不得出现梁体倾斜、偏转和斜拉、斜吊现象。

（6）穿巷式架桥机架梁

1）架桥机宜在桥头引道上拼装导梁及龙门架，经检验、试运转、试吊后推移进入架梁桥孔。

2）架桥机悬臂推移时应平稳，后端加配重，其抗倾覆安全系数不得低于 1.5。风荷载较大时应采取防止横向失稳的措施。

3）架桥机就位后，前、中、后支腿及左右两根导梁应校平、支垫牢固。

4）桥梁构件堆放场或预制场宜设在桥头引道上，沿引道运梁上桥，大梁运进两导梁间起重龙门下，两端同时吊起，两台龙门抬吊大梁沿导梁同步纵移到架梁桥孔，龙门固定，起重小车横移到架梁位置落梁就位。

5）龙门架吊梁在导梁上纵移时，起重小车应停在龙门架跨中。纵移大梁时前后龙门吊应同步。起重小车吊梁时应垂直起落，不得斜拉。前后龙门吊上的起重小车抬梁横移速度应一致，保持大梁平稳不得受扭。

（7）悬臂拼装施工

1）悬拼吊架走行及悬拼施工时的抗倾覆稳定系数不得小于 1.5。

2）吊装前应对吊装设备进行全面检查，并按设计荷载的 130% 进行试吊。

3）悬拼施工前应绘制主梁安装挠度变化曲线，以控制各梁段安装高程。

4）悬拼施工应按锚固设计要求将墩顶梁段与桥墩临时锚固，或在桥墩两侧设立临时支撑。

5）墩顶梁段与悬拼第 1 段之间应设 10～15cm 宽的湿接缝，并应符合下列要求：

① 湿接缝的端面应凿毛清洗。

② 波纹管伸入两梁段长度不得小于 5cm，并进行密封。

③ 湿接缝混凝土强度宜高于梁段混凝土一个等级，待接缝混凝土达到设计强度后方可拆模、张拉预应力束。

6）梁段接缝采用胶拼时应符合下列要求：

① 胶拼前，应清除胶拼面上浮浆、杂质、隔离剂，并保持干燥。

② 胶拼前应先预拼，检测并调整其高程、中线，确认符合设计要求。涂胶应均匀，厚度宜为 1～1.5mm。涂胶时，混凝土表面温度不宜低于 15℃。

③ 环氧树脂胶浆应根据环境温度、固化时间和强度要求选定配方。固化时间应根据操作需要确定，不宜少于 10h，在 36h 内达到梁体设计强度。

④ 梁段正式定位后，应按设计要求张拉定位束，设计无规定时，应张拉部分预应力束，预压胶拼接缝，使接缝处保持 0.2MPa 以上压应力，并及时清理接触面周围及孔道中挤出的胶浆。待环氧树脂胶浆固化、强度符合设计要求后，再张拉其余预应力束。

⑤ 在设计要求的预应力束张拉完毕后，起重机方可松钩。

（8）梁段顶推施工

1）检查顶推千斤顶的安装位置，校核梁段的轴线及高程，检测桥墩（包括临时墩）、临时支墩上的滑座轴线及高程，确认符合要求，方可顶推。

2）顶推千斤顶用油泵必须配套同步控制系统，两侧顶推时，必须左右同步，多点顶推时各墩千斤顶纵横向均应同步运行。

3）顶推前进时，应及时由后面插入补充滑块，插入滑块应排列紧凑，滑块间最大间隙不得超过 10~20cm。滑块的滑面（聚四氯乙烯板）上应涂硅酮脂。

4）顶推过程中导梁接近前面桥墩时，应及时顶升牛腿引梁，将导梁引上墩顶滑块，方可正常顶进。

5）顶推过程中应随时检测桥梁轴线和高程，做好导向、纠偏等工作。梁段中线偏移大于 20mm 时应采用千斤顶纠偏复位。

滑块受力不均匀、变形过大或滑块插入困难时，应停止顶推，用竖向千斤顶将梁托起校正。竖向千斤顶顶升高度不得大于 10mm。

6）顶推过程中应随时检测桥墩墩顶变位，其纵横向位移均不得超过设计要求。

7）顶推过程中如出现拉杆变形、拉锚松动、主梁预应力锚具松动、导梁变形等异常情况应立即停止顶推，妥善处理后方可继续顶推。

8）平曲线弯梁顶推时应在曲线外设置法线方向向心千斤顶锚固于桥墩上，纵向顶推的同时应启动横向千斤顶，使梁段沿圆弧曲线前进。

9）竖曲线上顶推时各点顶推力应计入升降坡形成的梁段自重水平分力，如在降坡段顶进纵坡大于 3% 时，宜采用摩擦系数较大的滑块。

10）当桥梁顶推完毕，拆除滑动装置时，顶梁或落梁应均匀对称，升降高差各墩台间不得大于 10mm，同一墩台两侧不得大于 1mm。

4. 质量检查

（1）结构表面不得出现超过设计规定的受力裂缝。

（2）安装时结构强度及预应力孔道砂浆强度必须符合设计要求，设计未要求时，必须达到设计强度的 75%。

（3）预制梁、板允许偏差应符合现行行业标准《城市桥梁工程施工与质量验收规范》CJJ 2 的规定。

（4）梁、板安装允许偏差应符合现行行业标准《城市桥梁工程施工与质量验收规范》CJJ 2 的规定。

（5）混凝土表面应无孔洞、露筋、蜂窝、麻面和宽度超过 0.15mm 的收缩裂缝。

（6）悬臂拼装必须对称进行，桥墩两侧平衡偏差不得大于设计规定，轴线挠度必须在设计规定范围内。

（7）悬臂合龙时，两侧梁体高差必须在设计规定允许范围内。

（8）预制梁段允许偏差应符合现行行业标准《城市桥梁工程施工与质量验收规范》CJJ 2 的规定。

（9）悬臂拼装预应力混凝土梁允许偏差应符合现行行业标准《城市桥梁工程施工与质量验收规范》CJJ 2 的规定。

（10）梁体线形平顺，相邻梁段接缝处无明显折弯和错台，预制梁表面无孔洞、露筋、蜂窝、麻面和宽度超过 0.15mm 的收缩裂缝。

（11）顶推施工梁允许偏差应符合现行行业标准《城市桥梁工程施工与质量验收规范》CJJ 2 的规定。

3.6　钢梁与结合梁

3.6.1　钢箱梁安装

1. 材料质量控制

（1）核查钢梁制造企业提供的下列文件：

1）产品合格证。

2）钢材和其他材料质量证明书和检验报告。

3）施工图、拼装简图。

4）工厂高强度螺栓摩擦面抗滑移系数试验报告。

5）焊缝无损检验报告和焊缝重大修补记录。

6）产品试板的试验报告。

7）工厂试拼装记录。

8）杆件发运和包装清单。

（2）应按构件明细表核对进场的杆件和零件，查验产品出厂合格证、钢材质量证明书。

（3）对杆件进行全面质量检查，对装运过程中产生缺陷和变形的杆件，应及时进行矫正。

（4）核查对临时支架、支承、吊车等临时结构和钢梁结构本身在不同受力状态下的强度、刚度和稳定性的验算。

（5）安装前应复验出厂所附摩擦面试件的抗滑移系数，合格后方可进行安装。高强度螺栓连接副使用前应进行外观检查并应在同批内配套使用。

（6）焊条、焊丝、焊剂等焊接材料，参见本书 3.1.2 节中相关内容。

（7）检查防腐涂料的产品说明书、出厂合格证等文件，核查其是否有良好的附着性、耐蚀性，其底漆应具有良好的封孔性能。

2. 钢梁连接工序质量控制点

（1）一般规定

1）墩柱、支座已施工完成，经验收合格，并在支架、墩柱或盖梁上测量放出安装位置控制线。

2）安装前应对桥台、墩顶面高程、中线及各孔跨径进行复测，误差在允许偏差内方可安装。

3）钢梁安装前应清除杆件上的附着物，摩擦面应保持干燥、清洁。安装中应采取措施防止杆件产生变形。

4）在满布支架上安装钢梁时，检查冲钉和粗制螺栓总数不得少于孔眼总数的 1/3，其中冲钉不得多于 2/3。孔眼较少的部位，冲钉和粗制螺栓不得少于 6 个或将全部孔眼插入冲钉和粗制螺栓。

5）用悬臂和半悬臂法安装钢梁时，检查连接处所需冲钉数量：应按所承受荷载计算确定，且不得少于孔眼总数的 1/2，其余孔眼布置精制螺栓。冲钉和精制螺栓应均匀安放。

6）高强度螺栓栓合梁安装时，冲钉数量应符合上述规定，其余孔眼布置高强度螺栓。

7）检查安装用的冲钉直径宜小于设计孔径 0.3mm，冲钉圆柱部分的长度应大于板束厚度；检查安装用的精制螺栓直径宜小于设计孔径 0.4mm；安装用的粗制螺栓直径宜小于设计孔径 1.0mm。冲钉和螺栓宜选用 Q345 碳素结构钢制造。

8）吊装杆件时，必须等杆件完全固定后方可摘除吊钩。

9）安装过程中，每完成一个节间应复核其位置、高程和预拱度，不符合要求应及时校正。

（2）高强度螺栓连接

1）使用前，高强度螺栓连接副应按出厂批号复验扭矩系数，检查其平均值和标准偏差应符合设计要求。设计无要求时扭矩系数平均值应为 0.11～0.15，其标准偏差应小于或等于 0.01。

2）高强度螺栓应顺畅穿入孔内，不得强行敲入，穿入方向应全桥一致。被栓合的板束表面应垂直于螺栓轴线，否则应在螺栓垫圈下面加斜坡垫板。

3）施拧高强度螺栓时，不得采用冲击拧紧、间断拧紧方法。拧紧后的节点板与钢梁间不得有间隙。

4）当采用扭矩法施拧高强度螺栓时，初拧、复拧和终拧应在同一工作班内完成。初拧扭矩应根据试验确定，可取终拧值的 50%。

5）当采用扭角法施拧高强螺栓时，可按现行行业标准《钢结构高强度螺栓连接技术规程》JGJ 82 的有关规定执行。

6）检查施拧高强度螺栓连接副采用的扭矩扳手，是否定期进行标定；要求作业前应进行校正，其扭矩误差不得大于使用扭矩值的 ±5%。

7）高强度螺栓终拧完毕必须当班检查。每栓群应抽查总数的 5%，且不得少于 2 套。抽查合格率不小于 80%，否则应继续抽查，直至合格率达到 80% 以上。对螺栓拧紧度不足者应补拧，对超拧者应更换、重新施拧并检查。

（3）焊缝连接与检查

1）首次焊接之前必须进行焊接工艺评定试验。

2）检查焊工和无损检测员资格证书，应从事资格证书中认定范围内的工作，焊工停焊时间超过 6 个月，应重新考核。

3）监测焊接环境温度，低合金钢不得低于 5℃，普通碳素结构钢不得低于 0℃焊接环境湿度不宜高于 80%。

4）要求焊接前应进行焊缝除锈，并应在除锈后24h内进行焊接。

5）焊接前，要求对厚度25mm以上的低合金钢预热温度宜为80~120℃，预热范围宜为焊缝两侧50~80mm。

6）要求多层焊接宜连续施焊，并应控制层间温度。每一层焊缝焊完后应及时清除药皮、熔渣、溢流和其他缺陷后，再焊下一层。

7）检查钢梁杆件现场焊缝连接是否按设计要求的顺序进行。设计无要求时，纵向应从跨中向两端进行，横向应从中线向两侧对称进行。

8）检查现场焊接的设防风设施，遮盖全部焊接处。雨天不得焊接，箱形梁内进行CO_2气体保护焊时，必须使用通风防护设施。

9）焊接完毕，所有焊缝必须进行外观检查。外观检查合格后，应在24h后按规定进行无损检验，确认合格。

3. 钢梁涂装工序质量控制点

（1）钢梁表面处理

1）表面处理

① 应采用动力或手工工具打磨、清除钢结构表面的焊渣、焊瘤、焊接飞溅物、毛刺，锋利的边角应打磨成半径大于2mm的圆角。

② 表面油污应采用专用清洁剂进行低压喷洗或软刷刷洗，应采用淡水将残余物冲洗干净；或采用碱液、火焰等方法处理，并应采用淡水冲洗至中性。

③ 喷砂钢结构表面可溶性氯离子含量应小于$7\mu g/cm^2$，超标时应采用高压淡水冲洗。

④ 对非涂装部位，在喷砂时应采取保护措施。

2）喷砂除锈

① 喷砂除锈宜采用0.4~0.8MPa的压缩空气作动力，压缩空气和磨料应清洁干燥。

② 喷砂枪的喷嘴与被喷射构件表面的距离宜为100~300mm，喷射方向与被喷射构件表面法线之间的夹角宜为0°~30°。

③ 表面喷砂除锈后，对外表面应采用洁净的压缩空气吹扫，内表面宜采用吸尘器清理。除尘后的表面灰尘清洁度不应大于现行国家标准《涂覆涂料前钢材表面处理 表面清洁度的评定试验 第3部分：涂覆涂料前钢材表面的灰尘评定（压敏粘带法）》GB/T 18570.3规定的3级。

3）二次表面处理

① 在已涂无机硅酸锌、无机富锌或其他类车间底漆的钢结构外表面再涂装油漆前，应采用喷砂方法进行二次表面处理。

② 在已涂无机硅酸锌、无机富锌或其他类车间底漆的钢结构内表面再涂装油漆前，可根据涂装体系设计要求采用喷砂或机械打磨方法进行拉毛处理。

③ 无机硅酸锌、无机富锌车间底漆完好的部位，可采用扫砂拉毛方法除去表面锌盐，焊缝、锈蚀处喷砂除锈应符合现行国家标准《涂覆涂料前钢材表面处理 表面清洁度的目视评定 第1部分：未涂覆过的钢材表面和全面清除原有涂层后的钢材表面的锈蚀等级和处理等级》GB/T 8923.1规定的Sa2½级；或采用打磨拉毛方法除去表面锌盐，并对焊缝、锈蚀处进行打磨，除锈清洁度应符合现行国家标准《涂覆涂料前钢材表面处理 表面清洁度的目

视评定 第 1 部分：未涂覆过的钢材表面和全面清除原有涂层后的钢材表面的锈蚀等级和处理等级》GB/T 8923.1 规定的 St3 级。

④ 对需热喷涂的钢结构焊缝预留部分，应在现场焊接后采用喷砂方法进行二次表面处理，除锈清洁度应符合现行国家标准《涂覆涂料前钢材表面处理 表面清洁度的目视评定 第 1 部分：未涂覆过的钢材表面和全面清除原有涂层后的钢材表面的锈蚀等级和处理等级》GB/T 8923.1 规定的 St3 级。

（2）现场涂装

1）一般规定

① 钢梁表面处理的最低等级应为 Sa2.5。

② 要求上翼缘板顶面和剪力连接器均不得涂装，在安装前应进行除锈、防腐蚀处理。

③ 检查测量涂料、涂装层数和涂层厚度是否符合设计要求；涂层干漆膜总厚度应符合设计要求。当规定层数达不到最小干漆膜总厚度时，应增加涂层层数。

④ 涂装应在天气晴朗、4 级（不含）以下风力时进行，夏季应避免阳光直射。涂装时构件表面不应有结露，涂装后 4h 内应采取防护措施。

2）涂料配制和使用

① 涂料配制和使用应按涂料供应方提供的产品说明书进行，涂料配制和使用前应明确下列内容：

a. 防腐蚀涂装的表面处理要求及处理工艺；

b. 防腐蚀涂层的施工工艺；

c. 防腐蚀涂层的质量检测手段。

② 对双组分和单组分涂料应按产品说明书规定的比例混合，应搅拌均匀、熟化，并应在有效期内使用。

3）涂料试涂

① 正式涂装前或涂料产品生产批次变化后，应进行试涂，涂料应按产品说明书中规定的涂装方法、工作温度、湿度及稀释剂施工。

② 应根据涂料性能选择相应的喷涂设备；储料罐、输料管道及喷枪应干净、适用；压缩空气压力、管道喷嘴应符合工艺要求，压缩空气应清洁、干燥。

③ 试涂涂层的性能应符合现行行业标准《城镇桥梁钢结构防腐蚀涂装工程技术规程》CJJ/T 235—2015 中附录 C 的要求，试涂检验合格后方可正式涂装。

4）涂料涂装

① 大面积涂装应采用高压无气喷涂方法。

② 当采用喷涂时，喷枪移动速度应均匀，并应保持喷嘴与被喷面垂直。

③ 当采用滚涂施工时，滚筒蘸料应均匀，滚涂时用力应均匀，并应保持匀速。

④ 当采用刷涂施工时，用力应均匀，朝同一方向涂刷，避免表面起毛。

⑤ 对细长、小面积以及复杂形状的构件，可采用空气喷涂、滚涂或刷涂施工。

⑥ 不易喷涂部位应采用刷涂法进行预涂装或在喷涂后进行补涂。

⑦ 当刷涂或滚涂时，层间应纵横交错，每层宜往复进行。

⑧ 焊缝、边角及表面凹凸不平部位应多蘸涂料或增加涂装遍数。

⑨ 涂装过程中，施工工具应保持清洁。

⑩ 冬期施工每道涂层应干燥。

⑪ 施工过程中应在不同部位测定涂层的湿膜厚度，并应及时调整涂料黏度及涂装工艺参数，防腐层最终厚度应符合设计要求。

5）涂料涂装间隔

① 封闭涂层、底涂层、中间涂层和面涂层施工，应符合涂料工艺要求，每道涂层的间隔时间应符合涂料技术要求；当超过最大重涂间隔时间时，应进行拉毛处理后再涂装。

② 每涂完封闭涂层、底涂层、中间涂层和面涂层后，应检查干膜厚度，合格后方可进行下道涂装施工。

③ 涂装结束后，涂层应经自然养护后方可使用。其中化学反应类涂料形成的涂层，养护时间不应少于7d。

6）连接面涂装

① 焊接结构应预留焊接区域，预留区域应按相邻部位涂装要求涂装。

② 栓接结构的栓接部位摩擦面底涂，可采用无机富锌防锈防滑涂料或热喷铝。

③ 栓接结构的栓接部位外露底涂层和螺栓头部，在现场涂装前应进行清洁处理。对栓接部位外露底涂层清洁处理后，应按设计涂装体系或相邻部位的配套涂装体系进行涂装处理；应对螺栓头部先进行净化、打磨处理，刷涂环氧富锌底漆，厚度宜为60~80μm，然后按相邻部位的配套涂装体系进行涂装处理。

7）施工现场末道面漆涂装

① 破损处应进行修复处理，焊缝部位防腐蚀涂装应符合设计要求。

② 应采用淡水、清洗剂等对待涂表面进行清洁处理，除掉表面灰尘和油污等污染物。

③ 涂层相容性、附着力及外观颜色应经试验确定。

④ 当附着力试验不合格时，应进行拉毛处理后再涂装。

4. 落梁就位工序质量控制点

（1）要求钢梁就位前应清理支座垫石，检查其标高及平面位置应符合设计要求。

（2）固定支座与活动支座的精确位置应按设计图并考虑安装温度、施工误差等确定。

（3）落梁前后应检查其建筑拱度和平面尺寸、校正支座位置（图3-9）。

（4）连续梁落梁步骤，应符合设计要求。

图3-9　钢箱梁就位示例

5. 质量检查

（1）高强螺栓扭矩偏差不得超过±10%。

（2）高强度螺栓连接副等紧固件及其连接应符合国家现行标准规定和设计要求。

（3）高强螺栓的栓接板面（摩擦面）除锈处理后的抗滑移系数应符合设计要求。

（4）焊缝外观质量应符合现行行业标准《城市桥梁工程施工与质量验收规范》CJJ 2的规定。

（5）涂装前钢材表面不得有焊渣、灰尘、油污、水和毛刺等。钢材表面除锈等级和粗糙度应符合设计要求。

（6）涂装遍数应符合设计要求，每一涂层的最小厚度不应小于设计要求厚度的90％，涂装干膜总厚度不得小于设计要求厚度。

（7）热喷铝涂层应进行附着力检查。

（8）钢梁安装允许偏差应符合现行行业标准《城市桥梁工程施工与质量验收规范》CJJ 2 的规定。

3.6.2　钢-混凝土结合梁

1. 材料质量控制

参见本书3.5.3节、3.6.1节中相关内容。

2. 工序质量控制点

（1）钢主梁架设和混凝土浇筑前，应对按设计或施工要求设施工支架。施工支架除应考虑钢梁拼接荷载外，应同时计入混凝土结构和施工荷载。

（2）混凝土浇筑前，应对钢主梁的安装位置、高程、纵横向连接及临时支架进行检验，各项均应达到设计或施工要求。钢梁顶面传剪器焊接经检验合格后，方可浇筑混凝土。

（3）施工中，应随时监测主梁和施工支架的变形及稳定，确认符合设计要求；当发现异常应立即停止施工并采取措施。

（4）检查混凝土桥面结构是否全断面连续浇筑，浇筑顺序顺桥向应自跨中开始向支点处交汇，或由一端开始浇筑；横桥向应先由中间开始向两侧扩展。

（5）设施工支架时，必须待混凝土强度达到设计要求，且预应力张拉完成后，方可卸落施工支架。

（6）其他工序质量控制要求，参见本书3.6.1节中相关内容。

3. 质量检查

参见本书3.6.1节中相关内容。

3.6.3　混凝土结合梁

1. 材料质量控制

参见本书3.2.4节中相关内容。

2. 工序质量控制点

（1）检查预制混凝土主梁与现浇混凝土龄期差不得大于3个月。

（2）预制主梁吊装前，检查是否对主梁预留剪力键进行凿毛、清洗、清除浮浆；是否对预留传剪钢筋除锈、清除灰浆。

（3）预制主梁架设就位后，应设横向连系或支撑临时固定，防止施工过程中失稳。

（4）浇筑混凝土前应对主梁强度、安装位置、预留传剪钢筋进行复查，确认符合设计要求。

（5）混凝土桥面结构应全断面连续浇筑，浇筑顺序，顺桥向可自一端开始浇筑；横桥向应由中间开始向两侧扩展。

（6）其他工序质量控制要求，参见本书3.5.1节和3.5.2节中的相关内容。

3. 质量检查

结合梁现浇混凝土结构允许偏差应符合现行行业标准《城市桥梁工程施工与质量验收规范》CJJ 2 的规定。

其他质量检查，参见本书 3.5 节中的相关内容。

3.7 拱部与拱上结构

3.7.1 石料及混凝土预制块砌筑拱圈

1. 材料质量控制

施工所需原材料，如片石、块石、粗料石、细料石等的质量应符合设计要求和规范规定。对拱圈所用料石的尺寸、数量（整块、半块）应提前计算好，并严格按照所计算尺寸进行加工。

检查拱石和混凝土预制块强度等级以及砌体所用水泥砂浆的强度等级，应符合设计要求。

检查混凝土预制块形状、尺寸应符合设计要求。

2. 工序质量控制点

（1）拱石加工

1）检查拱石加工，应按砌缝和预留空缝的位置和宽度，统一规划。

2）检查拱石砌筑面是否成辐射状，除拱顶石和拱座附近的拱石外，每排拱石沿拱圈内弧宽度应一致。

3）检查拱座平面应与拱轴线垂直。

4）检查拱石两相邻排间的砌缝，必须错开 10cm 以上。同一排上下层拱石的砌缝可不错开。

5）检查拱石的尺寸应符合下列要求：

① 宽度（拱轴方向），内弧边不得小于 20cm。

② 高度（拱圈厚度方向）应为内弧宽度的 1.5 倍以上。

③ 长度（拱圈宽度方向）应为内弧宽度的 1.5 倍以上。

（2）拱圈砌筑

1）当设计对砌筑砂浆强度无规定时，拱圈跨度小于或等于 30m，砌筑砂浆强度不得低于 M10；拱圈跨度大于 30m，砌筑砂浆强度不得低于 M15。

2）预制块提前预制时间，应以控制其收缩量在拱圈封顶以前完成为原则，并应根据养护方法确定。

3）跨径小于 10m 的拱圈，当采用满布式拱架砌筑时，可从两端拱脚起顺序向拱顶方向对称、均衡地砌筑，最后在拱顶合龙。当采用拱式拱架砌筑时，宜分段、对称先砌拱脚和拱顶段。

4）跨径 10～25m 的拱圈，必须分多段砌筑，先对称地砌拱脚和拱顶段，再砌 1/4 跨径段，最后砌封顶段。

5）跨径大于 25m 的拱圈，砌筑程序应符合设计要求。宜采用分段砌筑或分环分段相结合的方法砌筑。必要时可采用预压载，边砌边卸载的方法砌筑。分环砌筑时，应待下环封拱砂浆强度达到设计强度的 70% 以上后，再砌筑上环。

6）砌筑拱圈时，应在拱脚和各分段点设置空缝。空缝的宽度在拱圈外露面应与砌缝一致，空缝内腔可加宽至 30~40mm。

7）空缝填塞应在砌筑砂浆强度达到设计强度的 70% 后进行，应采用 M20 以上半干硬水泥砂浆分层填塞。空缝可由拱脚逐次向拱顶对称填塞，也可同时填塞。

3. 质量检查

（1）检查拱圈封拱合龙时圬工强度应符合设计要求，当设计无要求时，填缝的砂浆强度应达到设计强度的 50% 及以上；当封拱合龙前用千斤顶施压调整应力时，拱圈砂浆必须达到设计强度。

（2）砌筑程序、方法应符合设计要求和现行行业标准《城市桥梁工程施工与质量验收规范》CJJ 2 有关规定。

（3）砌筑拱圈允许偏差应符合现行行业标准《城市桥梁工程施工与质量验收规范》CJJ 2 的规定。

（4）拱圈轮廓线条清晰圆滑，表面整齐。

（5）其他质量检查，参见本书 3.4.3 节中相关内容。

3.7.2　拱架上浇筑混凝土拱圈

1. 材料质量控制

（1）混凝土原材料、钢筋、模板等的质量控制，参见本书 1.3 节、1.4 节和 3.2 节中相关内容。

（2）检查混凝土配合比时应重点检查水灰比、最少水泥量及最大水泥用量，完成各类原材料检测并报验经过审查批准。

2. 工序质量控制点

（1）支架、模板安装

参见本书 3.5.3 节中相关内容。

（2）钢筋、预埋件、预埋管

参见本书 3.5.3 节中相关内容。

（3）混凝土浇筑

1）跨径小于 16m 的拱圈或拱肋混凝土，应按拱圈全宽从拱脚向拱顶对称、连续浇筑，并在混凝土初凝前完成。当预计不能在限定时间内完成时，则应在拱脚预留一个隔缝并最后浇筑隔缝混凝土。

2）跨径大于或等于 16m 的拱圈或拱肋，宜分段浇筑。

分段位置：拱式拱架宜设置在拱架受力反弯点、拱架节点、拱顶及拱脚处；满布式拱架宜设置在拱顶、1/4 跨径、拱脚及拱架节点等处。

各段的接缝面应与拱轴线垂直，各分段点应预留间隔槽，其宽度宜为 0.5~1m。当预计拱架变形较小时，可减少或不设间隔槽，应采取分段间隔浇筑。

3）检查分段浇筑程序是否对称于拱顶进行，是否符合设计要求。

4）各浇筑段的混凝土应一次连续浇筑完成，因故中断时，应将施工缝凿成垂直于拱轴线的平面或台阶式接合面。

5）间隔槽混凝土，应待拱圈分段浇筑完成，其强度达到75%设计强度，且结合面按施工缝处理后，由拱脚向拱顶对称浇筑。拱顶及两拱脚间隔槽混凝土应在最后封拱时浇筑。

6）分段浇筑钢筋混凝土拱圈（拱肋）时，纵向不得采用通长钢筋，钢筋接头应安设在后浇的几个间隔槽内，并应在浇筑间隔槽混凝土时焊接。

7）浇筑大跨径拱圈（拱肋）混凝土时，宜采用分环（层）分段方法浇筑，也可纵向分幅浇筑，中幅先行浇筑合龙，达到设计要求后，再横向对称浇筑合龙其他幅段。

8）检查拱圈（拱肋）封拱合龙时混凝土强度是否符合设计要求，设计无规定时，各段混凝土强度应达到设计强度的75%；当封拱合龙前用千斤顶施加压力的方法调整拱圈应力时，拱圈（包括已浇间隔槽）的混凝土强度应达到设计强度。

3. 质量检查

（1）混凝土应按施工设计要求的顺序浇筑。

（2）拱圈不得出现超过设计规定的受力裂缝。

（3）拱圈外形轮廓应清晰、圆顺，表面平整，无孔洞、露筋、蜂窝、麻面和宽度大于0.15mm的收缩裂缝。

（4）现浇混凝土拱圈允许偏差应符合现行行业标准《城市桥梁工程施工与质量验收规范》CJJ 2 的规定。

3.7.3　劲性骨架拱混凝土浇筑

1. 材料质量控制

（1）混凝土原材料、钢筋、模板等的质量控制，参见本书 1.3 节、1.4 节和 3.2 节中相关内容。

（2）检查混凝土配合比时应重点检查水灰比、最小水泥量及最大水泥用量，完成各类原材料检测并报验经过审查批准。

2. 工序质量控制点

（1）支架、模板安装

参见本书 3.5.3 节中相关内容。

（2）钢筋、预埋件、预埋管

1）骨架应按设计要求的钢种、型号及线形精心加工，骨架接头在吊装以前应进行试拼，以便吊装后骨架迅速成拱。

2）杆件在施工中，如出现开裂或局部构件失稳，应查明原因，采取措施后方可继续施工。

3）检查混凝土浇筑前模板的支撑与加固情况，检查、记录预埋钢筋、预埋件等的设置情况。

4）其他质量控制点，参见本书 3.5.3 节中相关内容。

（3）混凝土浇筑

1）吊装骨架应平衡下落，减小骨架变形。浇筑前应校核骨架，进行必要的调整。

2）检查确定混凝土浇筑程序，并在施工的全过程对结构的应力和变形进行控制。

3）分环多工作面浇筑劲性骨架混凝土拱圈（拱肋）时，各工作面的浇筑顺序和速度应对称、均衡，对应工作面应保持一致。

4）分环浇筑劲性骨架混凝土拱圈（拱肋）时，两个对称的工作段必须同步浇筑，且两段浇筑顺序应对称。

5）当采用水箱压载分环浇筑劲性骨架混凝土（拱肋）时，应严格控制拱圈（拱肋）的竖向和横向变形，防止骨架局部失稳。

6）当采用斜拉扣索法连续浇筑劲性骨架混凝土拱圈（拱肋）时，应设计扣索的张拉与放松程序。施工中应监控拱圈截面应力和变形，混凝土应从拱脚向拱顶对称连续浇筑。

7）浇筑混凝土过程中应进行观测，严格控制轴线，累计误差应在允许范围内。

8）浇筑施工过程中对供料地点、运输距离等进行记录。对运输到现场的混凝土进行坍落度抽查检测并记录。对混凝土振捣情况、现场制取试件的组数等进行记录。

9）自高处向模板内倾斜混凝土时，应防止混凝土离析，直接倾斜时，其自由倾落高度不宜超过2m，超过2m时，应通过串筒、溜槽等设施下落，倾落高度超过10m时，应设置减速装置，如果高空采用吊车和料斗运送混凝土时，需检查高空作业时的安全措施。

10）分阶段浇筑拱圈时，严格控制每一施工阶段劲性骨架及劲性骨架与混凝土形成组合结构的变形形态、位置、拱圈高程和轴线偏位。

3. 质量检查

（1）混凝土应按施工设计要求的顺序浇筑。

（2）拱圈外形圆顺，表面平整，无孔洞、露筋、蜂窝、麻面和宽度大于0.15mm的收缩裂缝。

（3）劲性骨架制作及安装允许偏差应符合现行行业标准《城市桥梁工程施工与质量验收规范》CJJ 2的规定。

（4）劲性骨架混凝土拱圈允许偏差应符合现行行业标准《城市桥梁工程施工与质量验收规范》CJJ 2的规定。

3.7.4 钢管混凝土拱

1. 材料质量控制

（1）检查拱肋钢管的种类、规格应符合设计要求，应在工厂加工，具有产品合格证。

（2）其他材料控制要求，参见本书1.3节、1.4节和3.2节中相关内容。

2. 工序质量控制点

（1）钢管拱肋制作

1）钢管拱肋加工的分段长度应根据材料、工艺、运输、吊装等因素确定。在制作前，应根据温度和焊接变形的影响，确定合龙节段的尺寸，并绘制施工详图，精确放样。

2）弯管宜采用加热顶压方式，加热温度不得超过800℃。

3）拱肋节段焊接强度不应低于母材强度。所有焊缝均应进行外观检查；对接焊缝应100%进行超声波探伤，其质量应符合设计要求和国家现行标准规定。

4）在钢管拱肋上应设置混凝土压注孔、倒流截止阀、排气孔及扣点、吊点节点板。

5）钢管拱肋外露面应按设计要求做长效防护处理。

（2）钢管拱肋安装

1）检查拱肋节段焊接强度不应低于母材强度。所有焊缝均应进行外观检查；对接焊缝应100%进行超声波探伤，其质量应符合设计要求和国家现行标准规定，施焊人员必须具有相应的焊接资格证和上岗证。

2）同一部位的焊缝返修不能超过两次，返修后的焊缝应按原质量标准进行复验，并且合格。

3）钢管拱在安装过程中，必须加强横向稳定措施，扣挂系统应符合设计和规范要求。

（3）钢管混凝土浇筑

1）管内混凝土宜采用泵送顶升压注施工，由两拱脚至拱顶对称均衡地连续压注完成。

2）大跨径拱肋钢管混凝土应根据设计加载程序，宜分环、分段并隔仓由拱脚向拱顶对称均衡压注。压注过程中拱肋变位不得超过设计规定。

3）钢管混凝土应具有低泡、大流动性、收缩补偿、延缓初凝和早强的性能。

4）钢管混凝土压注前应清洗管内污物，润湿管壁，先泵入适量水泥浆再压注混凝土，直至钢管顶端排气孔排出合格的混凝土时停止。压注混凝土完成后应关闭倒流截止阀。

5）钢管混凝土的质量检测办法应以超声波检测为主，人工敲击为辅。

6）钢管混凝土的泵送顺序应按设计要求进行，宜先钢管后腹箱。

7）管内混凝土应采用泵送顶升压注施工，由拱脚至拱顶对称均衡地一次压注完成。

8）浇筑施工过程中对供料地点、运输距离等进行记录。对运输到现场的混凝土进行坍落度抽查检测并记录。对混凝土振捣情况、现场制取试件的组数等进行记录。

3. 质量检查

（1）钢管内混凝土应饱满，管壁与混凝土紧密结合。

（2）防护涂料规格和层数，应符合设计要求。

（3）钢管混凝土拱肋线形圆顺，无折弯。

（4）钢管拱肋制作与安装允许偏差应符合现行行业标准《城市桥梁工程施工与质量验收规范》CJJ 2 的规定。

（5）钢管混凝土拱肋允许偏差应符合现行行业标准《城市桥梁工程施工与质量验收规范》CJJ 2 的规定。

3.8 顶进箱涵

3.8.1 工作坑和滑板

1. 材料质量控制

参见本书 3.2 节中相关内容。

2. 工序质量控制点

（1）工作坑开挖

1）工作坑开挖前应对基坑所在位置的工程地质、水文地质、埋置管线、电缆及其他障碍物进行调查，查清其准确位置。

2）顶进工作坑的位置应根据现场地形、土质、结构物尺寸及施工需要决定，工作坑边缘距公路、铁路应有足够的安全距离。

3）检查工作坑边坡设置：应视土质情况而定，两侧边坡宜为 1∶0.75～1∶1.5，靠铁路路基一侧的边坡宜缓于 1∶1.5；工作坑距最外侧铁路中心线不得小于 3.2m。

4）检查工作坑的平面尺寸是否满足箱涵预制与顶进设备安装需要。实测前端顶板外缘至路基坡脚不宜小于 1m；后端顶板外缘与后背间净距不宜小于 1m；箱涵两侧距工作坑坡脚不宜小于 1.5m。

5）土层中有水时，工作坑开挖前应采取降水措施，将地下水位降至基底 0.5m 以下，并疏干后方可开挖。

6）工作坑开挖时不得扰动地基，不得超挖。工作坑底应密实平整，并有足够的承载力。基底允许承载力不宜小于 0.15MPa。

（2）滑板施工

1）滑板施工前，应对工作坑基底的承载力进行检查，若达不到箱涵顶进要求时，应进行加固。

2）滑板中心线与箱涵中心线一致，滑板表面必须平整，以减小顶进时的阻力，滑板的坡度应符合设计要求。

3）检查滑板是否满足预制箱涵主体结构所需强度。

4）检查滑板与地基接触面是否有防滑措施，宜在滑板下设锚梁。

5）检查滑板顶面是否做成前高后低的仰坡，坡度宜为 3‰，用以减少箱涵顶进中扎头现象。

3．质量检查

（1）箱涵施工涉及模板与支架、钢筋、混凝土质量检查，参见本书 3.2 节中相关内容。

（2）滑板轴线位置、结构尺寸、顶面坡度、锚梁、方向墩等应符合施工设计要求。

（3）滑板允许偏差应符合现行行业标准《城市桥梁工程施工与质量验收规范》CJJ 2 的规定。

3.8.2　箱涵预制与顶进

1．材料质量控制

参见本书 3.2 节中相关内容。

2．工序质量控制点

（1）箱涵预制

1）箱涵预制的钢筋、模板及混凝土工程可参见本书 3.2 节中相关内容。

2）为了减少箱涵顶进时的阻力，箱涵支模时应将两侧墙前端保持 1.5～2cm 的正偏差，后端保持 10mm 的负偏差。

3）工作坑滑板与预制箱涵底板间应铺设润滑隔离层。

4）箱涵底板底面前端 2～4m 范围内宜设高 5～10cm 船头坡。

5）箱涵前端周边宜设钢刃脚。

6）箱涵混凝土达到设计强度后方可拆除顶板底模。

7）检查混凝土结构表面应无孔洞、露筋、蜂窝、麻面和缺棱掉角等缺陷。

8）检查滑板轴线位置、结构尺寸、顶面坡度、锚梁、方向墩等应符合施工设计要求。

9）检查箱涵防水层是否符合设计要求或相关规范的规定。箱涵顶面防水层尚应施作水泥混凝土保护层。

10）防水层完成后应加强成品保护，防止压破、刺穿、划痕损坏防水层。

（2）顶进设备安装和后背施工

1）应根据箱涵顶力的大小确定合理的顶进设备和顶进后背，顶进后背应满足强度稳定性的要求。

2）千斤顶应按箱涵的中轴线对称布置，传力设备安装时应与顶力线平行并与横梁垂直。

3）后背梁安装采用横顶铁时，应使接触面保持平直，不得有空隙，并须垂直于桥涵中线。

（3）箱涵顶进

1）顶进条件：

① 主体结构混凝土必须达到设计强度，防水层及防护层应符合设计要求。

② 顶进后背和顶进设备安装完成，经试运转合格。

③ 线路加固方案完成，并经主管部门验收确认。

④ 线路监测、抢修人员及设备等应到位。

2）检查顶进设备及其布置是否符合设计和施工要求，核查高压油泵及其控制阀等工作压力是否与千斤顶匹配。

3）检查顶进箱涵的后背，必须有足够的强度、刚度和稳定性。墙后填土，宜利用原状土，或用砂砾、灰土（水泥土）夯填密实。

4）检查安装顶柱（铁），应与顶力轴线一致，并与横梁垂直，应做到平、顺、直。当顶程长时，可在4～8m处加横梁一道。

5）箱涵顶进时，应保持刃角有足够的吃土量，并经常对箱涵中线和高程进行观测，发现偏差时及时纠正。发生左右偏差时，可采用挖土校正法和千斤顶校正法调整；发生上下偏差时可采用调整刃角挖土量或铺筑石料等方法进行调整。

6）顶进作业应连续进行，不得长时间停滞。

7）较长箱体的顶进，为节省顶进设备，可将箱体并列预制或串联预制，采用中继间的方法施工。

8）为减少顶进中的摩阻力，可在箱涵底板与滑板（土基）之间充气，采用气垫法顶进箱体。

9）对于较长箱体，可将箱体分段预制，用通长的钢拉杆串联，采用顶拉法顶进箱体。

10）顶进应与观测密切配合，随时根据箱涵顶进轴线和高程偏差，及时调整侧刃脚切土宽度和船头坡吃土高度。

11）挖运土方与顶进作业应循环交替进行，严禁同时进行。

12）箱涵的钢刃脚应取土顶进。如设有中平台时，上下两层不得挖通，平台上不得积存土方。

3. 质量检查

（1）箱涵预制施工涉及模板与支架、钢筋、混凝土质量检查，参见本书 3.2 节中相关内容。

（2）混凝土结构表面应无孔洞、露筋、蜂窝、麻面和缺棱掉角等缺陷。

（3）分节顶进的箱涵就位后，接缝处应直顺、无渗漏。

（4）箱涵预制、箱涵顶进允许偏差应符合现行行业标准《城市桥梁工程施工与质量验收规范》CJJ 2 的规定。

3.9 桥面系

3.9.1 桥面防水层

1. 材料质量控制

（1）当采用沥青混凝土铺装面层时，防水层应采用防水卷材或防水涂料等柔性防水材料。

（2）当采用水泥混凝土铺装面层时，宜采用水泥基渗透结晶型等刚性防水，严禁采用卷材防水。

（3）防水材料应有合格证及产品检验报告，进场后应对材料性能进行复测，严禁工程中使用不合格产品。

（4）防水材料与基层处理剂、胶粘剂、密封胶、其间的胎体增强材料、其上的过渡层和两种复合使用的防水材料之间等应具有相容性。

（5）冷底子油、密封材料等配套材料应有出厂说明书、产品合格证和质量证明书，并在有效使用期内使用；所选用的材料必须对基层混凝土有亲和力，且与防水材料材性相融。

（6）当桥面防水工程采用聚氨酯防水涂料时，除应满足现行行业标准《道桥用防水涂料》JC/T 975 的要求以外，还应满足固体含量不小于 98%、拉伸强度不小于 10MPa 的要求。

（7）当采用聚酯无纺布作为胎体增强材料用于涂料防水层中时，材质应满足现行国家标准《土工合成材料 短纤针刺非织造土工布》GB/T 17638 和《土工合成材料 长丝纺粘针刺非织造土工布》GB/T 17639 的要求；当采用无碱玻璃纤维作为胎体增强材料用于涂料防水层中时，其材质应满足现行国家标准《玻璃纤维无捻粗纱》GB/T 18369 的要求。

2. 工序质量控制点

（1）防水基层处理

1）当基层混凝土强度应达到设计强度的 80% 以上时，方可进行防水层施工。

2）检查基层是否清除浮尘及松散物质，并涂刷基层处理剂。

3）检查基层处理剂是否使用与卷材或涂料性质配套的材料，涂层应均匀、全面覆盖，待渗入基层且表面干燥后方可施作卷材或涂膜防水层。

4）检查原基层上留置的各种预埋钢件是否进行必要的处理、涂刷防锈漆。

5）当采用防水卷材时，基层混凝土表面的粗糙度应为 1.5～2.0mm；当采用防水涂料时，基层混凝土表面的粗糙度应为 0.5～1.0mm。对局部粗糙度大于上限值的部位。可在环氧树脂上撒布粒径为 0.2～0.7mm 的石英砂进行处理，同时应将环氧树脂上的浮砂清除干净。

6）混凝土的基层平整度应小于或等于 1.67mm/m。

7）当防水材料为卷材及聚氨酯涂料时，基层混凝土的含水率应小于 4%。当防水材料为聚合物改性沥青涂料和聚合物水泥涂料时，基层混凝土的含水率应小于 10%。

8）基层混凝土表面粗糙度处理宜采用抛丸打磨。基层表面的浮灰应清除干净，并不应有杂物、油类物质、有机质等。

9）检查防水基层面质量及细部处理：层面坚实、平整、光滑、干燥，阴、阳角处应按规定半径做成圆弧。

10）水泥混凝土铺装及基层混凝土的结构缝内应清理干净，结构缝内应嵌填密封材料。嵌填的密封材料应粘结牢固、封闭防水，并应根据需要使用底涂。

11）当防水层施工时，因施工原因需在防水层表面另加设保护层及处理剂时，应在确定保护层及处理剂的材料前，进行沥青混凝土与保护层及处理剂间、保护层及处理剂与防水层间的粘结强度模拟试验，试验结果应满足设计要求后，方可使用与试验材料完全一致的保护层及处理剂。

（2）防水节点处理

1）在混凝土基面的转角处和基面与防撞护栏（图 3-10）、隔离墩、路缘石等构件之间的交接处防水卷材不应上翻，应直抵相交结构立面且与基面密贴，并应采用防水密封材料将防水层端部与结构立面的凹角处填满。

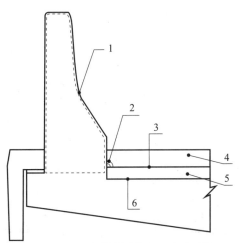

图 3-10　防撞护栏处的桥面防水示意
1—防撞护栏；2—防水密封材料；3—桥面防水层；4—沥青混凝土面层；
5—混凝土整平层；6—桥面板顶面

2）在安装桥梁伸缩装置时，一般采用的方法是：在摊铺沥青混凝土铺装面层后再切割出伸缩缝槽，之后浇筑槽内钢纤维混凝土来固定伸缩装置，因此预埋在铺装内的防水层在伸缩缝槽壁的端头较难处理。为避免桥面水顺伸缩缝槽壁与后浇筑的混凝土间的缝隙流入防水层底，应在浇筑伸缩缝槽内混凝土之前将伸缩缝两侧（图 3-11）的防水层端部用防水密封材料进行封闭。

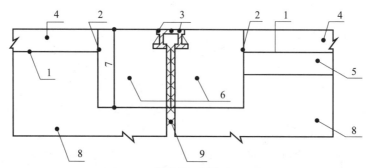

图 3-11　伸缩缝两侧的防水示意

1—防水层；2—防水密封材料；3—伸缩装置；4—沥青混凝土面层；5—混凝土整平层；
6—伸缩缝后浇筑纤维混凝土；7—伸缩缝预留槽；8—主梁或桥头搭板；9—苯板

3）当桥面铺装为沥青混凝土面层时，其渗水流至伸缩缝槽内填筑的混凝土侧边时滞留。为排除伸缩缝槽附近、积存在桥面沥青混凝土铺装内的渗水，应在桥梁伸缩缝旁边且位于桥梁纵坡高点的一侧、沿着桥梁横坡的坡底处设置渗水漏管（图 3-12）

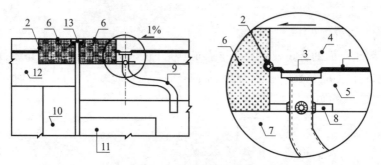

图 3-12　伸缩缝槽边的渗水管

1—防水层；2—防水密封材料；3—排水口顶面；4—沥青混凝土面层；5—整平层；
6—伸缩缝后浇筑纤维混凝土；7—主梁桥面板；8—焊接与钢管上的卡钉；
9—渗水漏管；10—矮墙；11—盖梁；12—桥头搭板；13—伸缩缝

4）当桥面铺装为沥青混凝土面层时，桥面排水口装置中渗水管下缘应低于防水层设置，同时应在渗水洞处覆盖土工布。防水层与排水口装置周边的相接处应采用防水密封材料进行封闭（图 3-13、图 3-14）。

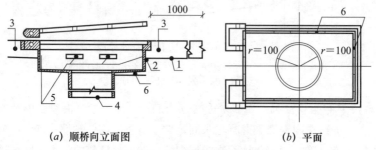

（a）顺桥向立面图　　　　　　　（b）平面

图 3-13　矩形排水口安装示意

1—防水层；2—防水密封材料；3—沥青混凝土面层；4—排水管；5—渗水洞；6—下卧砂浆

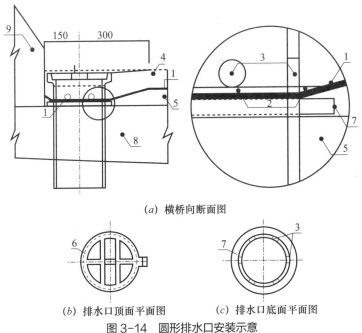

(a) 横桥向断面图

(b) 排水口顶面平面图　　　(c) 排水口底面平面图

图 3-14　圆形排水口安装示意

1—防水层；2—防水密封材料；3—渗水洞；4—沥青混凝土面层；5—基层；
6—顶盖；7—卡圈；8—主梁悬臂板或桥面板；9—防撞护栏或路缘石

（3）涂膜防水层施工

1）基层处理剂干燥后，方可涂防水涂料，铺贴胎体增强材料。涂膜防水层应与基层粘结牢固。

2）防水涂料宜多遍涂布。防水涂料应保障固化时间，待涂布的涂料干燥成膜后，方可涂布后一遍涂料。涂刷法施工防水涂料时，每遍涂刷的推进方向宜与前一遍相一致。涂层的厚度应均匀，且表面应平整，其总厚度应达到设计要求。

3）涂料防水层的收头，应采用防水涂料多遍涂刷或采用密封材料封严。

4）涂层间设置的胎体增强材料的施工，宜边涂布边铺胎体；胎体应铺贴平整，排除气泡，并应与涂料粘结牢固。在胎体上涂布涂料时，应使涂料浸透胎体，覆盖完全，不得有胎体外露现象。

5）涂料防水层内设置的胎体增强材料，应顺桥面行车方向铺贴。铺贴顺序应自最低处开始向高处铺贴并顺桥宽方向搭接，高处胎体增强材料应压在低处胎体增强材料之上。沿胎体的长度方向搭接宽度不得小于 70mm、沿胎体的宽度方向搭接宽度不得小于 50mm，严禁沿道路宽度方向胎体搭接形成通缝。采用两层胎体增强材料时，上下层应顺桥面行车方向铺设，搭接缝应错开，其间距不应小于幅宽的 1/3。

6）防水涂料施工应先做好节点处理，然后再进行大面积涂布。转角及立面应按设计要求做细部增强处理，不得有削弱、断开、流淌和堆积现象。

7）缘石、地袱、变形缝、汇水槽和泄水口等部位应按设计和防水规范细部要求进行局部加强处理。

8）下层干燥后，方可进行上层施工。每一涂层应厚度均匀、表面平整。

9）道桥用聚氨酯类涂料应按配合比准确计量，混合均匀，已配成的多组分涂料应及时使用，严禁使用过期材料。

10）防水涂料严禁在雨天、雪天、风力大于或等于5级时施工。聚合物改性沥青溶剂型防水涂料和聚氨酯防水涂料施工环境气温宜为$-5\sim35℃$；聚合物改性沥青水乳型防水涂料施工环境气温宜为$5\sim35℃$；聚合物改性沥青热熔型防水涂料施工环境气温不宜低于$-10℃$；聚合物水泥涂料施工环境气温宜为$5\sim35℃$。

（4）卷材防水层施工

1）胶粘剂应与卷材和基层处理剂相互匹配，进场后应取样检验合格后方可使用。

2）卷材防水层铺设前应先做好节点、转角、排水口等部位的局部处理，然后再进行大面积铺设。

3）铺设防水卷材时，任何区域的卷材不得多于3层，搭接接头应错开500mm以上，严禁沿道路宽度方向搭接形成通缝。接头处卷材的搭接宽度沿卷材的长度方向应为150mm、沿卷材的宽度方向应为100mm。

4）基层处理剂干燥后，方可涂胶粘剂。卷材应与基层粘结牢固，各层卷材之间也应相互粘结牢固。卷材铺贴应不皱、不折。

5）铺设防水卷材应平整顺直，搭接尺寸应准确，不得扭曲、皱褶。卷材的展开方向应与车辆的运行方向一致，卷材应采用沿桥梁纵、横坡从低处向高处的铺设方法，高处卷材应压在低处卷材之上。

6）当采用热熔法铺设防水卷材时，应采取措施保证均匀加热卷材的下涂盖层，且应压实防水层。多头火焰加热器的喷嘴与卷材的距离应适中并以卷材表面熔融至接近流淌为度，防止烧融胎体。

卷材表面热熔后应立即滚铺卷材，滚铺时卷材上面应采用滚筒均匀辊压，并应完全粘贴牢固，且不得出现气泡。

搭接缝部位应将热熔的改性沥青挤压溢出，溢出的改性沥青宽度应在20mm左右，并应均匀顺直封闭卷材的端面。在搭接缝部位，应将相互搭接的卷材压薄，相互搭接卷材压薄后的总厚度不得超过单片卷材初始厚度的1.5倍。当接缝处的卷材有铝箔或矿物粒料时，应清除干净后再进行热熔和接缝处理。

7）当采用热熔胶法铺设防水卷材时，应排除卷材下面的空气，并应辊压粘贴牢固。搭接部位的接缝应涂满热熔胶，且应辊压粘贴牢固。搭接缝口应采用热熔胶封严。

8）铺设自粘性防水卷材时应先将底面的隔离纸完全撕净。

9）防水层与汇水槽、泄水口之间必须粘结牢固、封闭严密。

10）当铺设防水卷材时，环境气温和卷材的温度应高于5℃，基面层的温度必须高于0℃；当下雨、下雪和风力大于或等于5级时，严禁进行桥面防水层体系的施工。当施工中途下雨时，应做好已铺卷材周边的防护工作。

（5）防水粘结层施工

1）防水粘结材料的品种、规格、性能应符合设计要求和国家现行标准规定。

2）粘结层宜采用高黏度的改性沥青、环氧沥青防水涂料。

3）防水粘结层施工时的环境温度和相对湿度应符合防水粘结材料产品说明书的要求。

4）施工时严格控制防水粘结层材料的加热温度和洒布温度。

3. 质量检查

（1）防水材料的品种、规格、性能、质量应符合设计要求和相关标准规定。

（2）防水层、粘结层与基层之间应密贴，结合牢固。

（3）卷材防水层表面平整，不得有空鼓、脱层、裂缝、翘边、油包、气泡和皱褶等现象。

（4）涂料防水层的厚度应均匀一致，不得有漏涂处。

（5）防水层与泄水口、汇水槽接合部位应密封，不得有漏封处。

（6）混凝土桥面防水层粘结质量和施工允许偏差应符合现行行业标准《城市桥梁工程施工与质量验收规范》CJJ 2 的规定。

（7）钢桥面防水粘结层质量应符合现行行业标准《城市桥梁工程施工与质量验收规范》CJJ 2 的规定。

3.9.2 桥面铺装层

1. 材料质量控制

（1）检查混凝土的施工配合比及各种材料用量，检查混凝土的坍落度，水泥、砂、碎石的材质及各种性能要符合设计及规范要求。其中，砂、石应控制含泥量，水泥要经过安定性测试，合格后方可使用。

（2）混凝土强度试验项目包括抗压强度试验、抗折强度试验、碱含量试验、抗渗试验。施工试验频率为同一配合比同一原材料混凝土每一工作班至少应制取两组，见证取样频率为施工试验总次数的 30%。

（3）沥青材料及混合料各项指标应符合设计要求和施工规范的规定，对每日生产的沥青混合料应做抽提试验（包括马歇尔稳定度试验）。

（4）严格控制各种矿料和沥青用量及各种材料和沥青混合料的加热温度，碾压温度应符合要求。

（5）工厂化制造的冷轧带肋钢筋网片的品种、级别、规格应符合设计要求，进厂应有产品合格证、出厂质量证明书和试验报告单，进场后应抽取试件作力学性能试验。

（6）人行天桥塑胶混合料的品种、规格、性能应符合设计要求和国家现行相关标准的规定。

2. 工序质量控制点

（1）桥面铺装水泥混凝土

1）桥面铺装前应复测桥梁中线的高程，并在护栏内侧的立面上测设桥面标高控制线。

2）桥面防水层经验收合格后应及时进行桥面铺装层施工。雨天和雨后桥面未干燥时，不得进行桥面铺装层施工。

3）桥面铺装前，检查桥梁梁板铰缝或湿接头施工完毕，桥面系预埋件及预留孔洞的施工，如桥面排水口、止水带、照明电缆钢管、照明手孔井、波形护栏及防撞护栏处渗水花管等安装作业已完成并验收合格。

4）桥面梁板顶面已清理凿毛和梁板板面高程复测完毕。对最小厚度不能满足设计要求的地方，会同设计人员进行桥面设计高程的调整和测量放样。

5）桥面铺装前，应检查梁顶是否已经进行彻底清扫：凿除梁顶浮浆、砂浆块、油污等，并对梁顶进行凿毛处理，并用高压水冲洗，保证铺装层与梁顶面充分粘结，形成整体共同受力。

6）水泥混凝土桥面铺装前，应对梁顶进行洒水湿润。

7）桥面铺装混凝土浇筑施工时，检查钢筋网的混凝土保护层厚度查，并及时纠正钢筋位置，避免保护层过大或过小，严禁使用砂浆预制块进行支垫。

8）按图纸核查预留伸缩缝工作槽的位置。

9）如果混凝土采用泵送时，应连续泵送，间歇时间不超过 15min。

10）自高处向模板内倾倒混凝土时，应采取措施防止混凝土离析。

11）铺装层应在纵向 100cm、横向 40cm 范围内，逐渐降坡，与汇水槽、泄水口平顺相接。

12）对运输到现场的混凝土进行坍落度抽查检测并记录。对混凝土振捣情况、现场制取试件的组数等进行记录。

13）严格控制混凝土坍落度和水灰比，浇筑过程要依据高程控制点标志认真找平；布料均匀，要振捣密实、压平，抹面、收面要适时，拉毛要均匀、粗糙。

14）在一段桥面铺装浇筑完成并在其收浆、拉毛或压槽后，应尽快在最佳时间用土工布覆盖并进行洒水养护。

15）检查桥面铺装层表面是否平整、粗糙，桥面纵坡较大时必须进行防滑处理。

（2）混凝土桥面铺筑沥青

1）桥面铺装前应复测桥梁中线的高程，并在护栏内侧的立面上测设桥面标高控制线。

2）桥面防水层经验收合格后应及时进行桥面铺装层施工。雨天和雨后桥面未干燥时，不得进行桥面铺装层施工。

3）桥面铺装前，检查桥梁梁板铰缝或湿接头施工完毕，桥面系预埋件及预留孔洞的施工，如桥面排水口、止水带、照明电缆钢管、照明手孔井、波形护栏及防撞护栏处渗水花管等安装作业已完成并验收合格。

4）记录现场投入机械的型号、数量以及施工人员数量，检查现场安全人员及安全措施是否到位。

5）检查现场投入的施工机械的设备状态，在摊铺机作业前要对摊铺机熨平板温度、曲拱度、自动找平装置、夯锤、螺旋布料器工作情况等进行检查。

6）铺筑前应在桥面防水层上撒布一层沥青石屑保护层，或在防水粘结层上撒布一层石屑保护层，并用轻碾慢压。

7）对摊铺前沥青面层的纵、横接缝（如有）处理情况，中断或结束施工后纵、横接缝的处理情况进行检查。要注意检查和控制横向接缝处桥面的平整度，督促施工技术人员用直尺检测并对影响接缝处平整度的部分进行切割，在切割的垂直面涂刷沥青处理。

8）摊铺施工过程中对运料车辆配置数量、运输距离、运输时间、覆盖情况、等待卸料车辆数量等进行监控。

9）在沥青桥面铺筑施工时，对混合料到场温度、摊铺温度、碾压温度、松铺厚度等均要认真检测并记录，对温度超出规范规定的混合料要予以废弃或铲除并进行记录，保证沥青混合料在规定的温度范围内及时进行碾压施工。

10）在沥青混合料摊铺与碾压施工过程中，对摊铺机和压路机的行走速度进行观测记录，应注意监控施工时机械的组合情况、压实遍数、轮迹重叠宽度等情况。

11）拌合后的沥青混合料应均匀一致，无花白、粗细集料分离和结团成块现象。对摊铺时出现的集料花白、结团、离析、拉痕等问题，应督促施工人员在碾压前及时进行处理。

12）对桥面与护栏结合部要注意检查，保证压实机械碾压到位，机械碾压不上的必须采取其他措施保证结合部的压实，对因机械挤靠而造成护栏的损坏，应随后重新进行处理并进行记录。

13）铺装层应在纵向 100cm、横向 40cm 范围内，逐渐降坡，与汇水槽、泄水口平顺相接。桥面泄水孔进水口的布置应有利于桥面和渗水的排除，其数量不得少于设计要求，出水口不得使水直接冲刷桥体。

（3）钢桥面板上铺筑沥青

1）检查现场投入的施工机械的设备状态，在摊铺机作业前要对摊铺机的熨平板温度、曲拱度、自动找平装置、夯锤、螺旋布料器的工作情况等进行检查。

2）检查铺装材料性能：防水性能良好，具有高温抗流动变形和低温抗裂性能，具有较好的抗疲劳性能和表面抗滑性能，与钢板粘结良好，具有较好的抗水平剪切、重复荷载和蠕变变形能力。

3）桥面铺装宜采用改性沥青，其压实设备和工艺应通过试验确定。

4）桥面铺装宜在无雨、少雾季节、干燥状态下施工。施工气温不得低于 15℃。

5）桥面铺筑沥青铺装层前应涂刷防水粘结层。涂防水粘结层前应磨平焊缝、除锈、除污、涂防锈层。

6）采用浇筑式沥青混凝土铺筑桥面时，可不设防水粘结层。

7）其他要点同（2）混凝土桥面铺筑沥青中相关内容。

（4）人行天桥塑胶混合料面层铺装

1）施工时的环境温度和相对湿度应符合材料产品说明书的要求，风力超过 5 级（含）、雨天和雨后桥面未干燥时，严禁铺装施工。

2）塑胶混合料均应计量准确，严格控制拌合时间。拌合均匀的胶液应及时运到现场铺装。

3）塑胶混合料必须采用机械搅拌，应严格控制材料的加热温度和洒布温度。

4）人行天桥塑胶铺装宜在桥面全宽度内、两条伸缩缝之间，一次连续完成。

5）塑胶混合料面层终凝之前严禁行人通行。

3. 质量检查

（1）桥面铺装层材料的品种、规格、性能、质量应符合设计要求和相关标准规定。

（2）水泥混凝土桥面铺装层的强度和沥青混凝土桥面铺装层的压实度应符合设计要求。

（3）水泥混凝土桥面铺装面层表面应坚实、平整，无裂缝，并应有足够的粗糙度；面层伸缩缝应直顺，灌缝应密实。

（4）沥青混凝土桥面铺装层表面应坚实、平整，无裂纹、松散、油包、麻面。

（5）桥面铺装层与桥头路接茬应紧密、平顺。

（6）塑胶面层铺装的物理机械性能应符合现行行业标准《城市桥梁工程施工与质量验收规范》CJJ 2 的规定。

（7）桥面铺装面层允许偏差应符合现行行业标准《城市桥梁工程施工与质量验收规范》CJJ 2 的规定。

3.9.3 桥梁伸缩装置

1. 材料质量控制

（1）伸缩装置产品应有出厂合格证，成品力学性能检验报告。其中橡胶的硬度、拉伸强度、扯断伸长率、恒定压缩永久变形测定、脆性温度、耐臭氧老化、热气老化试验、耐水性、耐油性试验。

（2）伸缩装置中所用异形钢梁沿长度方向的直线度应满足 1.5mm/m，全长应满足 10mm/10m 的要求。钢构件外观应光洁、平整，不允许变形扭曲。

（3）伸缩装置必须在工厂组装。组装钢件应进行有效的防护处理，吊装位置应用明显颜色标明，出厂时应附有效的产品质量合格证明文件。

（4）模数式伸缩装置在工厂组装成型后运至工地，应按现行行业标准《公路桥梁伸缩装置通用技术条件》JT/T 327 对成品进行验收，合格后方可安装。

（5）C40 环氧树脂混凝土、C50 高强混凝土或 C50 钢纤维混凝土经常检验，参见本书 3.2.3 节中相关内容。

（6）防水财力、密封材料的质量控制，参见本书 3.1.2 节中相关规定。

2. 工序质量控制点

（1）一般规定

1）核对施工完的梁（板）端部及桥台处安装伸缩装置的预留槽尺寸。两端梁（板）与桥台间的伸缩缝是否与设计值一致，若不符合设计要求，必须首先处理，满足设计要求后方可安装。

2）预留槽内要求清理干净，槽深不得小于 12cm。预埋锚固钢筋与梁板、桥台可靠锚固。槽内混凝土面是否打毛。

3）将伸缩装置吊放入预留槽内，要求伸缩装置的中心线与桥梁中心线相重合，伸缩装置顺桥向的宽度值，应对称放置在伸缩缝的间隙上，然后沿桥横坡方向，每米 1 点测量水平标高，并用水平尺或板尺定位，使其顶面标高与设计标高相吻合后垫平。随即穿放横向连接水平钢筋，然后将伸缩装置的导型钢梁上的锚固钢筋与梁（板）或桥台上预埋钢筋点焊，经现场监理复检无误后，再全面两侧同时焊接牢固，并布置钢筋网片。

4）根据安装时的温度调节伸缩装置缝隙的宽度，并定位牢固。

5）伸缩缝必须锚固牢靠，伸缩性能必须有效。

6）伸缩缝两侧混凝土的类型和强度，必须符合设计要求。

7）严禁将伸缩缝边梁直接与混凝土中预埋钢筋施焊连接。

8）大型伸缩缝与钢梁连接处的焊缝应做超声检测，检测结果须合格。

9）施工中为防止伸缩缝周围沥青混凝土表面清洁，应将清除的混凝土、沥青混凝土等物直接用车运出路面。

10）浇筑 C40 环氧树脂混凝土或 C50 高强混凝土，或 C50 钢纤维混凝土，浇捣密实并严格养生；当混凝土初凝后，立即拆除定位装置，则防止气温变化梁体伸缩引起锚固系统的松动。

11）经过养生、（钢纤维）混凝土达到设计强度的 50% 以后，方可安装橡胶条，安装前应将缝内的泡沫板、纤维板全部掏干净，以免杂物夹在缝内，影响混凝土的伸缩性，橡胶止水条安装应平整，长度适当，并做到整洁，外表美观，顺畅。

（2）填充式伸缩装置施工

1）预留槽宜为 50cm 宽、5cm 深，安装前预留槽基面和侧面应进行清洗和烘干。

2）梁端伸缩缝处应粘固止水密封条。

3）填料填充前应在预留槽基面上涂刷底胶，热拌混合料应分层摊铺在槽内并捣实。

4）填料顶面应略高于桥面，并撒布一层黑色碎石，用压路机碾压成型。

（3）橡胶伸缩装置安装

1）安装橡胶伸缩装置应尽量避免预压工艺。橡胶伸缩装置在 5℃ 以下气温不宜安装。

2）安装前应对伸缩装置预留槽进行修整，使其尺寸、高程符合设计要求。

3）锚固螺栓位置应准确，焊接必须牢固。

4）伸缩装置安装合格后应及时浇筑两侧过渡段混凝土，并与桥面铺装接顺。每侧混凝土宽度不宜小于 0.5m。

（4）齿形钢板伸缩装置施工

1）底层支撑角钢应与梁端锚固筋焊接。

2）支撑角钢与底层钢板焊接时，应采取防止钢板局部变形措施。

3）齿形钢板宜采用整块钢板仿形切割成型，经加工后对号入座。

4）安装顶部齿形钢板，应按安装时气温经计算确定定位值。

5）齿形钢板与底层钢板端部焊缝应采用间隔跳焊，中部塞孔焊应间隔分层满焊。焊接后齿形钢板与底层钢板应密贴。

6）齿形钢板伸缩装置宜在梁端伸缩缝处采用 U 形铝板或橡胶板止水带防水。

（5）模数式伸缩装置施工

1）伸缩装置安装时其间隙量定位值应由厂家根据施工时气温在工厂完成，用定位卡固定。如需在现场调整间隙量应在厂家专业人员指导下进行，调整定位并固定后应及时安装。

2）伸缩装置应使用专用车辆运输，按厂家标明的吊点进行吊装，防止变形。现场堆放场地应平整，并避免雨淋曝晒和防尘。

3）安装前应按设计和产品说明书要求检查锚固筋规格和间距、预留槽尺寸，确认符合设计要求，并清理预留槽。

4）分段安装的长伸缩装置需现场焊接时，宜由厂家专业人员施焊。

5）伸缩装置中心线与梁段间隙中心线应对正重合。伸缩装置顶面各点高程应与桥面横断面高程对应一致。

6）伸缩装置的边梁和支承箱应焊接锚固，并应在作业中采取防止变形措施。

7）过渡段混凝土与伸缩装置相接处应粘固密封条。

8）混凝土达到设计强度后，方可拆除定位卡。

3. 质量检查

（1）伸缩装置的形式和规格必须符合设计要求，缝宽应根据设计规定和安装时的气温进行调整。

（2）伸缩装置安装时焊接质量和焊缝长度应符合设计要求和规范规定，焊缝必须牢固，严禁用点焊连接。大型伸缩装置与钢梁连接处的焊缝应做超声波检测。

（3）伸缩装置锚固部位的混凝土强度应符合设计要求，表面应平整，与路面衔接应平顺。

（4）伸缩装置应无渗漏、无变形，伸缩缝应无阻塞。

（5）伸缩装置安装允许偏差应符合现行行业标准《城市桥梁工程施工与质量验收规范》CJJ 2 的规定。

3.9.4　现浇钢筋混凝土防撞护栏

1. 材料质量控制

参见本书 3.2 节中相关规定。

2. 控制要点

（1）桥梁护栏安装前应根据桥梁中线进行放样，分别弹上护栏边线或控制线。沿护栏边线测设高程点，直线段点间距 10m 测设一点，曲线段点间距 2～5m。根据测设的高程点控制护栏顶面的安装标高。

（2）桥梁梁板施工完毕，并验收合格。

（3）混凝土护栏的地基强度、埋入深度应符合设计要求。

（4）核查钢筋、模板安装工序完成后是否经抽检合格。模板加固时一定要通过预埋钢筋将模板压住，防止浇筑混凝土时模板上浮。

（5）平曲线上的桥梁要认真核对护栏位置及与梁板的相对关系，防止护栏预埋钢筋错位。

（6）在混凝土浇筑前应对模板的接缝处理、线形、支护情况以及现场安全防护措施到位情况进行查看。

（7）浇筑施工过程中对供料地点、运输距离等进行记录。对运输到现场的混凝土进行坍落度抽查检测并记录。对混凝土振捣情况、现场制取试件的组数等进行记录。施工完成后检查混凝土顶面标高是否到位。

（8）护栏浇筑混凝土时侧面容易聚集气泡，浇筑时在转角位置应分两层浇筑，让下部混凝土的气泡尽量先散出来。在混凝土振捣过程中由人工加强对模板斜面的敲打，尽量减少混凝土斜面处气泡较多的现象。

（9）混凝土浇筑过程中重点检查模板稳固性，查看是否有漏浆、跑模等现象出现，如出现上述问题应及时指示现场施工技术人员进行处理。

（10）真缝位置和角度要准确，支模时要确保完全断开。护栏拆模后应及时将真缝清理干净，不得在缝中残留混凝土、石子等硬物，防止出现瞎缝（图 3-15）。

3. 质量检查

（1）混凝土防撞护栏的强度应符合设计要求，安装必须牢固、稳定。

（2）混凝土防撞护栏表面不得有孔洞、露筋、蜂窝、麻面、缺棱、掉角等缺陷，线形应流畅平顺。

（3）混凝土防撞护栏伸缩缝必须全部贯通，并与主梁伸缩缝相对应。

（4）防撞护栏允许偏差应符合现行行业标准《城市桥梁工程施工与质量验收规范》CJJ 2 的规定。

图 3-15　现浇混凝土防撞护栏示例

3.10　附属结构

3.10.1　桥梁排水

1. 材料质量控制

参见本书 1.4 节中相关内容。

2. 工序质量控制点

（1）管道预埋

在施工桥梁主体结构时，按照设计图纸要求预留孔洞或预埋套管，预留雨水斗孔位。

（2）安装雨水斗

1）为确保排水沟横坡和标高符合设计要求，桥面先进行沥青铺装，然后再安装雨水斗。

2）按照设计位置将雨水斗处的沥青切除，并清理干净。沥青切除要计算好整体尺寸，以防雨水斗安装后超出桥面沥青的标高；沥青切除时控制好切割尺寸，两侧留有余量，方便雨水斗的安装。

3）雨水斗安装应以桥面沥青面层高程为控制点，安装时应严格按照高程，要在抹平砂浆未凝结前放置在基础上，确保雨水斗顶部高程不高于桥面沥青面层的高程。

4）当桥面铺装为沥青混凝土时，桥面排水装置中渗水洞下缘应低于防水层标高，同时应在渗水洞处覆盖土工布，防水层与排水口装置周边的相接处应采用防水密封材料进行封闭。

5）雨水斗安装完成后周边灌注砂浆固定，顶面周围补齐沥青混凝土。

6）在桥面排水系统启用前，应将雨水斗内杂物清洗干净，采用麻絮封堵，避免管道杂物堵塞。

（3）安装管道卡箍

按照设计位置在梁柱进行放样，并安装好管道卡箍，用以固定排水管道。

（4）管道安装

1）安装应遵循先装大口径、总管、立管，后装小口径、分支管的原则。安装过程中应按顺序安装，避免出现跳装、分段装，以免出现管段之间连接困难，影响管路整体。

2）钢管连接采用焊接，管道焊接时应采取分层多道的施焊方法，一般不少于二层。

3）钢管焊接、安装完毕后，应对焊接损伤处进行补刷防腐涂料，面漆应选用和原管道相近的颜色。

4）PVC管粘结时要把承口和插口上面的尘土及油污擦干净，不能有水，胶水涂刷要均匀，承口插入后要迅速调整好管件的角度，以免干了不能转动。

5）管道安装完毕后，以充气橡胶堵封闭，做闭水试验，在规定时间内，达到不渗漏、水位不下降为合格。

6）排水管道出口应接入市政排水管网，确保排水畅通。在条件允许的情况下，管道排水出口结合海绵城市要求，在桥下设置并接入蓄水模块。

3. 质量检查

（1）桥面排水设施的设置应符合设计要求，泄水管应畅通无阻。

（2）桥面泄水口应低于桥面铺装层10～15mm。

（3）泄水管安装应牢固可靠，与铺装层及防水层之间应结合密实，无渗漏现象；金属泄水管应进行防腐处理。

（4）桥面泄水口位置允许偏差应符合现行行业标准《城市桥梁工程施工与质量验收规范》CJJ 2 的规定。

3.10.2　桥梁照明

1. 材料质量控制

灯具、灯杆、线缆、配管和其他亮化工程材料应符合设计要求和规范规定。

灯具进场后，施工单位应会同建设单位、监理单位、供货单位共同进行检查，并做好记录。

2. 工序质量控制点

（1）线管预埋、敷设

1）在施工防撞体时，应按照设计要求预埋、敷设照明线管，线管要求完好、顺直，无裂痕及凹扁现象，刚度符合设计要求。

2）敷设过程中，线管接头顺直，不漏浆。线管内预先穿钢丝，便于后期穿电缆。

3）按设计位置预埋接头箱（盒），固定可靠，管子进入箱（盒）外顺直，线路进入电气设备和器具的管口位置正确。在混凝土浇筑前应密封接头箱（盒），避免混凝土堵塞。

4）金属接线箱（盒）应接地（接零）。

5）其他专业在施工中，注意不得碰坏线管和接线箱（盒）。严禁私自改动线管及电气设备。

（2）灯座基础

1）在施工防撞体时，应按照设计要求施工灯座基础，预埋螺栓，尺寸应符合灯杆安装要求。

2）灯座基础高程严格控制，顶面水平，确保安装灯杆后顺直，线形美观、高度一致。

3）预埋螺栓进行防腐处理，并用螺帽进行保护。

（3）安装灯杆灯具

1）灯杆灯具需在灯座基础混凝土强度达到设计要求时安装，采用吊车安装，确保安装牢固，严格灯杆垂直度。

2）灯杆安装完成后，螺丝螺栓进行防腐保护，避免锈蚀。

3）灯具的规格、型号及使用场所必须符合设计要求及施工规范规定。

4）灯具安装牢固端正，位置正确，吊杆垂直。

（4）穿缆接线

1）应严格按图纸规定将电缆分别穿在相应线管内。电缆的末端处理要符合规范。配线前电缆两端必须标明电缆编号。

2）电缆终端与接头的制作，应由经过培训的专业技术人员进行。

3）电缆终端与电气装置的连接，应符合现行国家标准《电气装置安装工程 母线装置施工及验收规范》GB 50149 的有关规定。

（5）通电调试

1）灯具、配电箱安装完毕，且各条支路的绝缘电阻摇测合格后，方允许通电试运行。

2）通电后仔细检查和巡视，检查灯具的控制是否灵活、准确；与灯具控制顺序相对应，如发现问题必须先断电，然后查找原因进行修复。

3）全部照明灯具通电运行开始后，要及时用钳形电流表、万用表测量系统的电源电压及负荷电流。试运行过程中每隔 8h 还需测量记录一次，直到 24h 运行完为止。

3. 质量检查

（1）电缆、灯具等的型号、规格、材质和性能等应符合设计要求。

（2）电缆接线应正确，接头应作绝缘保护处理，严禁漏电。接地电阻必须符合设计要求。

（3）电缆铺设位置正确，并应符合国家现行标准的规定。

（4）灯杆（柱）金属构件必须作防腐处理，涂层厚度应符合设计要求。

（5）灯杆、灯具安装位置应准确、牢固。

（6）照明设施安装允许偏差应符合现行行业标准《城市桥梁工程施工与质量验收规范》CJJ 2 的规定。

3.10.3 隔声和防眩装置安装

1. 材料质量控制

声屏障、防眩板

2. 工序质量控制点

（1）检查基础混凝土是否达到设计强度，达到后方可安装隔声和防眩装置。

（2）在施工中应加强产品保护，不得损伤隔声和防眩板面及其防护涂层。

（3）防眩板安装应与桥梁线形一致，防眩板的荧光标识面应迎向行车方向，板间距、遮光角应符合设计要求。

（4）检查声屏障的加工模数，宜由桥梁两伸缩缝之间长度而定。

（5）检查声屏障是否与钢筋混凝土预埋件牢固连接。

（6）检查声屏障是否连续安装，不得留有间隙，在桥梁伸缩缝部位应按设计要求处理。

（7）5级（含）以上大风时不得进行声屏障安装。

3. 质量检查

（1）声屏障的降噪效果应符合设计要求。

（2）隔声与防眩装置安装应符合设计要求，安装必须牢固、可靠。

（3）隔声与防眩装置防护涂层厚度应符合设计要求，不得漏涂、剥落，表面不得有气泡、起皱、裂纹、毛刺和翘曲等缺陷。

（4）防眩板安装应与桥梁线形一致，板间距、遮光角应符合设计要求。

（5）声屏障、防眩板安装允许偏差应符合现行行业标准《城市桥梁工程施工与质量验收规范》CJJ 2 的规定。

第4章 给水排水管道工程实体质量控制

4.1 基本规定

给水排水管道工程施工质量的控制、检查、验收，应符合现行国家标准《给水排水管道工程施工及验收规范》GB 50268 及相关标准的规定。

4.1.1 施工质量验收的规定

1. 基本规定

给水排水管道工程施工质量验收应在施工单位自检基础上，按验收批、分项工程、分部（子分部）工程、单位（子单位）工程的顺序进行，并应符合下列规定：

（1）工程施工质量应符合现行国家标准《给水排水管道工程施工及验收规范》GB 50268 和相关专业验收规范的规定。

（2）工程施工质量应符合工程勘察、设计文件的要求。

（3）参加工程施工质量验收的各方人员应具备相应的资格。

（4）工程施工质量的验收应在施工单位自行检查，评定合格的基础上进行。

（5）隐蔽工程在隐蔽前应由施工单位通知监理等单位进行验收，并形成验收文件。

（6）涉及结构安全和使用功能的试块、试件和现场检测项目，应按规定进行平行检测或见证取样检测。

（7）验收批的质量应按主控项目和一般项目进行验收；每个检查项目的检查数量，除现行国家标准《给水排水管道工程施工及验收规范》GB 50268 有关条款有明确规定外，应全数检查。

（8）对涉及结构安全和使用功能的分部工程应进行试验或检测。

（9）承担检测的单位应具有相应资质。

（10）外观质量应由质量验收人员通过现场检查共同确认。

2. 检验批、分项工程、分部工程、单位工程质量验收合格条件

（1）验收批质量验收合格应符合下列规定：

1）主控项目的质量经抽样检验合格。

2）一般项目中的实测（允许偏差）项目抽样检验的合格率应达到80%，且超差点的最大偏差值应在允许偏差值的1.5倍范围内。

3）主要工程材料的进场验收和复验合格，试块、试件检验合格。

4）主要工程材料的质量保证资料以及相关试验检测资料齐全、正确；具有完整的施工操作依据和质量检查记录。

（2）分项工程质量验收合格应符合下列规定：

1）分项工程所含的验收批质量验收全部合格。

2）分项工程所含的验收批的质量验收记录应完整、正确；有关质量保证资料和试验检测资料应齐全、正确。

（3）分部（子分部）工程质量验收合格应符合下列规定：

1）分部（子分部）工程所含分项工程的质量验收全部合格。

2）质量控制资料应完整。

3）分部（子分部）工程中，地基基础处理、桩基础检测、混凝土强度、混凝土抗渗、管道接口连接、管道位置及高程、金属管道防腐层、水压试验、严密性试验、管道设备安装调试、阴极保护安装测试、回填压实等的检验和抽样检测结果应符合现行国家标准《给水排水管道工程施工及验收规范》GB 50268 的有关规定。

4）外观质量验收应符合要求。

（4）单位（子单位）工程质量验收合格应符合下列规定：

1）单位（子单位）工程所含分部（子分部）工程的质量验收全部合格。

2）质量控制资料应完整。

3）单位（子单位）工程所含分部（子分部）工程有关安全及使用功能的检测资料应完整。

4）涉及金属管道的外防腐层、钢管阴极保护系统、管道设备运行、管道位置及高程等的试验检测、抽查结果以及管道使用功能试验应符合现行国家标准《给水排水管道工程施工及验收规范》GB 50268 规定。

5）外观质量验收应符合要求。

3. 项目质量验收不合格时的处理

（1）给水排水管道工程质量验收不合格时，应按下列规定处理：

1）经返工重做或更换管节、管件、管道设备等的验收批，应重新进行验收。

2）经有相应资质的检测单位检测鉴定能够达到设计要求的验收批，应予以验收。

3）经有相应资质的检测单位检测鉴定达不到设计要求，但经原设计单位验算认可，能够满足结构安全和使用功能要求的验收批，可予以验收。

4）经返修或加固处理的分项工程、分部（子分部）工程，改变外形尺寸但仍能满足结构安全和使用功能要求，可按技术处理方案文件和协商文件进行验收。

（2）通过返修或加固处理仍不能满足结构安全或使用功能要求的分部（子分部）工程、单位（子单位）工程，严禁验收。

4. 质量验收的组织和程序

（1）验收批及分项工程应由专业监理工程师组织施工项目的技术负责人（专业质量检查员）等进行验收。

（2）分部（子分部）工程应由专业监理工程师组织施工项目质量负责人等进行验收。

对于涉及重要部位的地基基础、主体结构、非开挖管道、桥管、沉管等分部（子分部）工程，设计和勘察单位工程项目负责人、施工单位技术质量部门负责人应参加验收。

（3）单位工程经施工单位自行检验合格后，应由施工单位向建设单位提出验收申请。单位工程有分包单位施工时，分包单位对所承包的工程应按现行国家标准《给水排水管道工程施工及验收规范》GB 50268 的规定进行验收，验收时总施工单位应派人参加；分包工程完成后，应及时地将有关资料移交总施工单位。

（4）对符合竣工验收条件的单位工程，应由建设单位按规定组织验收。施工、勘察、设计、监理等单位等有关负责人以及该工程的管理或使用单位有关人员应参加验收。

（5）参加验收各方对工程质量验收意见不一致时，可由工程所在地建设行政主管部门或工程质量监督机构协调解决。

（6）单位工程质量验收合格后，建设单位应按规定将竣工验收报告和有关文件，报工程所在地建设行政主管部门备案。

（7）工程竣工验收后，建设单位应将有关文件和技术资料归档。

5. 给水排水管道工程分项、分部、单位工程划分

给水排水管道工程分项、分部、单位工程划分，见表4-1。

给水排水管道工程分项、分部、单位工程划分表　　　　表4-1

分部工程（子分部工程）			分项工程	验收批
	土方工程		沟槽土方（沟槽开挖、沟槽支撑、沟槽回填）、基坑土方（基坑开挖、基坑支护、基坑回填）	与下列验收批对应
管道主体工程	预制管开槽施工主体结构		金属类管、混凝土类管、预应力钢筒混凝土管、化学建材管	管道基础、管道接口连接管道铺设、管道防腐层（管道内防腐层、钢管外防腐层）、钢管阴极保护	可选择下列方式划分： ① 按流水施工长度。 ② 排水管道按井段。 ③ 给水管道按一定长度连续施工段或自然划分段（路段）。 ④ 其他便于过程质量控制方法
	管渠（廊）		现浇钢筋混凝土管渠、装配式混凝土管渠、砌筑管渠	管道基础、现浇钢筋混凝土管渠（钢筋、模板、混凝土、变形缝）、装配式混凝土管渠（预制构件安装、变形缝）、砌筑管渠（砖石砌筑、变形缝）、管道内防腐层、管廊内管道安装	每节管渠（廊）或每个流水施工段管渠（廊）
	不开槽施工主体结构	工作井	工作井围护结构、工作井	每座井
		顶管	管道接口连接、顶管管道（钢筋混凝土管、钢管）、管道防腐层（管道内防腐层、钢管外防腐层）、钢管阴极保护、垂直顶升	顶管顶进：每100m。 垂直顶升：每个顶升管
		盾构	管片制作、掘进及管片拼装、二次内衬（钢筋、混凝土）、管道防腐层、垂直顶升	盾构掘进：每100环；二次内衬：每施工作业断面。 垂直顶升：每个顶升管
		浅埋暗挖	土层开挖、初期衬砌、防水层、二次内衬、管道防腐层、垂直顶升	暗挖：每施工作业断面。 垂直顶升：每个顶升管
		定向钻	管道接口连接、定向钻管道、钢管防腐层（内防腐层、外防腐层）、钢管阴极保护	每100m

分部工程（子分部工程）		分项工程	验收批
管道主体工程	不开槽施工主体结构 夯管	管道接口连接、夯管管道、钢管防腐层（内防腐层、外防腐层）、钢管阴极保护	每100m
	沉管 组对拼装沉管	基槽浚挖及管基处理、管道接口连接、管道防腐层、管道沉放、稳管及回填	每100m（分段拼装按每段，且不大于100m）
	沉管 预制钢筋混凝土沉管	基槽浚挖及管基处理、预制钢筋混凝土管节制作（钢筋、模板、混凝土）、管节接口预制加工、管道沉放、稳管及回填	每节预制钢筋混凝土管
	桥管	管道接口连接、管道防腐层（内防腐层、外防腐层）、桥管管道	每跨或每100m；分段拼装按每跨或每段，且不大于100m
附属构筑物工程		井室（现浇混凝土结构、砖砌结构、预制拼装结构）、雨水口及支连管、支墩	同一结构类型的附属构筑物不大于10个
单位工程（子单位工程）		开（挖）槽施工的管道工程、大型顶管工程、盾构管道工程、浅埋暗挖管道工程、大型沉管工程、大型桥管工程	

注：1. 大型顶管工程、大型沉管工程、大型桥管工程及盾构、浅埋暗挖管道工程，可设独立的单位工程。
  2. 大型顶管工程：指管道一次顶进长度大于300m的管道工程。
  3. 大型沉管工程：指预制钢筋混凝土管沉管工程；对于成品管组对拼装的沉管工程，应为多年平均水位水面宽度不小于200m，或多年平均水位水面宽度100～200m之间，且相应水深不小于5m。
  4. 大型桥管工程：总跨长度不小于300m或主跨长度不小于100m。
  5. 土方工程中涉及地基处理、基坑支护等，可按现行国家标准《建筑地基基础工程施工质量验收标准》GB 50202等相关规定执行。
  6. 桥管的地基与基础、下部结构工程，可按桥梁工程规范的有关规定执行。
  7. 工作井的地基与基础、围护结构工程，可按现行国家标准《建筑地基基础工程施工质量验收标准》GB 50202、《混凝土结构工程施工质量验收规范》GB 50204、《地下防水工程质量验收规范》GB 50208、《给水排水构筑物工程施工及验收规范》GB 50141等相关规定执行。

4.1.2 主要材料、构配件质量控制

主要材料、构配件进场应具有的质量证明文件，进场观感检查内容、复验项目及取样汇总。

管道附属构筑物施工所用的钢筋、水泥、砂、石、石灰、混凝土外加剂、掺合料等材料的质量控制，参见本书1.3节中相关内容。

给水排水管道需要进场报验的主要材料有：管材、管件、阀门、法兰、橡胶密封圈、管道防腐和焊接材料等。

1. 一般规定

（1）工程所用的管材、管道附件、构（配）件和主要原材料等产品进入施工现场时必须进行进场验收并妥善保管。进场验收时应检查每批产品的订购合同、质量合格证书、性能检验报告、使用说明书、进口产品的商检报告及证件等，并按国家有关标准规定进行复验，验收合格后方可使用。

查验生产厂商出具产品合格证、质量验收报告及政府主管部门颁发的使用许可证等质量证明文件，符合要求后予以签认。

材料进场后，按规定的批量及频率对进场的材料和配件进行见证抽样、送检，在未获得检验合格的证明文件之前，不应启用。

见证抽样时，尤其要注意生产批号，由于生产过程的某些不可预见因素，同一生产厂、同一原料、同一配方和工艺、不同生产批次的产品质量会有差异。

（2）现场配制的混凝土、砂浆、防腐与防水涂料等工程材料应经检测合格后方可使用。

（3）所用管节、半成品、构（配）件等在运输、保管和施工过程中，必须采取有效措施防止其损坏、锈蚀或变质。

2. 管材及管件进场检查

（1）硬聚氯乙烯管、聚乙烯管及其复合管管节及管件的规格、性能应符合国家有关标准的规定和设计要求，进入施工现场时其外观质量应符合下列规定：

1）不得有影响结构安全、使用功能及接口连接的质量缺陷。

2）内、外壁光滑，平整，无气泡、无裂纹、无脱皮和严重的冷斑及明显的痕纹、凹陷。

3）管节不得有异向弯曲，端口应平整。

（2）弯头、三通、封头等管件宜采用成品件，应具有制造厂的合格证明书。管件与管道母材材质应相同或相近。管道附件不得采用螺旋缝埋弧焊钢管制作，严禁采用铸铁制作。

3. 阀门、法兰、螺栓及焊接材料

（1）阀门规格型号必须符合设计要求，安装前应先进行检验，出厂产品合格证、质量检验证明书和安装说明书等有关技术资料齐全。阀门现场检查要点：

1）外观无裂纹、砂眼等缺陷，法兰密封面应平滑，无影响密封性能的划痕、划伤。

2）阀杆无加工缺陷及运输保管过程中的损伤。

3）阀门安装前应进行强度和严密性试验。

4）试压合格的阀门应及时排出内部积水和污物，密封面涂防锈油，关闭阀门，封闭进出口，做好标记并填写试验记录。

5）进口阀门的检验应按业主提供的标准和要求进行。

（2）法兰：应有出厂合格证，法兰盘密封面及密封垫片，应进行外观检查，法兰盘表面应平整，无裂纹，密封面上不得有斑疤、砂眼及辐射状沟纹，密封槽符合规定，螺孔位置准确。

（3）螺栓、螺母：应有出厂合格证，螺栓、螺母的螺纹应完整，无伤痕、毛刺等缺陷，螺栓与螺母应配合良好，无松动或卡涩现象。

（4）焊条、焊丝：应有出厂合格证。焊条的化学成分、机械强度应与管道母材相同且匹配，兼顾工作条件和工艺性；焊条质量应符合现行国家标准《非合金钢及细晶粒钢焊条》GB/T 5117、《热强钢焊条》GB/T 5118 的规定，焊条应干燥。

4. 防腐材料进场检查

（1）钢质管道内外防腐层：水泥砂浆内防腐层、液体环氧涂料内防腐层、石油沥青涂料外防腐层、环氧煤沥青涂料外防腐层、环氧树脂玻璃钢外防腐层等内外防腐层的外观、厚度、电火花试验、粘结力应符合设计要求。

（2）防腐层各种原材料均应有出厂质量证明书及检验报告、使用说明书、出厂合格证、生产日期及有效期。

（3）防腐层各种原材料应包装完好，按厂家说明书的要求存放。在使用前均应由通过国家计量认证的检验机构，按现行国家标准《埋地钢质管道聚乙烯防腐层》GB/T 23257 的有关规定进行检测，性能达不到规定要求的不能使用。

5. 其他材料

（1）砌筑用砖品种、规格、外观、强度、质量等级必须符合设计要求。砌筑用砖应采用强度等级不低于 MU7.5，进场应有产品质量合格证，进场后应抽样复试，其质量应符合国家现行标准有关规定。

（2）铸铁井盖、铸铁井框及踏步应符合设计要求，具有出厂产品质量合格证，满足市政管理部门的有关规定。

（3）钢筋混凝土预制盖板，宜采用成品构件。应有出厂产品质量合格证，现场预制时，各种原材料按有关规定经检验试验合格。

4.2 沟槽土石方与管道基础

4.2.1 沟槽开挖与支护

1. 材料质量控制

（1）木撑板构件规格应符合下列规定：

1）撑板厚度不宜小于 50mm，长度不宜小于 4m。

2）横梁或纵梁宜为方木，其断面不宜小于 150mm×150mm。

3）横撑宜为圆木，其梢径不宜小于 100mm。

（2）检查撑板、钢板桩支撑材料出厂产品合格证、复验报告，规格、质量应符合设计要求。

（3）回填材料应符合设计要求。

2. 沟槽开挖工序质量控制点

（1）一般规定

1）施工前，应对沟槽范围内的地上地下障碍物进行现场核查，逐项查清障碍物大小、构造等情况，以及与管道工程的位置关系，并应制定有效的保护措施。

2）对接入原有管线的平面位置和高程进行核对，并办理手续。

3）已做好施工管线高程、中线及永久水准点的测量复核工作。

4）已测放沟槽开挖边线、堆土界线，并用白灰标识。

5）对施工可能影响的地下管线、建筑物、构筑物应进行保护和监测。

6）检查沟槽底部的开挖宽度，应符合设计要求或经计算得出。

7）检查沟槽土层情况，并采取相应措施进行地基处理。

（2）施工降排水

1）复查设计降水深度在基坑（槽）范围内不应小于基坑（槽）底面以下 0.5m。

2）检查降水井的平面布置，在沟槽两侧应根据计算确定采用单排或双排降水井，在沟槽端部，降水井外延长度应为沟槽宽度的1～2倍；在地下水补给方向可加密，在地下水排泄方向可减少。

3）检查降水深度，必要时应进行现场抽水试验，以验证并完善降排水方案。

4）采取明沟排水施工时，集水井宜布置在管基范围以外，其间距不宜大于150m，排水沟的纵向坡度不得小于0.5%。

5）施工降排水终止抽水后，降水井及拔除井点管所留的孔洞，应及时用砂石等填实；地下水静水位以上部分，可采用黏土填实。

6）应采取有效措施控制施工降排水对周边环境的影响。

（3）临时堆土

1）沟槽每侧临时堆土或施加其他荷载时，不得影响建（构）筑物、各种管线和其他设施的安全。

2）临时堆土不得掩埋消火栓、管道闸阀、雨水口、测量标志以及各种地下管道的井盖，且不得妨碍其正常使用。

3）临时堆土距沟槽边缘不小于0.8m，且高度不应超过1.5m；沟槽边堆置土方不得超过设计堆置高度。

（4）沟槽开挖

1）沟槽的开挖断面应符合施工组织设计（方案）的要求。槽底原状地基土不得扰动，机械开挖时槽底预留200～300mm土层由人工开挖至设计高程，整平。

2）沟槽挖深较大时，控制分层开挖深度的要求：

① 人工开挖沟槽的槽深超过3m时应分层开挖，每层的深度不超过2m。

② 人工开挖多层沟槽的层间留台宽度：放坡开槽时不应小于0.8m，直槽时不应小于0.5m，安装井点设备时不应小于1.5m。

③ 采用机械挖槽时，沟槽分层的深度按机械性能确定。

3）槽底不得受水浸泡或受冻，槽底局部扰动或受水浸泡时，宜采用天然级配砂砾石或石灰土回填；槽底扰动土层为湿陷性黄土时，应按设计要求进行地基处理。

4）槽底土层为杂填土、腐蚀性土时，应全部挖除并按设计要求进行地基处理。

5）槽壁平顺，边坡坡度符合施工方案的规定。

6）遇地质情况不良、施工超挖、槽底土层受扰等情况时，应会同设计、业主、承包人共同研究制订地基处理方案、办理变更设计或洽商手续。

7）沟槽开挖至设计高程后应由建设单位会同设计、勘察、施工、监理单位共同验槽；发现岩、土质与勘察报告不符或有其他异常情况时，由建设单位会同上述单位研究处理措施。

8）在沟槽边坡稳固后设置供施工人员上下沟槽的安全梯。

9）检查机械作业范围内电力线路高度、道路、车辆，施工现场警示，围护设施等。

3. 沟槽支护工序质量控制点

（1）一般规定

1）支撑应经常检查，发现支撑构件有弯曲、松动、移位或劈裂等迹象时，应及时处理；

在雨期及春季解冻时期应加强检查。

2）检查支护沟槽检查钢板桩、支护竖板插入深度、横向支撑刚度是否严格按施工方案实施。

3）拆除支撑前，应对沟槽两侧的建筑物、构筑物和槽壁进行安全检查，并应制定拆除支撑的作业要求和安全措施。

4）施工人员应由安全梯上下沟槽，不得攀登支撑。

（2）沟槽撑板支护

1）撑板支撑的横梁、纵梁和横撑布置

①每根横梁或纵梁不得少于2根横撑。

②横撑的水平间距宜为1.5～2.0m。

③横撑的垂直间距不宜大于1.5m。

④横撑影响下管时，应有相应的替撑措施或采用其他有效的支撑结构。

2）横梁、纵梁和横撑的安装

①横梁应水平，纵梁应垂直，且与撑板密贴，连接牢固。

②横撑应水平，与横梁或纵梁垂直，且支紧、牢固。

③采用横排撑板支撑，遇有柔性管道横穿沟槽时，管道下面的撑板上缘应紧贴管道安装；管道上面的撑板下缘距管道顶面不宜小于100mm。

④承托翻工板的横撑必须加固，翻土板的铺设应平整，与横撑的连接应牢固。

3）撑板安装要求

①撑板支撑应随挖土及时安装。

②在软土或其他不稳定土层中采用横排撑板支撑时，开始支撑的沟槽开挖深度不得超过1.0m；开挖与支撑交替进行，每次交替的深度宜为0.4～0.8m。

4）拆除撑板

①支撑的拆除应与回填土的填筑高度配合进行，且在拆除后应及时回填。

②对于设置排水沟的沟槽，应从两座相邻排水井的分水线向两端延伸拆除。

③对于多层支撑沟槽，应待下层回填完成后再拆除其上层槽的支撑。

④拆除单层密排撑板支撑时，应先回填至下层横撑底面，再拆除下层横撑，待回填至半槽以上，再拆除上层横撑；一次拆除有危险时，宜采取替换拆撑法拆除支撑。

（3）沟槽钢板桩支护

1）钢板桩支撑

①构件的规格尺寸经计算确定。

②通过计算确定钢板桩的入土深度和横撑的位置与断面。

③采用型钢作横梁时，横梁与钢板桩之间的缝应采用木板垫实，横梁、横撑与钢板桩连接牢固。

2）拆除钢板桩

①在回填达到规定要求高度后，方可拔除钢板桩。

②钢板桩拔除后应及时回填桩孔。

③回填桩孔时应采取措施填实；采用砂灌回填时，非湿陷性黄土地区可冲水助沉；有

地面沉降控制要求时，宜采取边拔桩边注浆等措施。

4. 质量检查

（1）沟槽开挖的允许偏差应符合现行国家标准《给水排水管道工程施工及验收规范》GB 50268 规定。

（2）沟槽支护应符合现行国家标准《建筑地基基础工程施工质量验收标准》GB 50202 的相关规定。

（3）支撑方式、支撑材料符合设计要求。

（4）支护结构强度、刚度、稳定性符合设计要求。

（5）横撑不得妨碍下管和稳管。

（6）支撑构件安装应牢固、安全可靠，位置正确。

（7）支撑后，沟槽中心线每侧的净宽不应小于施工方案设计要求。

（8）钢板桩的轴线位移不得大于 50mm；垂直度不得大于 1.5%。

4.2.2　管道地基与基础

1. 材料质量控制

砂石、混凝土等材料质量控制，参见本书 1.3 节中相关内容。

2. 验槽工序质量控制点

基底高程、坡度、轴线位置、基底土质符合设计要求。槽底宽度根据设计情况确定，包括管道结构宽度及两侧工作宽度。

3. 地基处理工序质量控制点

（1）地基处理

1）管道地基强度应符合设计要求，管道天然地基的强度不能满足设计要求时应按设计要求加固。

2）槽底局部超挖或发生扰动时，处理符合下列规定：

① 超挖深度不超过 150mm 时，可用挖槽原土回填夯实，其压实度不应低于原地基土的密实度。

② 槽底地基土壤含水量较大，不适于压实时，应采取换填等有效措施。

3）排水不良造成地基土扰动时，可按以下方法处理：

① 扰动深度在 100mm 以内，宜填天然级配砂石或砂砾处理。

② 扰动深度在 300mm 以内，但下部坚硬时，宜填卵石或块石，再用砾石填充空隙并找平表面。

4）设计要求换填时，应按要求清槽，并经检查合格；回填材料应符合设计要求或有关规定。

5）柔性管道处理宜采用砂桩、搅拌桩等复合地基。

6）灰土地基、砂石地基和粉煤灰地基施工前必须验槽并处理。

（2）原状地基施工

1）原状土地基局部超挖或扰动时应进行处理；岩石地基局部超挖时，应将基底碎渣全部清理，回填低强度等级混凝土或粒径 10～15mm 的砂石回填夯实。

2）原状地基为岩石或坚硬土层时，管道下方应铺设砂垫层，其厚度应符合设计要求或规范的规定。

3）非永冻土地区，管道不得铺设在冻结的地基上；管道安装过程中，应防止地基冻胀。

4. 管道基础工序质量控制点

（1）土弧基础施工

1）铺设前应先对槽底进行检查，槽底高程及槽宽应符合设计要求，且不应有积水和软泥。

2）当采用填弧法施工时，管道土弧基础支承角 α 范围应用中、粗砂填充插捣密实，并应使其与管壁紧密接触，腋角部分与槽底应同步回填（图4-1）。

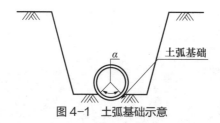

图4-1 土弧基础示意

（2）砂石基础施工

1）铺设前，先检查槽底高程及槽宽须符合设计要求，且不应有积水和软泥。

2）检查垫层厚度：柔性管道的基础结构设计无要求时，宜铺设厚度不小于100mm的中粗砂垫层；软土地基宜铺垫一层厚度不小于150mm的砂砾（图4-2）或5～40mm粒径碎石，其表面再铺厚度不小于50mm的中、粗砂垫层。

3）柔性接口的刚性管道的基础结构，设计无要求时一般土质地段可铺设砂垫层，亦可铺设25mm以下粒径碎石，表面再铺20mm厚的砂垫层（中、粗砂），垫层总厚度符合规范要求。

4）检查管道有效支承角范围必须用中、粗砂填充插捣密实，与管底紧密接触，不得用其他材料填充。

图4-2 采用砂砾垫层基础的排水管道铺设

（3）混凝土基础施工

1）在基础混凝土浇筑前，控制平基与管座面高程，其模板顶面高程正确、支立牢固，不得倾斜、漏浆。

2）平基、管座的混凝土设计无要求时，宜采用强度等级不低于C15的低坍落度混凝土。

3）管座与平基分层浇筑时，应先将平基凿毛冲洗干净，并将平基与管体相接触的腋角部位，用同强度等级的水泥砂浆填满、捣实后，再浇筑混凝土，使管体与管座混凝土结合严密。

4）管座与平基采用垫块法一次浇筑时，必须先从一侧灌注混凝土，对侧的混凝土高过管底与灌注侧混凝土高度相同时，两侧再同时浇筑，并保持两侧混凝土高度一致。

5）检查管道基础是否按设计要求留变形缝，变形缝的位置应与柔性接口相一致。

6）管道平基与井室基础宜同时浇筑；跌落水井上游接近井基础的一段应砌砖加固，并将平基混凝土浇至井基础边缘。

7）混凝土浇筑中应防止离析；浇筑后应进行养护，强度低于1.2MPa时不得承受荷载。

5. 质量检查

（1）地基处理

1）原状地基土不得扰动、受水浸泡或受冻。

2）地基承载力应满足设计要求。

3）进行地基处理时，压实度、厚度满足设计要求。

（2）管道基础

1）原状地基的承载力符合设计要求。

2）混凝土基础的强度符合设计要求。

3）砂石基础的压实度符合设计要求和现行国家标准《给水排水管道工程施工及验收规范》GB 50268的规定。

4）原状地基、砂石基础与管道外壁间接触均匀，无空隙。

5）混凝土基础外光内实，无严重缺陷；混凝土基础的钢筋数量、位置正确。

6）管道基础的允许偏差应符合现行国家标准《给水排水管道工程施工及验收规范》GB 50268的规定。

4.2.3 沟槽回填

1. 材料质量控制

（1）采用石灰土、砂、砂砾等材料回填时，其质量应符合设计要求或相关标准规定。

（2）采用土料回填时，槽底至管顶以上500mm范围内，土中不得含有机物、冻土以及大于50mm的砖、石等硬块。

（3）冬季回填时，管顶以上500mm范围以外可均匀掺入冻土，其数量不得超过填土总体积的15%，且冻块尺寸不得超过100mm。

（4）回填土的含水量，宜按土类和采用的压实工具控制在最佳含水率±2%范围内。

2. 工序质量控制点

（1）一般规定

1）给水排水管道铺设完毕并经检验合格后，应及时回填沟槽。回填条件如下：

① 预制钢筋混凝土管道的现浇筑基础的混凝土强度、水泥砂浆接口的水泥砂浆强度不应小于5MPa。

② 现浇钢筋混凝土管渠的强度应达到设计要求。

③混合结构的矩形或拱形管渠，砌体的水泥砂浆强度应达到设计要求。

④井室、雨水口及其他附属构筑物的现浇混凝土强度或砌体水泥砂浆强度应达到设计要求。

2）回填时采取防止管道发生位移或损伤的措施。

3）化学建材管道或管径大于900mm的钢管、球墨铸铁管等柔性管道在沟槽回填前，应采取措施控制管道的竖向变形。

4）雨期应采取措施防止管道漂浮。

5）管道沟槽回填前应检查沟槽内砖、石、木块等杂物是否清除干净；沟槽内不得有积水；保持降排水系统正常运行，不得带水回填。

（2）回填作业检查

1）检查回填土中杂质及含水率：槽底至管顶以上500mm范围内，土中不得含有机物、冻土以及大于50mm的砖、石等硬块；在抹带接口处、防腐绝缘层或电缆周围，应采用细粒土回填；控制在最佳含水率±2%范围内。

2）检查回填土的虚铺厚度，其数值应根据所采用的压实机具选取。

3）检查回填作业每层土的压实遍数，按压实度要求，压实工具、虚铺厚度和含水量，应经现场试验确定。

（3）刚性管道沟槽回填的压实

1）回填压实应逐层进行，且不得损伤管道。

2）管道两侧和管顶以上500mm范围内胸腔夯实，应采用轻型压实机具，管道两侧压实面的高差不应超过300mm。

3）管道基础为土弧基础时，应填实管道支撑角范围内腋角部位；压实时，管道两侧应对称进行，且不得使管道位移或损伤。

4）同一沟槽中有双排或多排管道的基础底面位于同一高程时，管道之间的回填压实应与管道与槽壁之间的回填压实对称进行。

5）同一沟槽中有双排或多排管道但基础底面的高程不同时，应先回填基础较低的沟槽；回填至较高基础底面高程后，再按上述4）的规定回填。

6）分段回填压实时，相邻段的接茬应呈台阶形，且不得漏夯。

7）采用轻型压实设备时，应夯点相连；采用压路机时，碾压的重叠宽度不得小于200mm。

8）采用压路机、振动压路机等压实机械压实时，其行驶速度不得超过2km/h。

9）接口工作坑回填时底部凹坑应先回填压实至管底，然后与沟槽同步回填。

（4）柔性管道的沟槽回填

1）回填前，检查管道有无损伤或变形，有损伤的管道应修复或更换。

2）管内径大于800mm的柔性管道，回填施工时应在管内设有竖向支撑。

3）管基有效支承角范围应采用中粗砂填充密实，与管壁紧密接触，不得用土或其他材料填充。

4）管道半径以下回填时应采取防止管道上浮、位移的措施。

5）管道回填时间宜在一昼夜中气温最低时段，从管道两侧同时回填，同时夯实。

6）沟槽回填从管底基础部位开始到管顶以上 500mm 范围内，必须采用人工回填；管顶 500mm 以上部位，可用机械从管道轴线两侧同时夯实；每层回填高度应不大于 200mm。

7）管道位于车行道下，铺设后即修筑路面或管道位于软土地层以及低洼、沼泽、地下水位高地段时，沟槽回填宜先用中、粗砂将管底腋角部位填充密实后，再用中、粗砂分层回填到管顶以上 500mm。

8）回填作业的现场试验段长度应为一个井段或不少于 50m，因工程因素变化改变回填方式时，应重新进行现场试验。

9）柔性管道回填至设计高程时，应在 12～24h 内检查管道变形率；管道变形率应符合设计要求；设计无要求时，钢管或球墨铸铁管道变形率应不超过 2%，化学建材管道变形率应不超过 3%。

10）当钢管或球墨铸铁管道变形率超过 2% 但不超过 3% 时，化学建材管道变形率超过 3% 但不超过 5% 时，应采取下列处理措施：

① 挖出回填材料至露出管径 85% 处，管道周围内应人工挖掘以避免损伤管壁。

② 挖出管节局部有损伤时，应进行修复或更换。

③ 重新夯实管道底部的回填材料。

④ 选用适合回填材料按上述 1）～8）的规定重新回填施工，直至设计高程。

⑤ 按本条规定重新检测管道变形率。

11）钢管或球墨铸铁管道的变形率超过 3% 时，化学建材管道变形率超过 5% 时，应挖出管道，并会同设计单位研究处理。

（5）井室、雨水口及其他附属构筑物周围回填

1）井室周围的回填，应与管道沟槽回填同时进行；不便同时进行时，应留台阶形接茬。

2）井室周围回填压实时应沿井室中心对称进行，且不得漏夯。

3）回填材料压实后应与井壁紧贴。

4）路面范围内的井室周围，应采用石灰土、砂、砂砾等材料回填，其回填宽度不宜小于 400mm。

5）严禁在槽壁取土回填。

（6）管顶覆土最小厚度检查

其数值应符合设计要求，且满足当地冻土层厚度要求；管顶覆土回填压实度达不到设计要求时应与设计协商进行处理。

3. 质量检查

（1）回填材料符合设计要求。

（2）沟槽不得带水回填，回填应密实。

（3）柔性管道的变形率不得超过设计要求，管壁不得出现纵向隆起、环向扁平和其他变形情况。

（4）回填土压实度应符合设计要求，设计无要求时，应符合现行国家标准《给水排水管道工程施工及验收规范》GB 50268 规定的柔性管道沟槽回填部位与压实度（图 4-3）。

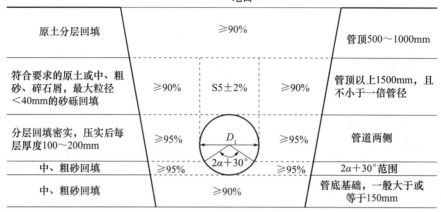

图 4-3 柔性管道沟槽回填部位与压实度示意图

（5）回填应达到设计高程，表面应平整。

（6）回填时管道及附属构筑物无损伤、沉降、位移。

4.3 埋地金属管道

4.3.1 一般规定

1. 敷设作业要求

（1）管节下入沟槽时，不得与槽壁支撑及槽下的管道相互碰撞；沟内运管不得扰动原状地基。

（2）管道安装时，应将管节的中心及高程逐节调整正确，安装后的管节应进行复测，合格后方可进行下一工序的施工。

（3）管道安装时，应随时清除管道内的杂物，暂时停止安装时，两端应临时封堵。

（4）压力管道上的阀门，安装前应逐个进行启闭检验。

（5）钢管内、外防腐层遭受损伤或局部未做防腐层的部位，下管前应修补，修补的质量应符合设计要求或规范的有关规定。

（6）露天或埋设在对橡胶圈有腐蚀作用的土质及地下水中的柔性接口，应采用对橡胶圈无不良影响的柔性密封材料，封堵外露橡胶圈的接口缝隙。

2. 管道保温层施工要求

（1）在管道焊接、水压试验合格后进行。

（2）法兰两侧应留有间隙，每侧间隙的宽度为螺栓长加 20～30mm。

（3）保温层与滑动支座、吊架、支架处应留出空隙。

（4）硬质保温结构，应留伸缩缝。

（5）施工期间，不得使保温材料受潮。

（6）保温层伸缩缝宽度的允许偏差应为 ±5mm。

（7）保温层厚度允许偏差应符合设计要求或规范的规定。

3. 管道铺设质量要求

（1）管道埋设深度、轴线位置应符合设计要求，无压力管道严禁倒坡。

（2）刚性管道无结构贯通裂缝和明显缺损情况。

（3）柔性管道的管壁不得出现纵向隆起、环向扁平和其他变形情况。

（4）管道铺设安装必须稳固，管道安装后应线形平直。

（5）管道内应光洁平整，无杂物、油污；管道无明显渗水和水珠现象。

（6）管道与井室洞口之间无渗漏水。

（7）管道内外防腐层完整，无破损现象。

（8）钢管管道开孔应符合现行国家标准《给水排水管道工程施工及验收规范》GB 50268的规定。

（9）闸阀安装应牢固、严密，启闭灵活，与管道轴线垂直。

（10）管道铺设的允许偏差应符合现行国家标准《给水排水管道工程施工及验收规范》GB 50268的规定。

4.3.2 钢管安装

1. 材料质量控制

（1）钢管管节的材料、规格、压力等级等应符合设计要求，管节宜工厂预制。

（2）检查现场加工的管节外观质量应符合下列规定：

1）表面应无斑疤、裂纹、严重锈蚀等缺陷。

2）焊缝外观质量不得有熔化金属流到焊缝外未熔化的母材上，焊缝和热影响区表面不得有裂纹、气孔、弧坑和灰渣等缺陷；表面光顺、均匀、焊道与母材应平缓过渡。

3）焊缝无损检验合格。

（3）弯头、异径管、三通、法兰及紧固件等应有产品合格证明，其尺寸偏差应符合现行标准，材质应符合设计要求。

（4）法兰密封面应平整光洁，无伤痕、毛刺等缺陷。螺栓与螺母应配合良好，无松动或卡涩现象。

（5）石棉橡胶、橡胶、塑料等作金属垫片时应质地柔韧、无老化变质或分层现象，表面不得有折损、皱纹等缺陷。

（6）金属垫片的加工尺寸、精度、粗糙度及硬度应符合要求；表面无裂纹、毛刺、凹槽等缺陷。

（7）阀门必须配有制造厂家的合格证书，其规格、型号、材质应与设计要求一致，阀杆转动灵活，无卡涩现象。经外观检查，阀体、零件应无裂纹、重皮等缺陷。

（8）对新阀门应解体检查。重新使用的旧阀门，应进行水压试验，合格后方可安装。

（9）焊条应有出厂质量合格证，焊条的化学成分、机械强度应与母材相匹配，兼顾工作条件和工艺性；其质量应符合现行国家标准《非合金钢及细晶粒钢焊条》GB/T 5117、《热强钢焊条》GB/T 5118的规定，并应干燥。

（10）管道材料质量控制，参见本书4.1.2节中相关内容。

2. 工序质量控制点

（1）下管

1）检查沟槽开挖排水情况、基础施工质量，以预防浮管事故发生，保证安管顺利进行。

2）检查管道安装高程、中心线、平面位置是否符合设计要求和有关规定。

3）管道安装前，管节应逐根测量、编号，宜选用管径相差最小的管节组对对接。

4）下管前应先检查管节的内外防腐层，合格后方可下管。

5）钢管下管时应设专人指挥，避免损坏钢管外防腐层。

6）管道对口时，纵向焊缝应错开一定距离（当管径小于800mm时，错开间距不小于100mm；管径大于等于800mm时，错开间距不小于300mm）。

7）管道对口完成后应用方木等将管道垫稳，以防点焊时走动。点焊所用的焊条应与接口所用焊条相同，钢管的纵向及螺旋焊缝处不得点焊，点焊的长度和距离应根据管径大小而定。

8）管道施焊人员必须有焊工上岗证书，对所有焊缝必须进行油渗试验和超声波探伤。在冬期或雨期施焊时，须采取相应的施工保护措施。

9）管节组成管段下管时，管段的长度、吊距，应根据管径、壁厚、外防腐层材料的种类及下管方法确定。

（2）管节焊接

1）焊接要求

① 对首次采用的钢材、焊接材料、焊接方法或焊接工艺，必须在施焊前按设计要求和有关规定进行焊接试验，并应根据试验结果编制焊接工艺指导书。

② 焊工必须按规定经相关部门考试合格后持证上岗，并应根据经过评定的焊接工艺指导书进行施焊。

③ 沟槽内焊接时，应采取有效技术措施保证管道底部的焊缝质量。

④ 同一管节允许有两条纵缝，管径大于或等于600mm时，纵向焊缝的间距应大于300mm；管径小于600mm时，其间距应大于100mm。

⑤ 管节组对焊接时应先修口、清根，检查管端端面的坡口角度、钝边、间隙，应符合设计要求。

⑥ 对口时应使内壁齐平，错口的允许偏差应为壁厚的20%，且不得大于2mm。

⑦ 不同壁厚的管节对口时，管壁厚度相差不宜大于3mm。不同管径的管节相连时，两管径相差大于小管管径的15%时，可用渐缩管连接。渐缩管的长度不应小于两管径差值的2倍，且不应小于200mm。

⑧ 焊接方式应符合设计和焊接工艺评定的要求，管径大于800mm时，应采用双面焊。

2）对口时纵、环向焊缝的位置

① 纵向焊缝应放在管道中心垂线上半圆的45°左右处。

② 纵向焊缝应错开，管径小于600mm时，错开的间距不得小于100mm；管径大于或等于600mm时，错开的间距不得小于300mm。

③ 有加固环的钢管，加固环的对焊焊缝应与管节纵向焊缝错开，其间距不应小于

100mm；加固环距管节的环向焊缝不应小于 50mm。

④ 环向焊缝距支架净距离不应小于 100mm。

⑤ 直管管段两相邻环向焊缝的间距不应小于 200mm，并不应小于管节的外径。

⑥ 管道任何位置不得有十字形焊缝。

3）管道上开孔位置

① 不得在干管的纵向、环向焊缝处开孔。

② 管道上任何位置不得开方孔。

③ 不得在短节上或管件上开孔。

④ 开孔处的加固补强应符合设计要求。

4）定位点焊

① 钢管对口检查合格后，方可进行接口定位焊接。

② 点焊焊条应采用与接口焊接相同的焊条。

③ 点焊时，应对称施焊，其焊缝厚度应与第一层焊接厚度一致。

④ 钢管的纵向焊缝及螺旋焊缝处不得点焊。

⑤ 点焊长度与间距应符合表 4-2 的规定。

点焊长度与间距 表4-2

管外径 D_0（mm）	点焊长度（mm）	环向点焊点（处）
350～500	50～60	5
600～700	60～70	6
≥800	80～100	点焊间距不宜大于 400mm

5）管道对接环向焊缝检验

① 检查前应清除焊缝的渣皮、飞溅物。

② 应在无损检测前进行外观质量检查，并应符合设计或规范规定。

③ 无损探伤检测方法应按设计要求选用。

④ 无损检测取样数量与质量要求应按设计要求执行；设计无要求时，压力管道的取样数量应不小于焊缝量的 10%。

⑤ 不合格的焊缝应返修，返修次数不得超过 3 次。

（3）管节螺纹连接

钢管采用螺纹连接时，管节的切口断面应平整，偏差不得超过 1 扣；丝扣应光洁，不得有毛刺、乱扣、断扣，缺扣总长不得超过丝扣全长的 10%；接口紧固后宜露出 2～3 扣。

（4）管道法兰连接

1）法兰应与管道保持同心，两法兰间应平行。

2）螺栓应使用相同规格，且安装方向应一致；螺栓应对称紧固，紧固好的螺栓应露出螺母之外。

3）与法兰接口两侧相邻的第一至第二个刚性接口或焊接接口，待法兰螺栓紧固后方可施工。

4）法兰接口埋入土中时，应采取防腐措施。

3.质量检查

（1）管节及管件、焊接材料等的质量应符合现行国家标准《给水排水管道工程施工及验收规范》GB 50268 的规定。

（2）接口焊缝坡口应符合现行国家标准《给水排水管道工程施工及验收规范》GB 50268 的规定。

（3）焊口错边符合现行国家标准《给水排水管道工程施工及验收规范》GB 50268 的规定，焊口无十字形焊缝。

（4）焊口焊接质量应符合现行国家标准《给水排水管道工程施工及验收规范》GB 50268 的规定和设计要求。

（5）法兰接口的法兰应与管道同心，螺栓自由穿入，高强度螺栓的终拧扭矩应符合设计要求和有关标准的规定。

（6）接口组对时，纵、环缝位置应符合现行国家标准《给水排水管道工程施工及验收规范》GB 50268 的规定。

（7）管节组对前，坡口及内外侧焊接影响范围内表面应无油、漆、垢、锈、毛刺等污物。

（8）不同壁厚的管节对接应符合现行国家标准《给水排水管道工程施工及验收规范》GB 50268 的规定。

（9）焊缝层次有明确规定时，焊接层数、每层厚度及层间温度应符合焊接作业指导书的规定，且层间焊缝质量均应合格。

（10）法兰中轴线与管道中轴线的允许偏差应符合：$D_1 \leqslant 300mm$ 时，允许偏差小于或等于 1mm；$D_1 > 300mm$ 时，允许偏差小于或等于 2mm。

（11）连接的法兰之间应保持平行，其允许偏差不大于法兰外径的 1.5‰，且不大于 2mm；螺孔中心允许偏差应为孔径的 5%。

4.3.3　钢管防腐

1.材料质量控制

水泥砂浆、液体环氧涂料、石油沥青涂料等防腐材料产品说明书及进场复测报告，其规格、组成、技术指标应符合设计要求。

防腐材料其他工序质量控制要求，参见本书 4.1.2 节在相关内容。

2.工序质量控制点

（1）钢管水泥砂浆内防腐层

1）管道内壁的浮锈、氧化皮、焊渣、油污等，应彻底清除干净；焊缝突起高度不得大于防腐层设计厚度的 1/3。

2）现场施作内防腐的管道，应在管道试验、土方回填验收合格，且管道变形基本稳定后进行。

3）内防腐层的材料质量应符合设计要求。

4）钢管道水泥砂浆衬里，采用机械喷涂、人工抹压、拖筒或用离心预制法进行施工。

5）采用人工抹压法施工时，应自下而上分层抹压，其厚度宜为 15mm。

6）机械喷涂时，对弯头、三通等管件和邻近闸阀附近管段，可采用人工抹压，并与机械喷涂接顺。

7）水泥砂浆内防腐形成后，应立即将管道封堵，不得形成空气对流；水泥砂浆终凝后应进行潮湿养护；养护期间普通硅酸盐水泥不得少于 7d，矿渣硅酸盐水泥不得少于 14d，通水前应继续封堵，保持湿润。

8）管道端点或施工中断时，应预留阶梯形接茬。

（2）液体环氧涂料内防腐层

1）宜采用喷（抛）射除锈，除锈等级应不低于《涂覆涂料前钢材表面处理表面清洁度的目视评定 第 1 部分：未涂覆过的钢材表面和全面清除原有涂层后的钢材表面的锈蚀等级和处理等级》GB/T 8923.1 规定的 Sa2 级；内表面经喷（抛）射处理后，应用清洁、干燥、无油的压缩空气将管道内部的砂粒、尘埃、锈粉等微尘清除干净。

2）管道内表面处理后，应在钢管两端 60～100mm 范围内涂刷硅酸锌或其他可焊性防锈涂料，干膜厚度为 20～40μm。

3）内防腐层的材料质量应符合设计要求。

（3）石油沥青涂料外防腐层

1）涂底料前管体表面应清除油垢、灰渣、铁锈；人工除氧化皮、铁锈时，其质量标准应达 St3 级；喷砂或化学除锈时，其质量标准应达 Sa2.5 级。

2）涂底料时基面应干燥，基面除锈后与涂底料的间隔时间不得超过 8h。

3）沥青涂料应涂刷在洁净、干燥的底漆上，常温下刷沥青涂料时，应在涂底漆后 24h 之内实施沥青涂料涂刷，温度不得低于 180℃。

4）沥青涂料熬制温度宜在 230℃左右，最高熬制温度不得超过 250℃，熬制时间不大于 5h，每锅料应抽样检查，性能符合现行国家标准《建筑石油沥青》GB/T 494 的规定。

5）涂沥青后应立即缠绕玻璃布，玻璃布的压边宽度应为 30～40mm；接头搭接长度不得小于 100mm，各层搭接接头应相互错开；玻璃布的油浸透率应达 95% 以上，不得出现大于 50mm×50mm 的空白。

6）管端或施工中断处应留出长度 150～250mm 的阶梯形搭茬，阶梯宽度应为 50mm。

7）沥青涂料温度低于 100℃时，包扎聚氯乙烯工业薄膜保护层，包扎时不得有褶皱、脱壳现象，压边宽度为 30～40mm，搭接长度为 100～150mm。

8）沟槽内管道接口处施工，应在焊接、试压合格后进行，接茬处应粘结牢固、严密。

（4）环氧煤沥青外防腐层、环氧树脂玻璃钢外防腐层

1）涂底料前管体表面应清除油垢、灰渣、铁锈；人工除氧化皮、铁锈时，其质量标准应达 St3 级；喷砂或化学除锈时，其质量标准应达 Sa2.5 级；焊接表面应光滑无刺、无焊瘤、棱角。

2）应按产品说明书的规定配制涂料。

3）底漆应在表面除锈后 8h 之内涂刷，涂刷应均匀，不得漏涂，管两端 150～250mm 范围内不得涂刷。

4）面漆涂刷和包扎玻璃布，应在底漆干后进行，底漆与第一道面漆涂刷的间隔时间不

得超过 24h。

3. 质量检查

（1）钢管内防腐层

1）内防腐层材料应符合国家相关标准的规定和设计要求；给水管道内防腐层材料的卫生性能应符合国家相关标准的规定。

2）水泥砂浆抗压强度符合设计要求，且不低于 30MPa。

3）液体环氧涂料内防腐层表面应平整、光滑，无气泡、无划痕等，湿膜应无流淌现象。

4）水泥砂浆防腐层的厚度及表面缺陷的允许偏差应符合现行国家标准《给水排水管道工程施工及验收规范》GB 50268 的规定。

5）液体环氧涂料内防腐层的厚度、电火花试验应符合现行国家标准《给水排水管道工程施工及验收规范》GB 50268 的规定。

（2）钢管外防腐层

1）外防腐层材料（包括补口、修补材料）、结构等应符合国家相关标准的规定和设计要求。

2）外防腐层的厚度、电火花检漏、粘结力应符合现行国家标准《给水排水管道工程施工及验收规范》GB 50268 的规定。

3）钢管表面除锈质量等级应符合设计要求。

4）管道外防腐层（包括补口、补伤）的外观质量应符合现行国家标准《给水排水管道工程施工及验收规范》GB 50268 的相关规定。

5）管体外防腐材料搭接、补口搭接、补伤搭接应符合施工要求。

4.3.4 球墨铸铁管安装

1. 材料质量控制

（1）球墨铸铁管应能进行机械加工，球墨铸铁管表面硬度不得大于 HBS230，管体上应有制造厂的名称和商标、制造日期及工作压力等标记，管材及管件应符合国家现行有关标准，并具有合格证。采用橡胶圈接口的球墨铸铁管，承口的内工作面和插口的外工作面应光滑、轮廓清晰，不得有影响接口密封性的缺陷。

（2）胶圈所用材料不得含有任何有害胶圈使用寿命、污染水质的材料，并不得使用再生胶制作的胶圈。胶圈应质地均匀，不得有蜂窝、气孔、皱褶、缺胶、开裂及飞边等缺陷。使用前应逐个检查，不得有割裂、破损、气泡、飞边等缺陷。其硬度、压缩率、抗拉力、几何尺寸等均应符合有关规范及设计规定。密封胶圈应有出厂检验质量合格的检验报告。产品到达现场后，应抽检 5% 的密封橡胶圈的硬度、压缩率和抗拉力，其值不应小于出厂合格标准。

（3）法兰盘表面应平整，无裂纹，密封面上不得有斑疤、砂眼及辐射状沟纹，密封槽符合规定，螺孔位置准确。应有出厂合格证。

（4）橡胶垫不得含有污染水质的材料，并不得使用再生胶制作的橡胶垫，每块橡胶垫，接茬不得多于两处，且接茬平整，粘结牢固、无空鼓。橡胶圈内径应等于法兰内径，橡胶圈外圈应与法兰密封面外缘相齐。

（5）管件的规格、尺寸公差、性能应符合国家有关标准规定和设计要求。

（6）管件表面不得有裂纹，不得有妨碍使用的凹凸不平的缺陷。

2. 工序质量控制点

（1）管材检测

1）外观检查：内外防腐层无损伤，无明显变形，对存在的问题应做好详细记录，并在管体上标记，以备修补和调整。

2）承插口直径检查：采用专用伸缩尺测量承口内径，若内径误差超标应逐根做好记录，以供配管时选用公差组合最小的管节组对连接。

（2）切管与切口修补

1）凡是距管子承口端约 0.5m 处有宽 50mm 白线标记的管材，都能作为切管使用。

2）切管的最小长度根据施工条件和经济性而定，原则上为不小于管直径。

3）切管原则上必须使用专用工具。切管时注意不要将管内衬损伤，最好只切铸铁部分，内衬待铸铁部分切开后，在管内侧用铲和锤子打通。切口应与管子轴线垂直。异形管不能切管。

4）应用砂轮机将切口毛刺磨平，修补剂补平，最后切口端面用外防腐剂涂刷一遍。

（3）下管连接

1）管节及管件下沟槽前，检查承口、插口对应的工作面：应清除承口内部的油污、飞刺、铸砂及凹凸不平的铸瘤；柔性接口铸铁管及管件承口的内工作面、插口的外工作面应修整光滑，不得有沟槽、凸脊缺陷；有裂纹的管节及管件不得使用。

2）下第一节管的位置，应选在和旧管线合口位置或有接户管的位置，以减少截管（预应力混凝土压力管不能截断使用），并使承口方向对准水的上游方向。

3）下管采用吊车配合人工下管，将匹配好的管节下到铺好的砂垫层的槽内，将印有厂家标记的部位朝上，利用中线桩及边线桩控制管线位置，就位后应复核中线位置，复测标高，准确无误后，进行对口。

4）管子要均匀地铺放在砂垫层上，接口处要自然形成对齐，垂直方向发生错位时，应调整砂垫层，使之接口对齐，严禁采用加垫块或吊车掀起的方法，以免引起管道的初应力。

5）严禁在管沟中拖拉管道，必须移位时，应利用吊装设备进行，防止损坏管外防腐层。

6）沿直线安装管道时，宜选用管径公差组合最小的管节组对连接，确保接口的环向间隙应均匀。

7）沿曲线安装时，接口的转角不能过大，接口的转角一般是根据管子的长度和允许的转角计算出管端偏移的距离进行控制。

（4）胶圈接口

1）安放胶圈之前，不能把润滑剂刷在承口内表面，否则会导致接口失败，所用润滑剂不能对人体有害。

2）将胶圈上的粘结物清擦干净，把胶圈弯成心形或花形（大口径）（图 4-4）装入承口槽内，并用手沿整个胶圈按压一遍，确保胶圈各个部分不翘、不扭，均匀一致地卡在槽内。

3）橡胶圈安装就位后不得扭曲，并用探尺检查接口的环向间隙，应在误差允许范围内。

4）安装滑入式橡胶圈接口时，推入深度应达到标记环，并复查与其相邻已安好的第一至第二个接口推入深度。

5）橡胶圈安装经检验合格后，方可进行管道安装。

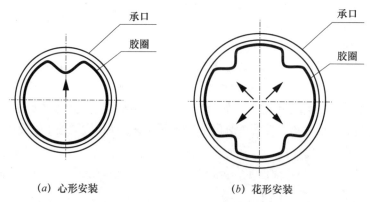

(a) 心形安装　　　　　　(b) 花形安装

图 4-4　胶圈的安装示意

（5）机械式接口

1）接口前对所用原材料进行仔细检查，合格后方可安装。

2）采用法兰接口时，只有在邻近法兰一侧或两侧接口的螺钉全部拧紧后，方可进行连接。

3）应使插口与承口法兰压盖的轴线相重合；螺栓安装方向应一致，用扭矩扳手均匀、对称地紧固。

4）螺栓拧紧时，应对称、并分几次均匀拧紧，并随时检查胶圈的位置。

3. 质量检查

（1）管节及管件的产品质量应符合现行国家标准《给水排水管道工程施工及验收规范》GB 50268 的规定。

（2）承插接口连接时，两管节中轴线应保持同心，承口、插口部位无破损、变形、开裂；插口推入深度应符合要求。

（3）法兰接口连接时，插口与承口法兰压盖的纵向轴线一致，连接螺栓终拧扭矩应符合设计要求或产品使用说明；接口连接后，连接部位及连接件应无变形、破损。

（4）橡胶圈安装位置应准确，不得扭曲、外露；沿圆周各点应与承口端面等距，其允许偏差应为 ±3mm。

（5）连接后管节间平顺，接口无突起、突弯、轴向位移现象。

（6）接口的环向间隙应均匀，承插口间的纵向间隙不应小于 3mm。

（7）法兰接口的压兰、螺栓和螺母等连接件应规格型号一致，采用钢制螺栓和螺母时，防腐处理应符合设计要求。

（8）管道沿曲线安装时，接口转角应符合现行国家标准《给水排水管道工程施工及验收规范》GB 50268 的规定。

4.4 埋地混凝土管

4.4.1 钢筋混凝土管及预（自）应力混凝土管安装

1. 材料质量控制

（1）钢筋混凝土管及预（自）应力混凝土管管节的规格、性能、外观质量及尺寸公差应符合国家有关标准的规定。一般其外观质量要求管体内外表面应无漏筋、空鼓、蜂窝、裂纹、脱皮、碰伤等缺陷，保护层不得有空鼓、裂纹、脱落。

（2）柔性接口形式应符合设计要求，橡胶圈材质应符合相关规范的规定；应由管材厂配套供应；外观应光滑平整，不得有裂缝、破损、气孔、重皮等缺陷；每个橡胶圈的接头不得超过 2 个。

（3）刚性接口的钢筋混凝土管道，钢丝网水泥砂浆抹带接口材料应选用粒径0.5～1.5mm，含泥量不大于 3% 的洁净砂；选用网格 10mm×10mm、丝径为 20 号的钢丝网；水泥砂浆配比满足设计要求。

（4）承口和插口工作面应光洁平整，局部凹凸实测不超过 2mm，不应有蜂窝、灰渣、刻痕和脱皮现象，钢筋保护层厚度不得超过止胶台高度。

（5）其他材料质量控制，参见本书 4.1.2 节中相关内容。

2. 工序质量控制点

（1）一般规定

1）管节安装前应进行外观检查，发现裂缝、保护层脱落、空鼓、接口掉角等缺陷，应修补并经鉴定合格后方可使用。

2）检查管体的承口、插口尺寸，承口、插口工作面的平整度。用专用量径尺量并记录每根管的承口内径、插口外径及其椭圆度。承插口配合的环向间隙应能满足选配的胶圈要求。

3）管节安装前应将管内外清扫干净，安装时应使管道中心及内底高程符合设计要求，稳管时必须采取措施防止管道发生滚动。

4）采用混凝土基础时，管道中心、高程复验合格后，应及时浇筑管座混凝土。

5）钢筋混凝土管沿直线安装时，管口间的纵向间隙应符合设计要求及产品标准；预（自）应力混凝土管沿曲线安装时，管口间的纵向间隙最小处不得小于 5mm，接口转角应符合相关规范的规定。

6）预（自）应力混凝土管不得截断使用。

7）井室内暂时不接支线的预留管（孔）应封堵。

8）预（自）应力混凝土管道采用金属管件连接时，管件应进行防腐处理。

（2）下管、稳管

1）采用专用高强尼龙吊装带，以免伤及管身混凝土。吊装前应找出管体重心，做出标志以满足管体吊装要求。下管时应使管节承口迎向流水方向。下管、安管不得扰动管道基础。

2）管道就位后，为防止滚管，应在管两侧适当加两组四个楔形混凝土垫块。

3）管道安装时应将管道流水面中心、高程逐节调整，确保管道纵断面高程及平面位置准确。

4）每节管就位后，应进行固定，以防止管子发生位移。

5）稳管时，先进入管内检查对口，减少错口现象。

（3）顶装接口

1）顶装接口时，采用龙门架，对口时应在已安装稳固的管子上拴住钢丝绳，在待拉入管子承口处架上后背横梁，用钢丝绳和捯链连好绷紧对正，两侧同步拉捯链，将已套好胶圈的插口经撞口后拉入承口中（图4-5）。注意随时校正胶圈位置和状况。

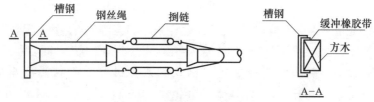

图4-5　捯链拉入法安管示意图

2）安装时，顶、拉速度应缓慢，并应有专人查胶圈滚入情况，如发现滚入不均匀，应停止顶、拉，用凿子调整胶圈位置，均匀后再继续顶、拉，使胶圈达到承插口的预定位置。

3）管道安装应特别注意密封胶圈，不得出现"麻花""闷鼻""凹兜""跳井""外露"等现象。

4）检查中线、高程：每一管节安装完成后，应校对管体的轴线位置与高程，符合设计要求后，即可进行管体轴向锁定和两侧固定。

5）用探尺检查胶圈位置：检查插口推入承口的位置是否符合要求，用探尺伸入承插口间隙中检查胶圈位置是否正确。

6）铺管后为防止前几节管子的管口移动，可用钢丝绳和捯链锁在后面的管子上（图4-6）。

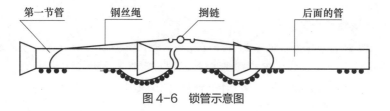

图4-6　锁管示意图

（4）柔性接口橡胶圈安装

1）柔性接口的钢筋混凝土管、预（自）应力混凝土管安装前，承口内工作面、插口外工作面应清洗干净。

2）套在插口上的橡胶圈应平直、无扭曲，应正确就位。

3）橡胶圈表面和承口工作面应涂刷无腐蚀性的润滑剂。

4）安装后放松外力，管节回弹不得大于 10mm，且橡胶圈应在承口、插口工作面上。

（5）刚性接口

1）抹带前应将管口的外壁凿毛、洗净。

2）钢丝网端头应在浇筑混凝土管座时插入混凝土内，在混凝土初凝前，分层抹压钢丝网水泥砂浆抹带。

3）抹带完成后应立即用吸水性强的材料覆盖，3～4h 后洒水养护。

4）水泥砂浆填缝及抹带接口作业时落入管道内的接口材料应清除；管径大于或等于 700mm 时，应采用水泥砂浆将管道内接口部位抹平、压光；管径小于 700mm 时，填缝后应立即拖平。

3. 质量检查

（1）管及管件、橡胶圈的产品质量检查，参见本书 4.3.2 节、4.3.4 节中相关内容。

（2）柔性接口的橡胶圈位置正确，无扭曲、外露现象；承口、插口无破损、开裂；双道橡胶圈的单口水压试验合格。

（3）刚性接口的强度符合设计要求，不得有开裂、空鼓、脱落现象。

（4）柔性接口的安装位置正确，其纵向间隙应符合现行国家标准《给水排水管道工程施工及验收规范》GB 50268 的相关规定。

（5）刚性接口的宽度、厚度符合设计要求；其相邻管接口错口允许偏差：$D_1 <$ 700mm 时，应在施工中自检；700mm $< D_1 \leqslant$ 1000mm 时，应不大于 3mm；$D_1 >$ 1000mm 时，应不大于 5mm。

（6）管道沿曲线安装时，接口转角应符合现行国家标准《给水排水管道工程施工及验收规范》GB 50268 的相关规定。

（7）管道接口的填缝应符合设计要求，密实、光洁、平整。

4.4.2 给水预应力钢筒混凝土管安装

1. 材料质量控制

（1）工程采用的管材、管件、附件和主要原材料必须实行进场验收，验收时应检查每批产品的订购合同、质量合格证书、性能检验报告、使用说明书等，并应复验。验收合格后的产品应妥善保管。

（2）管节及管件的规格、性能应符合国家有关标准的规定和设计要求。内壁混凝土表面平整光洁；承插口钢环工作面光洁干净；内衬式管（简称衬筒管）内表面不应出现浮渣、露石和严重的浮浆；埋置式管（简称埋筒管）内表面不应出现气泡、孔洞、凹坑以及蜂窝、麻面等不密实的现象。

（3）管内表面出现的环向裂缝或者螺旋状裂缝宽度不应大于 0.5mm（浮浆裂缝除外）；距离管的插口端 300mm 范围内出现的环向裂缝宽度不应大于 1.5mm；管内表面不得出现长度大于 150mm 的纵向可见裂缝。

（4）管节外保护层不得出现空鼓、裂缝及剥落；管端面混凝土不应有缺料、掉角、孔洞等缺陷。端面应齐平、光滑、并与轴线垂直。端面垂直度应符合表 4-3 的规定。

管端面垂直度	表4-3

管内径 D_i（mm）	管端面垂直度的允许偏差（mm）
600～1200	6
1400～3000	9
3200～4000	13

（5）胶圈可采用合成橡胶或天然橡胶（聚异戊二烯橡胶）。胶圈的基本性能和质量要求应符合现行行业标准《预应力与自应力混凝土管用橡胶密封圈》JC/T 748 的有关规定。

胶圈可一次成型或拼接，拼接点不应超过两处，两处拼接点之间的距离不应小于600mm。胶圈拼接点应逐个检验，将胶圈拉长到原长的两倍并扭转360°，胶圈拼接点无脱开或裂纹判定合格。胶圈宜与管材配套供货。

（6）管道接口内缝隙的填充材料、胶圈、润滑剂及内壁防腐涂料卫生指标应符合国家现行有关卫生标准的规定。

（7）预应力钢筒混凝土管的环向预应力钢丝直径不得小于5mm。钢丝间的最小净距不应小于所用钢丝直径，同层环向钢丝的最大中心间距不应大于38mm。对于内衬式预应力钢筒混凝土管，当采用的钢丝直径大于或等于6mm 时，缠丝最大螺距不应大于25.4mm。

（8）预应力钢筒混凝土管环向预应力钢丝外缘的砂浆保护层净厚度不应小于20mm；配置双层或多层钢丝时，内层钢丝的水泥砂浆覆盖层净厚度不应小于钢丝直径。

2. 工序质量控制点

（1）下管、稳管

1）采用起重机下管时，起重机架设的位置不得影响沟槽边坡的稳定。起重机在架空高压输电线路附近作业时，起重机与线路间的安全距离应符合电业管理部门的规定。

2）管节下入沟槽时，不得与槽壁支撑及槽下的管道碰撞；沟内运管不得扰动原状地基。

3）其他工序质量控制要求，参见本书 4.4.1 节中相关内容。

（2）管道接口连接

1）承插式橡胶圈柔性接口

① 检查清理管道承口内侧、插口外部凹槽等连接部位和橡胶圈。

② 检查橡胶圈在凹槽内受力均匀、没有扭曲翻转现象。

③ 用配套的润滑剂涂擦在承口内侧和橡胶圈上，检查涂覆是否完好。

④ 安装时接头和管端应保持清洁。

2）承插式橡胶圈柔性接口安装检查

① 复核管节的高程和中心线。

② 用特定钢尺插入承插口之间检查橡胶圈各部的环向位置，确认橡胶圈在同一深度。

③ 接口处承口周围不应被胀裂。

④ 橡胶圈应无脱槽、挤出等现象。

⑤ 沿直线安装时，插口端面与承口底部的轴向间隙应大于5mm，且不大于设计或规范规定的数值。

3）钢制承口插口

①采用钢制管件连接时，检查管件是否进行防腐处理。

②管材接口应采用钢制承口插口，钢承口应通过焊接其上的锚固筋和纵向预应力钢筋绑扎连接，钢插口应通过焊接其上的钢筋挂件和墩头后的纵向预应力钢筋连接。钢插口分为单胶圈接口（图4-7）和双胶圈接口（图4-8）。

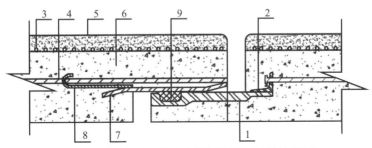

图4-7　钢制承插口预应力混凝土管单胶圈接口形式
1—钢制插口；2—钢筋挂件；3—环向预应力钢丝；
4—纵向预应力钢筋；5—砂浆保护层；6—管芯混凝土；
7—钢制承口；8—锚固筋；9—胶圈

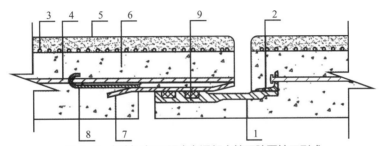

图4-8　钢制承插口预应力混凝土管双胶圈接口形式
1—钢制插口；2—钢筋挂件；3—环向预应力钢丝；4—纵向预应力钢筋；
5—砂浆保护层；6—管芯混凝土；7—钢制承口；8—锚固筋；9—胶圈

4）接口水压试验

管道接口安装后应进行接口水压试验，在第二次接口水压试验合格后应立即按设计要求进行接口内、外间隙的密封施工。

（3）管道现场合拢

1）合拢管应设置在直管段；合拢位置宜选择在设有人孔或设备安装孔的配件附近。

2）安装过程中，应控制合拢处上、下游管道接装长度和中心位移偏差。

3）采用现场焊接合拢管时，焊接点距离胶圈应大于500mm。焊接应避开当日高温时段，焊缝质量应符合设计要求。

（4）焊接钢丝网施工

1）配件水泥砂浆、混凝土内衬和外保护层应配制焊接钢丝网。

2）焊接钢丝网的尺寸不应大于50mm×100mm，钢丝的最小直径不应小于2.3mm。

3）配件外侧布置单层钢丝网时，钢丝网应固定在距离钢板表面10mm的位置；配件内侧钢丝网应布置在靠近钢板的水泥砂浆或混凝土厚度的1/3处，也可直接焊接在配件钢板的表面上。

4）配件内衬水泥砂浆或混凝土最小厚度不应小于10mm；配件外侧水泥砂浆保护层厚度不应小于25mm。

5）在制作水泥砂浆内衬和外保护层之前，应将配件钢板表面的铁屑、浮锈、油脂等物质清理干净。

6）配件的内衬和外保护层也可根据工程的需要采用其他防腐材料保护。

（5）管道铺设

1）管道沿直线敷设时，插口与承口间轴向控制间隙应符合表4-4的规定。

插口与承口间轴向控制间隙（mm）　　　　表4-4

公称直径	内衬式管		埋置式管	
	单胶圈	双胶圈	单胶圈	双胶圈
600～1400	15	25	—	—
1200～4000	—	—	25	25

2）管道需曲线铺设时，接口的最大允许相对转角应符合表4-5的规定。

接口的最大允许相对转角　　　　表4-5

公称直径（mm）	管子接头允许相对转角（°）	
	单胶圈接头	双胶圈接头
600～1000	1.5	1.0
1200～4000	1.0	0.5

注：依管线工程实际情况，在进行管子结构设计时可以适当增加管子接头允许相对转角。

3）管道安装时，应将管节的轴线及高程逐节调整正确，安装后的管节应进行复测，合格后方可进行下一工序的施工。

4）管道安装时，应随时清除管道内的杂物，暂时停止安装时，两端应临时封堵。

5）雨季施工应合理缩短开槽长度，并应及时施工井室。暂时中断安装的管道及与河道相连通的管口应临时封堵，已安装的管道验收后应及时回填；应制定槽边雨水径流疏导、槽内排水及防止漂管事故的措施。

6）当地面坡度大于18%，且采用机械法施工时，应采取防止施工设备倾翻的措施。

7）当安装管道纵坡大于18%时，应采取防止管节下滑的措施。

8）管道上的阀门安装前应逐个进行启闭检验。

3. 功能性试验

（1）管道安装完成后应进行水压试验。原水管道使用前应进行冲洗；生活饮用水管道并网前应进行冲洗、消毒。

（2）管道水压试验应根据工程的实际情况采用允许压力降值和允许渗水量值的一项或两项作为水压试验合格的最终判定依据。

（3）管道水压试验应采取安全防护措施，作业人员应按相关安全作业规程进行操作。管道水压试验和冲洗消毒严禁取用污染水源的水，排出的水不应影响周围环境。

（4）冬季进行管道水压试验时，受冰冻影响的地区应采取防冻措施。

4. 质量检查

管道接口质量检查，参见本书 4.4.1 节中相关内容。

4.5　埋地塑料管道

4.5.1　塑料给水管道安装

埋地塑料给水管道一般包括：聚乙烯（PE）管道、聚氯乙烯（PVC）管道和钢塑复合（PSP）管道三类。

聚乙烯（PE）管道分为 PE80 管和 PE100 管；聚氯乙烯（PVC）管道分为硬聚氯乙烯（PVC–U）管和抗冲改性聚氯乙烯（PVC–M）管；钢塑复合（PSP）管道分为钢骨架聚乙烯塑料复合管、孔网钢带聚乙烯复合管和钢丝网骨架塑料（聚乙烯）复合管。

1. 材料质量控制

（1）管节及管件的规格、性能应符合国家有关标准的规定和设计要求。

（2）进入施工现场时，管节及管件不得有影响结构安全、使用功能及接口连接的质量缺陷；内、外壁光滑、平整，无气泡、无裂纹、无脱皮和严重的冷斑及明显的痕纹、凹陷；管节不得有异向弯曲，端口应平整。

（3）埋地塑料给水管材、管件进场时应进行检验，并应符合现行国家标准《城镇给水排水技术规范》GB 50788 的有关规定。当对质量存在异议时，应委托第三方进行复检。

埋地塑料给水管材、管件应执行进场检验和复检制度，验收合格后方可使用。进场管材重点检查项目包括：① 检验合格证；② 检测报告；③ 材料类别；④ 公称压力等级；⑤ 外观；⑥ 颜色；⑦ 长度；⑧ 圆度；⑨ 外径及壁厚；⑩ 生产日期；⑪ 产品标志；⑫ 涉及饮用水卫生安全产品卫生许可批件。

当施工方或甲方对管道产品物理力学性能存在异议时，现场不能检验，应委托第三方具有相应检测资质的检测机构进行检验，保证检验结果的权威性。

（4）承插式柔性连接、套筒（带或套）连接、法兰连接、卡箍连接等方法采用的密封件、套筒件、法兰、紧固件等配套管件，必须由管节生产厂家配套供应。

（5）管道连接时必须对连接部位、密封件、套筒等配件清理干净，套筒（带或套）连接、法兰连接、卡箍连接用的钢制套筒、法兰、卡箍、螺栓等金属制品应根据现场土质并参照相关标准采取防腐措施。

2. 沟槽开挖与地基处理工序质量控制点

（1）沟槽开挖

1）沟槽开挖前，应复核设置的临时水准点、管道轴线控制桩和高程桩。

2）沟槽形式应根据施工现场环境、槽深、地下水位、土质情况、施工设备及季节影响等因素确定。

3）沟槽侧向的堆土位置距槽口边缘不宜小于 1.0m，且堆土高度不宜大于 1.5m。

4）沟槽底部的开挖宽度应符合设计要求。

5）沟槽的开挖应控制基底高程，不得扰动基底原状土层。基底设计标高以上200~300mm的原状土，应在铺管前用人工清理至设计标高。槽底遇有尖硬物体时，应清除，并应用砂石回填处理。

6）地基基础宜为天然地基。当天然地基承载力不能满足要求或遇不良地质情况时，应按设计要求进行加固处理。

（2）地基处理

1）对一般土质，应在管底以下原状土地基上铺垫不小于150mm中、粗砂基础层。

2）对软土地基，当地基承载能力不满足设计要求或由于施工降水、超挖等原因，地基原状土被扰动而影响地基承载能力时，应按设计要求对地基进行加固处理，达到规定的地基承载能力后，再铺垫不小于150mm中、粗砂基础层。

3）当沟槽底为岩石或坚硬物体时，铺垫中、粗砂基础层的厚度不应小于150mm。

4）在地下水位较高、流动性较大的场地内，当遇管道周围土体可能发生细颗粒土流失的情况时，应沿沟槽底部和两侧边坡上铺设土工布加以保护，且土工布单位面积质量不宜小于250g/m^2。

5）在同一敷设区段内，当地基刚度相差较大时，应采用换填垫层或其他措施减少塑料给水管道的差异沉降，垫层厚度应视场地条件确定，但不应小于300mm。

6）当遇槽底局部超挖或基底发生扰动时，超挖深度小于150mm时，可采用挖槽原土回填夯实，其压实系数不应低于原地基土的密实度。槽底地基土含水量较大，不适宜压实时，应换填天然级配砂石或最大粒径小于40mm的碎石整平夯实。

7）当排水不良造成地基基础扰动时，扰动深度在100mm以内，宜填天然级配砂石或砂砾处理。扰动深度在300mm以内，但下部坚硬时，宜填卵石或最大粒径小于40mm的碎石，再用砾石填充空隙整平夯实。

3. 管道连接工序质量控制点

（1）管道接口要求

1）管道连接前应按设计要求核对管材、管件及管道附件，并应在施工现场进行外观质量检查。

2）管道连接前，应将管材沿管线方向排放在沟槽边。当采用承插连接时，插口插入方向应与水流方向一致。

3）管道连接时，管材的切割应采用专用割刀或切管工具，切割端面应平整并垂直于管轴线。钢塑复合管切割后，应采用聚烯烃材料封焊端面，不得使用端面未封焊的管材。

4）管道系统的胶粘剂连接、热熔对接、电熔连接，宜在沟边分段连接；承插式密封圈连接、法兰连接、钢塑转换接头连接，宜在沟底连接。

5）采用承插式（或套筒式）接口时，宜人工布管且在沟槽内连接；槽深大于3m或管外径大于400mm的管道，宜用非金属绳索兜住管节下管；严禁将管节翻滚抛入槽中。

6）采用电熔、热熔接口时，宜在沟槽边上将管道分段连接后以弹性铺管法移入沟槽；移入沟槽时，管道表面不得有明显的划痕。

7）承插式柔性接口连接宜在当日温度较高时进行，插口端不宜插到承口底部，应留出不小于10mm的伸缩空隙，插入前应在插口端外壁做出插入深度标记；插入完毕后，承插口周围空隙均匀，连接的管道平直。

8）电熔连接、热熔连接、套筒（带或套）连接、法兰连接、卡箍连接应在当日温度较低或接近最低时进行；电熔连接、热熔连接时电热设备的温度控制、时间控制，挤出焊接时对焊接设备的操作等，必须严格按接头的技术指标和设备的操作程序进行；接头处应有沿管节圆周平滑对称的外翻边，内翻边应铲平。

9）管道连接时，应清理管道内杂物。每日完工和安装间断时，管口应采取临时封堵措施。

10）管道连接完成后，应检查接头质量。不合格时应返工，返工后应重新检查接头质量。

（2）连接方法选用

1）埋地聚乙烯给水管道系统的连接方法

① 聚乙烯管材、管件的连接应采用热熔对接连接、电熔连接（电熔承插连接、电熔鞍形连接）或承插式密封圈连接；聚乙烯管材与金属管或金属附件连接，应采用法兰连接或钢塑转换接头连接。

② 公称直径小于 90mm 的聚乙烯管道系统连接宜采用电熔连接。

③ 不同级别和熔体质量流动速率差值大于 0.5g/10min（190℃，5kg）的聚乙烯管材、管件和管道附件，以及 SDR 不同的聚乙烯管道系统连接时，应采用电熔连接。

④ 承插式密封圈连接仅适用于公称直径 90～315mm 聚乙烯管道系统。承插式管件性能应符合现行行业标准《给水用聚乙烯（PE）柔性承插式管件》QB/T 2892 的有关规定，且管件承口部位应采取加强刚度措施，连接件应通过了系统适应性试验。

2）埋地聚氯乙烯给水管道系统的连接方法

① 聚氯乙烯管材、管件连接应采用承插式密封圈柔性连接或胶粘剂刚性连接；聚氯乙烯管材与金属管或金属附件连接应采用法兰连接。

② 承插式密封圈连接适用于公称直径 DN 不小于 63mm 的聚氯乙烯管道系统。

③ 胶粘剂连接适用于公称直径 DN 不大于 225mm 的聚氯乙烯管道系统。

（3）承插式密封圈连接与质量检验

1）承插式密封圈连接操作

① 连接前，应先检查橡胶圈是否配套完好，确认橡胶圈安放位置及插口应插入承口的深度，插口端面与承口底部间应留出伸缩间隙，伸缩间隙的尺寸应由管材供应商提供，管材供应商无明确要求的宜为 10mm。插口管端应加工倒角，倒角后坡口管壁厚度不应小于 0.5 倍管壁厚，倒角宜为 15°。确认插入深度后应在插口外表面做出插入深度标记。

② 连接时，应先将承口内表面和插口外表面清洁干净，将橡胶圈放入承口凹槽内，不得扭曲。在承口内橡胶圈及插口外表面上应涂覆符合卫生要求的润滑剂，然后将承口、插口端面的中心轴线对正，一次插入至深度标记处。

③ 公称直径不大于 200mm 的管道，可采用人工直接插入；公称直径大于 200mm 的管道，应采用机械安装，可采用 2 台专用工具将管材拉动就位，接口合拢时，管材两侧的专用工具应同步拉动。

2）承插式密封圈连接质量检验

①插入深度应符合要求，管材上插入深度标记应处在承口端面平面上。

②承口与插口端面的中心轴线应同心，偏差不应大于1.0°。

③密封圈应正确就位，不得扭曲、外露和脱落；沿密封圈圆周各点与承口端面应等距，其允许偏差应为±3mm。

④接口的插入端与承口环向间隙应均匀一致。

（4）胶粘剂连接

1）粘结前，应对承口与插口松紧配合情况进行检验，并在插口外表面做出插入深度标记。

2）粘结时，应先将插口外表面和承口内表面清洁干净，不得有油污、尘土和水迹。

3）在承口、插口连接表面上用毛刷应涂上符合管材材性要求的专用胶粘剂。先涂承口内表面，后涂插口外表面，沿轴向由里向外均匀涂抹，不得漏涂或涂抹过量。

4）涂抹胶粘剂后，应立即校正对准轴线，将插口插入承口，至深度标记处，然后将插口管旋转1/4圈，并应保持轴线平直，维持1～2min。

5）插接完毕应及时将挤出接口的胶粘剂擦拭干净，静止固化。固化期间不得在连接件上施加任何外力，固化时间应符合设计要求或现场适用条件要求。

（5）热熔对接连接与质量检验

1）热熔对接连接操作

①应根据管材或管件的规格，选用夹具，将连接件的连接端伸出夹具，自由长度不应小于公称直径的10%，移动夹具使连接件端面接触，并校直对应的待连接件，使其在同一轴线上，错边不应大于壁厚的10%。

②应将管材或管件的连接部位擦拭干净，并应铣削连接件端面，使其与轴线垂直；连续切屑平均厚度不宜大于0.2mm，切削后的熔接面不得污染。

③连接件的端面应采用热熔对接连接设备加热，加热时间应符合设计要求或现场适用条件要求。

④加热时间达到工艺要求后，应迅速撤出加热板，检查连接件加热面熔化的均匀性，不得有损伤；并应迅速用均匀外力使连接面完全接触，直至形成均匀一致的对称翻边。

⑤在保压冷却期间不得移动连接件或在连接件上施加任何外力。

2）热熔对接连接质量检验

①连接完成后，应对接头进行100%的翻边对称性、接头对正性检验和不少于10%的翻边切除检验。

②翻边对称性检验的接头应具有沿管材整个圆周平滑对称的翻边，翻边最低处的深度（A）不应低于管材表面（图4-9）。

③接头对正性检验的焊缝两侧紧邻翻边的外圆周的任何一处错边量（V）不应超过管材壁厚的10%（图4-10）。

④翻边切除检验应使用专用工具，并应在不损伤管材和接头的情况下，切除外部的焊接翻边（图4-11），翻边应是实心圆滑的，根部较宽（图4-12）。翻边下侧不应有杂质、小孔、扭曲和损坏。每隔50mm应进行180°的背弯试验（图4-13），且不应有开裂、裂缝，接缝处不得露出熔合线。

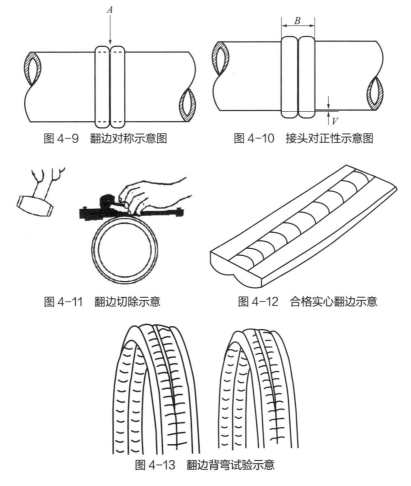

图 4-9　翻边对称示意图　　　　　图 4-10　接头对正性示意图

图 4-11　翻边切除示意　　　　　图 4-12　合格实心翻边示意

图 4-13　翻边背弯试验示意

（6）电熔承插连接与质量检验

1）电熔承插连接操作

① 应将连接部位擦拭干净，并应在插口端划出插入深度标线。

② 当管材不圆度影响安装时，应采用整圆工具进行整圆。

③ 应将刮除氧化层的插口端插入承口内，至插入深度标线位置，并应检查尺寸配合情况。

④ 通电前，应校直两对应的连接件，使其在同一轴线上，并应采用专用工具固定接口部位。

⑤ 通电电压、加热及冷却时间应符合设计要求或电熔管件供应商的要求。

⑥ 电熔连接冷却期间，不得移动连接件或在连接件上施加任何外力。

2）电熔承插连接质量检验

① 电熔管件端口处的管材周边应有明显刮皮痕迹和明显的插入长度标记。

② 接缝处不应有熔融料溢出。

③ 电熔管件内电阻丝不应挤出（特殊结构设计的电熔管件除外）。

④ 电熔管件上观察孔中应能看到有少量熔融料溢出，但溢料不得呈流淌状。

（7）电熔鞍形连接与质量检验

1）电熔鞍形连接操作

①应采用机械装置固定干管连接部位的管段，使其保持直线度和圆度。

②应将管材连接部位擦拭干净，并应采用刮刀刮除管材连接部位表皮氧化层。

③通电前，应将电熔鞍形连接管件用机械装置固定在管材连接部位。

④通电电压、加热及冷却时间应符合相关标准规定或电熔管件供应商的要求。

⑤电熔连接冷却期间，不得移动连接件或在连接件上施加任何外力。

2）电熔鞍形连接质量检验

①电熔鞍形管件周边的管材上应有明显刮皮痕迹。

②鞍形分支或鞍形三通的出口应垂直于管材的中心线。

③管材壁不应塌陷。

④熔融料不应从鞍形管件周边溢出。

⑤鞍形管件上观察孔中应能看到有少量熔融料溢出，但溢料不得呈流淌状。

（8）法兰连接与质量检验

1）法兰连接操作

①应首先将法兰盘套入待连接的塑料法兰连接件的端部。

②两法兰盘上螺孔应对中，法兰面相互平行，螺栓孔与螺栓直径应配套，螺栓规格应一致，螺母应在同一侧。

③紧固法兰盘上的螺栓应按对称顺序分次均匀紧固，螺栓拧紧后宜伸出螺母1～3丝扣。

④法兰盘、紧固件应采用钢质法兰盘且应经过防腐处理，并应达到原设计防腐要求。

⑤金属端与金属管连接应符合金属管连接要求。

2）法兰连接质量检验

①法兰接口的金属法兰盘应与管道同心，螺栓孔与螺栓直径应配套，螺栓应能自由穿入，螺栓拧紧后宜伸出螺母1～3丝扣。

②法兰盘、紧固件应经防腐处理，并应符合原设计要求。

③当管道公称直径小于或等于315mm时，法兰中轴线与管道中轴线的允许偏差应为±1mm；当管道公称直径大于315mm时，允许偏差应为±2mm。

④法兰面应相互平行，其允许偏差不应大于法兰盘外径的1.5%，且不应大于2mm；螺孔中心允许偏差不应大于孔径的5%。

（9）钢塑转换接头连接

1）钢塑转换接头塑料端宜与聚乙烯管连接。

2）钢塑转换接头钢管端与金属管道连接应符合设计要求。

3）钢塑转换接头钢管端与钢管焊接时，在钢塑过渡段应采取降温措施。

4）钢塑转换接头连接后应对接头进行防腐处理，并应达到原设计防腐要求。

4.管道敷设工序质量控制点

（1）管道应在沟底标高和管沟基础质量检查合格后，方可敷设。

（2）下管时，应采用非金属绳（带）捆扎和吊运，不得采用穿心吊装，且管道不得划伤、扭曲或产生过大的拉伸和弯曲。

（3）接口工作坑应配合管道敷设进度及时开挖，开挖尺寸应满足操作人员和连接工具安装作业空间的要求，并应便于检验人员检查。

（4）管道与井室宜采用柔性连接，连接方式符合设计要求；设计无要求时，可采用承插管件连接或中介层做法。

（5）管道系统设置的弯头、三通、变径处应采用混凝土支墩或金属卡箍拉杆等技术措施；在消火栓及闸阀的底部应加垫混凝土支墩；非锁紧型承插连接管道，每根管节应有3点以上的固定措施。

（6）埋地聚乙烯给水管道宜蜿蜒敷设，并可随地形自然弯曲，弯曲半径不应小于30倍管道公称直径。当弯曲管段上有管件时，弯曲半径不应小于125倍管道公称直径；其他塑料管道宜直线敷设。

（7）管道穿越铁路、高速公路、城市道路主干道时，宜采用非开挖施工，并应设置金属或钢筋混凝土套管，套管伸出路基长度应满足设计要求。套管内应清洁无毛刺；穿越的管道应采用刚性连接，经试压且验收合格后方可与套管外管道连接；严寒和寒冷地区穿越的管道应采取保温措施；稳管措施应符合设计要求。

（8）安装完的管道中心线及高程调整合格后，即将管底有效支撑角范围用中粗砂回填密实，不得用土或其他材料回填。

5. 沟槽回填工序质量控制点

（1）管道敷设完毕并经外观检验合格后，应及时进行沟槽回填。在水压试验前，除连接部位可外露外，管道两侧和管顶以上的回填高度不宜小于0.5m；水压试验合格后，应及时回填其余部分。

（2）管道回填前应检查沟槽，沟槽内的积水和砖、石、木块等杂物应清除干净。

（3）管道在地下水位较高的地区或雨期施工时，应采取降低水位或排水措施，并应及时清除沟内积水。管道在漂浮状态下不得回填。

（4）管道沟槽回填应从管道两侧同时对称均衡进行，管道不得产生位移。必要时应对管道采取临时限位措施，防止管道上浮。

（5）管道系统中阀门井等附属构筑物周围回填应符合下列规定：

1）井室周围的回填，应与管道沟槽回填同时进行；不能同时进行时，应留阶梯形接茬。

2）井室周围回填压实时应沿井室中心对称进行，且不得漏夯。

3）回填材料压实后应与井壁紧贴。

4）路面范围内的井室周围，应采用石灰土、砂、砂砾等材料回填，且回填宽度不宜小于400mm。

5）不得在槽壁取土回填。

（6）沟槽回填时，不得回填淤泥、有机物或冻土，回填土中不得含有石块、砖及其他杂物。

（7）管道管基设计中心角范围内应采取中、粗砂填充压实，其压实系数应符合设计要求。

（8）沟槽回填时，回填土或其他回填材料应从沟槽两侧对称运入槽内，不得直接回填在管道上，不得损伤管道及其接口。

（9）每层回填土的虚铺厚度，应根据所采用的压实机具按表 4-6 的规定选取。

塑料给水管道每层回填土的虚铺厚度 表4-6

压实机具	虚铺厚度（mm）
木夯、铁夯	≤ 200
轻型压实设备	200～250
压路机	200～300

（10）当沟槽采用钢板桩支护时，应在回填达到规定高度后，方可拔除钢板桩。钢板桩拔除后应及时回填桩孔，并应填实。当对周围环境影响有要求时，可采取边拔桩边注浆措施。

（11）沟槽回填时，应严格控制管道的竖向变形。当管道内径大于 800mm 时，应在管内设置临时竖向支撑或采取预变形等措施。

（12）管道管区回填施工应符合下列规定：

1）管底基础至管顶以上 0.5m 范围内，应采用人工回填，轻型压实设备夯实，不得采用机械推土回填。

2）回填、夯实应分层对称进行，每层回填土高度不应大于 200mm，不得单侧回填、夯实。

3）管顶 0.5m 以上采用机械回填压实时，应从管轴线两侧同时均匀进行，并应夯实、碾压。

（13）管道回填作业每层土的压实遍数，应根据压实系数要求、压实工具、虚铺厚度和含水量，经现场试验确定。

（14）采用重型压实机械压实或较重车辆在回填土上行驶时，管顶以上应有一定厚度的压实回填土，其最小厚度应根据压实机械的规格和管道的设计承载能力，并经计算确定。

（15）岩溶区、湿陷性黄土、膨胀土、永冻土等地区的塑料给水管道沟槽回填，应符合设计要求和当地的有关规定。

（16）管道沟槽回填土压实系数与回填材料等应符合设计要求。

6. 管道附件安装工序质量控制点

（1）伸缩补偿器安装

1）伸缩补偿器可采用套筒、卡箍、活箍等形式，伸缩量不宜小于 12mm。当采用伸缩量大的补偿器时，补偿器之间的距离应按设计计算确定。

2）补偿器安装时应与管道保持同轴，不得用补偿器的轴向、径向、扭转等变形来调整管位的安装误差。

3）安装时应设置临时约束装置，待管道安装固定后再拆除临时约束装置，并应解除限位装置。

4）管道插入深度可按伸缩量确定，上下游管端插入补偿器长度应相等，其管端间距不宜小于 4mm。

5）管道转弯处，补偿器宜等距离设置在弯头两侧。

（2）阀门安装

1）阀门安装前应检查阀芯的开启度和灵活度，并应对阀门进行清洗、上油和试压。

2）安装有方向性要求的阀门时，阀体上箭头方向应与水流方向一致。

3）阀门安装时，与阀门连接的法兰应保持平行，安装过程中应保持受力均匀，不得强力组装。阀门下部应根据设计要求设置固定墩。

4）直埋的阀门应按设计要求对阀体、法兰、紧固件进行防腐处理。

7. 支管、进户管与已建管道的连接工序质量控制点

（1）支管、进户管与已建管道连接宜在已施工管段水压试验及冲洗消毒合格后进行。

（2）支管、进户管与已建管道连接可采用止水栓、分水鞍（鞍形分支）或三通、四通等管件连接。不停水接支管、进户管宜采用可钻孔的止水栓或分水鞍（鞍形分支）。

（3）埋地塑料给水管道的弯头和弯曲段上不得安装止水栓或分水鞍（鞍形分支）。在已建管道上开孔时，孔径不得大于管材外径的1/2；在同一根管材上开孔超过一个时，相邻两孔间的最小间距不得小于已建管道公称直径7倍；止水栓或分水鞍（鞍形分支）离已建管道接头处的净距不宜小于0.3m。

（4）在安装支管、进户管处需开槽时，工作坑宽度可按管道敷设、砌筑井室、回填土夯实等施工操作要求确定。槽底挖深不宜小于已建管道管底以下0.2m。

（5）支管、进户管安装完毕后，应按设计要求浇筑混凝土止推墩、井室基础、砌筑井室及安装井盖等附属构筑物，或安装阀门延长杆等设施。

（6）进户管穿越建筑物地下墙体或基础时，应在墙或基础内预留或开凿不小于管外径加150mm的孔洞，并安装硬质套管保护进户管，待管道敷设完毕后，将管外部空隙用黏性土封堵填实。进户管穿越建筑物地下室外墙时，应按设计要求施工。

8. 质量检查

（1）焊缝应完整，无缺损和变形现象；焊缝连接应紧密，无气孔、鼓泡和裂缝；电熔连接的电阻丝不裸露。

（2）熔焊焊缝焊接力学性能不低于母材。

（3）热熔对接连接后应形成凸缘，且凸缘形状大小均匀一致，无气孔、鼓泡和裂缝；接头处有沿管节圆周平滑对称的外翻边，外翻边最低处的深度不低于管节外表面；管壁内翻边应铲平；对接错边量不大于管材壁厚的10%，且不大于3mm。

4.5.2 埋地塑料排水管道

埋地塑料排水管道，一般包括：硬聚氯乙烯（PVC-U）管、硬聚氯乙烯（PVC-U）双壁波纹管、硬聚氯乙烯（PVC-U）加筋管、聚乙烯（PE）管、聚乙烯（PE）双壁波纹管、聚乙烯（PE）缠绕结构壁管、钢带增强聚乙烯（PE）螺旋波纹管、钢塑复合缠绕管、双平壁钢塑缠绕管、聚乙烯（PE）塑钢缠绕管；不包括：玻璃纤维增强塑料夹砂管。

1. 材料质量控制

（1）塑料排水管道应进行进场检验，应查验材料供应商提供的产品质量合格证和检验报告；应按设计要求对管材及管道附件进行核对；应按产品标准及设计要求逐根检验管道外

观；应重点抽检规格尺寸、环刚度、环柔度、冲击强度等项目，符合要求方可使用。

（2）埋地塑料排水管道系统所用的管材应符合下列规定：

1）硬聚氯乙烯（PVC-U）管应符合现行国家标准《无压埋地排污、排水用硬聚氯乙烯（PVC-U）管材》GB/T 20221 的规定。

2）硬聚氯乙烯（PVC-U）双壁波纹管应符合现行国家标准《埋地排水用硬聚氯乙烯（PVC-U）结构壁管道系统 第1部分：双壁波纹管材》GB/T 18477.1 的规定。

3）硬聚氯乙烯（PVC-U）加筋管应符合现行国家标准《埋地排水用硬聚氯乙烯（PVC-U）结构壁管道系统 第2部分：加筋管材》GB/T 18477.2 的规定。

4）聚乙烯（PE）管物理力学性能应符合现行国家标准《给水用聚乙烯（PE）管道系统 第2部分：管材》GB/T 13663.2 的规定。

5）聚乙烯（PE）双壁波纹管应符合现行国家标准《埋地用聚乙烯（PE）结构壁管道系统 第1部分：聚乙烯双壁波纹管材》GB/T 19472.1 的规定。

6）聚乙烯（PE）缠绕结构壁管应符合现行国家标准《埋地用聚乙烯（PE）结构壁管道系统 第2部分：聚乙烯缠绕结构壁管材》GB/T 19472.2 的规定。

7）钢带增强聚乙烯（PE）螺旋波纹管应符合现行行业标准《埋地排水用钢带增强聚乙烯（PE）螺旋波纹管》CJ/T 225 的规定。

8）钢塑复合缠绕排水管应符合现行行业标准《埋地钢塑复合缠绕排水管材》QB/T 2783 的规定。

9）双平壁钢塑缠绕管应符合现行行业标准《埋地双平壁钢塑复合缠绕排水管》CJ/T 329 的规定。

10）聚乙烯（PE）塑钢缠绕管应符合现行行业标准《聚乙烯塑钢缠绕排水管及连接件》CJ/T 270 的规定。

（3）弹性密封橡胶圈，应由管材供应商配套供应，弹性密封橡胶圈的外观应光滑平整，不得有气孔、裂缝、卷褶、破损、重皮等缺陷。

弹性密封橡胶圈应采用氯丁橡胶或其他耐酸、碱、污水腐蚀性能的合成橡胶，其性能应符合现行国家标准《橡胶密封件 给、排水管及污水管道用接口密封圈材料规范》GB/T 21873 的规定。橡胶密封圈的邵氏硬度宜采用 50 ± 5；伸长率应大于 400%；拉伸强度不应小于 16MPa。

（4）电热熔带应由管材供应商配套供应。电热熔带的外观应平整，电热丝嵌入应平顺、均匀、无褶皱、无影响使用的严重翘曲；电热熔带的基材应为管道用聚乙烯材料；中间的电热元件应采用以镍铬为主要成分的电热丝，电热丝应无短路、断路，电阻值不应大于 20Ω。电热熔带的强度应符合国家现行相关产品标准的规定。

（5）承插式电熔连接所用的电热元件应由管材供应商配套供应，应在管材出厂前预装在管体上。电热元件宜由黄铜线制成，表面应光滑，无裂缝、起皮及断裂；呈折叠状的电热元件宜预装在承口端内表面，并应安装牢固。电热元件的强度应符合国家现行相关产品标准的规定。

（6）热熔挤出焊接所用的焊接材料应采用与管材相同的材质。

（7）卡箍（哈夫）连接所用的金属材料，其材质要求应符合国家现行有关标准的规定，并应作防腐、防锈处理。

（8）聚氯乙烯管道连接所用的胶粘剂应符合现行行业标准《硬聚氯乙烯（PVC–U）塑料管道系统用溶剂型胶粘剂》QB/T 2568 的规定。

2. 沟槽开挖与地基处理工序质量控制点

（1）沟槽开挖

1）塑料排水管道沟槽开挖前，应对设置的临时水准点、管道轴线控制桩、高程桩进行复核。

2）塑料排水管道沟槽底部的开挖宽度应符合设计要求。

3）塑料排水管道沟槽侧向的堆土位置距槽口边缘不宜小于 1.0m，且堆土高度不宜超过1.5m。

4）塑料排水管道沟槽的开挖应严格控制基底高程，不得扰动基底原状土层。基底设计标高以上 0.2～0.3m 的原状土，应在铺管前用人工清理至设计标高。当遇超挖或基底发生扰动时，应换填天然级配砂石料或最大粒径小于 40mm 的碎石，并应整平夯实，其压实度应达到基础层压实度要求，不得用杂土回填。当槽底遇有尖硬物体时，必须清除，并用砂石回填处理。

5）塑料排水管道地基基础应符合设计要求，当管道天然地基的强度不能满足设计要求时，应按设计要求加固。

6）塑料排水管道系统中承插式接口、机械连接等部位的凹槽，宜在管道铺设时随铺随挖。凹槽的长度、宽度和深度可按管道接头尺寸确定（图 4-14）。在管道连接完成后，应立即用中粗砂回填密实。

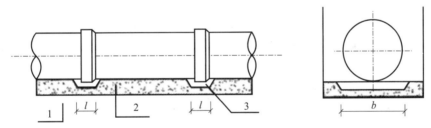

图 4-14　管道接口处的凹槽

1—原状土地基；2—中粗砂基础；3—凹槽；

l—凹槽长度；b—凹槽宽度

（2）地基处理

1）塑料排水管管道地基处理宜采用砂桩、块石灌注桩等复合地基处理方法。不得采用打入桩、混凝土垫块、混凝土条基等刚性地基处理措施。

2）对一般土质，应在管底以下原状土地基上铺垫 150mm 中粗砂基础层。

3）当沟槽底为岩石或坚硬物体时，铺垫中粗砂基础层的厚度不应小于 150mm。

4）对软土地基，当地基承载能力小于设计要求或由于施工降水、超挖等原因，地基原状土被扰动而影响地基承载能力时，应按设计要求对地基进行加固处理，在达到规定的地基承载能力后，再铺垫 150mm 中粗砂基础层。

5）用土工布（土工织物）对敷设在高地下水位的软土地层中的塑料管道进行纵向及横

向加固。

① 在地基土层变动部位防止或减少管道纵向不均匀沉降的敷设方法。土工布包覆后能起到地基梁的作用,可根据土质变化情况及范围采用不同包覆方式(图 4-15)。

② 防止高地下水位管道上浮的土工布包覆方法(图 4-16)。

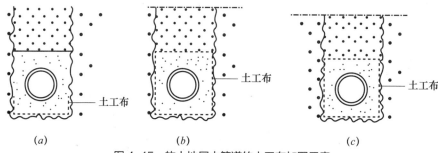

图 4-15 软土地层中管道的土工布加固示意

③ 防止土壤中细颗粒土因地下水流动而转移的土工布包覆方法(图 4-17)。土工布的搭接,当采用熔接搭接时,搭接长度不小于 0.3m;当采用非熔接搭接时,搭接长度不小于 0.5m。

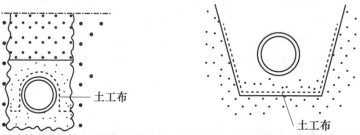

图 4-16 防止管道上浮的土工布包覆示意 图 4-17 防止细颗粒土流失的土工布包覆示意

3. 管道连接工序质量控制点

(1)一般规定

1)塑料排水管道连接时,应对管道内杂物进行清理,每日完工时,管口应采取临时封堵措施。

2)塑料排水管道下管前,对应进行管道变形检测的断面,应首先量出该管道断面的实际直径尺寸,并做好标记。

3)承插式密封圈连接、双承口式密封圈连接、卡箍(哈夫)连接所用的密封件、紧固件等配件,以及胶粘剂连接所用的胶粘剂,应由管材供应商配套供应;承插式电熔连接、电热熔带连接、挤出焊接连接应采用专用工具进行施工。

4)塑料排水管道安装时应对连接部位、密封件等进行清洁处理;卡箍(哈夫)连接所用的卡箍、螺栓等金属制品应按相关标准要求进行防腐处理。

5)应根据塑料排水管道管径大小、沟槽和施工机具情况,确定下管方式。采用人工方式下管时,应使用带状非金属绳索平稳溜管入槽,不得将管材由槽顶滚入槽内;采用机械方式下管时,吊装绳应使用带状非金属绳索,吊装时不应少于两个吊点,不得串心吊装,下沟应平稳,不得与沟壁、槽底撞击。

6）塑料排水管道连接完成后，应进行接头质量检查。不合格者必须返工，返工后应重新进行接头质量检查。

（2）弹性密封橡胶圈连接（承插式或双承口式）

1）连接前，应先检查橡胶圈是否配套完好，确认橡胶圈安放位置及插口应插入承口的深度，插口端面与承口底部间应留出伸缩间隙，伸缩间隙的尺寸应由管材供应商提供，管材供应商无明确要求的宜为10mm。确认插入深度后应在插口外壁做出插入深度标记。

2）连接时，应先将承口内壁清理干净，并在承口内壁及插口橡胶圈上涂覆润滑剂，然后将承插口端面的中心轴线对正。

3）公称直径小于或等于400mm的管道，可采用人工直接插入；公称直径大于400mm的管道，应采用机械安装，可采用2台专用工具将管材拉动就位，接口合拢时，管材两侧的专用工具应同步拉动。安装时，应使橡胶密封圈正确就位，不得扭曲和脱落。

4）接口合拢后，应对接口进行检测，应确保插入端与承口圆周间隙均匀，连接的管道轴线保持平直。

（3）卡箍（哈夫）连接

1）连接前应对待连接管材端口外壁进行清洁处理。

2）待连接的两管端口应对正。

3）应正确安装橡胶密封件，对于钢带增强螺旋管必须在管端的波谷内加填遇水膨胀橡胶塞。

4）安装卡箍（哈夫），并应紧固螺栓。

（4）胶粘剂连接

1）应检查管材质量，并应将插口外侧和承口内侧表面擦拭干净，不得有油污、尘土和水迹。

2）粘结前应对承口与插口松紧配合情况进行检验，并应在插口端表面划出插入深度的标线。

3）应在承口、插口连接表面用毛刷涂上符合管材材性要求的专用胶粘剂，先涂承口内面，后涂插口外面，沿轴向由里而外均匀涂抹，不得漏涂或涂抹过量。

4）涂抹胶粘剂后，应立即校正对准轴线，将插口插入承口，并至标线处，然后将插入管旋转1/4圈，并保持轴线平直。

5）插接完毕应及时将挤出接口的胶粘剂擦拭干净，静止固化，固化期间不得在连接件上施加任何外力，固化时间应符合相关标准规定。

（5）热熔对接连接

1）应根据管材或管件的规格，选用相应的夹具，将连接件的连接端伸出夹具，自由长度不应小于公称直径的10%，移动夹具使连接件端面接触，并校直对应的待连接件，使其在同一轴线上，错边不应大于壁厚的10%。

2）应将管材或管件的连接部位擦拭干净，并铣削连接件端面，使其与轴线垂直；连续切削平均厚度不宜大于0.2mm，切削后的熔接面应防止污染。

3）连接件的端面应采用热熔对接连接设备加热，加热时间应符合相关标准规定。

4）加热时间达到工艺要求后，应迅速撤出加热板，检查连接件加热面熔化的均匀性，不得有损伤；并应迅速用均匀外力使连接面完全接触，直至形成均匀一致的对称翻边。

5）在保压冷却期间不得移动连接件或在连接件上施加任何外力。

（6）承插式电熔连接

1）应将连接部位擦拭干净，并在插口端划出插入深度标线。

2）当管材不圆度影响安装时，应采用整圆工具进行整圆。

3）应将插口端插入承口内，至插入深度标线位置，并检查尺寸配合情况。

4）通电前，应校直两对应的连接件，使其在同一轴线上，并应采用专用工具固定接口部位。

5）通电加热时间应符合相关标准规定。

6）电熔连接冷却期间，不得移动连接件或在连接件上施加任何外力。

（7）电热熔带连接

1）连接前应对连接表面进行清洁处理，并应检查电热熔带中电热丝是否完好，并应将待焊面对齐。

2）通电前应采用锁紧扣带将电热带扣紧，电流及通电时间应符合相关标准规定。

3）电熔带长度应不小于管材焊接部位周长的1.25倍。

4）对于钢带增强聚乙烯螺旋波纹管，必须对波峰钢带断开处进行挤塑焊接密封处理。

5）严禁带水作业。

（8）热熔挤出焊接连接

1）连接前应对连接表面进行清洁处理，并对正焊接部位。

2）应采用热风机预热待焊部位，预热温度应控制在能使挤出的熔融聚乙烯能够与管材融为一体的范围内。

3）应采用专用挤出焊机和与管材材质相同的聚乙烯焊条焊接连接端面。

4）对公称直径大于800mm的管材，应进行内外双面焊接。

4. 管道敷设工序质量控制点

（1）塑料排水管道在敷设、回填的过程中，槽底不得积水或受冻。在地下水位高于开挖沟槽槽底高程的地区，地下水位应降至槽底最低点以下不小于0.5m。

（2）塑料排水管道安装时应将插口顺水流方向，承口逆水流方向；安装宜由下游往上游依次进行；管道两侧不得采用刚性垫块的稳管措施。

（3）塑料排水管道在雨期施工或地下水位高的地段施工时，应采取防止管道上浮的措施。当管道安装完毕尚未覆土，遭水泡时，应对管中心和管底高程进行复测和外观检测，当发现位移、漂浮、拔口等现象时，应进行返工处理。

（4）塑料排水管道施工和道路施工同时进行时，若管顶覆土厚度不能满足标准要求，应按道路路基施工机械荷载大小验算管侧土的综合变形模量值，并宜按实际需要采用以下加固方式：

1）对公称直径小于1200mm的塑料排水管道，可采用先压实路基，再开挖敷管的方式。当地基强度不能满足设计要求时，应先进行地基处理，然后再开挖敷管。

2）对管侧沟槽回填可采用砂砾、高（中）钙粉煤灰、二灰土等变形模量大的材料。

3）上述两种加固方式同时进行。

5. 沟槽回填工序质量控制点

（1）一般规定

1）塑料排水管道敷设完毕并经外观检验合格后，应立即进行沟槽回填。在密闭性检验前，除接头部位可外露外，管道两侧和管顶以上的回填高度不宜小于0.5m；密闭性检验合格后，应及时回填其余部分。

2）回填前应检查沟槽，沟槽内不得有积水，砖、石、木块等杂物应清除干净。

3）沟槽回填应从管道两侧同时对称均衡进行，并应保证塑料排水管道不产生位移。必要时应对管道采取临时限位措施，防止管道上浮。

4）塑料排水管道沟槽回填时，不得回填淤泥、有机物或冻土，回填土中不得含有石块、砖及其他杂物。

5）塑料排水管道管基设计中心角范围内应采取中粗砂填充密实，并应与管壁紧密接触，不得用土或其他材料填充。

6）回填土或其他回填材料运入沟槽内，应从沟槽两侧对称运入槽内，不得直接回填在塑料排水管道上，不得损伤管道及其接口。

7）塑料排水管道每层回填土的虚铺厚度，应根据所采用的压实机具按表4-7的规定选取。

塑料排水管道每层回填土的虚铺厚度　　　　　　　　　　　表4-7

压实机具	虚铺厚度（mm）
木夯、铁夯	≤200
轻型压实装备	200～250
压路机	200～300
振动压路机	≤400

8）当沟槽采用钢板桩支护时，应在回填达到规定高度后，方可拔除钢板桩。钢板桩拔除后应及时回填桩孔，并应填实。当采用砂灌填时，可冲水密实；当对周围环境影响有要求时，可采取边拔桩边注浆措施。

9）塑料排水管道沟槽回填时应严格控制管道的竖向变形。当管道内径大于800mm时，可在管内设置临时竖向支撑或采取预变形等措施。回填时，可利用管道胸腔部分回填压实过程中出现的管道竖向反向变形来抵消一部分垂直荷载引起的管道竖向变形，但应将其控制在设计规定的管道竖向变形范围内。

10）塑料排水管道回填作业每层土的压实遍数，应根据压实度要求、压实工具、虚铺厚度和含水量，经现场试验确定。

11）采用重型压实机械压实或较重车辆在回填土上行驶时，管顶以上应有一定厚度的压实回填土，其最小厚度应根据压实机械的规格和管道的设计承载能力，经计算确定。

12）岩溶区、湿陷性黄土、膨胀土、永冻土等地区的塑料排水管道沟槽回填，应符合设计要求和当地工程建设标准规定。

（2）检查井、雨水口及其他附属构筑物周围回填

1）井室周围的回填，应与管道沟槽回填同时进行；不能同时进行时，应留阶梯形接茬。

2）井室周围回填压实时应沿井室中心对称进行，且不得漏夯。

3）回填材料压实后应与井壁紧贴。

4）路面范围内的井室周围，应采用石灰土、砂、砂砾等材料回填，且回填宽度不宜小于400mm。

5）严禁在槽壁取土回填。

（3）塑料排水管道管区回填施工

1）管底基础至管顶以上0.5m范围内，必须采用人工回填，轻型压实设备夯实，不得采用机械推土回填。

2）回填、夯实应分层对称进行，每层回填土高度不应大于200mm，不得单侧回填、夯实。

3）管顶0.5m以上采用机械回填压实时，应从管轴线两侧同时均匀进行，并夯实、碾压。

6. 质量检查

塑料排水管道工程质量检验项目和要求，应按现行国家标准《给水排水管道工程施工及验收规范》GB 50268的规定执行。

4.5.3 塑料排水检查井

1. 材料质量控制

（1）进入现场的检查井成品外观质量：

1）井筒内外壁应光滑平整，无气泡、裂缝、凹陷和破损变形。

2）检查井色泽应基本一致，同时接口应完好，无裂纹变形。

3）检查井相关连接管件与配件等应齐全，并应与各部件匹配一致，表面无明显缺陷。

4）产品质量合格证、出厂检验报告应齐全。

（2）进入施工现场的检查井产品应按同一厂家、同一规格取样，进行下列复试：

1）井底座的轴向静荷载、稳定性、抗冲击性。

2）井筒的环刚度、环柔性。

3）收口锥体的稳定性等。

（3）对外观质量不符合要求的检查井，应返修处理，经返修处理后的产品应重新组织验收。

2. 井坑开挖与支护工序质量控制点

（1）井坑开挖应与管道沟槽同时进行，并应保持井底座主管道与管沟中的管道在同一轴线上。

（2）井坑开挖应保证安全施工，应采取放坡开挖或采取支护措施，参见本书4.2.1节中相关内容。

（3）当开挖时，临时堆土或施加其他荷载不得影响井坑的稳定性，堆土高度及其距井坑边缘的距离，参见本书4.2.1节中相关内容。

（4）井坑开挖施工工作面宽度应符合施工要求。

（5）当地下水位高于坑底时，应把地下水降至井坑最低点500mm以下。检查井安装连接完毕后，应回填至满足检查井抗浮稳定的高度后方能停止降水。当检查井安装结束尚未回填遭水淹，发生位移、漂浮或拔口时，应返工处理。

（6）井坑底部的砖、石等坚硬物体应清除。

（7）当施工时发生井坑被水浸泡，应将水排除，清除被浸泡的土层，换填砂砾石或中粗砂，夯实达到设计要求后再进行下道工序。

3. 检查井基础工序质量控制点

（1）检查井应安装在符合设计要求的地基及基础上。

（2）砂、砾石垫层应按沿管道方向及沿管道垂直方向应采用不小于检查井直径加400mm的基础尺寸铺垫，并应摊平、压实，其压实系数不应小于0.95。

4. 井底座、收口锥体与井筒安装工序质量控制点

（1）井底座安装

1）井底座安装前应复核井底座编号、规格、接管管径。

2）井底座安装不得扰动检查井基础，当检查井基础受到损坏时，应采取有效的补救措施。

3）对带有倒空腔的井底座，宜采用泡沫混凝土或类似材料填充倒空腔，固化后方可下沟安装。

4）井底座中心定位后，应将井底座置于井坑基础上，调整井底标高和接管位置符合设计要求后接管安装。

（2）井底座与排水管道连接

1）当进行安装时，应将待安装的管道或井底座向已安装的井底座或管道方向连接，不得逆向安装；连接作业应按安装操作说明执行。

2）当汇入管径小于井底座预制接口的管径时，应采用管顶平接；当井底座排出管接口大于下游管道时，应采用管内底平接。

3）汇入管道管底不应低于检查井的流槽底部。

4）当检查井与金属管道、混凝土管道、钢带增强聚乙烯螺旋管或其他材质管道相连接时，应设置专用过渡接头，并应采用弹性橡胶密封圈柔性连接的方式进行连接；必要时可采用热收缩带（套）补强。

5）在闭合管段进行井和管的连接时，应采用套筒等特殊管件连接。

（3）井筒及收口锥体安装

1）井筒、收口锥体的规格、尺寸应符合设计要求。收口式检查井的收口锥体偏心安装位置应符合设计要求，并与井筒中心轴线方向一致。

2）施工安装前应复核井筒长度。当地面或路面标高难以确定时，井筒长度可适当预留余量。

3）当井筒与井底座或收口锥体连接、收口锥体与井底座连接时应保持垂直，并应使用专用收紧工具，不得使用重锤敲击。

4）当采用热收缩带（套）密封补强时，应从热收缩带（套）中间开始，沿环向进行加

热，至收缩带（套）完全贴合在管道表面、边缘有热熔胶溢出为止。热收缩完全收缩后，沿轴向均匀来回加热，使内层的热熔胶充分融化，以达到更好的粘结效果。回火时间应根据环境气温、温差大小调整。

（4）连接管件与配件安装

1）井筒活接头接入排水支管

① 井底座安装就位后，应截取符合设计高度要求的井筒，并应根据接入支管管底标高确定开孔位置。

② 应采用专用工具在井筒上开孔。

③ 可采用弹性橡胶密封垫与螺纹丝扣压紧连接、热熔连接、焊接连接等方式将活接头安装至井筒上。

④ 应将井筒活接头与管道连接，可采用熔接连接、焊接连接、弹性密封圈承插式连接或热收缩带（套）连接等。

2）井筒活接头开孔

① 开孔直径不应超过活接头管件外径 6mm。

② 需多处开孔时，开孔边缘相互净间距不应小于 100mm。

③ 支管、连管接入不得倒坡。

3）井筒接管件接入排水支管

① 当采用井筒接管件接入排水支管时，安装高度、尺寸符合要求，安装的密封性应符合要求。

② 在井筒的同一高程处，当需接入来自不同方向的 1~3 根排水支管时，应采用井筒接管件。

③ 在井筒的同一高程处，当需接入来自同一方向的 2~3 根排水支管时，宜采用汇流接管件合流后，再通过井筒接管件接入检查井。

④ 当进行安装时，应采用专用的收紧机具进行连接，不得使用重锤敲打。

⑤ 支管、连管接入不得倒坡。

5. 井坑回填质量控制点

（1）回填应按照设计要求在管道和检查井验收合格后进行。当遇雨季或地下水位较高时应及时回填。

（2）应从检查井圆周底部分层、对称回填、夯实，并应与管道沟槽的回填同步进行，每层厚度不宜超过 300mm。

（3）连接管件下部应夯实至规定压实系数。

（4）回填应采用电动打夯机或木夯等轻型夯实工具对称夯实，不得使检查井产生位移和倾斜，不得机械回填，回填密实度应符合设计要求。

（5）回填时井坑内应无积水，不得带水回填，不得回填淤泥、湿陷性土、膨胀土及冻土；回填土中不得含有石块、砖块及其他硬杂物。

（6）当雨季或地下水位较高地区施工时，应采取防止检查井上浮的措施。

（7）当检查井位于道路路基范围内时，应采用石灰土、砂、砂砾等材料回填，其每侧回填宽度不宜小于 400mm。

（8）井坑回填其他质量控制要求，参见本书 4.5.2 节中相关内容。

6. 挡圈与承压圈、井盖与盖座安装质量控制点

（1）挡圈及承压圈安装

1）检查井回填完成后应安装挡圈，承压圈褥垫层铺设前，应在井筒外侧放置挡圈，在井筒与挡圈的间隙中应选用柔性密封材料封严。挡圈尺寸依照褥垫层厚度和井筒与承压圈之间的间隙确定。

2）承压圈的安装应在挡圈安装完成后进行。

3）承压圈、褥垫层的结构、尺寸应符合设计要求。

4）安装后，承压圈底部与井筒顶部之间的间隙不应小于 100mm。

5）承压圈应水平安装，圆心应与井筒中心轴线同心。

（2）井盖安装

1）井盖安装前应测量井筒的长度，并应切割井筒的多余部分。切割后的井筒顶面应水平、平整。

2）安装井盖应按检查井的输送介质性质确定，污水井盖和雨水井盖等不得混淆。

3）安装井盖时，井盖不能偏移，并与井筒的轴心对准，安装后应将周围均匀回填至设计要求高度。

7. 质量检查

（1）放坡、撑板支撑的井坑开挖

1）井坑坑底应无超挖和扰动现象，天然地基应符合设计要求；当发生超挖、扰动或天然地基不符合要求时，应按设计要求进行地基处理。

2）井坑开挖断面形式、撑板支撑材料和支撑方式应符合设计要求，撑板支撑时应与同步施工的管道沟槽形成整体支撑体系。

3）井坑坑底应密实平整，无隆沉、渗水现象；边坡应稳定，撑板支撑应稳固；井坑坑壁应无变形、渗水等现象。

4）井坑降排水设施应运行正常，明排水布置应合理有效。

5）撑板支撑构件安装应牢固、位置正确，横撑不得妨碍检查井拼接安装。

6）放坡开挖、撑板支撑的井坑开挖允许偏差应符合设计要求。

（2）钢板桩支护的井坑开挖

1）钢板桩及其支撑系统的材质规格、围护支撑方式应符合设计要求，桩体不应弯曲、锁口不应有缺损和变形；钢板桩及钢制构件的接头焊缝质量不低于Ⅱ级焊缝要求，同一截面内（竖向 1m 范围）桩身接头不应超过 50％。

2）井坑坑底应无未超挖和扰动现象，天然地基符合设计要求；若发生超挖、扰动或天然地基不符合要求，应按设计要求进行地基处理。

3）井坑钢板桩支撑方式应符合规范规定和设计要求，并应与同步施工的管道沟槽形成整体支撑体系。

4）井坑坑底应密实平整，无隆沉、渗水现象；支护体系应稳定，无变形、渗水等现象。

5）钢板桩排桩线形应直顺、垂直，锁口咬合应紧密；钢制斜牛腿节点焊缝检查应符合设计要求；钢围檩与钢板桩整体联系应紧密，安装位置应正确。

6）降排水设施应运行正常，明排水布置应合理有效。

（3）检查井基础

1）井坑开挖分项工程应经质量验收合格，坑底地基处理应符合设计要求，且不得受水浸泡和扰动。

2）基础所用砂、石材料应符合设计要求。

3）砂、石基础的厚度、压实度应符合设计要求；设计未要求时，基础压实系数不应小于0.95，基础厚度允许偏差为10mm。

4）砂、石基础应按设计要求尺寸铺垫，并应摊平压实。

5）砂石基础应与井底座底部、相邻连接管道底部接触均匀，无空隙。

6）检查井基础的允许偏差应符合设计要求。

（4）井底座、收口锥体与井筒安装

1）井底座、收口锥体与井筒以及相关连接管件与配件等产品规格尺寸、制造质量应符合相关产品技术标准的规定和设计要求；检查井基础分项工程应经质量验收合格。

2）井底座安装应就位稳固，连接方向应与管道一致；井底高程、井中心安装允许偏差应符合设计要求。

3）井底座、收口锥体、井筒等部件预拼装检验合格；安装时各部件连接处、与各汇入和流出管道连接处的接口安装到位；安装后各部件径向变形、井筒垂直度应符合设计要求。

4）管道与井底座连接应正确，接口胶圈应无脱落，管道应无倒坡现象，井及管道内应无杂物。

5）各类连接管件安装应正确、接口连接应紧密可靠，相关接口应按设计要求采用热收缩带（套）密封补强。

6）井底座、收口锥体与井筒安装允许偏差应符合设计要求。

（5）井坑回填

1）回填材料应符合设计要求。

2）沟槽不得带水回填，回填应密实。

3）检查井径向变形率不得超过设计要求；设计未要求时，径向变形率不应大于2%。

4）回填土压实度应符合设计要求。

5）井坑回填应分层对称回填、夯实。

6）回填应达到设计高程，表面应平整。

7）回填时检查井及管道应无损伤、沉降、位移。

（6）挡圈与承压圈、井盖与盖座安装

1）挡圈、承压圈、井盖、盖座及配件等产品规格尺寸、制造质量应符合相关产品技术标准的规定和设计要求；井底座、收口锥体与井筒安装分项工程应经质量验收合格。

2）挡圈、承压圈、井盖、盖座应安装稳固、位置正确，高度应满足道路或地面设计要求。井盖高程允许偏差：位于车行道上为−5～0mm，非车行道上为 ±10mm。

3）挡圈与井筒之间防渗措施应符合设计要求；现浇钢筋混凝土承压圈的褥垫层的平面尺寸、厚度以及混凝土强度、砂石压实度应符合设计要求。

4）承压圈底部与井筒顶部之间的间隙不应小于100mm。

5）道路上的井盖应与路面保持一致坡度；检查井内盖应盖好，并有橡胶圈密封。

6）挡圈与承压圈、井盖与盖座安装允许偏差应符合设计要求。

4.6 不开槽施工管道

4.6.1 一般规定

（1）根据工程设计、施工方法、工程水文地质条件，对邻近建（构）筑物、管线，应采用土体加固或其他有效的保护措施。

（2）根据设计要求、工程特点及有关规定，对管（隧）道沿线影响范围地表或地下管线等建（构）筑物设置观测点，进行监控测量。监控测量的信息应及时反馈，以指导施工，发现问题及时处理。

（3）每次测量前应对控制点（桩）进行复核，如有扰动，应进行校正或重新补设。

（4）施工设备、主要配套设备和辅助系统安装完成后，应经试运行及安全性检验，合格后方可掘进作业。

（5）操作人员应经过培训，掌握设备操作要领，熟悉施工方法、各项技术参数，考试合格方可上岗。

（6）管（隧）道内涉及的水平运输设备、注浆系统、喷浆系统以及其他辅助系统应满足施工技术要求和安全、文明施工要求。

（7）施工供电应设置双路电源，并能自动切换；动力、照明应分路供电，作业面移动照明应采用低压供电。

（8）采用顶管、盾构、浅埋暗挖法施工的管道工程，应根据管（隧）道长度、施工方法和设备条件等确定管（隧）道内通风系统模式；设备供排风能力、管（隧）道内人员作业环境等还应满足国家有关标准规定。

（9）采用起重设备或垂直运输系统时，应符合下列规定：

1）起重设备必须经过起重荷载计算。

2）使用前应按有关规定进行检查验收，合格后方可使用。

3）起重作业前应试吊，吊离地面100mm左右时，应检查重物捆扎情况和制动性能，确认安全后方可起吊；起吊时工作井内严禁站人，当吊运重物下井距作业面底部小于500mm时，操作人员方可近前工作。

4）严禁超负荷使用。

5）工作井上、下作业时必须有联络信号。

（10）所有设备、装置在使用中应按规定定期检查、维修和保养。

（11）施工中应做好掘进、管道轴线跟踪测量记录。

4.6.2 工作井

1. 材料质量控制

原材料、成品、半成品的产品质量控制，参见本书1.3节、1.4节及4.1.2节中相关内容。

2. 工作井工序质量控制点

（1）工作井的后背墙施工

1）顶管的顶进工作井、盾构的始发工作井的后背墙

① 后背墙结构强度与刚度必须满足顶管、盾构最大允许顶力和设计要求。

② 后背墙平面与掘进轴线应保持垂直，表面应坚实平整，能有效地传递作用力。

③ 施工前必须对后背土体进行允许抗力的验算，验算通不过时应对后背土体加固，以满足施工安全、周围环境保护要求。

2）顶管的顶进工作井后背墙

① 上、下游两段管道有折角时，还应对后背墙结构及布置进行设计。

② 装配式后背墙宜采用方木、型钢或钢板等组装，底端宜在工作坑底以下且不小于500mm；组装构件应规格一致、紧贴固定；后背土体壁面应与后背墙贴紧，有空隙时应采用砂石料填塞密实。

③ 无原土作后背墙时，宜就地取材设计结构简单、稳定可靠、拆除方便的人工后背墙。

④ 利用已顶进完毕的管道作后背时，待顶管道的最大允许顶力应小于已顶管道的外壁摩擦阻力；后背钢板与管口端面之间应衬垫缓冲材料，并应采取措施保护已顶入管道的接口不受损伤。

（2）工作井尺寸

工作井尺寸应结合施工场地、施工管理、洞门拆除、测量及垂直运输等要求确定。

1）顶管工作井

① 应根据顶管机安装和拆卸、管节长度和外径尺寸、千斤顶工作长度、后背墙设置、垂直运土工作面、人员作业空间和顶进作业管理等要求确定平面尺寸。

② 深度应满足顶管机导轨安装、导轨基础厚度、洞口防水处理、管接口连接等要求；顶混凝土管时，洞圈最低处距底板顶面距离不宜小于600mm；顶钢管时，还应留有底部人工焊接的作业高度。

2）盾构工作井

① 平面尺寸应满足盾构安装和拆卸、洞门拆除、后背墙设置、施工车架或临时平台、测量及垂直运输要求。

② 深度应满足盾构基座安装、洞口防水处理、井与管道连接方式要求，洞圈最低处距底板顶面距离宜大于600mm。

3）浅埋暗挖竖井

浅埋暗挖竖井的平面尺寸和深度应根据施工设备布置、土石方和材料运输、施工人员出入、施工排水等的需要以及设计要求进行确定。

（3）工作井洞口施工

1）顶留进、出洞口的位置应符合设计和施工方案的要求。

2）洞口土层不稳定时，应对土体进行改良，进出洞施工前应检查改良后的土强度和渗漏水情况。

3）设置临时封门时，应考虑周围土层变形控制和施工安全等要求。封门应拆除方便，拆除时应减小对洞门土层的扰动。

4）顶管或盾构施工的洞口应符合下列规定：

① 洞口应设置止水装置，止水装置联结环板应与工作井壁内的预埋件焊接牢固，且用胶凝材料封堵。

② 采用钢管做预埋顶管洞口时，钢管外宜加焊止水环。

③ 在软弱地层，洞口外缘宜设支撑点。

5）浅埋暗挖施工的洞口影响范围的土层应进行预加固处理。

3. 工作井内布置及设备安装、运行工序质量控制点

（1）顶管的顶进工作井内布置及设备安装、运行

1）导轨

导轨应采用钢质材料，其强度和刚度应满足施工要求；导轨安装的坡度应与设计坡度一致。

2）顶铁

① 顶铁的强度、刚度应满足最大允许顶力要求；安装轴线应与管道轴线平行、对称，顶铁在导轨上滑动平稳且无阻滞现象，以使传力均匀和受力稳定。

② 顶铁与管端面之间应采用缓冲材料衬垫，并宜采用与管端面吻合的U形或环形顶铁。

③ 顶进作业时，作业人员不得在顶铁上方及侧面停留，并应随时观察顶铁有无异常现象。

3）千斤顶、油泵等主顶进装置

① 千斤顶宜固定在支架上，并与管道中心的垂线对称，其合力的作用点应在管道中心的垂线上；千斤顶对称布置且规格应相同。

② 千斤顶的油路应并联，每台千斤顶应有进油、回油的控制系统；油泵应与千斤顶相匹配，并应有备用油泵；高压油管应顺直、转角少。

③ 千斤顶、油泵、换向阀及连接高压油管等安装完毕，应进行试运转；整个系统应满足耐压、无泄漏要求，千斤顶推进速度、行程和各千斤顶同步性应符合施工要求。

④ 初始顶进应缓慢进行，待各接触部位密合后，再按正常顶进速度顶进；顶进中若发现油压突然增高，应立即停止顶进，检查原因并经处理后方可继续顶进。

⑤ 千斤顶活塞退回时，油压不得过大，速度不得过快。

（2）盾构始发工作井内布置及设备安装、运行

1）盾构基座、导轨

① 钢筋混凝土结构或钢结构，并置于工作井底板上；其结构应能承载盾构自重和其他附加荷载。

② 盾构基座上的导轨应根据管道的设计轴线和施工要求确定夹角、平面轴线、顶面高程和坡度。

2）盾构安装

① 根据运输和进入工作井吊装条件，盾构可整体或解体运入现场，吊装时应采取防止变形的措施。

② 盾构在工作井内安装应达到安装精度要求，并根据施工要求就位在基座导轨上。

③ 盾构掘进前，应进行试运转验收，验收合格方可使用。

3）始发工作井的盾构后座采用管片衬砌、顶撑组装

①后座管片衬砌应根据施工情况确定开口环和闭口环的数量，其后座管片的后端面应与轴线垂直，与后背墙贴紧。

②开口尺寸应结合受力要求和进出材料尺寸而定。

③洞口处的后座管片应为闭口环，第一环闭口环脱出盾尾时，其上部与后背墙之间应设置顶撑，确保盾构顶力传至工作井后背墙。

④盾构掘进至一定距离、管片外壁与土体的摩擦力能够平衡盾构掘进反力时，为提高施工速度可拆除盾构后座，安装施工平台和水平运输装置。

4. 质量检查

（1）工程原材料、成品、半成品的产品质量应符合国家相关标准规定和设计要求。

（2）工作井结构的强度、刚度和尺寸应满足设计要求，结构无滴漏和线流现象。

（3）混凝土结构的抗压强度等级、抗渗等级符合设计要求。

（4）结构无明显渗水和水珠现象。

（5）顶管顶进工作井、盾构始发工作井的后背墙应坚实、平整；后座与井壁后背墙联系紧密。

（6）两导轨应顺直、平行、等高，盾构基座及导轨的夹角符合规定；导轨与基座连接应牢固可靠，不得在使用中产生位移。

（7）工作井施工的允许偏差应符合现行国家标准《给水排水管道工程施工及验收规范》GB 50268 的规定。

4.6.3 顶管

1. 材料质量控制

（1）钢筋混凝土成品管材品种、规格、外观质量、强度等级必须符合设计要求，并具有出厂合格证及试验报告单。

（2）橡胶垫应符合设计要求，具有出厂合格证。

（3）钢套环、密封胶、油麻、石棉、膨胀剂、水泥等，其质量应符合有关规定要求，水泥、膨胀剂应有产品合格证和出厂检验报告，进场后应取样试验合格。

2. 顶管管道工序质量控制点

（1）顶进条件检查

1）全部设备经过检查、试运转。

2）顶管机在导轨上的中心线、坡度和高程应符合要求。

3）防止流动性土或地下水由洞口进入工作井的技术措施。

4）拆除洞口封门的准备措施。

（2）顶管进、出工作井

1）顶管进、出工作井时应保证顶管进、出工作井和顶进过程中洞圈周围的土体稳定；应考虑顶管机的切削能力。

2）洞口周围土体含地下水时，若条件允许可采取降水措施，或采取注浆等措施加固土体以封堵地下水；在拆除封门时，顶管机外壁与工作井洞圈之间应设置洞口止水装置，防止

顶进施工时泥水渗入工作井。

3）工作井洞口封门拆除时，钢板桩工作井可拔起或切割钢板桩露出洞口，并采取措施防止洞口上方的钢板桩下落；工作井的围护结构为沉井工作井时，应先拆除洞圈内侧的临时封门，再拆除井壁外侧的封板或其他封填物；在不稳定土层中顶管时，封门拆除后应将顶管机立即顶入土层。

4）拆除封门后，顶管机应连续顶进，直至洞口及止水装置发挥作用为止。

5）在工作井洞口范围可预埋注浆管，管道进入土体之前可预先注浆。

（3）管道顶进

1）顶进作业

① 应根据土质条件、周围环境控制要求、顶进方法、各项顶进参数和监控数据、顶管机工作性能等，确定顶进、开挖、出土的作业顺序和调整顶进参数。

② 掘进过程中应严格量测监控，实施信息化施工，确保开挖掘进工作面的土体稳定和土（泥水）压力平衡；并控制顶进速度、挖土和出土量，减少土体扰动和地层变形。

③ 采用敞口式（手工掘进）顶管机，在允许超挖的稳定土层中正常顶进时，管下部135°范围内不得超挖；管顶以上超挖量不得大于15mm（图4-18）。

④ 管道顶进过程中，应遵循"勤测量、勤纠偏、微纠偏"的原则，控制顶管机前进方向和姿态，并应根据测量结果分析偏差产生的原因和发展趋势，确定纠偏的措施。

⑤ 开始顶进阶段，应严格控制顶进的速度和方向。

⑥ 进入接收工作井前应提前进行顶管机位置和姿态测量，并根据进口位置提前进行调整。

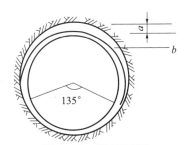

图4-18　超挖示意图
a—最大超挖量；b—允许超挖范围

⑦ 在软土层中顶进混凝土管时，为防止管节漂移，宜将前3~5节管体与顶管机联成一体。

⑧ 钢筋混凝土管接口应保证橡胶圈正确就位；钢管接口焊接完成后，应进行防腐层补口施工，焊接及防腐层检验合格后方可顶进。

⑨ 应严格控制管道线形，对于柔性接口管道，其相邻管间转角不得大于该管材的允许转角。

2）暂停顶进条件

顶进应连续作业，顶进过程中遇下列情况之一时，应暂停顶进，及时处理，并应采取防止顶管机前方塌方的措施。

① 顶管机前方遇到障碍。

② 后背墙变形严重。

③ 顶铁发生扭曲现象。

④ 管位偏差过大且纠偏无效。

⑤ 顶力超过管材的允许顶力。

⑥ 油泵、油路发生异常现象。

⑦ 管节接缝、中继间渗漏泥水、泥浆。

⑧ 地层、邻近建（构）筑物、管线等周围环境的变形量超出控制允许值。

（4）施工的测量与纠偏

1）一般规定

① 施工过程中应对管道水平轴线和高程、顶管机姿态等进行测量，并及时对测量控制基准点进行复核；发生偏差时应及时纠正。

② 顶进施工测量前应对井内的测量控制基准点进行复核；发生工作井位移、沉降、变形时应及时对基准点进行复核。

③ 距离较长的顶管，宜采用计算机辅助的导线法（自动测量导向系统）进行测量；在管道内增设中间测站进行常规人工测量时，宜采用少设测站的长导线法，每次测量均应对中间测站进行复核。

2）管道水平轴线和高程测量

① 出顶进工作井进入土层，每顶进 300mm，测量不应少于一次；正常顶进时，每顶进 1000mm，测量不应少于一次。

② 进入接收工作井前 30m 应增加测量，每顶进 300mm，测量不应少于一次。

③ 全段顶完后，应在每个管节接口处测量其水平轴线和高程；有错口时，应测出相对高差。

④ 纠偏量较大或频繁纠偏时应增加测量次数。

⑤ 测量记录应完整、清晰。

3）顶进纠偏

① 顶管过程中应绘制顶管机水平与高程轨迹图、顶力变化曲线图、管节编号图，随时掌握顶进方向和趋势。

② 在顶进中及时纠偏。

③ 采用小角度纠偏方式。

④ 纠偏时开挖面土体应保持稳定；采用挖土纠偏方式，超挖量应符合地层变形控制和施工设计要求。

⑤ 刀盘式顶管机应有纠正顶管机旋转措施。

（5）中继间顶进

1）中继间顶进设计顶力、设置数量和位置控制

① 设计顶力严禁超过管材允许顶力。

② 第一个中继间的设计顶力，应保证其允许最大顶力能克服前方管道的外壁摩擦阻力及顶管机的迎面阻力之和；而后续中继间设计顶力应克服两个中继间之间的管道外壁摩擦阻力。

③ 确定中继间位置时，应留有足够的顶力安全系数，第一个中继间位置应根据经验确定并提前安装。同时考虑汇面阻力反弹，防止地面沉降。

④ 中继间密封装置宜采用径向可调形式，密封配合面的加工精度和密封材料的质量应满足要求。

⑤ 超深、超长距离顶管工程，中继间应具有可更换密封止水圈的功能。

2）中继间的安装、运行、拆除

① 中继间壳体应有足够的刚度；其千斤顶的数量应根据该段施工长度的顶力计算确定，并沿周长均匀分布安装；其伸缩行程应满足施工和中继间结构受力的要求。

② 中继间外壳在伸缩时，滑动部分应具有止水性能和耐磨性，且滑动时无阻滞。

③ 中继间安装前应检查各部件，确认正常后方可安装；安装完毕应通过试运转检验后方可使用。

④ 中继间的启动和拆除应由前向后依次进行。

⑤ 拆除中继间时，应具有对接接头的措施；中继间的外壳若不拆除，应在安装前进行防腐处理。

（6）触变泥浆注浆

1）确保顶进时管外壁和土体之间的间隙能形成稳定、连续的泥浆套。

2）泥浆材料的选择、组成和技术指标要求，应经现场试验确定；顶管机尾部同步注浆宜选择黏度较高、失水量小、稳定性好的材料；补浆的材料宜黏滞小、流动性好。

3）触变泥浆应搅拌均匀，并具有下列性能：

① 在输送和注浆过程中应呈胶状液体，具有相应的流动性。

② 注浆后经一定的静置时间应呈胶凝状，具有一定的固结强度。

③ 管道顶进时，触变泥浆被扰动后胶凝结构破坏，但应呈胶状液体。

④ 触变泥浆材料对环境无危害。

4）顶管机尾部的后续几节管节应连续设置注浆孔。

5）应遵循"同步注浆与补浆相结合"和"先注后顶、随顶随注、及时补浆"的原则，制定合理的注浆工艺。

6）施工中应对触变泥浆的黏度、重度、pH 值，注浆压力，注浆量进行检测。

（7）顶进中对地层变形的控制

1）通过信息化施工，优化顶进的控制参数，使地层变形最小。

2）采用同步注浆和补浆，及时填充管外壁与土体之间的施工间隙，避免管道外壁土体扰动。

3）发生偏差应及时纠偏。

4）避免管节接口、中继间、工作井洞口及顶管机尾部等部位的水土流失和泥浆渗漏，并确保管节接口端面完好。

5）保持开挖量与出土量的平衡。

（8）顶管管道贯通

1）管端、管节接口处理

① 进入接收工作井的顶管机和管端下部应设枕垫。

② 管道两端露在工作井中的长度不小于 0.5m，且不得有接口。

③ 工作井中露出的混凝土管道端部应及时浇筑混凝土基础。

④ 钢筋混凝土管顶进结束后，管道内的管节接口间隙应按设计要求处理；设计无要求时，可采用弹性密封膏密封，其表面应抹平、不得凸入管内。

2）触变泥浆置换措施

① 采用水泥砂浆、粉煤灰水泥砂浆等易于固结或稳定性较好的浆液置换泥浆填充管外

侧超挖、塌落等原因造成的空隙。

②拆除注浆管路后，将管道上的注浆孔封闭严密。

③将全部注浆设备清洗干净。

（9）钢筋混凝土管曲线顶管

1）曲线顶进

①采用触变泥浆技术措施，并检查验证泥浆套形成情况。

②根据顶进阻力计算中继间的数量和位置，并考虑轴向顶力、轴线调整的需要，缩短第一个中继间与顶管机以及后续中继间之间的间距。

③顶进初始时，应保持一定长度的直线段，然后逐渐过渡到曲线段。

④曲线段前几节管接口处可预埋钢板、预设拉杆，以备控制和保持接口张开量；对于软土层或曲率半径较小的顶管，可在顶管机后续管节的每个接口间隙位置，预设间隙调整器，形成整体弯曲弧度导向管段。

⑤采用敞口式（人工掘进）顶管机时，在弯曲轴线内侧可进行超挖；超挖量的大小应考虑弯曲段的曲率半径、管径、管长度等因素，满足地层变形控制和设计要求，并应经现场试验确定。

2）施工测量

①宜采用计算机辅助的导线法（自动测量导向系统）进行跟踪、快速测量。

②顶进时，顶管机位置及姿态测量每米不应少于1次。

③每顶入一节管，其水平轴线及高程测量不应少于3次。

④其他控制参见（4）施工的测量与纠偏中相关内容。

3. 垂直顶升管道工序质量控制点

（1）一般规定

1）垂直顶升范围内的特殊管段，其结构形式应符合设计要求，结构强度、刚度和管段变形情况应满足承载顶升反力的要求；特殊管段土基应进行强度、稳定性验算，并根据验算结果采取相应的土体加固措施。

2）顶进的特殊管段位置应准确，开孔管节在水平顶进时应采取防旋转的措施，保证顶升口的垂直度、中心位置满足设计和垂直顶升要求；开孔管节与相邻管节应连接牢固。

3）垂直顶升管在水下揭去帽盖时，必须在水平管道内灌满水并按设计要求采取立管稳管保护及揭去帽盖安全措施后进行。

4）外露的钢制构件防腐应符合设计要求。

（2）垂直顶升设备的安装

1）顶升架应有足够的刚度、强度，其高度和平面尺寸应满足人员作业和垂直管节安装要求，并操作简便。

2）传力底梁座安装时，应保证其底面与水平管道有足够的均匀接触面积，使顶升反力均匀传递到相邻的数节水平管节上；底梁座上的支架应对称布置。

3）顶升架安装定位时，顶升架千斤顶合力中心与水平开孔管顶升口中心宜同轴心和垂直；顶升液压系统应进行安装调试。

（3）顶升条件检查

1）垂直立管的管节制作完成后应进行试拼装，并对合格管节进行组对编号。

2）垂直立管顶升前应进行防水、防腐蚀处理。

3）水平开孔管节的顶升口设置止水框装置且安装位置准确，并与相邻管节连接成整体；止水框装置与立管之间应安装止水嵌条，止水嵌条压紧程度可采用设置螺栓及方钢调节。

4）垂直立管的顶头管节应设置转换装置（转向法兰），确保顶头管节就位后顶前前，进行顶升口帽盖与水平管脱离并与顶头管相连的转换过程中不发生泥、水渗漏。

5）垂直顶升设备安装经检查、调试合格。

（4）垂直顶升

1）应按垂直立管的管节组对编号顺序依次进行。

2）立管管节就位时应位置正确，并保证管节与止水框装置内圈的周围间隙均匀一致，止水嵌条止水可靠。

3）立管管节应平稳、垂直向上顶升；顶升各千斤顶行程应同步、匀速，并避免顶块偏心受力。

4）垂直立管的管节间接口连接正确、牢固，止水可靠。

5）应有防止垂直立管后退和管节下滑的措施。

（5）垂直顶升收尾

1）做好与水平开口管节顶升口的接口处理，确保底座管节与水平管连接强度可靠。

2）立管进行防腐和阴极保护施工。

3）管道内应清洁干净，无杂物。

4. 质量检查

（1）顶管管道

1）管节及附件等工程材料的产品质量应符合国家有关标准的规定和设计要求。

2）接口橡胶圈安装位置正确，无位移、脱落现象；钢管的接口焊接质量，参见本书 4.3 节中相关内容，焊缝无损探伤检验符合设计要求。

3）无压管道的管底坡度无明显反坡现象；曲线顶管的实际曲率半径符合设计要求。

4）管道接口端部应无破损、顶裂现象。接口处无滴漏。

5）管道内应线形平顺、无突变、变形现象；一般缺陷部位，应修补密实、表面光洁；管道无明显渗水和水珠现象。

6）管道与工作井出、进洞口的间隙连接牢固，洞口无渗漏水。

7）钢管防腐层及焊缝处的外防腐层及内防腐层质量验收合格。

8）管道内应清洁，无杂物、油污。

9）顶管施工贯通后管道的允许偏差应符合现行国家标准《给水排水管道工程施工及验收规范》GB 50268 的规定。

（2）垂直顶升管道

1）管节及附件的产品质量应符合国家相关标准的规定和设计要求。

2）管道直顺，无破损现象；水平特殊管节及相邻管节无变形、破损现象；顶升管道底座与水平特殊管节的连接符合设计要求。

3）管道防水、防腐蚀处理符合设计要求；无滴漏和线流现象。

4) 管节接口连接件安装正确、完整。

5) 防水、防腐层完整，阴极保护装置符合设计要求。

6) 管道无明显渗水和水珠现象。

7) 水平管道内垂直顶升施工的允许偏差应符合现行国家标准《给水排水管道工程施工及验收规范》GB 50268 的规定。

4.6.4　盾构

1. 材料质量控制

检查工厂预制管片的产品质量合格资料，应符合国家相关标准的规定和设计要求。

混凝土、钢筋、防水密封条、防水垫圈等材料质量控制，参见本书1.3节、1.4节及4.1.2节、4.6.3节中相关内容。

2. 盾构管片制作工序质量控制点

（1）钢筋混凝土管片生产应符合有关规范的规定和设计要求。

（2）模具、钢筋骨架按有关规定验收合格。

（3）经过试验确定混凝土配合比，普通防水混凝土坍落度不宜大于70mm；水、水泥、外掺剂用量偏差应控制在 ±2%；粗、细骨料用量允许偏差应为 ±3%。

（4）混凝土保护层厚度较大时，应设置防表面混凝土收缩的钢筋网片。

（5）混凝土振捣密实，且不得碰钢模芯棒、钢筋、钢模及预埋件等；外弧面收水时应保证表面光洁、无明显收缩裂缝。

（6）管片养护应根据具体情况选用蒸汽养护、水池养护或自然养护。

（7）在脱模、吊运、堆放等过程中，应避免碰伤管片。

（8）管片应按拼装顺序编号排列堆放。管片粘贴防水密封条前应将槽内清理干净；粘贴时应牢固、平整、严密，位置准确，不得有起鼓、超长和缺口等现象；粘贴后应采取防雨、防潮、防晒等措施。

3. 盾构掘进和管片拼装工序质量控制点

（1）盾构进、出工作井

1) 土层不稳定时需对洞口土体进行加固，盾构出始发工作井前应对经加固的洞口土体进行检查。

2) 出始发工作井拆除封门前应将盾构靠近洞口，拆除后应将盾构迅速推入土层内，缩短正面土层的暴露时间；洞圈与管片外壁之间应及时安装洞口止水密封装置。

3) 盾构出工作井后的 50～100 环内，应加强管道轴线测量和地层变形监测；并应根据盾构进入土层阶段的施工参数，调整和优化下阶段的掘进作业要求。

4) 进接收工作井阶段应降低正面土压力，拆除封门时应停止推进，确保封门的安全拆除；封门拆除后盾构应尽快推进和拼装管片，缩短进接受工作井时间；盾构到达接收工作井后应及时对洞圈间隙进行封闭。

5) 盾构进接收工作井前 100 环应进行轴线、洞门中心位置测量，根据测量情况及时调整盾构推进姿态和方向。

（2）盾构掘进

1）盾构掘进

①应根据盾构机类型采取相应的开挖面稳定方法，确保前方土体稳定。

②盾构掘进轴线按设计要求进行控制，每掘进一环应对盾构姿态、衬砌位置进行测量。

③在掘进中逐步纠偏，并采用小角度纠偏方式。

④根据地层情况、设计轴线、埋深、盾构机类型等因素确定推进千斤顶的编组。

⑤根据地质、埋深、地面的建筑设施及地面的隆沉值等情况，及时调整盾构的施工参数和掘进速度。

⑥掘进中遇有停止推进且间歇时间较长时，应采取维持开挖面稳定的措施。

⑦在拼装管片或盾构掘进停歇时，应采取防止盾构后退的措施。

⑧推进中盾构旋转角度偏大时，应采取纠正的措施。

⑨根据盾构选型、施工现场环境，合理选择土方输送方式和机械设备。

⑩盾构掘进每次达到1/3管道长度时，对已建管道部分的贯通测量不少于一次；曲线管道还应增加贯通测量次数。

⑪应根据盾构类型和施工要求做好各项施工、掘进、设备和装置运行的管理工作。

2）停止掘进条件

盾构掘进中遇有下列情况之一，应停止掘进，查明原因并采取有效措施：

①盾构位置偏离设计轴线过大。

②管片严重碎裂和渗漏水。

③盾构前方开挖面发生坍塌或地表隆沉严重。

④遭遇地下不明障碍物或意外的地质变化。

⑤盾构旋转角度过大，影响正常施工。

⑥盾构扭矩或顶力异常。

（3）管片拼装

1）管片下井前应进行防水处理。管片与连接件等应有专人检查，配套送至工作面，拼装前应检查管片编组编号。

2）千斤顶顶出长度应满足管片拼装要求。

3）拼装前应清理盾尾底部，并检查拼装机运转是否正常；拼装机在旋转时，操作人员应退出管片拼装作业范围。

4）每环中的第一块拼装定位准确，自下而上，左右交叉对称依次拼装，最后封顶成环。

5）逐块初拧管片环向和纵向螺栓，成环后环面应平整；管片脱出盾尾后应再次复紧螺栓。

6）拼装时保持盾构姿态稳定，防止盾构后退、变坡变向。

7）拼装成环后应进行质量检测，并记录填写报表。

8）防止损伤管片防水密封条、防水涂料及衬垫；有损伤或挤出、脱槽、扭曲时，及时修补或调换。

9）防止管片损伤，并控制相邻管片间环面平整度、整环管片的圆度、环缝及纵缝的拼接质量，所有螺栓连接件应安装齐全并及时检查复紧。

（4）管片衬砌结构注浆

1）盾构掘进中应采用注浆以利于管片衬砌结构稳定，根据注浆目的选择浆液材料，沉降量控制要求较高的工程不宜用惰性浆液；浆液的配合比及性能应经试验确定。

2）同步注浆时，注浆作业应与盾构掘进同步，及时充填管片脱出盾尾后形成的空隙，并应根据变形监测情况控制好注浆压力和注浆量。

3）注浆量控制宜大于环形空隙体积的 150%，压力宜为 0.2～0.5MPa；并宜多孔注浆；注浆后应及时将注浆孔封闭。

4）注浆前应对注浆孔、注浆管路和设备进行检查；注浆结束及时清洗管路及注浆设备。

4. 钢筋混凝土二次衬砌工序质量控制点

（1）现浇钢筋混凝土二次衬砌

1）施工条件

① 盾构施工的给水排水管道现浇钢筋混凝土二次衬砌前应隐蔽验收合格。

② 所有螺栓应拧紧到位，螺栓与螺栓孔之间的防水垫圈无缺漏。

③ 所有预埋件、螺栓孔、螺栓手孔等进行防水、防腐处理。

④ 管道如有渗漏水，应及时封堵处理。

⑤ 管片拼装接缝应进行嵌缝处理。

⑥ 管道内清理干净，并进行防水层处理。

2）现浇钢筋混凝土二次衬砌

① 衬砌的断面形式、结构形式和厚度，以及衬砌的变形缝位置和构造符合设计要求。

② 钢筋混凝土施工应符合现行国家标准《混凝土结构工程施工质量验收规范》GB 50204 和《给水排水构筑物工程施工及验收规范》GB 50141 的有关规定。

③ 衬砌分次浇筑成型时，应按先下后上、左右对称、最后拱顶的顺序分块施工。

④ 下拱式非全断面衬砌时，应对无内衬部位的一次衬砌管片螺栓手孔封堵抹平。

（2）钢筋混凝土二次衬砌台车滑模浇筑

1）组合钢拱模板的强度、刚度，应能承受泵送混凝土荷载和辅助振捣荷载，并应确保台车滑模在拆卸、移动、安装等施工条件下不变形。

2）使用前模板表面应清理并均匀涂刷混凝土隔离剂，安装应牢固，位置正确；与已浇筑完成的内衬搭接宽度不宜小于 200mm，另一端面封堵模板与管片的缝隙应封闭；台车滑模应设置辅助振捣。

3）钢筋骨架焊接应牢固，符合设计要求。

4）采用和易性良好、坍落度适当的泵送混凝土，泵送前应不产生离析。

5）衬砌应一次浇筑成型。

6）泵送导管应水平设置在顶部，插入深度宜为台车滑模长度的 2/3，且不小于 3m。

7）混凝土浇筑应左右对称、高度基本一致，并应视情况采取辅助振捣。

8）泵送压力升高或顶部导管管口被混凝土埋入超过 2m 时，导管可边泵送边缓慢退出；导管管口至台车滑模端部时，应快速拔出导管并封堵。

9）混凝土达到规定的强度方可拆模；拆模和台车滑模移动时不得损伤已浇筑混凝土。

10）混凝土缺陷应及时修补。

5. 质量检查

（1）盾构管片制作

1）工厂预制管片的产品质量应符合国家相关标准的规定和设计要求。

2）现场制作的管片其原材料应符合国家相关标准的规定和设计要求；管片的钢模制作允许偏差应符合现行国家标准《给水排水管道工程施工及验收规范》GB 50268 的规定。

3）管片的混凝土强度等级、抗渗等级符合设计要求。

4）管片表面应平整，外观质量无严重缺陷且无裂缝；铸铁管片或钢制管片无影响结构和拼装的质量缺陷。

5）单块管片尺寸的允许偏差应符合现行国家标准《给水排水管道工程施工及验收规范》GB 50268 的规定。

6）钢筋混凝土管片抗渗试验应符合设计要求。

7）管片进行水平组合拼装检验时应符合现行国家标准《给水排水管道工程施工及验收规范》GB 50268 的规定。

8）钢筋混凝土管片无缺棱、掉边、麻面和露筋，表面无明显气泡和一般质量缺陷；铸铁管片或钢制管片防腐层完整。

9）管片预埋件齐全，预埋孔完整、位置正确。

10）防水密封条安装凹槽表面光洁，线形直顺。

11）管片的钢筋骨架制作的允许偏差应符合现行国家标准《给水排水管道工程施工及验收规范》GB 50268 的规定。

（2）盾构掘进和管片拼装

1）管片防水密封条性能符合设计要求，粘贴牢固、平整、无缺损，防水垫圈无遗漏。

2）环、纵向螺栓及连接件的力学性能符合设计要求，螺栓应全部穿入，拧紧力矩应符合设计要求。

3）钢筋混凝土管片拼装无内外贯穿裂缝，表面无大于 0.2mm 的推顶裂缝以及混凝土剥落和露筋现象；铸铁、钢制管片无变形、破损。

4）管道无线漏、滴漏水现象。

5）管道线形平顺，无突变现象；圆环无明显变形。

6）管道无明显渗水。

7）钢筋混凝土管片表面不宜有一般质量缺陷；铸铁、钢制管片防腐层完好。

8）钢筋混凝土管片的螺栓手孔封堵时不得有剥落现象，且封堵混凝土强度符合设计要求。

9）管片在盾尾内管片拼装成环的允许偏差应符合现行国家标准《给水排水管道工程施工及验收规范》GB 50268 的规定。

10）管道贯通后的允许偏差应符合现行国家标准《给水排水管道工程施工及验收规范》GB 50268 的规定。

（3）盾构施工管道的钢筋混凝土二次衬砌

1）钢筋数量、规格应符合设计要求。

2）混凝土强度等级、抗渗等级符合设计要求。

3）混凝土外观质量无严重缺陷。

4）防水处理符合设计要求，管道无滴漏、线漏现象。

5）变形缝位置符合设计要求，已通缝、垂直。

6）拆模后无隐筋现象，混凝土不宜有一般质量缺陷。

7）管道线形平顺，表面平整、光洁；管道无明显渗水现象。

8）钢筋混凝土衬砌施工质量的允许偏差应符合现行国家标准《给水排水管道工程施工及验收规范》GB 50268 的规定。

4.6.5 浅埋暗挖

1. 材料质量控制

混凝土、钢筋、钢筋网、防水层及衬垫材料等材料质量控制，参见本书 1.3 节、1.4 节及 4.1.2 节中相关内容。

2. 土层开挖工序质量控制点

（1）开挖前的土层加固

1）超前小导管加固土层

① 宜采用顺直，长度 3~4m，直径 40~50mm 的钢管。

② 沿拱部轮廓线外侧设置，间距、孔位、孔深、孔径符合设计要求。

③ 小导管的后端应支承在已设置的钢格栅上，其前端应嵌固在土层中，前后两排小导管的重叠长度不应小于 1m。

④ 小导管外插角不应大于 15°。

2）注浆

① 应取样进行注浆效果检查，未达要求时，应调整浆液或调整小导管间距。

② 砂层中注浆宜定量控制，注浆量应经渗透试验确定。

③ 注浆压力宜控制在 0.15~0.3MPa，最大不得超过 0.5MPa，每孔稳压时间不得小于 2min。

④ 注浆应有序，自一端起跳孔顺序注浆，并观察有无串孔现象，发生串孔时应封闭相邻孔。

⑤ 注浆后，根据浆液类型及其加固试验效果，确定土层开挖时间；通常 4~8h 后方可开挖。

3）钢筋锚杆加固土层

① 稳定洞体时采用的锚杆类型、锚杆间距、锚杆长度及排列方式，应符合施工方案的要求。

② 锚杆孔距允许偏差：普通锚杆 ±100mm；预应力锚杆 ±200mm。

③ 灌浆锚杆孔内应砂浆饱满，砂浆配比及强度符合设计要求。

④ 锚杆安装经验收合格后，应及时填写记录。

⑤ 锚杆试验要求：同批每 100 根为一组，每组 3 根，同批试件抗拔力平均值不得小于设计锚固力值。

（2）土方开挖

1）宜用激光准直仪控制中线和隧道断面仪控制外轮廓线。

2）按设计要求确定开挖方式，内径小于3m的管道，宜用正台阶法或全断面开挖。

3）每开挖一榀钢拱架的间距，应及时支护、喷锚、闭合，严禁超挖。

4）土层变化较大时，应及时控制开挖长度；在稳定性较差的地层中，应采用保留核心土的开挖方法，核心土的长度不宜小于2.5m。

5）在稳定性差的地层中停止开挖，或停止作业时间较长时，应及时喷射混凝土封闭开挖面。

6）相向开挖的两个开挖面相距约2倍管（隧）径时，应停止一个开挖面作业，进行封闭；由另一开挖面进行贯通开挖。

3. 初期衬砌工序质量控制点

（1）一般规定

1）混凝土的强度符合设计要求，且宜采用湿喷方式。

2）按设计要求设置变形缝，且变形缝间距不宜大于15m。

3）支护钢格栅、钢架以及钢筋网的加工、安装符合设计要求；运输、堆放应采取防止变形措施；安装前应除锈，并抽样试拼装，合格后方可使用。

4）操作人员应穿着安全防护衣具。

5）初期衬砌应尽早闭合，混凝土达到设计强度后，应及时进行背后注浆，以防止土体扰动造成土层沉降。

6）大断面分部开挖应设置临时支护。

（2）喷射混凝土施工准备

1）钢格栅、钢架及钢筋网安装检查合格。

2）埋设控制喷射混凝土厚度的标志。

3）检查管道开挖断面尺寸，清除松动的浮石、土块和杂物。

4）作业区的通风、照明设置符合规定。

5）做好排水、降水；疏干地层的积水、渗水。

（3）喷射混凝土原材料及配合比

1）宜选用硅酸盐水泥或普通硅酸盐水泥。

2）细骨料应采用中砂或粗砂，细度模数宜大于2.5，含水率宜控制在5%～7%；采用防粘料的喷射机时，砂的含水率宜为7%～10%。

3）粗骨料应采用卵石或碎石，粒径不宜大于15mm。

4）严格控制骨料级配，如设计无要求，应符合表4-8规定。

骨料通过各筛径的累计质量百分数 表4-8

骨料通过量（%）	筛孔直径（mm）							
	0.15	0.30	0.60	1.20	2.50	5.00	10.00	15.00
优	5～7	10～15	17～22	23～31	34～43	50～60	73～82	100
良	4～8	5～22	13～31	18～41	26～54	40～70	62～90	100

5）应使用非碱活性骨料；使用碱活性骨料时，混凝土的总含碱量不应大于 3kg/m³。

6）速凝剂质量合格且用前应进行试验，初凝时间不应大于 5min，终凝时间不应大于 10min。

7）拌合用水应符合现行行业标准《混凝土用水标准》JGJ 63。

8）应控制水灰比。

（3）干拌混合料

1）水泥与砂石质量比宜为 1∶4.0～1∶4.5，砂率宜取 45%～55%；速凝剂掺量应通过试验确定。

2）原材料按重量计，其称量允许偏差：水泥和速凝剂均为 ±2%，砂和石均为 ±3%。

3）混合料应搅拌均匀，随用随拌；掺有速凝剂的干拌混合料的存放时间不应超过 20min。

（4）喷射混凝土作业

1）工作面平整、光滑、无干斑或流淌滑坠现象；喷射作业分段、分层进行，喷射顺序由下而上。

2）喷射混凝土时，喷头应保持垂直于工作面，喷头距工作面不宜大于 1m。

3）采取措施减少喷射混凝土回弹损失。

4）一次喷射混凝土的厚度：侧壁宜为 60～100mm，拱部宜为 50～60mm；分层喷射时，应在前一层喷混凝土终凝后进行。

5）钢格栅、钢架、钢筋网的喷射混凝土保护层不应小于 20mm。

6）应在喷射混凝土终凝 2h 后进行养护，时间不小于 14d；冬期不得用水养护；混凝土强度低于 6MPa 时不得受冻。

7）冬期作业区环境温度不低于 5℃；混合料及水进入喷射机口温度不低于 5℃。

（5）喷射混凝土设备

1）输送能力和输送距离应满足施工要求。

2）应满足喷射机工作风压及耗风量的要求。

3）输送管应能承受 0.8MPa 以上压力，并有良好的耐磨性能。

4）应保证供水系统喷头处水压不低于 0.15～0.20MPa。

5）应及时检查、清理、维护机械设备系统，使设备处于良好状况。

（6）施工监控量测

1）监控量测包括下列主要项目：开挖面土质和支护状态的观察，拱顶、地表下沉值，拱脚的水平收敛值。

2）测点应紧跟工作面，离工作面距离不宜大于 2m，且宜在工作面开挖以后 24h 测得初始值。

3）量测频率应根据监测数据变化趋势等具体情况确定和调整；量测数据应及时绘制成时态曲线，并注明当时管（隧）道施工情况以分析测点变形规律。

4）监控量测信息及时反馈，指导施工。

4. 防水层施工工序质量控制点

（1）一般规定

1）应在初期支护基本稳定，且衬砌检查合格后进行。

2）防水层材料应符合设计要求，排水管道工程宜采用柔性防水层。

3）清理混凝土表面，剔除尖、突部位，并用水泥砂浆压实、找平，防水层铺设基面凹凸高差不应大于50mm，基面阴阳角应处理成圆角或钝角，圆弧半径不宜小于50mm。

（2）初期衬砌表面塑料类衬垫

1）衬垫材料应直顺，用垫圈固定，钉牢在基面上；固定衬垫的垫圈，应与防水卷材同材质，并焊接牢固。

2）衬垫固定时宜交错布置，间距应符合设计要求；固定钉距防水卷材外边缘的距离不应小于0.5m。

3）衬垫材料搭接宽度不宜小于500mm。

（3）防水卷材铺设

1）牢固地固定在初期衬砌面上；采用软塑料类防水卷材时，宜采用热焊固定在垫圈上。

2）采用专用热合机焊接；双焊缝搭接，焊缝应均匀连续，焊缝的宽度不应小于10mm。

3）宜环向铺设，环向与纵向搭接宽度不应小于100mm。

4）相邻两幅防水卷材的接缝应错开布置，并错开结构转角处，且错开距离不宜小于600mm。

5）焊缝不得有漏焊、假焊、焊焦、焊穿等现象；焊缝应经充气试验，合格条件为：气压0.15MPa，经3min其下降值不大于20%。

5. 二次衬砌施工工序质量控制点

（1）一般规定

1）在防水层验收合格后，结构变形基本稳定的条件下施作。

2）采取措施保护防水层完好。

3）伸缩缝应根据设计设置，并与初期支护变形缝位置重合；止水带安装应在两侧加设支撑筋，并固定牢固，浇筑混凝土时不得有移动位置、卷边、跑灰等现象。

4）拆模时间应根据结构断面形式及混凝土达到的强度确定：矩形断面，侧墙应达到设计强度的70%，顶板应达到100%。

（2）模板施工

1）模板和支架的强度、刚度和稳定性应满足设计要求，使用前应经过检查，重复使用时应经修整。

2）模板支架预留沉落量为0～30mm。

3）模板接缝拼接严密，不得漏浆。

4）变形缝端头模板处的填缝中心应与初期支护变形缝位置重合，端头模板支设应垂直、牢固。

（3）泵送混凝土

1）坍落度为60～200mm。

2）碎石级配，骨料最大粒径≤25mm。

3）减水型、缓凝型外加剂，其掺量应经试验确定；掺加防水剂、微膨胀剂时应以动态运转试验控制掺量。

4）骨料的含碱量控制符合现行国家标准《给水排水管道工程施工及验收规范》GB 50268 的规定。

（4）混凝土浇筑

1）应按施工方案划分浇筑部位。

2）灌筑前，应对设立模板的外形尺寸、中线、标高、各种预埋件等进行隐蔽工程检查，并填写记录；检查合格后，方可进行灌筑。

3）应从下向上浇筑，各部位应对称浇筑振捣密实，且振捣器不得触及防水层。

4）应采取措施做好施工缝处理。

6. 质量检查

（1）浅埋暗挖管道的土层开挖

1）开挖方法必须符合施工方案要求，开挖土层稳定。

2）开挖断面尺寸不得小于设计要求，且轮廓圆顺；若出现超挖，其超挖允许值不得超出现行国家标准《地下铁道工程施工质量验收标准》GB/T 50299 的规定。

3）土层开挖的允许偏差应符合现行国家标准《给水排水管道工程施工及验收规范》GB 50268 的规定。

4）小导管注浆加固质量符合设计要求。

（2）浅埋暗挖管道的初期衬砌

1）支护钢格栅、钢架的加工、安装应符合下列规定：

① 每批钢筋、型钢材料规格、尺寸、焊接质量应符合设计要求。

② 每榀钢格栅、钢架的结构形式，以及部件拼装的整体结构尺寸应符合设计要求，且无变形。

2）钢筋网安装应符合下列规定：

① 每批钢筋材料规格、尺寸应符合设计要求。

② 每片钢筋网加工、制作尺寸应符合设计要求，且无变形。

3）初期衬砌喷射混凝土应符合下列规定：

① 每批水泥、骨料、水、外加剂等原材料，其产品质量应符合国家标准的规定和设计要求。

② 混凝土抗压强度应符合设计要求。

4）初期支护钢格栅、钢架的加工、安装应符合下列规定：

① 每榀钢格栅各节点连接必须牢固，表面无焊渣。

② 每榀钢格栅与壁面应楔紧，底脚支垫稳固：相邻格栅的纵向连接必须绑扎牢固。

③ 钢格栅、钢架的加工与安装的允许偏差符合现行国家标准《给水排水管道工程施工及验收规范》GB 50268 的规定。

5）钢筋网安装应符合下列规定：

① 钢筋网必须与钢筋格栅、钢架或锚杆连接牢固。

② 钢筋网加工、铺设的允许偏差应符合现行国家标准《给水排水管道工程施工及验收规范》GB 50268 的规定。

6）初期衬砌喷射混凝土应符合下列规定：

① 喷射混凝土层表面应保持平顺、密实，且无裂缝、脱落、漏喷、露筋、空鼓、渗漏水等现象。

② 初期衬砌喷射混凝土质量的允许偏差符合现行国家标准《给水排水管道工程施工及验收规范》GB 50268 的规定。

（3）浅埋暗挖管道的防水层

1）每批的防水层及衬垫材料品种、规格必须符合设计要求。

2）双焊缝焊接，焊缝宽度不小于 10mm，且均匀连续，不得有漏焊、假焊、焊焦、焊穿等现象。

3）防水层铺设质量的允许偏差符合现行国家标准《给水排水管道工程施工及验收规范》GB 50268 的规定。

（4）浅埋暗挖管道的二次衬砌

1）原材料的产品质量保证资料应齐全，每生产批次的出厂质量合格证明书及各项性能检验报告应符合国家相关标准规定和设计要求。

2）伸缩缝的设置必须根据设计要求，并应与初期支护变形缝位置重合。

3）混凝土抗压、抗渗等级必须符合设计要求。

4）模板和支架的强度、刚度和稳定性，外观尺寸、中线、标高、预埋件必须满足设计要求；模板接缝应拼接严密，不得漏浆。

5）止水带安装牢固，浇筑混凝土时，不得产生移动、卷边、漏灰现象。

6）混凝土表面光洁、密实，防水层完整不漏水。

7）二次衬砌模板安装质量、混凝土施工的允许偏差应符合现行国家标准《给水排水管道工程施工及验收规范》GB 50268 的规定。

4.6.6 定向钻

1. 材料质量控制

管节、防腐层等材料质量控制，参见本书 1.3 节、1.4 节及 4.1.2 节中相关内容。

2. 工序质量控制点

（1）定向钻施工条件

1）一般规定

① 管道的轴向曲率应符合设计要求、管材轴向弹性性能和成孔稳定性的要求。

② 按施工方案确定入土角、出土角。

③ 无压管道从竖向曲线过渡至直线后，应设置控制井；控制井的设置应结合检查井、入土点、出土点位置综合考虑，并在导向孔钻进前施工完成。

④ 进、出控制井洞口范围的土体应稳固。

⑤ 最大控制回拖力应满足管材力学性能和设备能力要求

2）设备、人员要求

① 设备应安装牢固、稳定，钻机导轨与水平面的夹角符合入土角要求。

② 钻机系统、动力系统、泥浆系统等调试合格。

③ 导向控制系统安装正确，校核合格，信号稳定。

④ 钻进、导向探测系统的操作人员经培训合格。

3）回拖管段的地面布置

① 待回拖管段应布置在出土点一侧，沿管道轴线方向组对连接。

② 布管场地应满足管段拼接长度要求。

③ 管段的组对拼接、钢管的防腐层施工、钢管接口焊接无损检验应符合现行国家标准《给水排水管道工程施工及验收规范》GB 50268 的相关规定和设计要求。

④ 管段回拖前预水压试验应合格。

（2）定向钻施工

1）导向孔钻进

① 钻机必须先进行试运转，确定各部分运转正常后方可钻进。

② 第一根钻杆入土钻进时，应采取轻压慢转的方式，稳定钻进导入位置和保证入土角；且入土段和出土段应为直线钻进，其直线长度宜控制在 20m 左右。

③ 钻孔时应匀速钻进，并严格控制钻进给进力和钻进方向。

④ 每进一根钻杆应进行钻进距离、深度、侧向位移等的导向探测，曲线段和有相邻管线段应加密探测。

⑤ 保持钻头正确姿态，发生偏差应及时纠正，且采用小角度逐步纠偏；钻孔的轨迹偏差不得大于终孔直径，超出误差允许范围宜退回进行纠偏。

⑥ 绘制钻孔轨迹平面、剖面图。

2）扩孔

① 从出土点向入土点回扩，扩孔器与钻杆连接应牢固。

② 根据管径、管道曲率半径、地层条件、扩孔器类型等确定一次或分次扩孔方式；分次扩孔时每次回扩的级差宜控制在 100～150mm，终孔孔径宜控制在回拖管节外径的 1.2～1.5 倍。

③ 严格控制回拉力、转速、泥浆流量等技术参数，确保成孔稳定和线形要求，无坍孔、缩孔等现象。

④ 扩孔孔径达到终孔要求后应及时进行回拖管道施工。

3）回拖

① 从出土点向入土点回拖。

② 回拖管段的质量、拖拉装置安装及其与管段连接等经检验合格后，方可进行拖管。

③ 严格控制钻机回拖力、扭矩、泥浆流量、回拖速率等技术参数，严禁硬拉硬拖。

④ 回拖过程中应有发送装置，避免管段与地面直接接触和减小摩擦力；发送装置可采用水力发送沟、滚筒管架发送道等形式，并确保进入地层前的管段曲率半径在允许范围内。

4）定向钻施工的泥浆（液）配制

① 导向钻进、扩孔及回拖时，及时向孔内注入泥浆（液）。

② 泥浆（液）的材料、配比和技术性能指标应满足施工要求，并可根据地层条件、钻头技术要求、施工步骤进行调整。

③ 泥浆（液）应在专用的搅拌装置中配制，并通过泥浆循环池使用；从钻孔中返回的泥浆经处理后回用，剩余泥浆应妥善处置。

④ 泥浆（液）的压力和流量应按施工步骤分别进行控制。

5）停止作业条件

出现下列情况时，必须停止作业，待问题解决后方可继续作业：

① 设备无法正常运行或损坏，钻机导轨、工作井变形。

② 钻进轨迹发生突变、钻杆发生过度弯曲。

③ 回转扭矩、回拖力等突变，钻杆扭曲过大或拉断。

④ 坍孔、缩孔。

⑤ 待回拖管表面及钢管外防腐层损伤。

⑥ 遇到未预见的障碍物或意外的地质变化。

⑦ 地层、邻近建（构）筑物、管线等周围环境的变形量超出控制允许值。

（3）定向钻施工管道贯通

1）检查露出管节的外观、管节外防腐层的损伤情况。

2）工作井洞口与管外壁之间进行封闭、防渗处理。

3）定向钻管道轴向伸长量经校测应符合管材性能要求，并应等待 24h 后方能与已敷设的上下游管道连接。

4）定向钻施工的无压力管道，应对管道周围的钻进泥浆（液）进行置换改良，减少管道后期沉降量。

3. 质量检查

（1）管节、防腐层等工程材料的产品质量应符合国家相关标准的规定和设计要求。

（2）管节组对拼接、钢管外防腐层（包括焊口补口）的质量经检验（验收）合格。

（3）钢管接口焊接、聚乙烯管、聚丙烯管接口熔焊检验符合设计要求，管道预水压试验合格。

（4）管段回拖后的线形应平顺、无突变、变形现象，实际曲率半径符合设计要求。

（5）导向孔钻进、扩孔、管段回拖及钻进泥浆（液）等符合施工方案要求。

（6）管段回拖力、扭矩、回拖速度等应符合施工方案要求，回拖力无突升或突降现象。

（7）布管和发送管段时，钢管防腐层无损伤：回拖后拉出暴露的管段防腐层结构应完整、附着紧密。

（8）定向钻施工管道的允许偏差应符合现行国家标准《给水排水管道工程施工及验收规范》GB 50268 的规定。

4.6.7 夯管

1. 材料质量控制

管节、焊材、防腐层等材料质量控制，参见本书 1.3 节、1.4 节及 4.1.2 节中相关内容。

2. 工序质量控制点

（1）夯管条件

1）工作井结构施工是否符合设计或规范要求，其尺寸应满足单节管长安装、接口焊接作业、夯管锤及辅助设备布置、气动软管弯曲等要求。

2）气动系统、各类辅助系统的选择及布置符合要求，管路连接结构安全、无泄漏，阀门及仪器仪表的安装和使用安全可靠。

3）工作井内的导轨安装方向与管道轴线一致，安装稳固、直顺，确保夯进过程中导轨无位移和变形。

4）成品钢管及外防腐层质量检验合格，接口外防腐层补口材料准备就绪。

5）连接器与穿孔机、钢管刚性连接牢固、位置正确、中心轴线一致，第一节钢管顶入端的管靴制作和安装符合要求。

6）设备、系统经检验、调试合格后方可使用；滑块与导轨面接触平顺、移动平稳。

7）进、出洞口范围土体稳定。

（2）夯管施工

1）管节夯进

①第一节管入土层时应检查设备运行工作情况，并控制管道轴线位置；每夯入 1m 应进行轴线测量，其偏差控制在 15mm 以内。

②第一节管夯至规定位置后，将连接器与第一节管分离，吊入第二节管进行与第一节管接口焊接。

③后续管节每次夯进前，应待已夯入管与吊入管的管节接口焊接完成，按设技要求进行焊缝质量检验和外防腐层补口施工后，方可与连接器及穿孔机连接夯进施工。

④后续管节与夯入管节连接时。管节组对拼接、焊缝和补口等质量应检验合格。并控制管节轴线，避免偏移、弯曲。

⑤夯管时，应将第一节管夯入接收工作井不少于 500mm，并检查露出部分管节的外防腐层及管口损伤情况。

2）夯进过程控制

管节夯进过程中应严格控制气动压力、夯进速率，气压必须控制在穿孔机工作气压定值内；并应及时检企导轨变形情况以及设备运行、连接器连接、导轨面与滑块接触情况等。

3）停止作业条件

出现下列情况时，必须停止作业，待问题解决后方可继续作业。

①设备无法正常运行或损坏，导轨、工作井变形。

②气动压力超出规定值。

③穿孔机在正常的工作气压、频率、冲击功等条件下，管节无法夯入或变形、开裂。

④钢管夯入速率突变。

⑤连接器损伤、管节接口破坏。

⑥遇到未预见的障碍物或意外的地质变化。

⑦地层、邻近建（构）筑物、管线等周围环境的变形量超出控制值。

4）贯通测量、检查及防腐

①夯管施工管道应进行贯通测量和检查，参见本书 4.6.6 节中相关内容。

②夯管施工管道贯通后，应按设计要求进行管节内防腐施工，其质量控制参见本书 4.3.3 节中相关内容。

3. 质量检查

（1）管节、焊材、防腐层等工程材料的产品应符合国家相关标准的规定和设计要求。

（2）钢管组对拼接、外防腐层（包括焊口补口）的质量经检验（验收）合格；钢管接口焊接检验符合设计要求。

（3）管道线形应平顺、无变形、裂缝、突起、突弯、破损现象；管道无明显渗水现象。

（4）管内应清理干净，无杂物、余土、污泥、油污等；内防腐层的质量经检验（验收）合格。

（5）夯出的管节外防腐结构层完整、附着紧密，无明显划伤、破损等现象。

（6）夯入的起始管节，其轴向水平位置、管中心高程的允许偏差应控制在 ±20mm 范围内。

（7）夯锤的锤击力、夯进速度应符合施工方案要求；承受锤击的管端部无变形、开裂、残缺等现象，并满足接口组对焊接的要求。

（8）夯管贯通后的管道的允许偏差应符合现行国家标准《给水排水管道工程施工及验收规范》GB 50268 的规定。

4.7 沉管和桥管

4.7.1 一般规定

（1）检查施工场地布置、土石方堆弃及成槽排出的土石方等，不得影响航运、航道及水利灌溉。施工中，对危及的堤岸、管线和建筑物应采取保护措施。

（2）施工前应对施工范围内及河道地形进行校测，建立施工测量控制系统，并可根据需要设置水上、水下控制桩。设置在河道两岸的管道中线控制桩及临时水准点，每侧不应少于 2 个，且应设在稳固地段和便于观测的位置，采取保护措施。

（3）管节组对拼装时应校核沉管及桥管的长度；分段沉放水下连接的沉管，其每段长度应保证水下接口的纵向间隙符合设计和安装连接要求；分段吊装拼接的桥管，其每段接口拼接位置应符合设计和吊装要求。

（4）检查钢管、聚乙烯管、聚丙烯管组对拼装的接口连接，且钢管接口的焊接方法和焊缝质量等级应符合设计要求。

（5）沉管施工时，管节组对拼装完成后，应对管道（段）进行预水压试验，合格后方可进行管节接口的防腐处理和沉管铺设。

（6）组对拼装后管道（段）预水压试验应按设计要求进行，设计无要求时，试验压力应为工作压力的 2 倍，且不得小于 1.0MPa，试验压力达到规定值后保持恒压 10min，不得有降压和渗水现象。

（7）沉管和桥管工程的管道功能性试验应符合下列规定：

1）给水管道宜单独进行水压试验。

2）超过 1km 的管道，可不分段进行整体水压试验。

3）大口径钢筋混凝土沉管，也可按闭气法进行检查。

4.7.2 沉管

1. 材料质量控制

钢筋、模板、混凝土、管节、焊材、防腐层等材料质量控制，参见本书 1.3 节、1.4 节及 4.1.2 节中相关内容。

2. 管节陆上组对拼装工序质量控制点

（1）作业环境和组对拼装场地应满足接口连接和防腐层施工要求。

（2）浮运法沉管施工，应选择溜放下管方便的场地；底拖法沉管施工，组对拼装管段的轴线宜与发送时的管段轴线一致。

（3）管节组对拼装时应校核沉管及桥管的长度：分段沉放水下连接的沉管，其每段长度应保证水下接口的纵向间隙符合设计和安装连接要求；分段吊装拼接的桥管。每段接口拼接位置应符合设计和吊装要求。

（4）钢管、聚乙烯管、聚丙烯管组对拼装的接口连接施工质量控制点，参见本书 4.3 节、4.4 节、4.5 节中相关内容；其中钢管接口的焊接方法和焊缝质量等级应符合设计要求。

（5）钢管内、外防腐层施工应符合设计要求，其施工质量控制点参见本书 4.3.3 节中相关内容。

（6）沉管施工时，管节组对拼装完成后，应对管道（段）进行预水压试验，合格后方可进行管节接口的防腐处理和沉管铺设。

（7）组对拼装后管道（段）预水压试验应按设计要求进行，设计无要求时，试验压力应为工作压力的 2 倍，且不得小于 1.0MPa，试验压力达到规定值后保持恒压 10min，不得有降压和渗水现象。

3. 沉管基槽浚挖及管基处理工序质量控制点

（1）沉管基槽浚挖

1）一般规定

① 水下基槽浚挖前，应对管位进行测量放样复核，开挖成槽过程中应及时进行复测。

② 根据工程地质和水文条件、因素，以及水上交通和周围环境要求，结合基槽设计要求选用浚挖方式和船舶设备。

③ 基槽浚挖深度应符合设计要求，超挖时应采用砂或砾石填补。

④ 基槽经检验合格后应及时进行管基施工和管道沉放。

2）爆破成槽

① 基槽采用爆破成槽时，应进行试爆确定爆破施工方式，炸药量计算和布置，药桩（药包）的规格、埋设要求和防水措施等，应符合国家相关标准的规定和施工方案的要求。

② 爆破线路的设计和施工、爆破器材的性能和质量、爆破安全措施的制定和实施，应符合国家相关标准的规定。

③ 爆破时，应有专人指挥。

3）基槽底部宽度和边坡

① 基槽底部宽度和边坡应根据工程具体情况进行确定，必要时进行试挖。

② 河床岩土层相当稳定河水流速度小、回淤量小，且浚挖施工对土层扰动影响较小

时，底部宽度可计算确定，边坡可按现行国家标准《给水排水管道工程施工及验收规范》GB 50268 的规定确定。

③ 在回淤较大的水域，或河床岩土层不稳定、河水流速度较大时，应根据浚挖实测情况确定浚挖成槽尺寸，必要时沉管前应对基槽进行二次清淤。

④ 浚挖缺乏相关试验资料和经验资料时，基槽底部宽度可按现行国家标准《给水排水管道工程施工及验收规范》GB 50268 的规定进行控制。

（2）沉管管基处理

1）管道及管道接口的基础，所用材料和结构形式应符合设计要求，投料位置应准确。

2）基槽宜设置基础高程标志，整平时可由潜水员或专用刮平装置进行水下粗平和细平。

3）管基顶面高程和宽度应符合设计要求。

4）采用管座、桩基时，施工应符合国家相关标准、规范的规定，管座、基础桩位置和顶面高程应符合设计和施工要求。

4. 组对拼装管道（段）的沉放工序质量控制点

（1）水面浮运法

1）组对拼装管道下水浮运

① 岸上的管节组对拼装完成后进行溜放下水作业时，可采用起重吊装、专用发送装置、牵引拖管、滑移滚管等方法下水，对于潮汐河流还可利用潮汐水位差下水。

② 下水前，管道（段）两端管口应进行封堵：采用堵板封堵时，应在堵板上设置进水管、排气管和阀门。

③ 管道（段）溜放下水、浮运、拖运作业时应采取措施防止管道（段）防腐层损伤，局部损坏时应及时修补。

④ 管道（段）浮运时，浮运所承受浮力不足以使管漂浮时，可在两旁系结刚性浮筒、柔性浮囊或捆绑竹、木材等；管道（段）浮运应适时进行测量定位。

⑤ 管道（段）采用起重浮吊吊装时，应正确选择吊点，并进行吊装应力与变形验算。

⑥ 应采取措施防止管道（段）产生超过允许的轴向扭曲、环向变形、纵向弯曲等现象，并避免外力损伤。

2）沉放准备

① 管道（段）沉放定位标志已按规定设置。

② 基槽浚挖及管基处理经检查符合要求。

③ 管道（段）和工作船缆绳绑扎牢固，船只锚泊稳定；起重设备布置及安装完毕，试运转良好。

④ 灌水设备及排气阀门齐全完好。

⑤ 采用压重助沉时，压重装置应安装准确、稳固。

⑥ 潜水员装备完毕，做好下水准备。

3）管道（段）沉放

① 测量定位准确，并在沉放中经常校测。

② 管道（段）充水时同时排气，充水应缓慢、适量，并应保证排气通畅。

③ 应控制沉放速度，确保管道（段）整体均匀、缓慢下沉。

④ 两端起重设备在吊装时应保持管道（段）水平，并同步沉放于基槽底，管道（段）稳固后，再撤走起重设备。

⑤ 及时做好管道（段）沉放记录。

4）分段沉放管道（段）水上连接接口

① 两连接管段接口的外形尺寸、坡口、组对、焊接检验等应符合设计要求，其施工质量控制点，参见本书 4.3.2 节中相关内容。

② 在浮箱或船上进行接口连接时，应将浮箱或船只锚泊固定，并设置专用的管道（段）扶正、对中装置。

③ 采用浮箱法连接时，浮箱内接口连接的作业空间应满足操作要求，并应防止进水；沿管道轴线方向应设置与管径匹配的弧形管托，且止水严密；浮箱及进水、排水装置安装、运行可靠，并由专人指挥操作。

④ 管道接口完成后应按设计要求进行防腐处理。

5）分段沉放管道（段）水下连接接口

① 分段管道水下接口连接形式应符合设计要求，沉放前连接面及连接件经检查合格。

② 采用管夹抱箍连接时，管夹下半部分可在管道沉放前，由潜水员固定在接口管座上或安装在先行沉放管段的下部；两分段管道沉放就位后，将管夹上半部分与下半部分对合，并由潜水员进行水下螺栓安装固定。

③ 采用法兰连接时，两分段管道沉放就位后，法兰螺栓应全部穿入，并由潜水员进行水下螺栓安装固定。

④ 管夹、管道外壁以及法兰表面的止水密封圈应设置正确。

（2）铺管船法施工

1）发送管道（段）的专用铺管船只及其管道（段）接口连接、管道（段）发送、水中托浮、锚泊定位等装置经检查符合要求；应设置专用的管道（段）扶正和对中装置，防止风浪影响组装拼接。

2）管道（段）发送前应对基槽断面尺寸、轴线及槽底高程进行测量复核；待发送管与已发送管的接口连接及防腐层施工质量应经检验合格；铺管船应经测量定位。

3）管道（段）发送时铺管船航行应满足管道轴线控制要求，航行应缓慢平稳；应及时检查设备运行、管道（段）状况；管道（段）弯曲不应超过管材允许弹性弯曲要求：管道（段）发送平稳，管道（段）及防腐层无变形、损伤现象。

4）及时做好发送管及接口拼装、管位测量等沉管记录。

（3）底拖法施工

1）管道（段）底拖牵引设备的选用。应根据牵引力的大小、管材力学性能等要求确定，且牵引功率不应低于最大牵引力的 1.2 倍；牵引钢丝绳应按最大牵引力选用，其安全系数不应小于 3.5；所有牵引装置、系统应安装正确、稳定安全。

2）管道（段）底拖牵引前应对基槽断面尺寸、轴线及槽底高程进行测量复核；发送装置、牵引道等设置满足施工要求；牵引钢丝绳位于管沟内，并与管道轴线一致。

3）管道（段）牵引时应缓慢均匀。牵引力严禁超过最大牵引力和管材力学性能要求，钢丝绳在牵引过程中应避免扭缠。

4）应跟踪检查牵引设备运行、钢丝绳、管道状况，及时测量管位，发现异常应及时纠正。

5）及时做好牵引速率、牵引力、管位测量等沉管记录。

（4）管道沉放完成后检查

1）检查管底与沟底接触的均匀程度和紧密性，管下如有冲刷，应采用砂或砾石铺填。

2）检查接口连接情况。

3）测量管道高程和位置。

5. 预制钢筋混凝土管的沉放工序质量控制点

（1）构筑干坞

1）基坑、围堰施工和验收应符合现行国家标准《给水排水构筑物工程施工及验收规范》GB 50141、《建筑地基基础工程施工质量验收标准》GB 50202 等的有关规定和设计要求，且边坡稳定性应满足干坞放水和抽水的要求。

2）干坞平面尺寸应满足钢筋混凝土管节制作，主要设备、工程材料堆放和运输的布置需要；干坞深度应保证管节制作后浮运前的安装工作和浮运出坞的要求，并留出富余水深。

3）干坞地基强度应满足管节制作要求；表面应设置起浮层，保证干坞进水时管节能顺利起浮；坞底表面允许偏差控制：平整度为 10mm、相邻板块高差为 5mm、高程为±10mm。

（2）钢筋混凝土管节制作

1）垫层及管节施工应满足设计要求和有关规定。

2）混凝土原材料选用、配合比设计、混凝土拌制及浇筑应符合现行国家标准《给水排水构筑物工程施工及验收规范》GB 50141 的有关规定，并满足强度和抗渗设计要求。

3）混凝土体积较大的管节预制，宜采用低水化热配合比；应按大体积混凝土施工要求制定施工方案，严格控制混凝土配合比、入模浇筑温度、初凝时间、内外温差等。

4）管节防水处理、施工缝处理等应符合现行国家标准《地下工程防水技术规范》GB 50108 规定和设计要求。

5）接口尺寸满足水下连接要求：采用水力压接法施工的柔性接口，管端部钢壳制作应符合现行国家标准《钢结构工程施工质量验收规范》GB 50205 的有关规定和设计要求。

6）管节抗渗检验时，应按设计要求进行预水压试验，亦可在干坞中放水在管节内检查渗水情况。

（3）钢筋混凝土管节（段）两端封墙及压载施工

1）封墙结构应符合设计要求，位置不宜设置在管节（段）接口施工范围内、并便于拆除。

2）封墙应设置排水阀、进气阀，并根据需要设置人孔；所有预留洞口应设止水装置。

3）压载装置应满足设计和施工方案要求并便于装拆，布置应对称、配重应一致。

（4）沉管基槽浚挖及管基处理

1）沉管基槽浚挖及管基处理施工，参见 3. 沉管基槽浚挖及管基处理工序质量控制点中相关内容。

2）采用砂石基础时，厚度可根据施工经验留出压实虚厚，管节（段）沉放前应再次清除槽底回淤、异物；在基槽断面方向两侧可打两排短桩设置高程导轨，便于控制基础整平施工。

（5）管节（段）浮运、沉放

1）预制管节的混凝土强度、抗渗性能、管节渗漏检验达到设计要求后，方可进水浮运。

2）管节（段）在浮起后出坞前，管节（段）四角干舷若有高差、倾斜，可通过分舱压载调整，严禁倾斜出坞。

3）根据工程具体情况，并考虑对水下周围环境及水面交通的影响因素，选用管节（段）拖运、系驳、沉放、水下对接方式和配备相关设备。

4）管节（段）浮运到位后应进行测量定位，工作船只设备等应定位锚泊，并做好下沉前的准备工作。

5）管节（段）下沉前应设置接口对接控制标志并进行复核测量；下沉时应控制管节（段）轴向位置、已沉放管节（段）与待沉放管节（段）间的纵向间距，确保接口准确对接。

6）所有沉放设备、系统经检查运行可靠，管段定位、锚碇系统设置可靠。

7）沉放应分初步下沉、靠拢下沉和着地下沉阶段，严格按施工方案执行，并应连续测量和及时调整压载。

8）沉放作业应考虑管节的惯性运行影响，下沉应缓慢均匀，压载应平稳同步，管节（段）受力应均匀稳定、无变形损伤。

9）管节（段）下沉应听从指挥。

（6）管节（段）下沉后的水下接口连接

1）采用水力压接法施工柔性接口时，在压接完成前应保证管节（段）轴向位置稳定，并悬浮在管基上。

2）采用刚性接口钢筋混凝土管施工时，应符合设计要求和现行国家标准《地下工程防水技术规范》GB 50108 等的规定；施工前应根据底板、侧墙、顶板的不同施工要求以及防水要求分别制定相应的施工技术方案。

6. 沉管的稳管和回填工序质量控制点

（1）稳管施工

1）采用压重、投抛砂石、浇筑水下混凝土或其他锚固方式等进行稳管施工时，对水流冲刷较大、易产生紊流、施工中对河床扰动较大之处，以及沉管拐弯、分段接口连接等部位，沉放完成后应先进行稳管施工。

2）应采取保护措施，不得损伤管道及其防腐层。

3）预制钢筋混凝土管沉管施工，应进行稳管与基础二次处理，以确保管道稳定。

（2）回填施工

1）回填材料应符合设计要求，回填应均匀并不得损伤管道；水下部位应连续回填至满槽，水上部位应分层回填夯实。

2）回填高度应符合设计要求，并满足防止水流冲刷、通航和河道疏浚要求。

3）采用吹填回土时，吹填土质应符合设计要求，取土位置及要求应征得航运管理部门的同意，且不得影响沉管管道。

4）应及时做好稳管和回填的施工及测量记录。

7. 质量检查

（1）沉管基槽浚挖及管基处理

1）沉管基槽中心位置和浚挖深度符合设计要求。

2）沉管基槽处理、管基结构形式应符合设计要求。

3）浚挖成槽后基槽应稳定，沉管前基底回淤量不大于设计和施工方案要求，基槽边坡不陡于现行国家标准《给水排水管道工程施工及验收规范》GB 50268 的有关规定。

4）管基处理所用的工程材料规格、数量等符合设计要求。

5）沉管基槽浚挖及管基处理的允许偏差应符合现行国家标准《给水排水管道工程施工及验收规范》GB 50268 的规定。

（2）组对拼装管道（段）的沉放

1）管节、防腐层等工程材料的产品质量保证资料齐全，各项性能检验报告应符合相关国家相关标准的规定和设计要求。

2）陆上组对拼装管道（段）的接口连接和钢管防腐层（包括焊口、补口）的质量经验收合格；钢管接口焊接、聚乙烯管、接口熔焊检验符合设计要求，管道预水压试验合格。

3）管道（段）下沉均匀、平稳，无轴向扭曲、环向变形和明显轴向突弯等现象；水上、水下的接口连接质量经检验符合设计要求。

4）沉放前管道（段）及防腐层无损伤，无变形。

5）对于分段沉放管道，其水上、水下的接口防腐质量检验合格。

6）沉放后管底与沟底接触均匀和紧密。

7）沉管下沉铺设的允许偏差应符合现行国家标准《给水排水管道工程施工及验收规范》GB 50268 的规定。

（3）沉放的预制钢筋混凝土管节制作

1）原材料的产品质量保证资料齐全，各项性能检验报告应符合国家相关标准的规定和设计要求。

2）钢筋混凝土管节制作中的钢筋、模板、混凝土质量经验收合格。

3）混凝土强度、抗渗性能应符合设计要求。

4）混凝土管节无严重质量缺陷。

5）管节抗渗检验时无线流、滴漏和明显渗水现象；经检测平均渗漏量满足设计要求。

6）混凝土重度应符合设计要求。其允许偏差为 $\pm 0.01 \sim 0.02 \text{t/m}^3$。

7）预制结构的外观质量不宜有一般缺陷，防水层结构符合设计要求。

8）钢筋混凝土管节预制的允许偏差应符合现行国家标准《给水排水管道工程施工及验收规范》GB 50268 的规定。

（4）沉放的预制钢筋混凝土管节接口预制加工（水力压接法）

1）端部钢壳材质、焊缝质量等级应符合设计要求。

2）端部钢壳端面加工成型的允许偏差应符合现行国家标准《给水排水管道工程施工及验收规范》GB 50268 的规定。

3）专用的柔性接口橡胶圈材质及相关性能应符合相关规范规定和设计要求，其外观质量应符合现行国家标准《给水排水管道工程施工及验收规范》GB 50268 的规定。

4）按设计要求进行端部钢壳的制作与安装。

5）钢壳防腐处理符合设计要求。

6）柔性接口橡胶圈安装位置正确，安装完成后处于松弛状态，并完整地附着在钢端面上。

（5）预制钢筋混凝土管的沉放

1）沉放前、后管道无变形、受损；沉放及接口连接后管道无滴漏、线漏和明显渗水现象。

2）沉放后，对于无裂缝设计的沉管严禁有任何裂缝；对于有裂缝设计的沉管。其表面裂缝宽度、深度应符合设计要求。

3）接口连接形式符合设计文件要求；柔性接口无渗水现象；混凝土刚性接口密实、无裂缝，无滴漏、线漏和明显渗水现象。

4）管道及接口防水处理应符合设计要求。

5）管节下沉均匀、平稳，无轴向扭曲、环向变形、纵向弯曲等现象。

6）管道与沟底接触均匀和紧密。

7）钢筋混凝土管沉放的允许偏差应符合现行国家标准《给水排水管道工程施工及验收规范》GB 50268 的规定。

（6）沉管的稳管及回填

1）稳管、管基二次处理、回填时所用的材料应符合设计要求。

2）稳管、管基二次处理、回填应符合设计要求，管道未发生漂浮和位移现象。

3）管道未受外力影响而发生变形、破坏。

4）二次处理后管基承载力符合设计要求。

5）基槽回填应两侧均匀，管顶回填高度符合设计要求。

4.7.3 桥管

1. 材料质量控制

钢筋、模板、混凝土、管节、焊材、防腐层等材料质量控制，参见本书 1.3 节、1.4 节及 4.1.2 节中相关内容。

2. 工序质量控制点

（1）管道支架安装

1）支架安装完成后方可进行管道施工。

2）支架底座的支承结构、预埋件等的加工、安装应符合设计要求，且连接牢固。

3）管道支架与管道的接触面应平整、洁净。

4）有伸缩补偿装置时，固定支架与管道固定之前，应先进行补偿装置安装及预拉伸（或压缩）。

5）导向支架或滑动支架安装应无歪斜、卡涩现象；安装位置应从支承面中心向位移反方向偏移，偏移量应符合设计要求，设计无要求时宜为设计位移值的1/2。

6）弹簧支架的弹簧高度应符合设计要求，弹簧应调整至冷态值，其临时固定装置应待管道安装及管道试验完成后方可拆除。

（2）管节（段）吊装

1）吊装设备的安装与使用必须符合起重吊装的有关规定，吊运作业时必须遵守有关安全操作技术规定。

2）吊点位置应符合设计要求，设计无要求时应根据施工条件计算确定。

3）采用吊环起吊时，吊环应顺直；吊绳与起吊管道轴向夹角小于60°时，应设置吊架或扁担使吊环尽可能垂直受力。

4）管节（段）吊装就位、支撑稳固后，方可卸去吊钩；就位后不能形成稳定的结构体系时，应进行临时支承固定。

5）利用河道进行船吊起重作业时应遵守当地河道管理部门的有关规定，确保水上作业和航运的安全。

6）按规定做好管节（段）吊装施工监测，发现问题及时处理。

（3）桥管分段拼装

1）高空焊接拼装作业时应设置防风、防雨设施，并做好安全防护措施。

2）分段悬臂拼装时，每管段轴线安装的挠度曲线变化应符合设计要求。

3）管段间拼装焊接接口组对及定位应符合国家现行标准的有关规定和设计要求，不得强力组对施焊。

4）临时支承、固定措施可靠，避免施焊时该处焊缝出现不利的施工附加应力；采用闭合、合拢焊接时，施工技术要求、作业环境应符合设计及施工方案要求。

5）管道拼装完成后方可拆除临时支承、固定设施。

6）应进行管道位置、挠度的跟踪测量，必要时应进行应力跟踪测量。

3. 质量检查

（1）桥管管道的基础、下部结构工程的施工质量应按现行行业标准《城市桥梁工程施工与质量验收规范》CJJ 2 的相关规定和设计要求验收。

（2）管材、防腐层等工程材料的产品质量保证资料齐全，各项性能检验报告应符合相关国家标准的规定和设计要求。

（3）钢管组对拼装和防腐层（包括焊口补口）的质量经验收合格；钢管接口焊接检验符合设计要求。

（4）钢管预拼装尺寸的允许偏差应符合现行国家标准《给水排水管道工程施工及验收规范》GB 50268 的规定。

（5）桥管位置应符合设计要求，安装方式正确，且安装牢固、结构可靠、管道无变形和裂缝等现象。

（6）桥管的基础、下部结构工程的施工质量经验收合格。

（7）管道安装条件经检查验收合格，满足安装要求。

（8）桥管钢管分段拼装焊接时，接口的坡口加工、焊缝质量等级应符合焊接工艺和设计要求。

（9）管道支架规格、尺寸等，应符合设计要求；支架应安装牢固、位置正确，工作状况及性能符合设计文件和产品安装说明的要求。

（10）桥管管道安装的允许偏差应符合现行国家标准《给水排水管道工程施工及验收规

范》GB 50268 的规定。

（11）钢管涂装材料、涂层厚度及附着力符合设计要求；涂层外观应均匀，无褶皱、空泡、凝块、透底等现象，与钢管表面附着紧密，色标符合规定。

4.8 管道附属构筑物

4.8.1 井室

1. 材料质量控制

钢筋、模板、混凝土、砌筑水泥砂浆、焊材、防腐层等材料质量控制，参见本书 1.3 节、1.4 节及 4.1.2 节中相关内容。

2. 工序质量控制点

（1）砌筑结构的井室施工

1）砌筑砂浆配合比符合设计要求，现场拌制应拌合均匀、随用随拌。

2）监测检查井形状、尺寸及相应位置的准确性，预留管及支管的设置位置、井口、井盖的安装高程。

3）砌块应垂直砌筑，需收口砌筑时，应按设计要求的位置设置钢筋混凝土梁进行收口；圆井采用砌块逐层砌筑收口，四面收口时每层收进不应大于 30mm，偏心收口时每层收进不应大于 50mm。

4）砌块砌筑时，铺浆应饱满，灰浆与砌块四周粘结紧密、不得漏浆，上下砌块应错缝砌筑。

5）砌筑时应同时安装踏步，踏步安装后在砌筑砂浆未达到规定抗压强度前不得踩踏。

（2）预制装配式结构的井室施工

1）预制构件及其配件经检验符合设计和安装要求。

2）预制构件装配位置和尺寸正确，安装牢固。

3）采用水泥砂浆接缝时，检查企口坐浆与竖缝灌浆是否饱满，装配后的接缝砂浆凝结硬化期间应加强养护，并不得受外力碰撞或震动。

4）设有橡胶密封圈时，胶圈应安装稳固，止水严密可靠。

5）检查预留短管的预制构件与管道的连接。

6）底板与井室、井室与盖板之间的拼缝，水泥砂浆应填塞严密，抹角光滑平整。

（3）现浇钢筋混凝土结构的井室施工

1）钢筋、模板工程经检验合格，混凝土配合比满足设计要求。

2）振捣密实，无漏振、走模、漏浆等现象。

3）及时进行养护，强度等级未达设计要求不得受力。

4）浇筑时应同时安装踏步，踏步安装后在混凝土未达到规定抗压强度前不得踩踏。

（4）井室附件、尺寸和井盖

1）有支、连管接入的井室，应在井室施工的同时安装预留支、连管。预留管的管径、方向、高程应符合设计要求，管与井壁衔接处应严密；排水检查井的预留管管口宜采用低强度砂浆砌筑封口抹平。

2）查验预留孔、预埋件是否符合设计和管道施工工艺要求。

3）排水检查井的流槽表面应平顺、圆滑、光洁，并与上下游管道底部接顺。

4）检查透气井及排水落水井、跌水井的工艺尺寸应按设计要求进行施工。

5）检查阀门井的井底距承口或法兰盘下缘以及井壁与承口或法兰盘外缘应留有安装作业空间，其尺寸应符合设计要求。

6）检查给水排水井盖选用的型号、材质是否符合设计要求，设计未要求时，宜采用复合材料井盖，行业标志明显；道路上的井室必须使用重型井盖，装配稳固。

3. 质量检查

（1）所用的原材料、预制构件的质量应符合国家有关标准的规定和设计要求。

（2）砌筑水泥砂浆强度、结构混凝土强度符合设计要求。

（3）砌筑结构应灰浆饱满、灰缝平直，不得有通缝、瞎缝：预制装配式结构应坐浆、灌浆饱满密实，无裂缝：混凝土结构无严重质量缺陷；井室无渗水、水珠现象。

（4）井壁抹面应密实平整，不得有空鼓，裂缝等现象；混凝土无明显一般质量缺陷；井室无明显湿渍现象。

（5）井内部构造符合设计和水力工艺要求，且部位位置及尺寸正确，无建筑垃圾等杂物；检查井流槽应平顺、圆滑、光洁。

（6）井室内踏步位置正确、牢固。

（7）井盖、座规格符合设计要求，安装稳固。

（8）井室的允许偏差应符合现行国家标准《给水排水管道工程施工及验收规范》GB 50268 的规定。

4.8.2 管道支墩

1. 材料质量控制

钢筋、模板、混凝土、砌筑水泥砂浆、焊材、防腐层等材料质量控制，参见本书 1.3 节、1.4 节及 4.1.2 节中相关内容。

2. 工序质量控制点

（1）检查支墩和锚定结构位置是否准确，锚定是否牢固。钢制锚固件必须采取相应的防腐处理。

（2）支墩应在坚固的地基上修筑。无原状土作后背墙时，应采取措施保证支墩在受力情况下，不致破坏管道接口。采用砌筑支墩时，原状土与支墩之间应采用砂浆填塞。

（3）支墩应在管节接口做完、管节位置固定后修筑。

（4）支墩施工前，应将支墩部位的管节、管件表面清理干净。

（5）支墩宜采用混凝土浇筑，其强度等级不应低于 C15。采用砌筑结构时，水泥砂浆强度不应低于 M7.5。

（6）管节安装过程中的临时固定支架，应在支墩的砌筑砂浆或混凝土达到规定强度后方可拆除。

（7）管道及管件支墩施工完毕，并达到强度要求后方可进行水压试验。

3．质量检查

（1）所用的原材料质量应符合国家有关标准的规定和设计要求。

（2）支墩地基承载力、位置符合设计要求；支墩无位移、沉降。

（3）砌筑水泥砂浆强度、结构混凝土强度符合设计要求。

（4）混凝土支墩应表面平整、密实；砖砌支墩应灰缝饱满，无通缝现象，其表面抹灰应平整、密实。

（5）支墩支承面与管道外壁接触紧密，无松动、滑移现象。

（6）管道支墩的允许偏差应符合现行国家标准《给水排水管道工程施工及验收规范》GB 50268 的规定。

4.8.3 雨水口

1．材料质量控制

（1）砖、水泥、砂、砌筑水泥砂浆等材料质量控制，参见本书 1.3 节、1.4 节及 4.1.2 节中相关内容。

（2）铸铁箅子及铸铁井圈应符合标准图集要求，有出厂产品质量合格证。

（3）过梁及混凝土井圈应采用成品或现场预制。对成品构件应有出厂合格证，现场预制过梁和混凝土井圈的原材料其质量应符合有关标准的规定，并符合设计要求。

2．工序质量控制点

（1）基础施工

1）检查开挖雨水口槽及雨水管支管槽的施工宽度，每侧宜留出 300～500mm。

2）检查槽底是否夯实并及时浇筑混凝土基础。

3）采用预制雨水口时，基础顶面宜铺设 20～30mm 厚的砂垫层。

（2）雨水口砌筑

1）管端面在雨水口内的露出长度，不得大于 20mm，管端面应完整无破损。

2）砌筑时，灰浆应饱满，随砌、随勾缝，抹面应压实。

3）雨水口底部应用水泥砂浆抹出雨水口泛水坡。

4）道路雨水口顶面高程应比此处道路路面高程低 30mm，并与附近路面接顺（图 4-19）。

5）砌筑完成后雨水口内应保持清洁，及时加盖，保证安全。

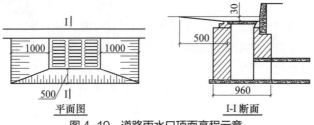

图 4-19　道路雨水口顶面高程示意

（3）支、连管安装

1）检查预制雨水口安装是否牢固、位置平正。

2）雨水口与检查井的连接管的坡度应符合设计要求，管道铺设应符合设计或相关规范的有关规定。

3）位于道路下的雨水口、雨水支、连管应根据设计要求浇筑混凝土基础。坐落于道路基层内的雨水支连管应作 C25 级混凝土全包封，且包封混凝土达到 75％设计强度前，不得放行交通。

（4）井框、井算

1）预制混凝土井框安装时，底部铺 20mm 厚 1∶3 水泥砂浆，位置要求准确，与雨水口墙内壁一致，井框顶与路面齐平或稍低 30mm，不得凸出。

2）现浇井框时，模板应支立牢固，尺寸准确，浇筑后应立即养生。

3）井框、井算应完整无损、安装平稳、牢固。

3. 质量检查

（1）所有的原材料、预制构件的质量应符合国家有关标准的规定和设计要求。

（2）雨水口位置正确，深度符合设计要求，安装不得歪扭。

（3）井框、井算应完整、无损，安装平稳、牢固；支、连管应直顺，无倒坡、错口及破损现象。

（4）井内、连接管道内无线漏、滴漏现象。

（5）雨水口砌筑勾缝应直顺、坚实；不得漏勾、脱落；内、外壁抹面平整光洁。

（6）支、连管内清洁、流水通畅，无明显渗水现象。

（7）雨水口、支管的允许偏差应符合现行国家标准《给水排水管道工程施工及验收规范》GB 50268 的规定。

4.9 管道功能性试验

4.9.1 压力管道水压试验

压力管道水压试验，分为预试验和主试验阶段；试验合格的判定依据分为允许压力降值和允许渗水量值，按设计要求确定；设计无要求时，应根据工程实际情况，选用其中一项值或同时采用两项值作为试验合格的最终判定依据。

（1）检查水压试验方案；管道的试验长度除设计另有要求外，压力管道水压试验的管段长度不宜大于 1.0km。

（2）检查水压试验采用的设备、仪表规格、检定情况及安装位置。

（3）开槽施工管道试验前，检查附属设备安装是否符合设计和试验要求。

（4）检查后背及堵板的设计和措施。

（5）检查进水管路、排气孔及排水孔的设计和措施。

（6）检查加压设备、压力计的选择及安装的设计和措施。

（7）检查排水疏导措施。

（8）升压分级的划分及观测制度的规定。

（9）检查试验管段的稳定措施和安全措施。

（10）预试验阶段：将管道内水压缓缓地升至试验压力并稳压 30min，期间如有压力下降可注水补压，但不得高于试验压力；检查管道接口、配件等处有无漏水、损坏现象；有漏水、损坏现象时应及时停止试压，查明原因并采取相应措施后重新试压。

（11）主试验阶段：停止注水补压，稳定15min；当15min后压力下降不超过设计或规范所允许压力降数值时，将试验压力降至工作压力并保持恒压30min，进行外观检查若无漏水现象，则水压试验合格。

（12）大口径球墨铸铁管、玻璃钢管及预应力钢筒混凝土管道的接口单口水压试验检查要点：

1）安装时应注意将单口水压试验用的进水口（管材出厂时已加工）置于管道顶部。

2）管道接口连接完毕后进行单口水压试验。试验压力为管道设计压力的2倍，且不得小于0.2MPa。

3）试压采用手提式打压泵，管道连接后将试压嘴固定在管道承口的试压孔上，连接试压泵，将压力升至试验压力，恒压2min，无压力降为合格。

4）单口试压不合格且确认是接口漏水时，应马上拔出管节，找出原因，重新安装，直至符合要求为止。

（13）给水管道必须水压试验合格，并网运行前进行冲洗与消毒，经检验水质达到标准后，方可并网通水投入运行。

4.9.2 压管道严密性试验

无压管道的严密性试验，严密性试验分为闭水试验和闭气试验，按设计要求确定；设计无要求时，应根据实际情况选择闭水试验或闭气试验进行管道功能性试验。

管道的试验长度除设计另有要求外，无压力管道的闭水试验，条件允许时可一次试验不超过5个连续井段；对于无法分段试验的管道，应由工程有关方面根据工程具体情况确定。

1. 无压管道的闭水试验

（1）检查闭水方案。

（2）试验管段应按井距分隔，抽样选取，带井试验。

（3）无压管道闭水试验时，试验管段检查要点：

1）管道及检查井外观质量已验收合格。

2）管道未回填土且沟槽内无积水。

3）全部预留孔应封堵，不得渗水。

4）管道两端堵板承载力经核算应大于水压力的合力；除预留进出水管外，应封堵坚固，不得渗水。

5）顶管施工，其注浆孔封堵且管口按设计要求处理完毕，地下水位于管底以下。

（4）管道闭水试验应符合下列规定：

1）试验段上游设计水头不超过管顶内壁时，试验水头应以试验段上游管顶内壁加2m计。

2）试验段上游设计水头超过管顶内壁时。试验水头应以试验段上游设计水头加2m计。

3）计算出的试验水头小于10m，但已超过上游检查井井口时，试验水头应以上游检查井井口高度为准。

2. 无压管道的闭气试验

（1）闭气试验适用于混凝土类的无压管道在回填土前进行的严密性试验。

（2）闭气试验时，地下水位应低于管外底150mm，环境温度为−15～50℃。

（3）下雨时不得进行闭气试验。

（4）设计规定标准闭气试验时间内，管内实测气体压力$P \geqslant 1500Pa$，则管道闭气试验合格。

（5）管道闭气试验不合格时，应进行漏气检查、修补后复检。

4.9.3　给水管道冲洗与消毒

（1）检查管道冲洗与消毒实施方案。

（2）给水管道严禁取用污染水源进行水压试验、冲洗，施工管段距离污染水域较近时，必须严格控制污染水进入管道；如不慎污染管道，应由水质检测部门对管道污染水进行化验，并按其要求在管道并网运行前进行冲洗与消毒。

（3）消毒方法和用品已经确定，并准备就绪。

（4）排水管道已安装完毕，并保证畅通、安全。

（5）冲洗管段末端已设置方便、安全的取样口。

（6）照明和维护等措施已经落实。

（7）水质检测、管理部门取样化验合格，监理签认后管道消毒工作完毕。

第 5 章　城镇燃气管道工程实体质量控制

5.1　基本规定

城镇燃气管道工程施工质量的控制、检查、验收，应符合现行行业标准《城镇燃气输配工程施工及验收规范》CJJ 33 及相关标准的规定。

本章内容适用于城镇燃气设计压力不大于 4.0MPa 的新建、改建和扩建输配工程的施工及验收。

5.1.1　工程竣工验收

工程竣工验收应以批准的设计文件、国家现行有关标准、施工承包合同、工程施工许可文件和相关规范为依据。

1. 工程竣工验收的基本条件

工程竣工验收的基本条件应符合下列要求：

（1）完成工程设计和合同约定的各项内容。

（2）施工单位在工程完工后对工程质量自检合格，并提交工程竣工报告。

（3）工程资料齐全。

（4）有施工单位签署的工程质量保修书。

（5）监理单位具对施工单位的工程质量自检结果予以确认，并提交工程质量评估报告。

（6）工程施工中，工程质量检验合格，检验记录完整。

2. 整体工程竣工资料内容

竣工资料的收集、整理工作应与工程建设过程同步，工程完工后应及时做好整理和移交工作。整体工程竣工资料宜包括下列内容：

（1）工程依据文件：

1）工程项目建议书、申请报告及审批文件、批准的设计任务书、初步设计、技术设计文件、施工图和其他建设文件。

2）工程项目建设合同文件、招投标文件、设计变更通知单、工程量清单等。

3）建设工程规划许可证、施工许可证、质量监督注册文件、报建审核书、报建图、竣工测量验收合格证、工程质量评估报告。

（2）交工技术文件：

1）施工资质证书。

2）图纸会审记录、技术交底记录、工程变更单（图）、施工组织设计等。

3）开工报告、工程竣工报告、工程保修书等。

4）重大质量事故分析、处理报告。

5）材料、设备、仪表等的出厂的合格证明，材质书或检验报告。

6）施工记录：隐蔽工程记录、焊接记录、管道吹扫记录、强度和严密性试验记录、阀门试验记录、电气仪表工程的安装调试记录等。

7）竣工图纸：竣工图应反映隐蔽工程、实际安装定位、设计中未包含的项目、燃气管道与其他市政设施特殊处理的位置等。

（3）检验合格记录：

1）测量记录。

2）隐蔽工程验收记录。

3）沟槽及回填合格记录。

4）防腐绝缘合格记录。

5）焊接外观检查记录和无损探伤检查记录。

6）管道清扫合格记录。

7）强度和气密性试验合格记录。

8）设备安装合格记录。

9）储配与调压各项工程的程序验收及整体验收合格记录。

10）电气、仪表安装测试合格记录。

11）在施工中受检的其他合格记录。

3. 工程竣工验收程序

工程竣工验收应由建设单位主持，可按下列程序进行：

（1）工程完工后，施工单位按要求完成验收准备工作后，向监理部门提出验收申请。

（2）监理部门对施工单位提交的工程竣工报告、竣工资料及其他材料进行初审，合格后提出工程质量评估报告，并向建设单位提出验收申请。

（3）建设单位组织勘探、设计、监理及施工单位对工程进行验收。

（4）验收合格后，各部门签署验收纪要。建设单位及时将竣工资料、文件归档，然后办理工程移交手续。

（5）验收不合格应提出书面意见和整改内容，签发整改通知，限期完成。整改完成后重新验收。整改书面意见、整改内容和整改通知编入竣工资料文件中。

4. 工程验收要求

（1）审阅验收材料内容应完整、准确、有效。

（2）按照设计、竣工图纸对工程进行现场检查。竣工图应真实、准确，路面标志符合要求。

（3）工程量符合合同的规定。

（4）设施和设备的安装符合设计的要求，无明显的外观质量缺陷，操作可靠，保养完善。

（5）对工程质量有争议、投诉和检验多次才合格的项目，应重点验收，必要时可开挖检验、复查。

5.1.2 管道、附件、构配件和设备进场检查

1. 一般规定

（1）燃气管道与附件的材质应根据管道的使用条件确定，其性能应符合国家现行相关标准的规定。

（2）钢质燃气管道和钢质附属设备应根据环境条件和管线的重要程度采取腐蚀控制措施。

（3）工程施工所用设备、管道组成件等，应符合国家现行有关产品标准的规定，且必须具有生产厂质量检验部门的产品合格文件。否则不得使用。

（4）在入库或进入施工现场前，应对管道组成件进行检查，其材质、规格、型号应符合设计文件和合同的规定，并按现行的国家产品标准进行外观检查；对外观质量有异议、设计文件或规范有要求时应进行有关质量检验的管材，不合格者不得使用。

（5）设计文件要求进行低温冲击韧性试验的材料，供货方应提供低温冲击韧性试验结果的文件，否则应按现行国家标准《金属材料 夏比摆锤冲击试验方法》GB/T 229 的要求进行试验，其指标不得低于规定值的下限。

2. 管道及管道附件进场检查

（1）钢管

钢管的材料、规格、压力等级应符合设计要求，应有出厂合格证，表面应无显著锈蚀、裂纹、斑疤、重皮和压延等缺陷，不得有超过壁厚负偏差的凹陷和机械损伤。钢管材质指标符合现行国家标准《低压流体输送用焊接钢管》GB/T 3091、《输送流体用无缝钢管》GB/T 8163 的规定。

（2）铸铁管进场检查

1）铸铁管应平直，端口平整，垂直于管轴线，管壁厚度均匀，内外径尺寸合格，承口、插口尺寸合格。

2）内外表面应整洁，不得有裂缝，冷隔，瘪陷和错位等缺陷。

3）承插部分不得有粘砂及凸起，其他部分不得有大于2mm厚的粘砂及5mm高的凸起。

4）承口的根部不得有凹陷，其他部分的局部凹陷不得大于 5mm。

5）法兰与管子或管件中心线应垂直，管段两端法兰面应平行，法兰面应有凸台及密封沟。

6）按相关文件要求的百分比做水压试验。

（3）塑料及有机合成管进场检查

1）管子应平直，端口平整，并垂直与管轴线。

2）管壁厚度均匀，内外径尺寸与公称直径相匹配。

3）强度，比重，硬度，韧性等检验指标应合格。

4）申报方应出具该塑料管相关有效证明文件。

（4）管件

弯头、三通、封头宜采用成品件，应具有制造厂的合格证明书。管件与管道母材材质应相同或相近。管道附件不得采用螺旋缝埋弧焊钢管制作，严禁采用铸铁制作。

（5）焊条、焊丝

应有出厂合格证。焊条的化学成分、机械强度应与管道母材相同且匹配，兼顾工作条件和工艺性；焊条质量应符合现行国家标准《非合金钢及细晶粒钢焊条》GB/T 5117、《热强钢焊条》GB/T 5118 的规定，焊条应干燥。

（6）阀门、波形管

阀门规格型号必须符合设计要求，安装前应先进行检验，出厂产品合格证、质量检验证明书和安装说明书等有关技术资料齐全。阀门现场检查要点：

1）外观无裂纹、砂眼等缺陷，法兰密封面应平滑，无影响密封性能的划痕、划伤。

2）阀杆无加工缺陷及运输保管过程中的损伤。

3）阀门安装前应进行强度和严密性试验。

4）试压合格的阀门应及时排出内部积水和污物，密封面涂防锈油，关闭阀门，封闭进出口，做好标记并填写试验记录。

5）进口阀门的检验应按业主提供的标准和要求进行。

（7）螺栓、螺母

应有出厂合格证，螺栓螺母的螺纹应完整，无伤痕、毛刺等缺陷，螺栓与螺母应配合良好，无松动或卡涩现象。

（8）法兰

应有出厂合格证，法兰密封面应平整光洁，不得有毛刺及径向沟槽。法兰螺纹部分应完整，无损伤。凹凸面法兰应能自然嵌合，凸面的高度不得低于凹槽的深度。

（9）法兰垫片

1）石棉橡胶垫，橡胶垫及软塑料等非金属垫片应质地柔韧，不得有老化变质或分层现象，表面不应有折损、皱纹等缺陷。

2）金属垫片的加工尺寸、精度、光洁度及硬度应符合要求，表面不得有裂纹、毛刺、凹槽、径向划痕及锈斑等缺陷。

3）包金属及缠绕式垫片不应有径向划痕、松散、翘曲等缺陷。

3. 防腐材料进场检查

（1）钢质管道外防腐有挤压聚乙烯防腐层、熔结环氧粉末防腐、聚乙烯胶带防腐层。

（2）防腐层各种原材料均应有出厂质量证明书及检验报告、使用说明书、出厂合格证、生产日期及有效期。

（3）防腐层各种原材料应包装完好，按厂家说明书的要求存放。在使用前均应由通过国家计量认证的检验机构，按现行国家标准《埋地钢质管道聚乙烯防腐层》GB/T 23257 的有关规定进行检测，性能达不到规定要求的不能使用。

4. 设备进场检查

设备进场后，报验方应出具报验单、设备装箱清单、说明书、合格证、检验记录、必要的装配图和其他技术文件。如果是进口设备，要出具出关单、商检证明。

仔细核对设计图纸，确定部位设备的名称、品牌、商标、制造厂家、产地、型号、规格、流量、风量、风压、扬程、热效率、耐压限度等重要数据资料。设备现场检查要点：

（1）设备外形尺寸应与设计相符，不应有变形、扭曲。

（2）设备表面应无损伤，联动装置应转动灵活。

（3）设备主体零件部件、仪表、接口、控制装置、润滑装置、传动装置、动力装置、电动装置、冷却装置应完好无损、无锈蚀。

（4）全部零部件、附属材料、专用工具及易损件应齐全。

（5）设备充填的保护气体无泄漏，油封应完好。

（6）叶轮旋转方向应符合设备技术文件规定。

（7）叶轮、机壳和其他部位的主要尺寸，进出风口的位置等应与设计相符。

（8）进出风口，进出水、汽、油管口应有盖板、丝堵遮盖。各切削加工面、机壳和转子不应有变形或锈蚀、碰损等缺陷。

（9）设备的外形应规则、平直，圆弧形表面应平整无明显偏差，结构应完整，焊缝应饱满，无缺损和孔洞。

（10）金属设备的构件表面应作除锈和防腐处理，外表面色调应一致，且无明显划伤、锈斑、伤痕、气泡和剥落现象。

（11）衬里保温结构应无缺损，无松动。

5. 管道、设备的装卸、运输和存放质量控制

（1）管材、设备装卸时，严禁抛摔、拖拽和剧烈撞击。

（2）管材、设备运输、存放时的堆放高度、环境条件（湿度、温度、光照等）必须符合产品的要求，应避免曝晒和雨淋。

（3）运输时应逐层堆放，捆扎、固定牢靠，避免相互碰撞。

（4）运输、堆放处不应有可能损伤材料、设备的尖凸物，并应避免接触可能损伤管道、设备的油、酸、碱、盐等类物质。

（5）聚乙烯管道、钢骨架聚乙烯复合管道和已做防腐的管道，捆扎和起吊时应使用具有足够强度，且不致损伤管道防腐层的绳索（带）。

（6）管道、设备入库前必须查验产品质量合格文件或质量保证文件等，并妥善保管。

（7）管道、设备应存放在通风良好、防雨、防晒的库房或简易棚内。

（8）应按产品储存要求分类储存，堆放整齐、牢固，便于管理。

（9）管道、设备应平放在地面上，并应采用软质材料支撑，离地面的距离不应小于30mm，支撑物必须牢固，直管道等长物件应作连续支撑。

（10）对易滚动的物件应做侧支撑，不得以墙、其他材料和设备做侧支撑体。

5.2　土方工程

5.2.1　开槽

1. 工序质量控制点

（1）混凝土路面和沥青路面的开挖应使用切割机切割。

（2）检查管道沟槽是否按设计规定的平面位置和标高开挖。

（3）测量槽底预留值：当采用人工开挖且无地下水时，槽底预留值宜为 0.05～0.10m；

当采用机械开挖或有地下水时，槽底预留值不应小于 0.15m。

（4）检查管沟沟底宽度和工作坑尺寸，并应根据现场实际情况和管道敷设方法综合确定两者的数值。

（5）根据现场沟槽土壤天然湿度、构造均匀、无地下水、水文地质条件及挖深，检查是否采用边坡或采用支撑加固沟壁。对不坚实的土壤应及时做连续支撑，支撑物应有足够的强度。

（6）检查沟槽一侧或两侧临时堆土位置和高度，不得影响边坡的稳定性和管道安装。堆土前应对消防栓、雨水口等设施进行保护。

（7）沟槽局部超挖部分，应及时回填压实。当沟底无地下水时，超挖在 0.15m 以内，可用原土回填；超挖在 0.15m 以上，可用石灰土处理。当沟底有地下水或含水量较大时，应用级配砂石或天然砂回填至设计标高。超挖部分回填后应压实，其密实度应接近原地基天然土的密实度。

（8）在湿陷性黄土地区，不宜在雨季施工，或在施工时排除沟内积水，开挖时应在槽底预留 0.03～0.06m 厚的土层进行压实处理。

（9）沟底遇有废弃构筑物、硬石、木头、垃圾等杂物时必须清除，然后铺一层厚度不小于 0.15m 的砂土或素土，并整平压实至设计标高。

（10）对软土基及特殊性腐蚀土壤，检查是否按设计要求处理。

2. 质量检查

应符合现行行业标准《城镇燃气输配工程施工及验收规范》CJJ 33 的规定。

5.2.2 回填与路面恢复

1. 回填工序质量控制点

（1）管道主体安装检验合格后，沟槽应及时回填，但需留出未检验的安装接口。回填前，必须将槽底施工遗留的杂物清除干净。

（2）对特殊地段应经监理（建设）单位认可，并采取有效的技术措施，方可在管道焊接、防腐检验合格后全部回填。

（3）回填不得用冻土、垃圾、木材及软性物质。管道两侧及管顶以上 0.5m 内的回填土，不得含有碎石、砖块等杂物，且不得用灰土回填。检查距管顶 0.5m 以上的回填土中的石块不得多于 10%，直径不得大于 0.1m，且均匀分布。

（4）沟槽的支撑应在管道两侧及管顶以上 0.5m 回填完毕并压实后，在保证安全的情况下进行拆除，并以细砂填实缝隙。

（5）检查沟槽回填顺序，应先回填管底局部悬空部位，然后回填管道两侧。

（6）回填土应分层压实，每层虚铺厚度 0.2～0.3m，管道两侧及管顶以上 0.5m 内的回填土必须采用人工压实，管顶 0.5m 以上的回填土可采用小型机械压实，每层虚铺厚度宜为 0.25～0.4m。

2. 路面恢复工序质量控制点

（1）检查沥青路面和混凝土路面的恢复，是否由具备专业施工资质的单位施工。

（2）检查回填路面的基础和修复路面材料的性能不应低于原基础和路面材料。

（3）埋设燃气管道的沿线应连续敷设警示带。警示带敷设前应对敷设面压实，并平整地敷设在管道的正上方，距管顶的距离宜为 0.3～0.5m，但不得敷设于路基和路面范围里。

3. 质量检查

应符合现行行业标准《城镇燃气输配工程施工及验收规范》CJJ 33 的规定。

5.3 埋地钢管

5.3.1 管道焊接

1. 材料质量控制

（1）管材及管件防腐前应逐根进行外观检查，焊缝表面应无裂纹、夹渣、重皮、表面气孔等缺陷。管材表面应无斑疤、重皮和严重锈蚀等缺陷。

（2）钢管弯曲度应小于钢管长度的 0.2%，椭圆度应小于或等于钢管外径的 0.2%；管材表面局部凹凸应小于 2mm。

（3）管道宜采用喷（抛）射除锈。除锈后的钢管应及时进行防腐，如防腐前钢管出现二次锈蚀，必须重新除锈。

（4）燃气钢管的弯头、三通、异径接头，宜采用机制管件，其质量应符合现行国家标准《钢制对焊管件类型与参数》GB/T 12459 的规定。

2. 工序质量控制点

（1）检查管道的切割及坡口加工宜采用机械方法，当采用气割等热加工方法时，必须除去坡口表面的氧化皮，并进行打磨。

（2）检查防腐管线安装时是否采用柔性吊管带吊装。

（3）检查组对的间隙、坡口角度、钝边、错边量、法兰垂直度应符合设计要求和规范规定。

（4）不应在管道焊缝上开孔。管道开孔边缘与管道焊缝的间距不应小于 100mm。当无法避开时，应对以开孔中心为圆心，1.5 倍开孔直径为半径的圆中所包容的全部焊缝进行100% 射线照相检测。

3. 质量检查

管道焊接完成后，强度试验及严密性试验之前，必须对所有焊缝进行外观检查和对焊缝内部质量进行检验，外观检查应在内部质量检验前进行。

焊缝内部质量的抽样检验应符合下列要求：

（1）管道内部质量的无损探伤数量，应按设计规定执行。当设计无规定时，抽查数量不应少于焊缝总数的 15%，且每个焊工不应少于一个焊缝。抽查时，应侧重抽查固定焊口。

（2）对穿越或跨越铁路、公路、河流、桥梁、有轨电车及敷设在套管内的管道环向焊缝，必须进行 100% 的射线照相检验。

（3）当抽样检验的焊缝全部合格时，则此次抽样所代表的该批焊缝应为全部合格；当抽样检验出现不合格焊缝时，对不合格焊缝返修后，应按下列规定扩大检验：

1）每出现一道不合格焊缝，应再抽查两道该焊工所焊的同一批焊缝，按原探伤方法进行检验。

2）如第二次抽检仍出现不合格焊缝，则应对该焊工所焊全部同批的焊缝按原探伤方法进行检验。对出现的不合格焊缝必须进行反修，并应对返修的焊缝按原探伤方法进行检验。

3）同一焊缝的返修的次数不应超过 2 次。

5.3.2 法兰连接

1. 材料质量控制

法兰、法兰垫片、螺栓、高强度螺栓及螺母等材料质量控制，参见本书 5.1.2 节中相关内容。

2. 工序质量控制点

（1）法兰与管道组对

1）法兰端面应与管道中心线相垂直，其偏差值可用角尺和钢尺检查，当管道公称直径小于或等于 300mm 时，允许偏差值为 1mm；当管道公称直径大于 300mm 时，允许偏差值为 2mm。

2）管道和法兰的焊接结构应符合现行行业标准《钢制管路法兰 技术条件》JB/T 74 的要求。

（2）法兰安装

1）法兰连接时应保持平行，其偏差不得大于法兰外径的 1.5‰，且不得大于 2mm，不得采用紧螺栓的方法消除偏斜。

2）法兰连接应保持同一轴线，其螺孔中心偏差一般不宜超过孔径的 5%，并应保证螺栓自由穿入。

3）法兰垫片应符合标准，不得使用斜垫片或双层垫片。采用软垫片时，周边应整齐，垫片尺寸应与法兰密封面相符。

4）螺栓与螺孔的直径应配套，并使用同一规格螺栓，安装方向一致，紧固螺栓应对称均匀，紧固适度，紧固后螺栓外露长度不应大于 1 倍螺距，且不得低于螺母。

5）螺栓紧固后应与法兰紧贴，不得有楔缝。需要加垫片时，每个螺栓所加垫片每侧不应超过 1 个。

3. 质量检查

应符合现行行业标准《城镇燃气输配工程施工及验收规范》CJJ 33 的规定。

5.3.3 钢管敷设

1. 材料质量控制

钢制管道、管件、焊条等材料质量控制，参见本书 5.1.2 节中相关内容。

2. 管道敷设工序质量控制点

（1）燃气管道应按照设计图纸的要求控制管道的平面位置、高程、坡度，与其他管道或设施的间距应符合现行国家标准《城镇燃气设计规范》GB 50028 的相关规定。

管道在保证与设计坡度一致且满足设计安全距离和埋深要求的前提下，管道高程和中心线允许偏差应控制在当地规划部门允许的范围内。

（2）检查管道在套管内敷设时，套管内的燃气管道不宜有环向环缝。

（3）管道下沟前，应清除沟内的所有杂物，管沟内积水应抽净。

（4）管道下沟宜使用吊装机具，严禁采用抛、滚、撬等破坏防腐层的做法。吊装时应保护管口不受损伤。

（5）管道吊装时，吊装点间距不应大于 8m。吊装管道的最大长度不宜大于 36m。

（6）管道在敷设时应在自由状态下安装连接，严禁强力组对。

（7）管道环焊缝间距不应小于管道的公称直径，且不得小于 150mm。

（8）管道对口前应将管道、管件内部清理干净，不得存有杂物。每次收工时，敞口管端应临时封堵。

（9）当管道的纵断、水平位置折角大于 22.5°时，必须采用弯头。

3. 阴极保护系统施工工序质量控制点

（1）棒状牺牲阳极安装

1）阳极可采用水平式或立式安装。

2）牺牲阳极距管道外壁宜为 0.5～3.0m。成组布置时，阳极间距宜为 2.0～3.0m。

3）牺牲阳极与管道间不得有其他地下金属设施。

4）牺牲阳极应埋设在土壤冰冻线以下。

5）测试装置处，牺牲阳极引出的电缆应通过测试装置连接到管道上。

（2）测试装置安装

1）阴极保护测试装置应坚固耐用、方便测试，装置上应注明编号，并应在运行期间保持完好状态。接线端子和测试柱均应采用铜制品并应封闭在测试盒内。

2）每个装置中应至少有 2 根电缆或双芯电缆与管道连接，电缆应采用颜色或其他标记法区分，全线应统一。

3）采用地下测试井安装方式时，应在井盖上注明标记。

（3）电缆安装

1）阴极保护电缆应采用铜芯电缆。

2）测试电缆的截面积不宜小于 $4mm^2$。

3）用于牺牲阳极的电缆截面积不宜小于 $4mm^2$，用于强制电流阴极保护中阴、阳极的电缆截面积不宜小于 $16mm^2$。

4）电缆与管道连接宜采用铝热焊方式，并应连接牢固、电气导通，且在连接处应进行防腐绝缘处理。

5）测试电缆回填时应保持松弛。

4. 质量检查

（1）管道下沟前必须对防腐层进行 100% 的外观检查；回填前应进行 100% 电火花检漏，回填后必须对防腐层完整性进行全线检查，不合格必须返工处理直至合格。

（2）应符合现行行业标准《城镇燃气输配工程施工及验收规范》CJJ 33 的规定。

5.4 球墨铸铁管

5.4.1 管道连接

1. 材料质量控制

铸铁管道、管件、密封圈等材料质量控制，参见本书 5.1.2 节中相关内容。

2. 工序质量控制点

（1）检查下管过程中，不得损坏管材和保护性涂层。

（2）当起吊或放管时，应使用钢丝绳或尼龙吊具。当使用钢丝绳的时候，必须使用衬垫或橡胶套。

管道连接前，应将管道中的异物清理干净。

（3）管道连接前，应将管道中的异物清理干净。

（4）清除管道承口和插口端工作面的团块状物、铸瘤和多余的涂料，并整修光滑，擦干净。

（5）在承口密封面、插口端和密封圈上应涂一层润滑剂，将压兰套在管道的插口端，使其延长部分唇缘面向插口端方向，然后将密封圈套在管道的插口端，使胶圈的密封斜面也面向管道的插口方向。

（6）将管道的插口端插入到承口内，并紧密、均匀地将密封胶圈按进填密槽内，橡胶圈安装就位后不得扭曲。在连接过程中，承插接口环形间隙应均匀。

（7）将压兰推向承口端，压兰的唇缘应靠在密封胶圈上，插入螺栓。

（8）应使用扭力扳手拧紧螺栓。拧紧螺栓顺序：底部的螺栓→顶部的螺栓→两边的螺栓→其他对角线的螺栓。

拧紧螺栓时应重复上述步骤分几次逐渐拧紧至其规定的扭矩。

（9）螺栓宜采用可锻铸铁；当采用钢质螺栓时，必须采取防腐措施。

（10）应使用扭力扳手来检查螺栓和螺母的紧固力矩。

3. 质量检查

应符合现行行业标准《城镇燃气输配工程施工及验收规范》CJJ 33 的规定。

5.4.2 管道敷设

1. 材料质量控制

铸铁管道、管件、弯头、三通等材料质量控制，参见本书 5.1.2 节中相关内容。

2. 工序质量控制点

（1）管道安装就位前，应采用测量工具复查管段的坡度，并应符合设计要求。

（2）管道或管件安装就位时，要求生产厂的标记宜朝上。

（3）已安装的管道暂停施工时，检查其附属临时封口。

（4）复查管道最大允许借转角度及距离是否符合规范的规定。

（5）管道敷设时，弯头、三通和固定盲板处均应砌筑永久性支墩。

（6）临时盲板应采用足够的支撑，除设置端墙外，应采用两倍于盲板承压的千斤顶支撑。

3. 质量检查

应符合现行行业标准《城镇燃气输配工程施工及验收规范》CJJ 33 的规定。

5.5　聚乙烯、钢骨架聚乙烯复合管

5.5.1　聚乙烯管道敷设工序质量控制点

1. 材料质量控制

（1）聚乙烯管材应符合现行国家标准《燃气用埋地聚乙烯（PE）管道系统　第 1 部分：管材》GB 15558.1 的有关规定；管子应平直，端口平整，并垂直与管轴线；管壁厚度均匀，内外径尺寸与公称直径相匹配。

（2）聚乙烯管件应符合现行国家标准《燃气用埋地聚乙烯（PE）管道系统　第 2 部分：管件》GB 15558.2 的有关规定。

（3）聚乙烯阀门应符合现行国家标准《燃气用埋地聚乙烯（PE）管道系统　第 3 部分：阀门》GB 15558.3 的有关规定。

（4）钢塑转换管件应符合现行国家标准《燃气用聚乙烯管道系统的机械管件　第 1 部分：公称外径不大于 63mm 的管材用钢塑转换管件》GB 26255.1 和《燃气用聚乙烯管道系统的机械管件　第 2 部分：公称外径大于 63mm 的管材用钢塑转换管件》GB 26255.2 的有关规定。

（5）聚乙烯管材、管件、阀门等入库储存或进场施工前应进行检查验收。检查验收内容应包括合格证、检验报告、标志内容等，并应逐项核实内容。当存在异议时，应委托第三方进行复验。

（6）聚乙烯管材、管件和阀门不应长期户外存放。当从生产到使用期间，累计受到太阳能辐射量超过 3.5GJ/m² 时，或仓库 / 货棚（不应受到暴晒、雨淋，有防紫外线照射措施）存放时间超过 4 年、密封包装的管件存放时间超过 6 年，应对其抽样检验，性能符合要求方可使用。

管材抽检项目应包括静液压强度（165h/80℃）、电熔接头的剥离强度和断裂伸长率。管件抽检项目包括静液压强度（165h/80℃）、热熔对接连接的拉伸强度或电熔管件的熔接强度。阀门抽检项目包括静液压强度（165h/80℃）、电熔接头的剥离强度、操作扭矩和密封性能试验。

（7）管道连接前应对连接设备按说明书进行检查，在使用过程中应定期校核。

（8）管材、管件和阀门应远离热源，严禁与油类或化学品混合存放。

（9）管材应水平堆放在平整的支撑物或地面上，管口应采取封堵保护措施。当直管采用梯形堆放或两侧加支撑保护的矩形堆放时，堆放高度不宜超过 1.5m；当直管采用分层货架存放时，每层货架高度不宜超过 1m。

（10）管件和阀门应成箱存放在货架上或叠放在平整地面上，当成箱叠放时，高度不宜超过 1.5m，在使用前，不得拆除密封包装。

（11）管材、管件和阀门在室外临时存放时，管材管口应采用保护端盖封堵，管件和阀

门应存放在包装箱或储物箱内，并应采用遮盖物遮盖，防日晒、雨淋。

2. 管道连接工序质量控制点

（1）一般规定

1）聚乙烯燃气管道连接前，应按设计要求在施工现场对管材、管件、阀门及管道附属设备进行查验。管材表面划伤深度不应超过管材壁厚的10%，且不应超过4mm；管件、阀门及管道附属设备的外包装应完好，符合要求方可使用。

2）聚乙烯管材与管件、阀门的连接应采用热熔对接或电熔连接（电熔承插连接、电熔鞍形连接）方式，不得采用螺纹连接或粘结。

3）聚乙烯管材与金属管道或金属附件连接时，应采用钢塑转换管件连接或法兰连接；当采用法兰连接时，宜设置检查井。

4）检查拟采用的管材、管件连接方法是否符合以下要求：

① 直径在90mm以上的聚乙烯燃气管材、管件连接可采用热熔对接连接或电熔连接。直径小于90mm的管材及管件宜使用电熔连接。聚乙烯燃气管道和其他材质的管道、阀门、管路附件等连接应采用法兰或钢塑过渡接头连接。

② 对不同级别、不同熔体流动速率的聚乙烯原料制造的管材或管件，不同标准尺寸比（SDR值）的聚乙烯燃气管道连接时，必须采用电熔连接。施工前应进行试验，判定试验连接质量合格后，方可进行电熔连接。

5）聚乙烯燃气管道连接应根据不同连接形式选用专用的熔接设备。连接时，严禁采用明火加热。熔接设备应定期进行校准和检定，周期不应超过1年。对于电压不稳定区域应增加稳压装置。

6）聚乙烯燃气管道热熔连接或电熔连接的环境温度宜控制在−5～40℃，并应符合下列规定：

① 当环境温度低于−5℃时，应采取保温措施；

② 当风力大于5级时，应采取防风措施；

③ 夏季应采取遮阳措施；

④ 雨天应采取防雨措施。

7）聚乙烯管道连接时，管材的切割应采用专用割刀或切管工具，切割端面应垂直于管道轴线，并应平整、光滑、无毛刺。

8）聚乙烯燃气管道连接作业每次收工时，应对管口进行临时封堵。

9）聚乙烯燃气管道连接完成后，应进行接头质量检查。不合格应返工，返工后应重新进行接头质量检查。

（2）热熔对接连接

热熔对接的连接工艺应符合现行国家标准《塑料管材和管件燃气和给水输配系统用聚乙烯（PE）管材及管件的热熔对接程序》GB/T 32434的有关规定。在保证连接质量的前提下，可采用经评定合格的其他热熔对接连接工艺。

1）热熔对接连接操作

① 应根据聚乙烯管材、管件或阀门的规格选用适应的机架和夹具。

② 在固定连接件时，应将连接件的连接端伸出夹具，伸出的自由长度不应小于公称外

径的 10%。

③ 移动夹具应使待连接件的端面接触，并应校直到同一轴线上，错边量不应大于壁厚的 10%。

④ 连接部位应擦净，并应保持干燥，待连接件端面应进行铣削，使其与轴线垂直。连续切屑的平均厚度不宜大于 0.2mm，铣削后的熔接面应保持洁净。

⑤ 铣削完成后，移动夹具应使待连接件对接管口闭合。待连接件的错边量不应大于壁厚的 10%，且接口端面对接面最大间隙：0.3mm（$DN \leqslant 250$）、0.5mm（$250 < DN \leqslant 400$）、1.0mm（$400 < DN \leqslant 630$）（DN 为管道元件公称外径）。

⑥ 应按热熔对接的连接工艺要求加热待连接件端面。

⑦ 吸热时间达到规定要求后，应迅速撤出加热板，待连接件加热面熔化应均匀，不得有损伤。

⑧ 在规定的时间内使待连接面完全接触，并应保持规定的热熔对接压力。

⑨ 接头冷却应采用自然冷却。在保压冷却期间，不得拆开夹具，不得移动连接件或在连接件上施加任何外力。

2）热熔对接连接接头质量检验

① 热熔对接连接完成后，应对接头进行 100% 卷边对称性和接头对正性检验，并应对开挖敷设不少于 15% 的接头进行卷边切除检验，水平定向钻非开挖施工应进行 100% 接头卷边切除检验。

② 卷边对称性检验。沿管道整个圆周内的接口卷边应平滑、均匀、对称，卷边融合线的最低处不应低于管道的外表面。

③ 接头对正性检验。接口两侧紧邻卷边的外圆周上任何一处的错边量不应超过管道壁厚的 10%。

④ 卷边切除检验。在不损伤对接管道的情况下，应使用专用工具切除接口外部的熔接卷边。卷边切除检验应符合下列规定：

a. 卷边应是实心圆滑的，根部较宽。

b. 卷边切割面中不应有夹杂物、小孔、扭曲和损坏。

c. 每隔 50mm 应进行一次 180° 的背弯检验，卷边切割面中线附近不应有开裂、裂缝，不得露出熔合线。

⑤ 当抽样检验的全部接口合格时，应判定该批接口全部合格。当抽样检验的接口出现不合格情况时，应判定该接口不合格，并应按下列规定加倍抽样检验：

a. 每出现一个不合格接口，应加倍抽检该焊工所焊的同一批接口，进行检验。

b. 如第二次抽检仍出现不合格接口时，则应对该焊工所焊的同批接口全部进行检验。

（3）电熔承插连接

聚乙烯燃气管道电熔连接时，当管材、管件、阀门及熔接设备存放处的温度与施工现场的温度相差较大时，连接前应将管材、管件、阀门及熔接设备在施工现场放置一定时间，使其温度接近施工现场温度。

1）电熔承插连接操作

① 管材的连接部位应擦净，并应保持干燥；管件应在焊接时再拆除封装袋。

② 当管材的不圆度影响安装时，应采用整圆工具对插入端进行整圆。

③ 应测量电熔管件承口长度，并在管材或插口管件的插入端标出插入长度，刮除插入段表皮的氧化层，刮削表皮厚度宜为 0.1～0.2mm，并应保持洁净。

④ 将管材或插口管件的插入端插入电熔管件承口内至标记位置，同时应对配合尺寸进行检查，避免强力插入。

⑤ 校直待连接的管材和管件，使其在同一轴线上，并应采用专用夹具固定后，方可通电焊接。

⑥ 通电加热焊接的电压或电流、加热时间等焊接参数的设定应符合电熔连接熔接设备和电熔管件的使用要求。

⑦ 接头冷却应采用自然冷却。在冷却期间，不得拆开夹具，不得移动连接件或在连接件上施加任何外力。

2）电熔承插连接接头质量检验

① 电熔管件与管材或插口管件的轴线应对正。

② 管材或插口管件在电熔管件端口处的周边表面应有明显的刮皮痕迹。

③ 电熔管件端口的接缝处不应有熔融料溢出。

④ 电熔管件内的电阻丝不应被挤出。

⑤ 从电熔管件上的观察孔中应能看到指示柱移动或有少量熔融料溢出，溢料不得呈流淌状。

⑥ 每个电熔承插连接接头均应进行上述检验，出现与上述条款不符合的情况，应判定为不合格。

（4）电熔鞍形连接

1）电熔鞍形连接操作

① 应标记电熔鞍形管件与管道连接的位置，并应检查连接位置处管道的不圆度，必要时应采用整圆工具对其进行整圆。

② 管道连接部位应擦拭干净，并应保持干燥，应刮除管道连接部位表皮氧化层，刮削厚度宜为 0.1～0.2mm。

③ 检查电熔鞍形管件鞍形面与管道连接部位的适配性，并应采用支座或机械装置固定管道连接部位的管段，使其保持直线度和圆度。

④ 通电前，应将电熔鞍形管件用专用夹具固定在管道连接部位。

⑤ 通电加热时的电压或电流、加热时间等焊接参数应符合电熔连接机具和电熔鞍形管件的使用要求。

⑥ 接头冷却应采取自然冷却。冷却期间，不得拆开夹具，不得移动连接件或在连接件上施加任何外力。

⑦ 钻孔操作应在支管强度试验和气密性试验合格后进行。

2）电熔鞍形连接接头质量检验

① 电熔鞍形管件周边的管道表面上应有明显的刮皮痕迹。

② 鞍形分支或鞍形三通的出口应垂直于管道的中心线。

③ 管道管壁不应塌陷。

④ 熔融、料不应从鞍形管件周边溢出。

⑤ 从鞍形管件上的观察孔中应能看到指示柱移动或有少量熔融料溢出，溢料不得呈流淌状。

⑥ 每个电熔鞍形连接接头均应进行上述检验，出现与上述条款不符合的情况，应判定为不合格。

（5）法兰连接

1）聚乙烯法兰连接件与聚乙烯管道的连接应将法兰盘套入待连接的法兰连接件的端部。应按热熔连接或电熔连接的要求，将聚乙烯法兰连接件平口端与聚乙烯管道进行连接。

2）两法兰盘上螺孔应对中，法兰面应相互平行，螺栓孔与螺栓直径应配套，螺栓规格应一致，螺母应在同一侧；紧固法兰盘上的螺栓应按对称顺序分次均匀紧固，不得强力组装，螺栓拧紧后宜伸出螺母（1～3）扣。法兰盘在静置 8～10h 后，应二次紧固。

3）法兰密封面、密封件不得有影响密封性能的划痕、凹坑等缺陷，材质应符合输送城镇燃气的要求。

4）法兰盘、紧固件应经防腐处理，并应满足设计要求。

（6）钢塑转换管件连接

1）钢塑转换管件的聚乙烯管端与聚乙烯管道或管件的连接应符合热熔连接或电熔连接的相关规定。

2）钢塑转换管件的钢管端与金属管道的连接应符合现行行业标准《城镇燃气输配工程施工及验收规范》CJJ 33 的有关规定。

3）钢塑转换管件的钢管端与钢管焊接时，应对钢塑过渡段采取降温措施。

4）钢塑转换管件连接后应对接头进行防腐处理，防腐等级应满足设计要求，并应检验合格。

3. 管道敷设工序质量控制点

（1）敷设要求

1）聚乙烯燃气管道敷设应在沟底标高和管基质量检查合格后进行。

2）聚乙烯燃气管道下管时，不得采用金属材料直接捆扎和吊运管道，并应防止管道划伤、扭曲和出现过大的拉伸和弯曲。

3）聚乙烯燃气管道宜呈蜿蜒状敷设，并可随地形在一定的起伏范围内自然弯曲敷设。

管道的允许弯曲半径不应小于 25 倍公称外径。当弯曲管段上有承插接口（和钢塑转换管件）时，管道的允许弯曲半径不应小于 125 倍公称外径。不得使用机械或加热方法弯曲管道。

4）采用拖管法埋地敷设时，在管道拖拉的过程中，沟底不应有可能损伤管道表面的石块和尖凸物，拖拉长度不宜超过 300m。

（2）示踪线、地面标志、警示带、保护板的敷设和设置

1）示踪线应敷设在聚乙烯燃气管道的正上方；并应有良好的导电性和有效的电气连接，示踪线上应设置信号源井。

2）地面标志应随管道走向设置。

3）警示带宜敷设在管顶上方 300～500mm 处，但不得敷设在路面结构层内。

4）对于公称外径小于 400mm 的管道，可在管道正上方敷设一条警示带，对于公称外径大于或等于 400mm 的管道，应在管道正上方平行敷设 2 条水平净距为 100～200mm 的警示带。

5）警示带宜采用聚乙烯或不易分解的材料制造，颜色应为黄色，且在警示带上应印有醒目、永久性警示语。

6）保护板应有足够的强度，且上面应有明显的警示标识；保护板宜敷设在管道上方距管顶大于 200mm、距地面 300～500mm 处，但不得敷设在路面结构层内。

4. 沟槽回填工序质量控制点

（1）回填要求

1）聚乙烯燃气管道敷设完毕并经外观检验合格后，应及时进行沟槽回填。除连接部位可外露外，管道两侧和管顶以上的回填高度不宜小于 0.5m。

2）聚乙烯燃气管道沟槽回填应从管道两侧同时对称均衡进行，并应保证管道不产生位移。

3）管道沟槽回填时，不得回填淤泥、有机物或冻土，回填土中不得含有石块、砖及其他杂物。

4）聚乙烯燃气管道回填材料、回填土压实系数等应符合设计要求。

5）对于埋深无法满足设计要求的中压和低压庭院管道，可采取砌筑沟槽保护等方法敷设。当采用砌筑沟槽方式敷设时，沟槽中的管道应自然蜿蜒敷设，且管道四周的沟槽内应填满砂，沟槽上部应加设盖板。对于高出地表的沟槽应加设醒目标志。

（2）聚乙烯燃气管道的回填施工

1）管底基础至管顶以上 0.5m 范围内，应采用人工回填和轻型压实设备夯实方式，不得采用机械推土回填。

2）回填、夯实应分层对称进行，每层回填土的高度应为 200～300mm，不得单侧回填、夯实。

3）管顶 0.5m 以上采用机械回填压实时，应从管轴线两侧同时均匀进行，并当于实、碾压。

5. 质量检查

应符合现行行业标准《城镇燃气输配工程施工及验收规范》CJJ 33 的规定。

5.5.2 钢骨架聚乙烯复合管敷设工序质量控制点

1. 材料质量控制

参见本书 5.5.1 节中相关内容。

2. 管道连接工序质量控制点

（1）电熔连接

1）检查电熔连接所选焊机类型是否与安装管道规格相适应。

2）施工现场断管时，其截面应与管道轴线垂直，截口应进行塑料（与母材相同材料）热封焊。严禁使用未封口的管材。

3）电熔连接后应进行外观检查，溢出电熔管件边缘的溢料量（轴向尺寸）应符合规范的规定。

4）电熔连接内部质量应符合现行行业标准《燃气用钢骨架聚乙烯塑料复合管及管件》CJ/T 125 的规定，可采用现场抽检试验件的方式检查。试验件的接头应采用与实际施工相同的条件焊接制备。

5）钢制套管内径应大于穿越管段上直径最大部位的外径加 50mm；混凝土套管内径应大于穿越管段上直径最大部位的外径加 100mm。套管内严禁法兰接口，并尽量减少电熔接口数量。

（2）法兰连接

1）采用法兰连接时，宜设置检查井。

2）法兰密封面、密封件（垫圈、垫片）不得有影响密封性能的划痕、凹坑等缺陷。

3）管材应在自然状态下连接，严禁强行扭曲组装。

3. 管道敷设工序质量控制点

参见本书 5.5.1 节中相关内容。

4. 沟槽回填工序质量控制点

参见本书 5.5.1 节中相关内容。

5. 质量检查

应符合现行行业标准《城镇燃气输配工程施工及验收规范》CJJ 33 的规定。

5.6　管道附件

5.6.1　阀门安装

1. 材料质量控制

（1）阀门在正式安装前，应按其产品标准要求单独进行强度和严密性试验，经试验合格的设备、附件应做好标记，并应填写试验记录。

（2）其他材料质量控制，参见本书 5.1.2 节中相关内容。

2. 工序质量控制点

（1）安装前应检查阀芯的开启度和灵活度，并根据需要对阀体进行清洗、上油。

（2）安装有方向性要求的阀门时，阀体上的箭头方向应与燃气流向一致。

（3）法兰或螺纹连接的阀门应在关闭状态下安装，焊接阀门应在打开状态下安装。焊接阀门与管道连接焊缝宜采用氩弧焊打底。

（4）安装时，吊装绳索应拴在阀体上，严禁拴在手轮、阀杆或转动机构上。

（5）阀门安装时，与阀门连接的法兰应保持平行，其偏差不应大于法兰外径的 1.5‰，且不得大于 2mm。严禁强力组装，安装过程中应保证受力均匀，阀门下部应根据设计要求设置承重支撑。

（6）法兰连接时，应使用同一规格的螺栓，并符合设计要求。紧固螺栓时应对称均匀用力，松紧适度，螺栓紧固后螺栓与螺母宜齐平，但不得低于螺母。

（7）在阀门井内安装阀门和补偿器时，阀门应与补偿器先组对好，然后与管道上的法兰组对,将螺栓与组对法兰紧固好后,方可进行管道与法兰的焊接。

(8)对直埋的阀门,应按设计要求做好阀体、法兰、紧固件及焊口的防腐。

(9)安全阀应垂直安装,在安装前必须经法定检验部门检验并铅封。

3. 质量检查

应符合现行行业标准《城镇燃气输配工程施工及验收规范》CJJ 33 的规定。

5.6.2 凝水缸安装

1. 材料质量控制

(1)凝水缸在正式安装前,应按其产品标准要求单独进行强度和严密性试验,经试验合格的设备、附件应做好标记,并应填写试验记录。

(2)其他材料质量控制,参见本书 5.1.2 节中相关内容。

2. 工序质量控制点

(1)钢制凝水缸在安装前,应按设计要求对外表面进行防腐。

(2)安装完毕后,凝水缸的抽液管应按同管道的防腐等级进行防腐。

(3)凝水缸必须按现场实际情况,安装在所在管段的最低处。

(4)凝水缸盖应安装在凝水缸井的中央位置,出水口阀门的安装位置应合理,并应有足够的操作和检修空间。

3. 质量检查

应符合现行行业标准《城镇燃气输配工程施工及验收规范》CJJ 33 的规定。

5.6.3 补偿器安装

1. 材料质量控制

(1)补偿器等在正式安装前,应按其产品标准要求单独进行强度和严密性试验,经试验合格的设备、附件应做好标记,并应填写试验记录。

(2)其他材料质量控制,参见本书 5.1.2 节中相关内容。

2. 工序质量控制点

(1)波纹补偿器安装

1)安装前应按设计规定的补偿量进行预拉伸(压缩),受力应均匀。

2)补偿器应与管道保持同轴,不得偏斜。安装时不得用补偿器的变形(轴向、径向、扭转等)来调整管位的安装误差。

3)安装时应设临时约束装置,待管道安装固定后再拆除临时约束装置,并解除限位装置。

(2)填料式补偿器安装

1)应按设计规定的安装长度及温度变化,留有剩余的收缩量,允许偏差应满足产品的安装说明书的要求。

2)应与管道保持同心,不得歪斜。

3)导向支座应保证运行时自由伸缩,不得偏离中心。

4)插管应安装在燃气流入端。

5）填料石棉绳应涂石墨粉并应逐圈装入，逐圈压紧，各圈接口应相互错开。

3. 质量检查

应符合现行行业标准《城镇燃气输配工程施工及验收规范》CJJ 33 的规定。

5.6.4 绝缘法兰安装

1. 材料质量控制

参见本书 5.1.2 节中相关内容。

2. 工序质量控制点

（1）安装前，应对绝缘法兰进行绝缘试验检查，其绝缘电阻不应小于 1MΩ；当相对湿度大于 60% 时，其绝缘电阻不应小于 500kΩ。

（2）两对绝缘法兰的电缆线连接应按设计要求，并应做好电缆线及接头的防腐，金属部分不得裸露于土中。

（3）绝缘法兰外露时，检查其是否有保护措施。

3. 质量检查

应符合现行行业标准《城镇燃气输配工程施工及验收规范》CJJ 33 的规定。

5.7 管道穿（跨）越

5.7.1 顶管施工

1. 材料质量控制

（1）工程材料、管道附件的材质、规格和型号必须符合设计要求，其质量应符合国家或行业有关标准的规定，并应具有出厂合格证、质量证明文件以及材质证明书或使用说明书。

（2）应按工程设计要求和施工技术标准对工程材料、管道附件的出厂合格证、质量证明文件以及材质证明书进行检查，当对其质量（或性能）有疑问时应进行复验，不合格者严禁使用。材料有抽检规定的，应按要求进行抽样检验。

（3）管道、管件、密封圈等材料质量控制，参见本书 5.1.2 节中相关内容。

2. 工序质量控制点

（1）顶管的施工质量控制，参见本书 4.6.3 节中相关内容。

（2）采用钢管时，燃气钢管的焊缝应进行 100% 的射线照相检验。

（3）采用 PE 管时，应先做焊接试验，要求相同操作人员、相同工况条件。

（4）接口宜采用电熔连接；当采用热熔对接时，应切除所有焊口的翻边，并应进行检查。

（5）燃气管道穿入套管前，管道的防腐已验收合格。

（6）在燃气管道穿入过程中，检查施工单位是否采取措施防止管体或防腐层损伤。

3. 质量检查

应符合现行行业标准《城镇燃气输配工程施工及验收规范》CJJ 33 的规定。

5.7.2 水下敷设

1. 材料质量控制

参见本书 5.7.1 节中相关内容。

2. 工序质量控制点

（1）测量放线复核

1）管槽开挖前，应测出管道轴线，并在两岸管道轴线上设置固定醒目的岸标。施工时岸上设专人用测量仪器观测，校正管道施工位置，检测沟槽超挖、欠挖情况。

2）水面管道轴线上以每隔 50m 左右抛设一个浮标示位置。

3）两岸应各设置水尺一把，水尺零点标高应经常检测。

（2）沟槽开挖

1）检查沟槽宽度及边坡坡度，两者的数值应按设计规定执行；当设计无规定时，根据水底泥土流动性和挖沟方法在施工组织设计中确定，但最小沟底宽度应大于管道外径1m。

2）当两岸没有泥土堆放场地时，使用驳船装载泥土运走。在水流较大的江中施工，且没有特别环保要求时，开挖泥土可排至河道中，任水流冲走。

3）水下沟槽挖好后，复测沟底标高。宜按 3m 间距复测，当标高符合设计要求后方可下管。若挖深不够应补挖；若超挖应采用砂或小块卵石补到设计标高。

（3）管道组装

1）在岸上将管道组装成管段，管段长度宜控制在 50～80m。

2）组装完成后，检查焊缝质量，并进行试验，合格后按设计要求加焊加强钢箍套。

3）检查焊口是否进行防腐（补口），并应进行质量检查。

4）组装后的管段应采用下水滑道牵引下水，置于浮箱平台，并调整至管道设计轴线水面上，将管段组装成整管。焊口应进行射线照相探伤和防腐补口，并应在管道下沟前应对整条管道的防腐层做电火花绝缘检查。

（4）沉管与稳管

1）沉管时，应谨慎操作牵引起重设备，松缆与起吊均应逐点分步分别进行；各定位船舶须严格执行统一指令。应在管道各吊点的位置与管槽设计轴线一致时，管道方可下沉入沟槽内。

2）管道入槽后，应由潜水员下水检查、调平。

3）稳管措施按设计要求执行。当使用平衡重块时，重块与钢管之间应加橡胶隔垫；当采用复壁管时，应在管线过江（河、湖）后，再向复壁管环形空间灌水泥浆。

3. 质量检查

应符合现行行业标准《城镇燃气输配工程施工及验收规范》CJJ 33 的规定。

5.7.3 定向钻施工

1. 材料质量控制

参见本书 5.7.1 节中相关内容。

2. 工序质量控制点

（1）钻导向孔

1）控向操作应由经过培训合格的人员操作，控向系统的功能应满足工程的需要。

2）导向孔应根据设计曲线钻进，钻杆折角宜符合设计要求。

3）每钻进一根钻杆宜至少采集一次控向数据，并应根据采集的控向数据及时调整。

4）穿越长度大于2000m时，宜采用对穿工艺钻导向孔；穿越两端使用套管隔离，应采用对穿工艺钻导向孔。

（2）安装施工钻机

1）应将钻机及配套设备就位。将施工钻机就位在穿越中心线位置上，主钻机应就位于设计入土侧，钻机就位完成后，应进行系统连接、试运转。

2）应按操作规程标定控向参数，宜在穿越轴线的不同位置测取，且每个位置应至少测4次，取其有效值的平均值作为控向基准方位角值。

（3）钻孔

1）开钻前应做好钻机的安装和调试等准备工作，应试钻1～2根钻杆，确定系统运转正常方可正常钻进。

2）安装人工交流磁场应在穿越中心线上布置交流线圈，线圈宽度宜大于3倍穿越深度。

3）主钻机可先进行导向孔钻进，辅助钻机可推迟时间开钻，但应保证两台钻机同时到达对接区域。

4）两台钻机应分别就位于导向孔的入土点和出土点位置，进行导向孔穿越施工。如使用轴向磁铁，两钻头相交时两侧钻头的横向偏差和上下偏差均应小于2m；如使用旋转磁铁，两钻头相交时两侧钻头的横向偏差和上下偏差均应小于5m（图5-1）。

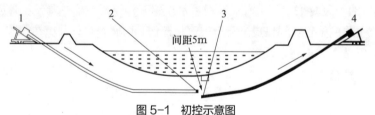

图5-1　初控示意图

1—主施工钻机；2—安装探头；3—安装目标磁铁；4—辅助施工钻机

5）主、辅钻机钻头相距在5m内后，主钻机应根据计算机显示探头与旋转磁铁的相对位置调整钻头方向，并应控制主钻机钻头进入辅助钻机钻头的孔内，同时应完成辅助钻机回抽钻杆、主钻机钻头跟进至完成导向孔施工（图5-2）。

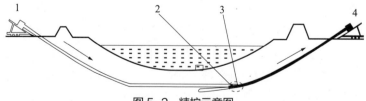

图5-2　精控示意图

1—主施工钻机；2—安装探头；3—安装磁铁；4—辅助施工钻机

6）每根钻杆的折角应符合设计要求。

7）对接作业完成后，辅助钻机应继续后退钻头，主钻机钻头应随后钻进，直至主钻机钻头从出土侧出土。

（4）扩孔

1）最终扩孔直径应根据管径、穿越长度、地质条件和钻机能力确定。

2）扩孔宜采取分级、多次扩孔的方式进行；在地层条件及辅助设备允许的情况下，可减少扩孔级次。

3）扩孔过程中，如发现扭矩、拉力较大，可采取洗孔作业；应在洗孔结束后，再继续进行扩孔；扩孔结束后，如发现扭矩、拉力仍较大，可再进行洗孔作业。

（5）管段回拖

1）回拖条件

①连接前应用泥浆冲洗钻杆，确保钻杆内无异物。

②连接后应进行试喷，确保水嘴畅通无阻。

③旋转接头内应注满油，旋转应良好。

④回拖前应对钻机、泥浆泵等设备进行保养和小修。

⑤应进行防腐层外观及漏点检测。

2）回拖

①当采用发送沟方式时，在回拖前应将穿越管段放入发送沟。发送沟应根据地形、出土角确定开挖深度和宽度。

一般情况下，发送沟的下底宽度宜比穿越管径大500mm；管道发送沟内应注水，管沟内最小注水深度宜超过穿越管径的1/3；应采取支架或吊起等措施，使管道入土角与实际钻杆出土角一致。

②当采用发送道或托管架方式时，应根据穿越管段的长度和重量确定托管架的跨度和数目；托管架的高度、强度、刚度和稳定性应满足要求。

③管段回拖时，如管径大于1016mm宜采用浮力控制措施。

④回拖时宜连续作业。特殊情况下，停止回拖时间不宜超过4h。

（6）管段敷设

1）定向钻穿越施工完毕后应对穿越段外涂层电导率进行测试；测试宜在穿越完成15d后且穿越段管线与主管线连接前进行。

2）燃气管道的焊缝应进行100%的射线照相检查。

3）在目标井工作坑应按要求放置燃气钢管，用导向钻回拖敷设，回拖过程中应根据需要不停注入配制的泥浆。

4）燃气钢管的防腐应为特加强级。

5）燃气钢管敷设的曲率半径应满足管道强度要求，且不得小于钢管外径的1500倍。

6）施工完毕后，应清理场地，并应恢复地貌。

3. 质量检查

应符合现行行业标准《城镇燃气输配工程施工及验收规范》CJJ 33 的规定。

5.7.4 跨越施工

1. 材料质量控制

参见本书 5.7.1 节中相关内容。

2. 工序质量控制点

（1）穿越工程施工过程的质量控制要按照现行国家标准《油气输送管道穿越工程施工规范》GB 50424 进行，确保施工质量。

（2）若穿越管道用钢管，就必须按钢管的焊接工艺检查焊接质量，并对 100% 的照片进行审查，若是聚乙烯管，就按聚乙烯技术规程检验，钢管必须加强防腐。

（3）检查管道的敷设是否符合相应穿越方式的要求。

3. 质量检查

应符合现行行业标准《城镇燃气输配工程施工及验收规范》CJJ 33 的规定。

5.8 室外架空燃气管道

5.8.1 管道支、吊架的安装工序质量控制点

1. 材料质量控制

管道、管件、密封圈等材料质量控制，参见本书 5.1.2 节中相关内容。

2. 工序质量控制点

（1）管道支、吊架安装前，要复核管道标高和坡降。

（2）检查固定后的支、吊架位置应正确，安装应平整、牢固，与管子接触良好。

（3）检查固定支架是否按设计规定安装，安装补偿器时，应在补偿器预拉伸（压缩）之后固定。

（4）检查导向支架或滑动支架的滑动面是否洁净平整，不得有歪斜和卡涩现象。其安装位置应从支承面中心向位移反方偏移，偏移量应为设计计算位移值的 1/2 或按设计规定。

（5）焊接应由有上岗证的焊工施焊，并不得有漏焊、欠焊或焊接裂纹等缺陷。管道与支架焊接时，管道表面不得有咬边、气孔等缺陷。

焊工资格应必须具有锅炉压力容器压力管道特种设备操作人员资格证（焊接）焊工合格证书，且在证书的有效期及合格范围内从事焊接工作。间断焊接时间超过 6 个月，再次上岗前应重新考试。

3. 质量检查

应符合现行行业标准《城镇燃气输配工程施工及验收规范》CJJ 33 的规定。

5.8.2 管道的防腐工序质量控制点

1. 材料质量控制

管道、管件、密封圈等材料质量控制，参见本书 5.1.2 节中相关内容。

2. 工序质量控制点

（1）防腐涂料应有制造厂的质量合格文件。涂漆前应检查是否清除被涂表面的铁锈、焊渣、毛刺、油、水等污物。

（2）检查防腐涂料的种类、涂敷次序、层数、各层的表干要求及施工的环境温度是否按设计和所选涂料的产品规定进行。

（3）在涂敷施工时，应有相应的防火、防雨（雪）及防尘措施。

（4）涂层质量检查要点：

1）涂层应均匀，颜色应一致。

2）漆膜应附着牢固，不得有剥落、皱纹、针孔等缺陷。

3）涂层应完整，不得有损坏、流淌。

3. 质量检查

应符合现行行业标准《城镇燃气输配工程施工及验收规范》CJJ 33 的规定。

5.8.3 管道安装工序质量控制点

1. 材料质量控制

管道、管件、密封圈等材料质量控制，参见本书 5.1.2 节中相关内容。

2. 工序质量控制点

（1）管道安装前，检查其是否已除锈并涂完底漆。

（2）管道的焊接应按"埋地钢管"的要求执行。

（3）实测焊缝距支架、吊架净距，其数值不应小于 50mm。

（4）管件、设备的安装质量控制，参见本书 5.6 节中相关内容。

（5）吹扫、压力试验完成后，应补刷底漆并完成管道设备的防腐。

3. 质量检查

应符合现行行业标准《城镇燃气输配工程施工及验收规范》CJJ 33 的规定。

5.9 管道试验

5.9.1 一般规定

（1）管道安装完毕后应依次进行管道吹扫、强度试验和严密性试验。

（2）燃气管道穿（跨）越大中型河流、铁路、二级以上公路、高速公路时，应单独进行试压。

（3）管道吹扫、强度试验及中高压管道严密性试验前应编制施工方案并上报监理部门签认，施工方案必须制定详细、可行的安全措施，确保施工人员及附近民众与设施的安全。

（4）试验时应设巡视人员，无关人员不得进入。在试验的连续升压过程中和强度试验的稳压结束前，所有人员不得靠近试验区。人员离试验管道的安全间距可按表 5-1 确定。

人员离试验管道的安全间距	表 5-1
管道设计压力（MPa）	安全间距（m）
＜0.4	6
0.4～1.6	10
2.5～4.0	20

（5）管道上的所有堵头必须加固牢靠，试验时堵头端严禁人员靠近。

（6）吹扫和待试管道应与无关系统采取隔离措施，与已运行的燃气系统之间，必须加装盲板且有明显标志。试验完成后应做好记录，并由有关部门的签字。

（7）试验前应按设计图检查管道的所有阀门，试验段段必须全部开启。

（8）在对聚乙烯管道或钢骨架聚乙烯复合管道吹扫及试验时，进气口应采取油水分离及冷却等措施，确保管道进气口气体干燥，且其温度不得高于40℃；排气口应采取防静电措施。

（9）试验时所发现的缺陷，必须待试验压力降至大气压后进行处理，处理合格后应重新试验。

5.9.2 管道吹扫

1. 管道吹扫的介质选择要求

（1）球墨铸铁管道、聚乙烯管道、钢骨架聚乙烯符合管道和公称直径小于100mm或长度小于100m的钢质管道，可采用气体吹扫。

（2）公称直径大于或等于100mm的钢质管道，宜采用清管球进行清扫。

2. 管道吹扫检查要求

（1）吹扫范围内的管道安装工程除补口、涂漆外，已按设计图纸全部完成。

（2）管道安装检验合格后，应由施工单位负责组织吹扫工作，监理工程师应在吹扫前审查施工单位上报编制的吹扫方案。

（3）应按主管、支管、庭院管的顺序进行吹扫，吹扫出的脏物不得进入已合格的管道。

（4）吹扫管段内的调压器、阀门、孔板、过滤网、燃气表等设备等不应参与吹扫，待吹扫合格后再安装复位。

（5）吹扫口应设在开阔地段并加固，吹扫时应设安全区域，吹扫出口前严禁站人。

（6）吹扫压力不得大于管道的设计压力，且不应大于0.3MPa。

（7）吹扫介质宜采用压缩空气，严禁采用氧气和可燃性气体。

（8）吹扫合格设备复位后，不得再进行影响管内清洁的其他作业。

3. 气体吹扫检查要求

（1）控制吹扫气体流速不宜小于20m/s。

（2）吹扫口与地面的夹角应在30°～45°之间，吹扫口管段与被吹扫管段必须采取平缓过渡对焊。

（3）每次吹扫管道的长度不宜超过500m；当管道长度超过500m时，宜分段吹扫。

（4）当管道长度在200m以上，且无其他管段或储气容器可利用时，应在适当部位安装吹扫阀，采取分段储气，轮换吹扫；当管道长度不足 200m，可采用管段自身储气放散的方式吹扫，打压点与放散点应分别设在管道的两端。

（5）当目测排气无烟尘时，应在排气口设置白布或涂白漆木靶板检验，5min 内靶上无铁锈、尘土等其他杂物为合格。

4. 清管球清扫检查要求

（1）管道直径必须是同一规格，不同管径的管道应断开分别进行清扫。

（2）对影响清管球通过的管件、设施，在清管前应采取必要措施。

（3）清管球清扫完成后，应在排气口设置白布或涂白漆木靶板检验，5min 内靶上无铁锈、尘土等其他杂物为合格，如不合格可采用气体再清扫至合格。

5.9.3 强度试验

（1）检查强度试验条件：

1）试验用的压力计及温度记录仪应在校验有效期内。

2）试验方案已经批准，有可靠的通信系统和安全保障措施，已进行了技术交底。

3）管道焊接检验、清扫合格。

4）埋地管道回填土宜回填至管上方 0.5m 以上，并留出焊接口。

（2）管道应分段进行压力试验，检查试验管道分段最大长度，其数值宜按表 5-2 执行。

管道试压分段最大长度　　　　　　　　　　　　　　表 5-2

设计压力（MPa）	试验管段最大长度（m）
≤ 0.4	1000
0.4～1.6	5000
1.6～4.0	10000

（3）管道试验用压力计及温度记录仪表均不应少于两块，并应分别安装在试验管道的两端。

（4）试验用压力计的量程应为试验压力的 1.5～2 倍，其精度不应低于 1.5 级。

（5）强度试验压力和介质应符合设计或规范的规定。

（6）水压试验时，试验管段任何位置的管道环向应力不得大于管材标准屈服强度的 90%。架空管道采用水压试验前，应复核管道及其支撑结构的强度，必要时应临时加固。试压宜在环境温度 5℃以上进行，否则应采取防冻措施。

（7）水压试验应符合现行国家标准《输送石油天然气及高挥发性液体钢质管道压力试验》GB/T 16805 的有关规定。

（8）进行强度试验时，压力应逐步缓升，首先升至试验压力的 50%，应进行初检，如无泄露、异常，继续升压至试验压力，然后宜稳压 1h 后，观察压力计不应小于 30min，无压力降为合格。

（9）水压试验合格后，应及时将管道中的水放（抽）净，并应进行吹扫。

（10）经分段试压合格的管段相互连接的焊缝，经射线照相检验合格后，可不再进行强度试验。

第6章 城镇供热管网工程实体质量控制

6.1 基本规定

城镇供热管网工程施工质量的控制、检查、验收，应符合现行行业标准《城镇供热管网工程施工及验收规范》CJJ 28 及相关标准的规定。本章内容适用于下列参数的城镇供热管网工程的施工及验收：

（1）工作压力小于或等于 1.6MPa，介质温度小于或等于 350℃的蒸汽管网。

（2）工作压力小于或等于 2.5MPa，介质温度小于或等于 200℃的热水管网。

6.1.1 施工质量验收的规定

1. 基本规定

（1）供热管网工程的竣工验收应在单位工程验收和试运行合格后进行。

（2）竣工验收应包括下列主要项目：

1）承重和受力结构。

2）结构防水效果。

3）补偿器、防腐和保温。

4）热机设备、电气和自控设备。

5）其他标准设备安装和非标准设备的制造安装。

6）竣工资料。

（3）供热管网工程竣工验收合格后应签署验收文件，移交工程应填写竣工交接书。

（4）在试运行结束后 3 个月内应向城建档案馆、管道管理单位提供纸质版竣工资料和电子版形式竣工资料，所有隐蔽工程应提供影像资料。

（5）工程验收后，保修期不应少于 2 个采暖期。

2. 竣工验收时应提供的资料

（1）施工技术资料应包括施工组织设计及审批文件、图纸会审（审查）记录、技术交底记录、工程洽商（变更）记录等。

（2）施工管理资料应包括工程概况、施工日志、施工过程中的质量事故相关资料。

（3）工程物资资料应包括工程用原材料、构配件等质量证明文件及进场检验或复试报告、主要设备合格证及进场验收文件、质监部门核发的特种设备质量证明文件和设备竣工图、安装说明书、技术性能说明书、专用工具和备件的移交证明。

（4）施工测量监测资料应包括工程定位及复核记录、施工沉降和位移等观（量）测记录。

（5）施工记录应包括下列资料：

1）检查及情况处理记录应包括隐蔽工程检查记录、地基处理记录、钎探记录、验槽记录、管道变形记录、钢管焊接检查和管道排位记录（图）、混凝土浇筑等。

2）施工方法及相关内容记录应包括小导管注浆记录、浅埋暗挖法施工检查记录、定向钻施工等相关记录、防腐施工记录、防水施工记录等。

3）设备安装记录应包括支架、补偿器及各种设备安装记录等。

（6）施工试验及检测报告应包括回填压实检测记录、混凝土抗压（渗）报告及统计评定记录、砂浆强度报告及统计评定记录、管道无损检测报告和相关记录、喷射混凝土配比、管道的冲洗记录、管道强度和严密性试验记录、管网试运行记录等。

（7）施工质量验收资料应包括检验批、分项、分部工程质量验收记录、单位工程质量评定记录。

（8）工程竣工验收资料应包括竣工报告、竣工测量报告、工程安全和功能、工程观感及内业资料核查等相关记录。

3. 竣工验收鉴定事项

（1）供热管网输热能力及热力站各类设备应达到设计参数，输热损耗应符合国家标准规定，管网末端的水力工况、热力工况应满足末端用户的需求。

（2）管网及站内系统、设备在工作状态下应严密，管道支架和热补偿装置及热力站热机、电气及控制等设备应正常、可靠。

（3）计量应准确，安全装置应灵敏、可靠。

（4）各种设备的性能及工作状况应正常，运转设备产生的噪声应符合国家标准规定。

（5）供热管网及热力站防腐工程施工质量应合格。

（6）工程档案资料应齐全。

4. 测定与评价报告

保温工程在第一个采暖季结束后，应对设备及管道保温效果进行测定与评价，且应符合现行国家标准《设备及管道绝热效果的测试与评价》GB/T 8174 的相关规定，并应提出测定与评价报告。

5. 验收合格判定

（1）工程质量验收分为合格和不合格。不合格项目应进行返修、返工至合格。

（2）工程质量验收可划分为分项、分部、单位工程，并应符合下列规定：

1）分部工程可按长度划分为若干个部位，当工程规模较小时，可不划分。

2）分项工程可按下列规定划分：

① 沟槽、模板、钢筋、混凝土（垫层、基础、构筑物）、砌体结构、防水、止水带、预制构件安装、检查室、回填土等工序。

② 管道安装、焊接、无损检验、支架安装、设备及管路附件安装、除锈及防腐、水压试验、管道保温等工序。

③ 热力站、中继泵站的建筑和结构部分等的质量验收应符合国家现行有关标准的规定。

3）单位工程为具备试运行条件的工程，可以是一个或几个设计阶段的工程。

（3）工程质量的验收应按分项、分部及单位工程三级进行，当工程不划分分部工程时，可按分项、单位工程两级进行验收。

（4）竣工验收合格判定应符合下列要求：

1）分项工程符合下列条件为合格：

① 主控项目的合格率应达到 100%。

② 一般项目的合格率达到 80%，且最大偏差小于允许偏差的 1.5 倍，可判定为合格。

2）分部工程应所有分项为合格，则该分部工程为合格。

3）单位工程应所有分部为合格，则该单位工程为合格。

（5）工程竣工质量验收还应符合下列规定：

1）工序（分项）交接检验应在施工班组自检、互检的基础上由检验人员进行工序交接检验，检验完成后应填写质量验收报告。

2）分部检验应在工序交接检验的基础上进行，检验完成后应填写质量验收报告。

3）单位工程检验应在分部检验或工序交接检验的基础上进行，检验完成后应填写质量验收报告。

6.1.2　主要材料、设备、构配件质量控制

管道附属构筑物施工所用的钢筋、水泥、砂、石、石灰、砌体材料、混凝土外加剂、掺加料等材料的质量控制，参见本书 1.3 节中相关内容。

管道需要进场报验的主要材料有：管材、管件、阀门、法兰、补偿器、型钢、管道防腐材料、保温和焊接材料等。

1. 管材及管件

（1）检查管材或板材应有制造厂的质量合格证及材料质量复验报告，复验内容应包括：材料品种及名称、代号、规格、生产厂名称、化学成分、机械性能等。

（2）管材外观检查：

1）管材表面应光滑，无氧化皮、过烧、疤痕等。

2）不得有深度大于公称壁厚的 5% 且不大于 0.8mm 的结疤、折叠、皱折、离层、发纹。

3）不得有深度大于公称壁厚的 12% 且不大于 1.6mm 的机械划痕和凹坑。

（3）三通、弯头、变径管等管路附件应采用机制管件，当需要现场制作时，应符合现行国家标准《钢制对焊管件类型与参数》GB/T 12459、《工业金属管道工程施工规范》GB 50235 及《工业金属管道工程施工质量验收规范》GB 50184 的相关规定。管件防腐漆膜应均匀，无气泡、皱褶和起皮，管件的焊接坡口处不得涂防腐漆，管件内部不得涂防腐漆。

（4）预制直埋管道和管件应采用工厂预制的产品，质量应符合相关标准的规定。

2. 管道设备、补偿器、阀门

（1）热力管道工程所用的管道设备、补偿器、阀门等必须有制造厂家的产品合格证书及质量检测报告。

（2）阀门外观检查：阀体无裂纹、开关灵活严密、手轮无损坏。

（3）法兰应符合现行国家标准《钢制管法兰　技术条件》GB/T 9124 的相关规定，安装前应对密封面及密封垫片进行外观检查。法兰密封面应表面光洁，法兰螺纹完整、无损伤，法兰端面应保持平行，偏差不大于 2mm。

（4）阀门试验：进行阀门的强度和严密性试验。

一级管网的主干线所用阀门及与一级管网主干线直接连通的阀门等重要阀门应由有资质的检测部门进行强度和严密性试验，检验合格。

3. 管道防腐、保温和焊接材料

（1）防腐材料及涂料的品种、规格、性能应符合设计和环保要求，产品应具有质量合格证明文件。

（2）防腐材料应在有效期内使用。

（3）保温材料的品种、规格、性能等应符合设计和环保的要求，产品应具有质量合格证明文件。保温材料检验应符合下列规定：

1）保温材料进场前应对品种、规格、外观等进行检查验收，并应从进场的每批材料中，任选1～2组试样进行导热系数、保温层密度、厚度和吸水（质量含水、憎水）率等测定。

2）应对预制直埋保温管、保温层和保护层进行复检，并应提供复检合格证明；预制直埋保温管的复检项目应包括：保温管的抗剪切强度、保温层的厚度、密度、压缩强度、吸水率、闭孔率、导热系数及外护管的密度、壁厚、断裂伸长率、拉伸强度、热稳定性。

3）按工程要求可进行现场抽检。

（4）施工现场应对保温管和保温材料进行妥善保管，不得雨淋、受潮。受潮的材料经过干燥处理后应进行检测，不合格时不得使用。

（5）石棉水泥不得采用闪石棉等国家禁止使用的石棉制品。

6.2 土方工程

6.2.1 土方明挖质量控制

1. 沟槽开挖工序质量控制点

（1）一般规定

1）遇有混凝土路面和沥青混凝土路面时，使用切割机沿开挖边线切割齐整。

2）沟槽放线应依据设计中线和标高，沟底结构两侧应按设计预留施工宽度，雨期施工时应预留排水边沟。

3）当土壤具有天然湿度、构造均匀、无地下水、水文地质条件良好，且挖深小于5m，不加支撑时，沟槽的最大边坡率应符合设计要求。

4）当沟槽深度超过5m或现场不具备放坡条件时，需选用相应的边坡支护方法，同时编制专项施工方案，施工方案应经专家论证，且应根据专家论证意见修改和完善方案，并在施工组织设计中重新修订。

（2）机械开挖

1）基槽应分段、分层开挖，合理确定开挖顺序、路线及开挖深度。

2）挖槽前，应向挖土机驾驶员详细交底，其内容包括挖槽断面、堆土位置、现况管线和施工要求等。

3）现场设专人指挥，避免超挖或欠挖。当挖至距槽底标高200mm时，由机械配合人工清底，防止槽底土壤被扰动。

4）挖土机不得在架空输电线路正下方工作。如在架空线路下的一侧工作时，应控制与线路的垂直、水平安全距离。

5）开挖基槽的土方，在场地有条件堆放时，留足回填需要的好土；多余土方应一次运走，避免二次挖运。

6）基槽底应设明排边沟，开挖土方应由低处向高处开挖，并设集水井。

2. 验槽工序控制点

（1）土方开挖至槽底后，施工单位应会同建设、监理、设计、勘测等单位共同验收地基。

（2）验槽前须进行地基钎探，钎探点布置应为每隔5m，沟槽布置1点、小室2点，并填写地基钎探记录。

（3）基槽开挖至接近设计高程发现土质与设计（勘测）资料不符或其他异常情况时，施工单位应首先向监理汇报，并向建设单位汇报，由建设单位会同设计、勘测等单位确定处理范围，由建设单位提出处理意见。

（4）地基土质不得扰动也不得超挖，槽底局部超挖时应按以下方法处理：

1）沟槽超挖在150mm以内时，用原土回填夯实，其压实度不应低于95%；沟槽超挖在150mm以上时，采用石灰土处理，压实度不应低于95%。

2）槽底有地下水或含水量较大时，应采用天然级配砂石或天然砂回填至设计标高。

3. 质量检查

（1）土方开挖前应根据施工现场条件、结构埋深、土质和有无地下水等因素检查开槽断面，并应实测各施工段的槽底宽度、边坡、留台位置、上口宽度及堆土和外运土量。

（2）土方开挖过程中，检查开槽断面的中线、横断面、高程。当采用机械开挖时，应预留不少于150mm厚的原状土，人工清底至设计标高，不得超挖。

（3）检查土方开挖施工范围内的排水是否畅通，同时检查采取防止地面水、雨水流入沟槽的措施。

（4）土方开挖完成后，测量检查槽底高程、坡度、平面拐点、坡度折点等数值应合格。

（5）土方开挖至槽底后，对地基进行验收。

（6）当槽底土质不符合设计要求时，监理工程师检查并签认施工单位制定处理方案。在地基处理完成后应对地基处理进行记录。

（7）沟槽开挖与地基处理后的质量要求：

1）沟槽开挖不应扰动原状地基。

2）槽底不得受水浸泡或受冻。

3）地基处理应符合设计要求。

4）槽壁应平整，边坡坡度应符合现行国家标准《建筑地基基础工程施工质量验收标准》GB 50202的相关规定。

5）沟槽中心线每侧的最小净宽不应小于管道沟槽设计底部开挖宽度的1/2。

6）检查槽底高程的允许偏差：开挖土方应为±20mm；开挖石方应为-200～+20mm。

（8）沟槽验收合格后，应对隐蔽工程检查进行记录。

6.2.2 土方暗挖工序质量控制

1. 竖井施工工序质量控制点

（1）竖井提升运输设备不得超负荷作业，运输速度应符合设备技术要求。

（2）竖井上下应设联络信号。

（3）龙门架和竖井提升运输设备架设前应编制专项方案，并应附负荷验算。龙门架和提升机应在安装完毕并经验收合格后方可投入使用。

（4）竖井应设防雨篷，井口应设防汛墙和栏杆。

（5）井壁施工中，竖向应遵循分步开挖的原则，每榀应采用对角开挖。

（6）施工过程中应及时安装竖井支撑。

（7）竖井与隧道连接处应采取加固措施。

2. 隧道施工工序质量控制点

（1）隧道开挖前检查是否备好抢险物资，并在现场堆码整齐。

（2）进入隧道前检查是否应先对隧道洞口进行地层超前支护及加固。

（3）隧道开挖应检查循环进尺、留设核心土。核心土面积不得小于断面的1/2，核心土应设1：0.3～1：0.5的安全边坡。

（4）隧道开挖过程中应进行地质描述并应进行记录，必要时应进行超前地质勘探。

（5）隧道开挖过程中，当采用超前小导管支护施工时，应对小导管施工部位、规格尺寸、布设角度、间距及根数、注浆类型、数量等应进行记录。

（6）当采用大管棚超前支护时，应填写施工记录。

（7）采用隧道台阶法施工应在拱部初期支护结构基本稳定，且在喷射混凝土达到设计强度70%以上时，方可进行下部台阶开挖，并应符合下列规定：

1）边墙应采用单侧或双侧交错开挖。

2）边墙挖至设计高程后，应及时支立钢筋格栅并喷射混凝土。

3）仰拱应根据监控量测结果及时施工，并应封闭成环。

（8）隧道相对开挖中，当两个工作面相距15～20m时应一端停挖，另一端继续开挖，并应做好测量工作，及时纠偏。中线贯通平面位置允许偏差应为±30mm，高程允许偏差应为±20mm。

3. 质量检查

隧道初期支护结构完工后，应对完工的隧道初期支护结构进行分段验收。隧道二衬完工后，应对暗挖法施工检查进行记录。

竖井、隧道的施工质量检查应符合现行行业标准《城市供热管网暗挖工程技术规程》CJJ 200的相关规定。

6.2.3 土方回填工序质量控制

1. 材料质量控制

（1）回填土料宜为开挖利用土或取土场取土；回填土的种类、密实度应符合设计要求，回填土中不得含有淤泥、腐殖土、有机物质、碎块、石块、大于100mm的冻土块及其他杂物。

（2）石灰应有产品合格证和出厂检验报告，进场后应取样试验合格。

（3）砂为中粗砂，砂质纯净、无杂物。

2. 沟槽土方回填工序质量控制点

（1）沿回填沟槽纵向每20~30m设置回填分层标志，分层厚度应按照使用机具确定。

（2）沿沟槽两侧倒土入槽底，每层虚铺厚度蛙式打夯机为200~250mm、木夯不超过150mm。每层摊铺后，随之耙平。

（3）沟槽两侧应水平、对称、同时回填，两侧高差不得超过300mm。

（4）木夯每层至少夯打3遍，每夯搭接为夯表面积的一半，夯夯连接，纵横交错。

（5）分段回填接茬处，回填时留踏步台阶；已填土坡应挖台阶。台阶宽度不得小于1m，高度不得大于0.3m。

（6）回填时压实度应逐层检查测定，可采用环刀法或灌砂法，试验合格后，报监理平行验收后，方可摊铺上一层土。

（7）当设计对回填土的密实度无规定时，应按下列规定执行（图6-1）：

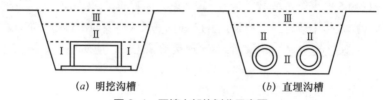

（a）明挖沟槽　　　　（b）直埋沟槽

图6-1　回填土部位划分示意图

1）胸腔部位：Ⅰ区不应小于95%。

2）结构顶上500mm范围内：Ⅱ区不应小于87%。

3）Ⅲ区不应小于87%，或符合道路、绿地等对回填的要求。

3. 直埋保温管道土方回填工序质量控制点

（1）一般规定

1）回填前，保温管应验收合格。

2）沟槽中管道的基础面位于同一高程时，管道间的回填应与管道胸腔回填同时、分层、对称进行；当基础底面高程不等时，应先回填较低基础，当回填至较高基础底面高程后，再进行同时、分层、对称回填。

3）管道下腋角、弯头、三通、接头工作井等部位，应采用木夯、木锤等专用工具填捣密实。

4）回填的砂用平板夯振捣密实，或用水沉密实。

（2）管顶或结构顶以上500mm范围内土方回填

1）管顶或结构顶以上500mm范围内由人工分层摊铺，使用小型机具分层夯实；回填、压实时，严禁使用大型机械。

2）管顶或结构顶以上500mm范围内应分段回填，接茬处应成踏步台阶状，台阶宽度1~1.2m，高度0.3m，做到层次分明。

3）直埋保温热力管道的沿线应连续敷设警示带。警示带平整地敷设在管道的正上方，距管顶的距离宜为 0.3～0.5m。

（3）管顶或结构顶 500mm 以上范围内土方回填

1）回填土方时可采用机械摊铺、机械碾压。

2）填土压实遍数，应按设计要求的压实度、压实工具、虚铺厚度和填土的含水量，经现场试验确定。

3）压路机碾压时，轮迹重叠宽度应大于 200mm，行驶速度不得大于 2km/h，压实遍数通常为 6～8 遍，达到没有明显轮迹为止。

4）分段回填接茬处应成踏步台阶状，台阶宽度 1～1.2m，高度 0.3m，做到层次分明。

4. 质量检查

（1）沟槽、检查室的主体结构经隐蔽工程验收合格及测量后应及时进行回填，在固定支架、导向支架承受管道作用力之前，应回填到设计高度。

（2）回填前应先将槽底杂物、积水清除干净。

（3）回填过程中不得影响构筑物的安全，并应复查墙体结构强度、外墙防水抹面层硬结程度、盖板或其他构件安装强度，当能承受施工操作动荷载时，方可进行回填。

（4）检查回填土，不得含有碎砖、石块、大于 100mm 的冻土块及其他杂物。

（5）直埋保温管道沟槽回填检查要点：

1）回填前，验收直埋管外护层及接头，不得有破损。

3）检查管顶是否铺设警示带，警示带距离管顶不得小于 300mm，且不得敷设在道路基础中。

4）检查弯头、三通等管路附件处的回填应按设计要求进行。

5）设计要求进行预热伸长的直埋管道，回填方法和时间应按设计要求进行。

（6）回填土厚度应根据夯实或压实机具的性能及压实度确定，并应分层夯实。

（7）回填压实不得影响管道或结构的安全。管顶或结构顶以上 500mm 范围内应采用人工夯实，不得采用动力夯实机或压路机压实。

（8）沟槽回填土种类、密实度检查要点：

1）回填土种类、密实度应符合设计要求。

2）回填土的密实度应逐层进行测定。

（9）检查室部位的回填检查要点：

1）主要道路范围内的井室周围应采用石灰土、砂、砂砾等材料回填。

2）检查室周围的回填应与管道沟槽的回填同时进行，当不能同时进行时应留回填台阶。

3）检查室周围回填压实应沿检查室中心对称进行，且不得漏夯。

4）密实度应按明挖沟槽回填要求执行。

（10）暗挖竖井的回填应根据现场情况选择回填材料，并应符合设计要求。

6.3 土建结构与顶管

6.3.1 管沟及检查室砌体结构质量控制点

1. 材料质量控制

钢筋、模板、混凝土、砖、砌块、砂浆、焊材、防腐层等材料质量控制,参见本书1.3节、1.4节及4.1.2节中相关内容。

2. 工序质量控制点

管沟及检查室砌体结构施工工序质量控制点,参见本书4.8.1节中相关内容。

3. 质量检查

管沟及检查室砌体结构施工应符合现行国家标准《砌体结构工程施工质量验收规范》GB 50203的相关规定。砌体结构质量应符合下列规定:

（1）砌筑方法应正确,不得有通缝。

（2）砌体室壁砂浆应饱满,灰缝应平整,抹面应压光,不得有空鼓、裂缝等现象。

（3）清水墙面应保持清洁,勾缝应密实、深浅一致,横竖缝交接处应平整。

（4）砌体砂浆抗压强度应为主控项目,砌体砂浆抗压强度及检验应符合下列规定:

1）每个构筑物或每50m³砌体制作一组试块（6块）,当砂浆配合比变更时,应分别制作一组试块。

2）同强度等级砂浆的各组试块的平均强度不得小于设计规定,任意一组试块的强度最低值不得小于设计规定的85%。

（5）砂浆饱满度应为主控项目,砌体砂浆饱满度及检验应符合下列规定:

1）每20m（不足20m按20m计）选两点,每点掀3块砌块,用百格网检查砌块底面砂浆的接触面取其平均值。

2）砂浆饱满度应大于或等于90%。

6.3.2 混凝土结构工序质量控制点

1. 材料质量控制

钢筋、模板、支架、混凝土等材料质量控制,参见本书1.3节、1.4节中相关内容。

2. 工序质量控制点

混凝土结构的钢筋、模板、混凝土等工序的施工,应符合现行国家标准《混凝土结构工程施工质量验收规范》GB 50204的相关规定。

预制装配式结构、现浇钢筋混凝土结构的井室及井室附件、尺寸和井盖的施工工序质量控制点,参见本书4.8.1节中相关内容。

3. 质量检查

（1）钢筋成型

1）绑扎成型应采用钢丝扎紧,不得有松动、折断、移位等现象。

2）绑扎或焊接成型的网片或骨架应稳定牢固,在安装及浇筑混凝土时不得松动或变形。

3）钢筋安装的允许偏差及检验方法应符合现行行业标准《城镇供热管网工程施工及验收规范》CJJ 28 的规定。

（2）模板安装

1）模板安装应牢固，模内尺寸应准确，模内木屑等杂物应清除干净。

2）模板拼缝应严密，在灌注混凝土时不得漏浆。

3）现浇结构模板安装的允许偏差及检验方法应符合现行行业标准《城镇供热管网工程施工及验收规范》CJJ 28 的规定。

4）预制构件模板安装的允许偏差及检验方法应符合现行行业标准《城镇供热管网工程施工及验收规范》CJJ 28 的规定。

（3）混凝土施工

1）混凝土配合比应符合设计要求。

2）混凝土垫层、基础应符合下列规定：

① 表面应平整，不得有石子外露。构筑物不得有蜂窝、露筋等现象。

② 混凝抗压强度应为主控项目，并应符合设计的要求。

③ 混凝土垫层、基础的允许偏差及检验方法应符合现行行业标准《城镇供热管网工程施工及验收规范》CJJ 28 的规定。

3）混凝土构筑物应符合下列规定：

① 混凝土抗压强度应为主控项目，平均值不得小于设计要求。

② 混凝土抗渗应为主控项目，不得小于设计规定。

（4）梁、板、支架等构件预制

1）预制构件的外形尺寸和混凝土强度等级应符合设计要求，构件应有安装方向的标识。

2）混凝土配合比、强度应符合设计要求。

3）成型的模板、钢筋经检验合格后方可浇筑混凝土。

4）构件尺寸应准确，不得有蜂窝、麻面、露筋等缺陷。

5）混凝土抗压强度应为主控项目，平均值不得小于设计规定。

6）梁、板、支架等预制构件的允许偏差及检验方法应符合现行行业标准《城镇供热管网工程施工及验收规范》CJJ 28 的规定。

（5）梁、板、支架等构件安装

1）预制构件运输、安装时的强度不应小于设计强度的 75%。

2）安装后的梁、板、支架应平稳，支点处应严密、稳固。

3）盖板支承面处的坐浆应密实，两侧端头抹灰应严实、整洁。

4）相邻板之间的缝隙应用水泥砂浆填实。

5）构件安装的允许偏差及检验方法应符合现行行业标准《城镇供热管网工程施工及验收规范》CJJ 28 的规定。

（6）检查室

1）室内底应平顺，并应坡向集水坑。

2）爬梯位置应符合设计要求，安装应牢固。

3）井圈、井盖型号应符合设计要求，安装应平稳。

4）检查室允许偏差及检验方法应符合现行行业标准《城镇供热管网工程施工及验收规范》CJJ 28 的规定。

6.3.3 防水工程工序质量控制点

1. 材料质量控制

水泥砂浆、卷材及其配套材料等防水材料应有产品合格证书和性能检测报告，其外观质量、品种、规格性能等应符合现行国家施工规范标准和设计要求。

（1）对材料的外观、品种、规格、包装、尺寸和数量等进行检查验收，并经监理单位或建设单位代表检查确认，形成相应验收记录。

（2）对材料的质量证明文件进行检查，并经监理单位或建设单位代表检查确认，纳入工程技术档案。

（3）材料进场后应抽样检验，检验应执行见证取样送检制度，并出具材料进场检验报告。

（4）材料的物理性能检验项目全部指标达到标准规定时，即为合格；若有一项指标不符合标准规定，应在受检产品中重新取样进行该项指标复验，复验结果符合标准规定，则判定该批材料为合格。

2. 水泥砂浆防水工序质量控制点

（1）检查水泥砂浆防水层的基层质量，要求基层表面应平整、坚实、清洁，并应充分湿润、无明水；基层表面的孔洞、缝隙，应督促承包单位采用与防水层相同的水泥砂浆堵塞并抹平。

（2）检查埋设件、穿墙管预留凹槽内是否嵌填密封材料。

（3）检查防水砂浆的原材料及配合比，必须符合设计要求。

（4）检查防水砂浆的粘结强度和抗渗性能，必须符合设计要求。

（5）分层铺抹或喷涂，铺抹时应压实、抹平，最后一层表面应提浆压光。

（6）检查防水层留设施工缝的位置和形状，应符合设计要求和规范的规定。

（7）水泥砂浆终凝后，要求承包单位及时养护，检查养护温度、湿度和时间。

（8）水泥砂浆防水层与基层结合质量，应结合牢固，无空鼓现象。

（9）检查水泥砂浆防水层表面质量，应密实、平整，不得有裂纹、起砂、麻面等缺陷。

（10）检查水泥砂浆防水层的平均厚度，应符合设计要求，最小厚度不得小于设计厚度的85％。

（11）检查水泥砂浆防水层表面平整度。

3. 卷材防水工序质量控制点

（1）卷材防水层所用卷材及其配套材料必须符合设计要求。

（2）铺设卷材防水前，检查基面是否牢固、清洁、干燥、阴阳角处做成圆弧形；在转角处、变形缝、施工缝，穿墙管等部位是否铺贴卷材加强层。

（3）检查防水卷材与结构的接触处粘结方法是否符合相应规范要求。

（4）检查卷材的接缝是否符合相应规范的要求。

（5）检查防水卷材的铺贴顺序及阴阳处的处理是否符合相应规范要求。

（6）检查铺贴卷材铺贴外观质量，应平整、顺直，搭接尺寸准确，不得扭曲、皱折。

（7）防水卷材的冷粘法和防水卷材热熔法施工的施工工艺是否符合相应规范的要求。

（8）结构转角处、变形缝、施工缝、穿墙管等细部构造的防水卷材施工是否符合设计和规范规定。

（9）卷材防水层完工并经验收合格后，督促承包单位及时做保护层。

（10）检查侧墙卷材防水层的保护层与防水层是否结合紧密，保护层厚度应符合设计要求。

4. 细部构造防水工序质量控制点

（1）施工缝

1）检查施工缝用止水带、遇水膨胀止水条或止水胶、水泥基渗透结晶型防水涂料和预埋注浆管必须符合设计要求。

2）检查施工缝防水构造必须符合设计要求。

3）检查墙体水平施工缝，拱、板与墙结合的水平施工缝以及垂直施工缝的留设位置。

4）在施工缝处继续浇筑混凝土时，检查已浇筑的混凝土抗压强度，不应小于 1.2MPa。

5）水平施工缝浇筑混凝土前，检查其处理质量和措施是否符合设计和规范的要求。

6）垂直施工缝浇筑混凝土前，检查其处理质量和措施是否符合设计和规范的要求。

7）检查中埋式止水带及外贴式止水带埋设位置是否准确，固定应牢靠。

8）检查遇水膨胀止水条的缓膨胀性能、安装质量是否符合设计和规范的要求。

9）检查遇水膨胀止水胶是否连续、均匀、饱满，无气泡和孔洞，挤出宽度及厚度是否符合设计要求；止水胶挤出成型后，固化期内应采取临时保护措施；止水胶固化前不得浇筑混凝土。

10）检查预埋注浆管设置位置及安装质量是否符合设计和规范的要求。

（2）变形缝

1）检查变形缝用止水带、填缝材料和密封材料，必须符合设计要求。

2）检查变形缝防水构造，必须符合设计要求。

3）检查中埋式止水带位置是否准确，其中间空心圆环与变形缝的中心是否重合、固定可靠。

4）中埋式止水带的接缝应设在边墙较高位置上，不得设在结构转角处；接头宜采用热压焊接，接缝应平整、牢固，不得有裂口和脱胶现象。

5）中埋式止水带在转弯处应做成圆弧形；顶板、底板内止水带应安装成盆状，并宜采用专用钢筋套或扁钢固定。

6）检查外贴式止水带在变形缝与施工缝相交部位以及变形缝转角部位采用的配件类型是否符合设计和规范的要求。

止水带埋设位置应准确，固定应牢靠，并与固定止水带的基层密贴，不得出现空鼓、翘边等现象。

7）安设于结构内侧的可卸式止水带所需配件应一次配齐，转角处应做成 45°坡角，并增加紧固件的数量。

8）嵌填密封材料的缝内两侧基面应平整、洁净、干燥，并应涂刷基层处理剂；嵌缝底部应设置背衬材料；密封材料嵌填应严密、连续、饱满，粘结牢固。

9）变形缝处表面粘贴卷材或涂刷涂料前，应在缝上设置隔离层和加强层。

（3）穿墙管

1）检查穿墙管用遇水膨胀止水条和密封材料，必须符合设计要求。

2）检查穿墙管防水构造，必须符合设计要求。

3）检查固定式穿墙管是否加焊止水环或环绕遇水膨胀止水圈，并做好防腐处理；检查穿墙管是否在主体结构迎水面预留凹槽，槽内应用密封材料嵌填密实。

4）检查套管式穿墙管的套管与止水环及翼环是否连续满焊，并做好防腐处理；检查套管内表面是否清理干净，穿墙管与套管之间应用密封材料和橡胶密封圈进行密封处理，并采用法兰盘及螺栓进行固定。

5）穿墙盒的封口钢板与混凝土结构墙上预埋的角钢应焊严，并从钢板上的预留浇筑孔注入改性沥青密封材料或细石混凝土，封填后将浇筑孔口用钢板焊接封闭。

6）当主体结构迎水面有柔性防水层时，检查防水层与穿墙管连接处是否增设加强层。

7）检查密封材料嵌填是否密实、连续、饱满，粘结牢固。

8）检查穿墙管伸出墙外的部分，保护措施是否到位。

（4）埋设件

1）检查埋设件用密封材料、防水构造，必须符合设计要求。

2）检查埋设件是否位置准确、固定牢靠并经过防腐处理。

3）检查埋设件端部或预留孔、槽底部的混凝土厚度，要求不得小于250mm；当混凝土厚度小于250mm时，应局部加厚或采取其他防水措施。

4）检查结构迎水面的埋设件周围是否预留凹槽，凹槽内是否采用密封材料填实。

5）用于固定模板的螺栓必须穿过混凝土结构时，螺栓或套管是否有止水措施，拆模后留下的凹槽封堵措施。

6）检查预留孔、槽内的防水层是否与主体防水层保持连续。

7）检查密封材料嵌填是否密实、连续、饱满并粘结牢固。

5. 质量检查

（1）水泥砂浆防水

1）水泥、防水剂的质量和砂浆的配合比应符合设计要求。

2）五层水泥砂浆应整段整片分层操作抹成。

3）防水层的接茬、内角、外角、伸缩缝、预埋件、管道穿过处等应符合设计要求。

4）防水层与基层应结合紧密，面层应压实抹光，接缝应严密，不得有空鼓、裂缝、脱层和滑坠等现象。

5）防水层的允许偏差及检验方法应符合现行行业标准《城镇供热管网工程施工及验收规范》CJJ 28 的规定。

（2）卷材防水

1）柔性防水施工应符合现行国家标准《地下工程防水技术规范》GB 50108 的相关要求。

2）卷材质量、品种规格应有出厂合格证明和复检证明。

3）卷材及其胶粘剂应具有良好的耐水性、耐久性、耐刺穿性、耐腐蚀性及耐菌性。

4）卷材防水层应在基层验收合格后铺贴。

5）铺贴卷材应贴紧、压实，不得有空鼓、翘边、撕裂、褶皱等现象。

6）变形缝应使用经检测合格的橡胶止水带，不得使用再生橡胶止水带。

7）卷材铺贴搭接宽度，长边不得小于100mm，短边不得小于150mm。检验应按20m检验1点。

8）变形缝防水缝应符合设计要求，检验应按变形缝防水缝检验1点。

6.3.4 顶管

1. 材料质量控制

参见本书4.6.3节中相关内容。

2. 工序质量控制点

（1）复查顶管机型是否根据工程地质、水文情况、施工条件、施工安全、经济性等因素选用。

（2）顶管施工的管材不得作为供热管道的工作管。

（3）顶管工作坑施工控制要求：

1）检查顶管工作坑是否设置在便于排水、出土和运输，且易于对地上与地下建（构）筑物采取保护和安全生产措施处。

2）检查工作坑的支撑是否形成封闭式框架，矩形工作坑的四角是否加设斜支撑。

（4）顶管顶进控制要求：

1）在饱和含水层等复杂地层或临近水体施工前，应调查水文地质资料，并应对开挖面涌水或塌方采取防范和应急措施。

2）当采用人工顶管时，应将地下水位降至管底0.5m以下，并应采取防止其他水源进入顶管管道的措施。

（5）顶管施工中，应对管线位置、顶管类型、设备规格、顶进推力、顶进措施、接管形式、土质状况、水文状况进行检查，检查完成后应对顶管施工进行记录。

（6）人工顶进控制要求：

1）钢管接触或切入土层后，应自上而下分层开挖。

2）顶进过程中应复核中心和高程偏差。钢管进入土层5m以内，每顶进0.3m，测量不得少于1次；进入土层5m以后，每顶进1m应测量1次；当纠偏时应增加测量次数。

（7）当钢管顶进过程中产生偏差时应进行纠偏。纠偏应在顶进过程中采用小角度逐渐纠偏。

（8）钢管在顶进前应进行外防腐，顶管完成后应对管材进行内防腐及牺牲阳极防腐保护。

（9）其他工序质量控制点，参见本书4.6.3节中相关内容。

3. 质量检查

（1）工作井

1）工作井支护牢固，形成封闭式框架。

2）两根导轨应直顺、平行、等高、安装牢固，其纵坡与管道设计一致。

3）后背墙壁面与管道顶进方向应垂直。

（2）管道

1）接口必须密实、平顺、内侧表面齐平，滑动橡胶圈中心应对正管缝、不脱落，填塞物应密实。

2）管内不得有泥土、石子、砂浆、砖块、木块等杂物。

3）顶铁与导轨、管口、顶铁之间的接触面不得有泥土、油污。顶铁的允许连接长度，根据顶铁的截面尺寸确定。当采用顶铁截面为 200mm×300mm 时，单行顺向使用的长度不得大于 1.5m；双行使用的长度不得大于 2.5m，且应在中间加横向顶铁相连。

4）顶管施工的允许偏差及检验方法应符合现行行业标准《城镇供热管网工程施工及验收规范》CJJ 28 的规定。

6.4　管道焊接与管道附件

6.4.1　管道焊接

1. 材料质量控制

（1）管材或板材应有制造厂的质量合格证及材料质量复验报告。

（2）焊接材料应按设计规定选用，当设计无规定时应选用焊缝金属性能、化学成分与母材相应且工艺性能良好的焊接材料。

（3）材料质量控制其他要求，参见本书 6.1.2 节中相关内容。

2. 工序质量控制点

（1）焊缝位置

1）钢管、容器上焊缝的位置应合理选择，焊缝应处于便于焊接、检验、维修的位置，并应避开应力集中的区域。

2）管道任何位置不得有十字形焊缝。

3）管道在支架处不得有环形焊缝。

4）当有缝管道对口及容器、钢板卷管相邻筒节组对时，纵向焊缝之间相互错开的距离不应小于 100mm。

5）容器、钢板卷管同一筒节上两相邻纵缝之间的距离不应小于 300mm。

6）管道两相邻环形焊缝中心之间的距离应大于钢管外径，且不得小于 150mm。

7）在有缝钢管上焊接分支管时，分支管外壁与其他焊缝中心的距离应大于分支管外径，且不得小于 70mm。

（2）管口及对口

1）钢管切口端面应平整，不得有裂纹、重皮等缺陷，并应将毛刺、熔渣清理干净。

2）当外径和壁厚相同的钢管或管件对口时，检查对口错边量允许偏差。

3）壁厚不等的管口对接，当薄件厚度小于或等于 4mm，且厚度差大于 3mm，薄件厚度大于 4mm，且厚度差大于薄件厚度的 30% 或大于 5mm 时，应将厚件削薄。

4）当使用钢板制造可双面焊接的容器时，纵向焊缝的错边量不得大于壁厚的 10%，且不得大于 3mm。环焊缝检查要点：

　　① 当壁厚小于或等于 6mm 时，错边量不得大于壁厚的 25%。

　　② 当壁厚大于 6mm 且小于或等于 10mm 时，错边量不得大于壁厚的 20%。

　　③ 当壁厚大于 10mm 时，错边量不得大于壁厚的 10% 加 1mm，且不得大于 4mm。

　　5）不得采用在焊缝两侧加热延伸管道长度、螺栓强力拉紧、夹焊金属填充物和使补偿器变形等法强行对口焊接。

　　6）对口前应检查坡口的外形尺寸和坡口质量。坡口表面应整齐、光洁，不得有裂纹、锈皮、熔渣和其他影响焊接质量的杂物，不合格的管口应进行修整。

　　（3）焊件组对

　　1）在焊接前应对定位焊缝进行检查，当发现缺陷时应在处理后焊接。

　　2）应采用与根部焊道相同的焊接材料和焊接工艺。

　　3）在螺旋管、直缝管焊接的纵向焊缝处不得进行点焊。

　　4）定位焊应均匀分布，检查点焊长度及点焊数应符合表 6-1 的规定。

点焊长度和点数

表 6-1

工程管径（mm）	电焊长度	电焊数
50～150	5～10	2～3
200～300	10～20	4
350～500	15～30	5
600～700	40～60	6
800～1000	50～70	7
＞1000	80～100	点间距离宜为 300mm

　　3. 质量检查

　　（1）焊缝外观质量检验

　　1）焊缝应进行 100% 外观质量检验。

　　2）焊缝表面应清理干净，焊缝应完整并圆滑过渡，不得有裂纹、气孔、夹渣及熔合性飞溅物等缺陷。

　　3）焊缝高度不应小于母材表面，并应与母材圆滑过渡。

　　4）加强高度不得大于被焊件壁厚的 30%，且应小于或等于 5mm。焊缝宽度应焊出坡口边缘 1.5～2.0mm。

　　5）咬边深度应小于 0.5mm，且每道焊缝的咬边长度不得大于该焊缝总长的 10%。

　　6）表面凹陷深度不得大于 0.5mm，且每道焊缝表面凹陷长度不得大于该焊缝总长的 10%。

　　7）焊缝表面检查完毕后应填写检验报告。

　　（2）焊缝无损检测

　　1）焊缝的无损检测应由有资质的单位进行检测。

　　2）宜采用射线探伤。当采用超声波探伤时，应采用射线探伤复检，复检数量应为超声波探伤数量的 20%。角焊缝处的无损检测可采用磁粉或渗透探伤。

3）无损检测数量应符合设计要求，当设计未规定时应符合下列规定：

① 干线管道与设备、管件连接处和折点处的焊缝应进行 100% 无损探伤检测。

② 穿越铁路、高速公路的管道在铁路路基两侧各 10m 范围内，穿越城市主要道路的不通行管沟在道路两侧各 5m 范围内，穿越江、河或湖等的管道在岸边各 10m 范围内的焊缝应进行 100% 无损探伤。

③ 不具备强度试验条件的管道焊缝，应进行 100% 无损探伤检测。

④ 现场制作的各种承压设备和管件，应进行 100% 无损探伤检测。

⑤ 其他无损探伤检测数量应按现行行业标准《城镇供热管网工程施工及验收规范》CJJ 28 的规定执行，且每个焊工不应少于一个焊缝。

4）无损检测合格标准应符合设计要求。

5）当无损探伤抽样检出现不合格焊缝时，对不合格焊缝返修后，并应按下列规定扩大检验：

① 每出现一道不合格焊缝，应再抽检两道该焊工所焊的同一批焊缝，按原探伤方法进行检验。

② 第二次抽检仍出现不合格焊缝，应对该焊工所焊全部同批的焊缝按原探伤方法进行检验。

③ 同一焊缝的返修次数不应大于 2 次。

6）对焊缝无损探伤记录应进行整理，并应纳入竣工资料中。

磁粉探伤或渗透探伤应填写检测报告；射线探伤、超声波探伤检测报告应符合规范的规定。

6.4.2 补偿器安装工序质量控制点

1. 材料质量控制

（1）安装前应按设计图纸核对每个补偿器的型号和安装位置，并应对补偿器外观进行检查、核对产品合格证。

（2）补偿器质量控制其他要求，参见本书 6.1.2 节中相关内容。

2. 工序质量控制点

（1）一般规定

1）补偿器应与管道保持同轴。安装操作时不得损伤补偿器，不得采用使补偿器变形的方法来调整管道的安装偏差。

2）切除短节前需将该段补偿器两侧的管道利用固定支架卡板固定，且卡板安装焊接后必须立即切除短节。

3）对口时补偿器自身的纵向焊缝应与管子的螺旋焊缝错开，错开的环向距离不得小于 100mm。焊接前应对焊口 100mm 范围的管内外油漆、污垢、锈、毛刺等清扫干净，检查管口不得有夹层、裂纹等现象。

4）焊接操作时，严防焊接飞溅物直接接触波纹管表面，严禁在补偿器任何部位引弧或拉接地线。

5）补偿器应按设计要求进行预变位，预变位完成后应对预变位量进行记录。

6）补偿器安装完毕后，应按要求拆除螺杆或放松螺母，按要求调整限位装置。

7）补偿器应进行防腐和保温，采用的防腐和保温材料不得腐蚀补偿器。

8）补偿器安装完成后应进行记录。

（2）波纹管安装

1）波纹管补偿器应与管道保持同轴。

2）轴向型有流向标记（箭头）的补偿器，安装时应使流向标记与管道介质流向一致。

3）角向型波纹管补偿器的销轴轴线应垂直于管道安装后形成的平面。

4）波纹管安装完毕应将波纹管的紧固螺栓拆除，在波纹管伸缩端涂刷润滑黄油。

（3）焊制套筒补偿器安装

1）焊制套筒补偿器应与管道保持同轴。

2）焊制套筒补偿器芯管外露长度及大于设计规定的伸缩长度，芯管端部与套管内挡圈之间的距离应大于管道冷收缩量。

3）采用成型填料圈密封的焊制套筒补偿器，填料的品种及规格应符合设计要求，填料圈的接口应做成与填料箱圆柱轴线成45°的斜面，填料应逐圈装入，逐圈压紧，各圈接口应相互错开。

4）采用非成型填料的补偿器，填注密封填料时应按规定压力依次均匀注压。

（4）球形补偿器

1）与球形补偿器相连接的两垂直臂的倾斜角度应符合设计要求，外伸部分应与管道坡度保持一致。

2）试运行期间，应在工作压力和工作温度下进行观察，应转动灵活，密封良好。

（5）方形补偿器

1）当水平安装时，垂直臂应水平放置，平行臂应与管道坡度相同。

2）垂直安装时，不得在弯管上开孔安装放风管和排水管。

3）方形补偿器处滑托的预偏移量应符合设计要求。

4）冷紧应在两端同时、均匀、对称地进行，冷紧值的允许误差为10mm。

（6）直埋补偿器安装

1）管道回填前补偿器固定端应可靠锚固，活动端应能自由伸缩。

2）带有预警系统的直埋管道中，在安装补偿器处，预警系统连线应作相应的处理。

（7）一次性补偿器安装

1）一次性补偿器的预热方式视施工条件可采用电加热或其他热媒预热管道，预热升温温度应达到设计的指定温度。

2）一次性补偿器与管道连接前，应按预热位移量确定限位板位置并进行固定。

3）预热前，应将预热段内所有一次性补偿器上的固定装置拆除。

4）管道预热温度和变形量达到设计要求后方可进行一次性补偿器的焊接，焊缝外观不得有缺陷。

（8）自然补偿管段的预变位

1）检查预变位焊口位置应留在利于操作的地方，预变位长度应符合设计要求。

2）完成下列工作后方可进行预变位：

①预变位段两端的固定支架已安装完毕，并应达到设计强度。

②管段上的支架、吊架已安装完毕，管道与固定支架已固定连接。

③预变位焊口附近吊架的吊杆应预留位移余量。

④管段上的其他焊口已全部焊完并经检验合格。

⑤管段的倾斜方向及坡度符合设计要求。

⑥法兰、仪表、阀门等的螺栓均已拧紧。

3）预变位焊口焊接完毕并经检验合格后，方可拆除预变位卡具。

4）管道预变位施工应进行记录。

（9）横向型膨胀节（复式拉杆补偿器）安装

1）横向型膨胀节波壳外露，安装时应特别注意做好防护，防止波纹部分的任何机械损伤，如：磕碰、划痕、凹痕等。

2）吊装时，严禁利用膨胀节拉杆作为吊点。

3）横向型膨胀节应根据设计要求进行预变位，确保方向、距离准确。

4）严禁用膨胀节变形的方法来调整管道安装偏差。

5）膨胀节焊接完毕后，立即松开拉杆内侧螺栓至丝扣最底端，然后再进行预变位施工。

（10）角向型、万向型膨胀节安装

1）起吊时，吊具严禁吊在波纹管销轴、拉板上。

2）单式铰链型膨胀节，只能在平面内转角，安装时一组中的每个角向型膨胀节其回转平面必须与管段的位移平面相重合。

3）安装完毕拆除膨胀节上的拉杆及螺母，保证膨胀节所有活动单元不被外部构件卡死或限制其活动范围，然后进行冷紧。

3. 质量检查

应符合行业标准《城镇供热管网工程施工及验收规范》CJJ 28 的规定。

6.4.3 法兰、阀门及卡板安装工序质量控制点

1. 材料质量控制

法兰、法兰垫片、阀门及卡板量控制其他要求，参见本书 6.1.2 节中相关内容。

2. 工序质量控制点

（1）法兰安装

1）法兰安装前应对密封面及密封垫片进行外观检查。

2）两个法兰连接端面应保持平行，偏差不应大于法兰外径的 1.5%，且不得大于 2mm。不得采用加偏垫、多层垫或采用强力拧紧法兰一侧螺栓的方法消除法兰接口端面的偏差。

3）法兰与法兰、法兰与管道应保持同轴，螺栓孔中心偏差不得大于孔径的 5%，垂直偏差应为 0～2mm。

4）软垫片的周边应整齐，垫片尺寸应与法兰密封面相符。

5）垫片应采用高压垫片，其材质和涂料应符合设计要求。垫片尺寸应与法兰密封面相同，当垫片需要拼接时，应采用斜口拼接或迷宫形式的对接，不得采用直缝对接。

6）不得采用先加垫片并拧紧法兰螺栓，再焊接法兰焊口的方法进行法兰安装。

7）法兰内侧应进行封底焊。

8）法兰螺栓应涂二硫化钼油脂或石墨机油等防锈油脂进行保护。

9）法兰连接应使用同一规格的螺栓，安装方向应一致。紧固螺栓应对称、均匀地进行，松紧应适度。紧固后丝扣外露长度应为2～3倍螺距，当需用垫圈调整时，每个螺栓应只能使用一个垫圈。严禁采用多层垫、加偏垫或强力拧紧法兰一侧螺栓的方法，消除法兰端面的缝隙。

10）螺栓应涂耐高温油脂进行保护，不准刷漆。

11）法兰距支架或墙面的净距不应小于200mm。

（2）阀门安装

1）阀门进场前应进行强度和严密性试验，试验完成后应进行记录。

2）阀门吊装应平稳，不得用阀门手轮作为吊装的承重点，不得损坏阀门，已安装就位的阀门应防止重物撞击。

3）安装前应清除阀口的封闭物及其他杂物。

4）阀门的开关手轮应安装于便于操作的位置。

5）阀门应按标注方向进行安装。

6）当闸阀、截止阀水平安装时，阀杆应处于上半周范围内。

7）当焊接安装时，焊机地线应搭在同侧焊口的钢管上，不得搭在阀体上。

8）阀门焊接完成降至环境温度后方可操作。

9）焊接蝶阀的安装检查要点：

① 阀板的轴应安装在水平方向上，轴与水平面的最大夹角不应大于60°，不得垂直安装。

② 安装焊接前应关闭阀板，并应采取保护措施。

10）当焊接球阀水平安装时应将阀门完全开启；当垂直管道安装，且焊接阀体下方焊缝时应将阀门关闭。焊接过程中应对阀体进行降温。

11）泄水阀和放气阀与管道连接的插入式支管台应采用厚壁管（图6-2），厚壁管厚度不得小于母管厚度的60%，且不得大于8mm。

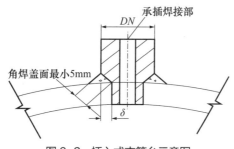

图6-2　插入式支管台示意图

DN 25时，δ = 2mm；DN50 时，δ = 4mm

12）阀门不得作为管道末端的堵板使用，应在阀门后加堵板，热水管道应在阀门和堵板之间充满水。

（3）电动调节阀的安装

1）电动调节阀安装之前应将管道内的污物和焊渣清除干净。

2）当电动调节阀安装在露天或高温场合时，应采取防水、降温措施。

3）当电动调节阀安装在有震源的地方时，应采取防震措施。

4）电动调节阀应按介质流向安装。

5）电动调节阀宜水平或垂直安装，当倾斜安装时，应对阀体采取支承措施。

6）电动调节阀安装好后应对阀门进行清洗。

（4）卡板安装

1）卡板由挡板、肋板组成，切割加工的各面应平滑不得有毛刺，按要求进行坡口加工。

2）卡板要求只与管道焊接，不得与其他结构、型钢等焊接。

3）卡板的挡板与承力结构之间的缝隙，应严格安装设计要求留置。

4）焊缝高度在设计无说明时，应不低于被焊件厚度较小者。

5）波纹管较近处的卡板应在波纹管安装前安装焊接，焊接固定后立即切除波纹管处短管。

3. 质量检查

应符合现行行业标准《城镇供热管网工程施工及验收规范》CJJ 28 的规定。

6.5 地沟敷设热力管道

6.5.1 管道支架、吊架

1. 材料质量控制

（1）滑动支架、导向支架的工作面应平整、光滑，不得有毛刺及焊瘤等异物。

（2）组合式弹簧支架应具有合格证书，安装前应进行检查，并应符合下列规定：

1）弹簧不得有裂纹、皱褶、分层、锈蚀等缺陷。

2）弹簧两端支撑面应与弹簧轴线垂直，其允许偏差不得大于自由高度的2%。

（3）材料质量控制其他要求，参见本书 1.3 节、1.4 节及 6.1.2 节中相关内容。

2. 工序质量控制点

（1）管道支架、吊架制作

1）支架和吊架的形式、材质、外形尺寸、制作精度及焊接质量应符合设计要求。

2）已预制完成并经检查合格的管道支架等应按设计要求进行防腐处理，并应妥善保管。

3）焊制在钢管外表面的弧形板应采用模具压制成型，当采用同径钢管切割制作时，应采用模具进行整形，不得有焊缝。

（2）管道支架、吊架安装

1）管道支架、吊架的安装应在管道安装、检验前完成。检查支架、吊架的位置应正确、平整、牢固，标高和坡度应满足设计要求，安装应平整，埋设应牢固。

2）支架结构接触面应洁净、平整。

3）固定支架卡板和支架结构接触面应贴实。

4）活动支架的偏移方向、偏移量及导向性能应符合设计要求。

5）弹簧支架、吊架安装高度应按设计要求进行调整。弹簧的临时固定件应在管道安装、试压、保温完毕后拆除。

6）管道支架、吊架处不应有管道焊缝，导向支架、滑动支架和吊架不得有歪斜和卡涩现象。

7）支架、吊架应按设计要求焊接，焊缝不得有漏焊、缺焊、咬边或裂纹等缺陷。当管道与固定支架卡板等焊接时，不得损伤管道母材。

8）当管道支架采用螺栓紧固在型钢的斜面上时，应配置与翼板斜度相同的钢制斜垫片，找平并焊接牢固。

9）当使用临时性的支架、吊架时，应避开正式支架、吊架的位置，且不得影响正式支架、吊架的安装。临时性的支架、吊架应做出明显标识，并应在管道安装完毕后拆除。

10）有轴向补偿器的管段，补偿器安装前，管道和固定支架之间不得进行固定。

11）有角向型、横向型补偿器的管段应与管道同时进行安装及固定。

12）检查管道支架、吊架安装的允许偏差。

（3）滑动支墩布设

1）分别在底板管道中心线上和预制好时支墩上画出十字定位线。

2）在安装位置铺设20mm厚的水泥砂浆，将支墩吊装就位，找正、找平。核对定位线，使支墩上的十字线与底板上的十字线相吻合。

3）用水准仪逐个检测支墩标高，用砂浆厚度调整支墩，使其达到设计要求。

4）在不通行地沟中也可采用底板预埋钢板的形式作为滑移面。

3. 质量检查

管道支架、吊架安装的允许偏差及检验方法应符合现行行业标准《城镇供热管网工程施工及验收规范》CJJ 28 的规定。

6.5.2 管道安装

1. 材料质量控制

材料质量控制，参见本书6.1.2节中相关内容。

2. 工序质量控制点

（1）吊装下管

1）吊装下管前要对管内进行拉膛清扫，确保管内清洁。

2）根据工程情况，先在沟槽一侧布管。

3）机械下管通常使用汽车吊，吊管时使用尼龙吊装带，吊点间距不大于8m，将管材逐根吊至地沟底板上依次排放。

4）当管径较小时可采用人工下管，通常在沟槽上方横跨100mm×100mm方木，间距为1～1.5m，把钢管滚到方木上，利用龙门架上的捯链（2～4个）和尼龙吊带将钢管提起，撤去方木，下至地沟底板内。

（2）管道安装要求

1）管道安装坡向、坡度应符合设计要求。

2）安装前应清除封闭物及其他杂物。

3）管道应使用专用吊具进行吊装，运输吊装应平稳，不得损坏管道、管件。

4）管道在安装过程中不得碰撞沟壁、沟底、支架等。

5）地上敷设的管道应采取固定措施，管组长度应按空中就位和焊接的需要确定，宜大于或等于 2 倍支架间距。

6）管件上不得安装、焊接任何附件。

（3）管口对接

1）当每个管组或每根钢管安装时应按管道的中心线和管道坡度对接管口。

2）对接管口应在距接口两端各 200mm 处检查管道平直度，允许偏差应为 0～1mm，在所对接管道的全长范围内，允许偏差应为 0～10mm。

3）管道对口处应垫置牢固，在焊接过程中不得产生错位和变形。

4）管道焊口距支架的距离应满足焊接操作的需要。

5）焊口及保温接口不得置于建（构）筑物等的墙壁中，且距墙壁的距离应满足施工的需要。

（4）安装套管

1）当穿墙时，套管的两侧与墙面的距离应大 20mm；当穿楼板时，套管高出楼板面的距离应大于 50mm。

2）套管中心的允许偏差应为 0～10mm。

3）套管与管道之间的空隙应用柔性材料填充。

4）防水套管应按设计要求制作，并应在建（构）筑物砌筑或浇灌混凝土之前安装就位。套管缝隙应按设计要求进行填充。

（5）管道标识

1）管沟及地上敷设的管道应做标识，管道和设备应标明名称、规格型号，并应标明介质、流向等信息。

2）管沟应在检查室内标明下一个出口的方向、距离。

3）检查室应在井盖下方的人孔壁上安装安全标识。

3. 质量检查

管道安装的允许偏差及检验方法应符合现行行业标准《城镇供热管网工程施工及验收规范》CJJ 28 的规定。

管件安装对口间隙允许偏差及检验方法应符合现行行业标准《城镇供热管网工程施工及验收规范》CJJ 28 的规定。

6.6 预制直埋管道

6.6.1 预制直埋热水管道安装

本小节内容适用于新建、改建、扩建的设计温度小于或等于 150℃、设计压力小于或等于 2.5MPa、管道公称直径小于或等于 1200mm 城镇供热直埋热水管道施工。

1. 材料质量控制

（1）预制直埋管道和管件应采用工厂预制的产品，质量应符合相关标准的规定。

（2）检查高密度聚乙烯外护管划痕深度不应大于外护管壁厚的10%，且不应大于1mm；不合格应进行修补。

（3）检查钢制外护管防腐层的划痕深度不应大于防腐层厚度的20%，不合格应进行修补。

（4）工作管弯头可采用锻造、热煨或冷弯制成，不得使用由直管段做成的斜接缝弯头。弯头的最小壁厚不得小于直管段壁厚。

（5）工作管三通宜采用锻压、拔制制成。三通主管和支管任意点的壁厚不应小于对应焊接的直管壁厚。

（6）工作管异径管应采用同心异径管，异径管圆锥角不应大于20°。异径管壁厚不应小于直管道的壁厚。

（7）外护管两端应切割平整，并应与外护管轴线垂直，角度误差不应大于2.5°。保温管件外护管的材质应与直管段外护管相同，厚度不应小于直管段外护管的厚度。

（8）管材、管件其他质量控制要求，参见本书6.1.2节中相关内容。

2. 工序质量控制点

（1）管道及管件的安全保护

1）不得直接拖拽，不得损坏外护层、端口和端口的封闭端帽。

2）保温层不得进水，进水后的直埋管和管件应修复后方可使用。

3）当堆放时不得大于3层，且高度不得大于2m。

（2）管道敷设

1）管道的敷设坡度不宜小于2‰，进入建筑物的管道宜坡向干管。管道的高处宜设放气阀，低处宜设放水阀。直接埋地的放气管、放水管与管道有相对位移处应采取保护措施。

2）管道应利用转角自然补偿。

3）转角管段的臂长应大于或等于弯头变形段长度。弯头变形段长度应符合设计要求。

4）现场切割配管的长度不宜小于2m，切割时应采取防止外护管开裂的措施。

5）在现场进行保温修补前，应对与其相连管道的管端泡沫进行密封隔离处理。

6）直埋管道分支点干管的轴向热位移量不宜大于50mm。

7）公称直径小于或等于500mm的支管可从干管直接引出，在支管上应设固定墩或轴向补偿器或弯管补偿器，并应符合下列规定：

① 分支点至支管上固定墩的距离不宜大于9m；

② 分支点至支管上轴向补偿器或弯管的距离不宜大于20m；

③ 分支点至支管上固定墩或弯管补偿器的距离不应小于支管的弯头变形段长度；

④ 分支点至支管上轴向补偿器的距离不应小于12m。

8）轴向补偿器和管道轴线应一致，轴向补偿器与分支点、转角、变坡点的距离不应小于管道弯头变形段长度的1.5倍，且不应小于12m。

（3）接头保温

1）接头保温应在工作钢管安装完毕及焊缝检测合格、强度试验合格后进行。

2）管道接头使用聚氨酯发泡时，环境温度宜为25℃，且不应低于10℃；管道温度不应超过50℃。

3）接头保温的结构、保温材料的材质及厚度应与预制保温管相同。

4）接头处的钢管表面应干净、干燥。

5）接头的保温层应与相接的直埋管保温层衔接紧密，不得有缝隙。

6）接头外护层与其两侧的保温管外护管的搭接长度不应小于100mm。接口时，外护层和工作钢管表面应洁净干燥。如因雨水、受潮或结露而使外护层或工作钢管潮湿时，应进行加热烘干处理。

7）保温管的保温层被水浸泡后，应清除被浸湿的保温材料方可进行接头保温。

8）接头外观不应出现过烧、鼓包、翘边、褶皱或层间脱离等缺陷。

（4）管道附件与设施

1）阀门应采用能承受管道轴向荷载的钢制焊接阀门。

2）补偿器、异径管等管道附件应采用焊接连接，补偿器宜设在检查室内。

3）当管道由直埋敷设转至其他敷设方式，或进入检查室时，直埋保温管保温层的端头应封闭。

4）异径管或壁厚变化处，应设补偿器或固定墩，固定墩应设在大管径或壁厚较大一侧。

5）三通、弯头等应力比较集中的部位应进行验算，不能满足要求时，可采取设置固定墩或补偿器等保护措施。

6）当需要减小管道对固定墩的推力时，可采取设置补偿器或对管道进行预热处理等措施。

7）固定墩处应采取防腐绝缘措施，钢管、钢架不应裸露。

8）固定墩预制件的几何尺寸、焊接质量及隔热层、防腐层应满足设计要求。在固定墩浇筑混凝土前应检查与混凝土接触部位的防腐层是否完好，如有损坏应进行修补。

9）固定墩、固定支架的混凝土强度应达到设计强度并回填后，方可进行管道整体压力试验和试运行。

（5）带泄漏监测系统的保温管的安装

1）监测系统应与管道安装同时进行。

2）在安装接头处的信号线前，应清除直埋管两端潮湿的保温材料。

3）信号线的位置应在管道的上方，相同颜色的信号线应对齐。

4）工作钢管焊接前应测试信号线的通断状况和电阻值，合格后方可对口焊接。

5）接头处的信号线应在连接完毕并检测合格后进行接头保温。

3. 质量检查

（1）管道轴线偏差。

（2）管道地基处理、胸腔回填料、回填土高度和回填密实度。

（3）回填前预制保温管外壳完好性。

（4）预制保温管接口及报警线。

（5）预制保温管与固定墩连接处防水防腐及检查室穿越口处理。

（6）预拉预热伸长量、一次性补偿器预调整值及焊接线吻合程度。

（7）防止管道失稳措施。

6.6.2 预制直埋蒸汽管道安装

本小节内容适用于工作压力小于或等于 2.5MPa，温度小于或等于 350℃，直接埋地敷设的钢质外护蒸汽保温管道施工。

1. 材料质量控制

（1）进场验收

1）直埋蒸汽保温管的管材及管路附件应符合现行行业标准《城镇供热预制直埋蒸汽保温管及管路附件》CJ/T 246 的有关规定，并应具有产品合格证书。

2）对生产厂提供的各种规格的管材、管件及保温制品，应抽取不少于一组试件，进行材质化学成分分析和机械性能检验。

3）进入现场的预制直埋蒸汽管道和管件应逐件进行外观检验和电火花检测。

（2）管件及管路附件

1）工作管管件应符合现行国家标准《钢制对焊管件类型与参数》GB/T 12459 或《钢制对焊管件技术规范》GB/T 13401 的有关规定。

2）直埋蒸汽管道和管件应在工厂预制，并应符合现行行业标准《城镇供热预制直埋蒸汽保温管及管路附件》CJ/T 246 的有关规定。管件的防腐、保温性能应与直管道相同。

3）直埋蒸汽管道、管件及管路附件之间的连接，除疏水器和特殊阀门外均应采用焊接连接，当采用法兰连接时，法兰的密封宜采用耐高温垫片。

4）当采用工作管弯头做热补偿时，弯头的曲率半径不应小于 1.5 倍的工作管公称直径。管道位移段应加大外护管的尺寸，并应采用满足热位移要求的软质保温材料。外护管的曲率半径不应小于 1.0 倍的外护管公称直径。

（3）保温材料

1）保温材料应符合现行行业标准《城镇供热预制直埋蒸汽保温管及管路附件》CJ/T 246 的有关规定。保温材料不应对管道及管路附件产生腐蚀。

2）硬质保温材料密度不得大于 300kg/m³，软质保温材料及半硬质保温材料密度不得大于 200kg/m³。

3）硬质保温材料含水率的重量比不得大于 7.5%，硬质保温材料抗压强度不得小于 0.4MPa，抗折强度不应小于 0.2MPa。

4）接触工作管的保温材料，其允许使用温度应比工作管内的蒸汽温度高 100℃以上。

（4）防腐材料

1）聚乙烯防腐层应符合现行国家标准《埋地钢质管道聚乙烯防腐层》GB/T 23257 的有关规定。

2）纤维缠绕增强玻璃钢防腐层应符合现行行业标准《玻璃纤维增强塑料外护层聚氨酯泡沫塑料预制直埋保温管》CJ/T 129 的有关规定。

3）熔结环氧粉末防腐层应符合现行行业标准《钢质管道熔结环氧粉末外涂层技术规范》SY/T 0315 的有关规定。

4）环氧煤沥青防腐层应符合现行行业标准《埋地钢质管道环氧煤沥青防腐层技术标准》SY/T 0447 的有关规定。

5）聚脲防腐层应符合现行行业标准《喷涂聚脲防护材料》HG/T 3831 的有关规定。

2. 工序质量控制点

（1）管道敷设

1）直埋蒸汽管道敷设坡度不宜小于 0.2％。

2）当采用轴向补偿器时，两个固定支座之间的直埋蒸汽管道不宜有折角。

3）当管道由地下转至地上时，外护管应一同引出地面，外护管距地面的高度不宜小于 0.5m，并应设防水帽和采取隔热措施。

4）当直埋蒸汽管道与地沟敷设管道或井室内管道相连接时，直埋蒸汽管道保温层应采取防渗水措施。

5）当地基软硬不一致时，应对地基作过渡处理。

6）安装管道时，应保证两个固定支座间的管道中心线成同一直线，且坡度应符合设计要求。

7）直埋蒸汽管道在吊装时，应按管道的承载能力核算吊点间距，均匀设置吊点，并应使用宽度大于 50mm 的吊装带进行吊装。

8）在现场切割时应避开保温管内部支架，且应防止防腐层被损坏。

9）在管道焊接前应检查管道、管路附件的排序以及管道支座种类和排列，并应与设计图纸相符合。

10）应按产品的方向标识进行排管后方可进行焊接。

11）工作管的现场接口焊接应采用氩弧焊打底。焊缝应进行 100％X 射线探伤检查，焊缝内部质量不得低于现行国家标准《无损检测金属管道熔化焊环向对接接头射线照相检测方法》GB/T 12605 中的 Ⅱ 级质量要求。

12）在焊接管道接头处的钢外护管时，应在钢外护管焊缝处保温材料层的外表面衬垫耐烧穿的保护材料。

13）焊接完成后应拆除管端的保护支架。

14）当施工间断时，工作管端口应采用堵板封闭，钢外护管端口应采用防水材料密封；雨期施工时，应采取防止雨水和泥浆进入管内和防止管道浮起的措施。

（2）补偿器安装

1）补偿器应与管道保持同轴。

2）有流向标记箭头的补偿器安装时，流向标记应与管道介质流向一致。

（3）保温补口

1）一般规定

① 保温补口应在工作管道安装完毕，探伤检验及强度试验合格后进行。补口质量应符合设计要求，每道补口应有检查记录。

② 补口前应拆除封端防水帽或需要清除的防水涂层。保温补口应与两侧直管段或管件的保温层紧密衔接，缝隙应采用弹性保温材料填充。

③ 硬质复合保温结构的直埋蒸汽管道，粘贴保护垫层时，应对补口处的工作管表面

进行预处理，其质量应达到现行国家标准《涂覆涂料前钢材表面处理表面清洁度的目视评定 第1部分：未涂覆过的钢材表面和全面清除原有涂层后的钢材表面的锈蚀等级和处理等级》GB/T 8923.1 中 St3 级的要求。

④ 当管段已浸泡进水时，应清除浸湿的保温材料或烘干后，方可进行保温补口。

⑤ 补口完成后，应对安装就位的直埋蒸汽管及管件的外护管和防腐层进行检查，发现损伤，应进行修补。

2）保温层补口施工应

① 补口处的保温结构、保温材料等应与直管段相同。

② 保温补口应在沟内无积水、非雨天的条件下进行施工。

③ 当保温层采用软质或半硬质无机保温材料时，在补口的外护管焊缝部位内侧，应衬垫耐高温材料。

④ 硬质复合保温结构管道的保温施工，应先进行硬质无机保温层包覆，嵌缝应严密，再连接外护管，然后进行聚氨酯浇注发泡；泡沫层补口的原料配比应符合设计要求。原料应混拌均匀，泡沫应充满整个补口段环状空间，密度应大于 50kg/m³。当环境温度低于 10℃或高于 35℃时，应采取升温或降温措施。聚氨酯质量应符合现行国家标准《高密度聚乙烯外护管硬质聚氨酯泡沫塑料预制直埋保温管及管件》GB/T 29047 的有关规定。

3）外护管的现场补口

① 外护管应采用对接焊，接口焊接应采用氩弧焊打底，并应进行 100％超声波探伤检验，焊缝内部质量不得低于现行国家标准《焊缝无损检测 超声检测技术、检测等级和评定》GB/T 11345 中的Ⅱ级质量要求；当管道保温层采用抽真空技术时，焊缝内部质量不得低于现行国家标准《焊缝无损检测 超声检测技术、检测等级和评定》GB/T 11345 中的Ⅰ级质量要求；在外护管焊接时，应对已完成的工作管保温材料采取防护措施以防止焊接烧灼。

② 外护管补口前应对补口段进行预处理，除锈等级应根据使用的防腐材料确定，并符合现行国家标准《涂覆涂料前钢材表面处理表面清洁度的目视评定 第1部分：未涂覆过的钢材表面和全面清除原有涂层后的钢材表面的锈蚀等级和处理等级》GB/T 8923.1 中 St3 级的要求。

③ 补口段预处理完成后，应及时进行防腐，防腐等级应与外护管相同，防腐材料应与外护管防腐材料一致或相匹配。

④ 防腐层应采用电火花检漏仪检测，耐击穿电压应符合设计要求。

⑤ 外护管接口应在防腐层之前做气密性试验，试验压力应为 0.2MPa。试验应按现行国家标准《工业金属管道工程施工规范》GB 50235 和《工业金属管道工程施工质量验收规范》GB 50184 的有关规定执行。

（4）真空系统安装

1）直埋蒸汽保温管的各真空段，宜在对管路系统排潮后抽真空。初次抽真空应采用具有冷凝、排水和除尘功能的真空设备。

2）真空系统的附件（真空球阀、真空表等）应采用焊接或真空法兰连接。真空表应满足放水的要求。真空表与管道之间宜安装真空阀门。

3）真空绝对压力应小于等于 2kPa。

4）在抽真空操作过程中，当真空泵的抽气量达到 $300m^3$ 且管道空腔湿度保持在 50％以上时，应经排潮后方可继续抽真空。

3. 质量检查

（1）直埋蒸汽管道工程的竣工验收，应符合现行行业标准《城镇供热管网工程施工及验收规范》CJJ 28 的有关规定。

（2）施工验收时应对补偿器、内固定支座、疏水装置等管路附件作出标识。对排潮管、地面接口等易造成烫伤的管路附件，应设置安全标志和防护措施。验收时应对标记进行检查。

6.7 热力站、中继泵站

6.7.1 站内管道安装工序质量控制点

1. 材料质量控制

（1）管材材质、规格必须符合设计要求，具有出厂检验合格证。管材表面无裂纹、无划痕、无皱折凹陷；防腐管的外观应完整、光洁、无损伤，且有防腐材料合格证。

（2）阀门

1）阀门应有产品合格证、质量证明文件、使用说明书。

2）使用前应进行外观检查和试验。阀体、阀盖、阀外表面无气孔、砂眼、裂纹等缺陷。

3）阀体内表面平滑、洁净，闸板、球面等与其配合面应无划伤、凹陷等缺陷。

（3）法兰

1）法兰规格型号应与相应管道、设备相符，使用前应进行外观质量检查。

2）密封面应光滑、平整，不得有砂眼、气孔及径向划痕。

3）凹凸面配对的法兰水线无缺损、配合良好，凸面高度应大于凹面深度。

4）法兰焊接坡口处不得有碰伤。

5）法兰连接件的螺栓、螺母、垫片等应符合装配要求，不得有影响装配的划痕、毛刺、翘边及断丝等缺陷。

（4）其他管件

1）管件应有出厂合格证、质量证明书。

2）弯头、弯管端部应标注弯曲角度、管径、壁厚、压力等级、曲率半径及材质。

3）三通应标注主、支管管径级别、材质和压力等级。

4）异径管应标注管径级别、材质和压力等级。

2. 工序质量控制点

（1）管道及套管敷设

1）管道安装过程中，当临时中断安装时应对管口进行封闭。

2）管道并排安装时，直线部分应相互平行，曲线部分应曲率一致，管线间距离保持相等。

3）管道穿越基础、墙壁和楼板，应配合土建施工预埋套管或预留孔洞，管道焊缝不应置于套管内和孔洞内。

4）穿过墙壁的套管长度应伸出两侧墙皮 20～25mm，穿过楼板的套管应高出楼板面 50mm。

5）在设计无要求时，套管直径应比保温管道外径大 50mm，套管与管道之间的空隙可用柔性材料堵塞，位于套管内的管道保温层宜做保护外壳。

6）站管道安装其他控制要求，参见本书 6.4.1 节中相关内容。

（2）站内管道支、吊架安装

1）站内管道水平安装的支、吊架间距，应符合设计要求。

2）在水平管道上装设法兰连接的阀门时，当管径大于或等于 125mm 时，两侧应设支、吊架；当管径小于 125mm 时，一侧应设支、吊架。

3）在垂直管道上安装阀门时，应符合设计要求，设计无要求时，阀门上部的管道应设吊架或托架。

4）管道支、吊（托）架的安装，应符合下列规定：

① 位置准确，埋设应平整牢固。

② 固定支架与管道接触应紧密，固定应牢固。

③ 滑动支架应灵活，滑托与滑槽两侧间应留有 3～5mm 的空隙，偏移量应符合设计要求。

④ 无热位移管道的支架、吊杆应垂直安装；有热位移管道的吊架、吊杆应向热膨胀的反方向偏移。

（3）管道与设备、管件连接

1）管道与设备安装时，不应使设备承受附加外力，并不得使异物进入设备内。

2）管道与泵或阀门连接后，不应再对该管道进行焊接或气割。

3）管道与设备、管件安装过程中，安装中断的敞口处应临时封闭。

3. 质量检查

（1）当管道并排安装时应相互平行，在同一平面上的允许偏差为 ±3mm。

（2）法兰和阀门的安装质量检查，参见本书 6.4.3 节中相关内容。阀门的阀杆宜平行放置。

（3）管道安装的允许偏差及检验方法应符合现行行业标准《城镇供热管网工程施工及验收规范》CJJ 28 的规定。

6.7.2 热计量设备工序质量控制点

1. 材料质量控制

（1）设备安装前，应按设计要求核验规格、型号和数量，设备应有说明书和产品合格证。

（2）对设备开箱应按下列项目进行检查，并应填写设备开箱记录：

1）箱号和箱数以及包装情况。

2）设备名称、型号和规格。

3）装箱清单、设备的技术文件、资料和专用工具。

4）设备有无缺损件，表面有无损坏和锈蚀等。

2. 工序质量控制点

（1）热量表安装

1）热量表现场搬运、安装过程中禁止提拽表头、传感器线；禁止挤压测温探头；严禁靠近高温热源。

2）热量表应按产品说明书和设计要求进行安装，并避开电磁波对计量信号的干扰，流量计安装时必须保证直管段长度。

3）现场安装环境的温度、湿度不应超过热量表电子部分的极限工作条件。

4）热量表积算仪显示屏及附件安装位置应合理，便于运行操作及维修。

5）数据传输线安装应符合热量表安装要求，保证读数准确。

6）铂电阻的安装控制要求：

①热量表两只铂电阻必须特性一致，配对使用。按标识分别安装在相对应的供回水管道上；

②两只铂电阻的导线必须按产品技术要求，使用配套公司的产品；

③铂电阻须与管道向下倾斜45°、逆介质流向安装，其轴向应与管道轴向相交，插入深度不得小于管径的1/3。

7）当热量表的流量传感器安装在供水管道且热媒供水温度超过90℃时，应采用分体式热量表，积分仪的安装应固定牢靠并便于观察。流量传感器的前后应分别设置具有关断功能的阀门，流量传感器前应安装过滤器。

8）管道安装完成后应及时清除管道内的杂物，系统冲洗前采取不使冲洗水流经热量表的措施。

9）热量表在验收前应按照产品说明书的要求进行调试。

（2）流量计

流量计应安装在回水管道中，且与管道同心。流量计的安装方式、前后直管段长度及直径，必须符合产品使用说明书的要求，且直管段上不应有任何接口。流量传感器指示的水流方向应与管道内热媒流动的方向一致。

（3）温度传感器

温度传感器的安装方式和位置应符合产品使用说明书的要求，并宜采用测温球阀或套管等安装方式。供水测温探头和回水测温探头应分别安装在相应的供水管道和回水管道上，温度传感器测温探头的顶端应处于管道的中心位置。

3. 质量检查

应符合现行行业标准《城镇供热管网工程施工及验收规范》CJJ 28 的规定。

6.7.3 站内设备安装工序质量控制点

1. 材料质量控制

（1）设备开箱检查，参见本书 6.7.2 节中相关内容。

（2）换热设备应有货物清单和技术文件，安装前应对下列进行项目验收：

1）规格、型号、设计压力、设计温度、换热面积、重量等参数；

2）产品标识牌、产品合格证和说明书；

3）换热设备不得有缺损件，表面应无损坏和锈蚀，不应有变形、机械损伤，紧固件不应松动。

（3）换热机组安装前除应对上述（2）中的项目进行验收外，还应包括换热机组的操作说明书、系统图、电气原理图、端子接线图、主要配件清单和合格证明。

（4）设备其他质量控制要求，参见本书6.1.2节中相关内容。

2. 设备基础工序质量控制点

（1）地脚螺栓埋设

1）将地脚螺栓上的油污和氧化物等清理干净，螺纹部分需涂少量油脂。

2）将地脚螺栓垂直放入预留孔中，不得倾斜。底部锚固环钩的外缘与预留孔壁和孔底的距离不得小于15mm。

3）灌筑细石混凝土（或水泥砂浆）固定地脚螺栓，其强度等级比基础提高一级；灌浆处应清理干净并捣固密实。

4）螺母与垫圈，垫圈与设备底座间的接触均应良好紧密。

5）拧紧地脚螺栓时，灌筑的混凝土应达到设计强度75%；拧紧螺母后，螺栓外露长度应为2～5倍螺距。

6）地脚螺栓露出基础的部分应垂直，设备底座套入地脚螺栓应有调整余量，每个地脚螺栓均不得有卡涩现象。

（2）胀锚螺栓装设

1）按施工图在基础表面放出螺栓的十字中心线。胀锚螺栓的中心至基础或构件边缘的距离不得小于7d，底端至基础底面的距离不得小于3d，且不得小于30mm；相邻两根胀锚螺栓的中心距离不得小于10d（d为胀锚螺栓直径）。

2）用冲击钻或电锤钻孔，孔位不得与基础或构件中的钢筋、预埋管和电缆等埋设物相碰；不得采用预留孔装设胀锚螺栓。

3）成孔后应对钻孔的孔径和深度及时进行检查，合格后安装螺栓。

4）有裂缝的部位不得使用胀锚螺栓。

5）安设胀锚螺栓的基础混凝土强度不得小于10MPa。

（3）设备基础验收

1）设备基础施工时，严格控制水平位置和标高。设备基础表面应平整，标高一般低于设计标高20～30mm。

2）设备基础表面不得有油垢或疏松层，必要时应做修整，在设备安装前不得抹面。

3）预埋地脚螺栓孔的孔径、孔深和位置应符合设计要求，孔内无杂物，油污必须清理干净。

4）基础混凝土强度应满足设计要求，并不得有裂纹、露筋、蜂窝及孔洞等。

5）基础周围应回填夯实、整平。

6）基础标高、基准线及纵横中心线应标示正确、明显。

3. 设备安装工序质量控制点

（1）设备运输

使用吊车吊装设备时，绳索应拴在吊耳、吊环、底盘上，严禁拴在手轮、阀杆、撬块管道和仪表管或转动机构上，注意设备保护，确保吊装平稳，不得倾斜，不得与其他物体碰撞，保护设备表面不被刮伤、碰坏。

站内大型设备水平运输应制作专用运输排架或托架，架体下方采用滚杠，牵引方式可选用卷扬机或捯链，将其牵引至基座上。

（2）设备就位、找正、找平

1）设备就位：用预埋吊装钩、龙门架、三脚架对设备进行找正时，用捯链将其升起，然后选用撬杠或者水平捯链进行微调，其位移偏差应控制在规范允许范围之内。

2）设备底面标高应以设备基础的标高为准。

3）以设备基础的中心线或基准线为准调整设备的位置。

4）设备的方位应符合设计图样的规定。

5）立式设备的垂直度应以设备对应的两垂面上的竖向画线为基准（0°与180°、90°与270°）。

6）调整卧式设备的水平度时应以设备中心线为基准。

（3）电动离心水泵安装

1）水泵的安装找平：水泵的纵向和横向安装水平偏差为0.1‰，应在泵的进口法兰面和其他水平面上进行测量；小型整体安装的水泵，不应有明显的倾斜。

2）水泵的安装找正：当主动轴和从动轴用联轴节连接时，两轴的不同轴度、两半联轴节端面的间隙应符合设备技术文件的规定，主动轴与从动轴找正及连接应盘车检查，并应灵活。

3）三台及三台以上同型号水泵并列安装时，水泵轴线标高的允许偏差为±5mm，两台的允许偏差为±10mm。

（4）蒸汽往复泵安装

泵体上的安全阀应有出厂合格标志，不得随意调整拆卸，当确需拆卸检查对应按设备技术文件规定进行。废汽管应水平安装通向室外，管端部应向上或做成丁字管。

（5）喷射泵安装

当泵前、泵后直管段长度设计无要求时，泵前直管段长度不得小于公称管径的5倍，泵后直管段长度不得小于公称管径的10倍。

（6）换热器安装

1）属于压力容器设备的换热器，需带有国家技术监察部门有关检测资料，设备安装后，不得随意对设备本体进行局部切、割、焊等操作。

2）换热器应按照设计或产品说明书规定的坡度、坡向安装。

3）换热器安装后留有足够的空间，满足拆装维修的需要。

（7）凝结水箱、贮水箱安装

1）按设计和产品说明书规定的坡度、坡向安装。

2）水箱的外底面在安装前应检查涂料质量，缺陷应处理。

（8）软化水装置安装

1）软化水装置管路的管材宜采用塑料管或复合管，不得使用引起树脂中毒的管材。

2）所有进、出口管路应有独立支撑，严禁支撑座在阀体上。

3）两个罐的排污管不应连接在一起，每个罐应采用单独的排污管。

（9）除污器安装

应按热介质流动方向，进、出口不得装反，除污器口应朝向便于检修的位置，其下方宜设集水坑。

4. 质量检查

应符合现行行业标准《城镇供热管网工程施工及验收规范》CJJ 28 的规定。

6.7.4 通用组装件安装工序质量控制点

1. 材料质量控制

（1）设备开箱检查，参加本书 6.7.2 节中相关内容。

（2）其他质量控制要求，参见本书 6.1.2 节中相关内容。

2. 工序质量控制点

（1）分汽缸、分水器、集水器

1）分汽缸、分水器、集水器采用滑道、捯链运至安装地点。

2）支架采用膨胀螺栓与地面固定，将分汽缸、分水器或集水器吊装到支架上，利用紧固件固定。

3）分汽缸、分水器、集水器安装位置、数量、规格应符合设计要求，同类型的温度表和压力表规格应一致，且排列整齐、美观。

（2）减压器安装

1）减压器应按设计或标准图组装。

2）减压器应安装在便于观察和检修的托架（或支座）上，安装应平整牢固。

3）减压器安装完毕后，应根据使用压力调试，并做出调试标志。

（3）疏水器安装

1）疏水器应按设计或标准图组装。

2）安装在便于操作和检修的位置，安装应平整，支架应牢固。

3）连接管路应有坡度，出口的排水管与凝结水干管相接时，应连接在凝结水干管的上方。

（4）仪表取源底座及根部阀安装

1）根据设计图纸在设备或管道上测放出取源孔位置，画出开孔边线。

2）取源底座的开孔和焊接工作，必须在设备或管道的防腐、冲洗（吹洗）和压力试验前进行。

3）不得在设备和管道的焊缝及其边缘上开孔、焊接取源底座。

4）取源底座焊接时焊缝应饱满、无夹渣、咬肉现象。取源部件的端部，不应超出设备或管道的内壁。

5）根部阀采用螺纹连接的方式安装在取源底座上方，起开关和方便仪表检修的作用。

6）系统冲洗（吹洗）、严密性试验时关闭根部阀，防止仪表损伤。

（5）水位表安装

1）水位表应有表示最高、最低水位的明显标志，玻璃管的最低可见边缘应比最低安全水位低 25mm，最高可见边缘应比最高安全水位高 25mm。

2）玻璃管式水位计应有保护装置。

3）放水管应接到安全地点。

（6）安全阀安装

1）安全阀座必须垂直安装，并在两个方向检查其垂直度。

2）安全阀通过法兰与阀座连接，安装前应送相关的有检测资质的单位进行检测，同时按设计要求进行调整，调校条件不同的安全阀应在试运行时及时调校。

3）安全阀的开启压力和回座压力应符合设计规定值，安全阀最终调整后，在工作压力下不得有泄漏现象。

4）蒸汽管道和设备上的安全阀应有通向室外的排汽管。热水管道和设备上的安全阀应有接到安全地点的排水管，并应有足够的截面积和防冻措施确保排放通畅。在排汽管和排水管上不得装设阀门。

5）安全阀调整合格后，应填写安全阀调整试验记录。

（7）压力表安装

1）压力表应安装在便于观察的位置，并防止受高温、冰冻和振动的影响。

2）压力表宜安装内径不小于 10mm 的缓冲管。

3）压力表和缓冲管之间应安装阀门，蒸汽管道安装压力表时不得用旋塞阀。

4）压力表的量程，当设计无要求时，应为工作压力的 1.5～2 倍。

5）压力表的安装不应影响设备和阀门的安装、检修、运行操作。

6）压力取源部件与温度取源部件在同一管段上时，应安装在温度取源部件的上游侧。

（8）温度计（表）安装

1）温度取源部件与管道垂直安装时，取源部件轴线应与工艺管道轴线垂直相交。

2）温度取源部件在管道的拐弯处安装时，宜逆着介质流向，取源部件轴线应与管道轴线相重合。

3）温度取源部件与管道倾斜安装时，宜逆着介质流向，取源部件轴线应与管道轴线相文。

4）管道和设备上的各类套管温度计应安装在便于观察的部位，底部应插入流动的介质内，不得安装在引出的管段上，不宜选在阀门等阻力部件的附近和介质流束呈死角处，以及振动较大的地方。

5）温度计的安装不应影响设备和阀门的安装、检修、运行操作。

（9）温度传感器测温元件

1）温度传感器测温元件应按设计要求的位置安装。

2）当与管道垂直安装时，取源部件轴线应与工艺管道轴线垂直相交。

3）在管道的拐弯处安装时，宜逆介质流向，取源部件轴线应与管道轴线相重合。

4）当与管道倾斜安装时，宜逆介质流向，取源部件轴线应与管道轴线相交。

5）当测压元件与测温元件在同一管段上时，测压元件应安装在测温元件的上游侧。

（10）补水定压设备

1）当采用膨胀水箱定压时，应将水箱膨胀管和循环管引至站前回水总管上，水箱信号应引至站内控制柜，水箱液位和补水泵启停应连锁控制运行。

2）当采用定压罐或补水泵变频定压时，应在完成冲洗、水压试验后进行设备调试，并应按设计要求设定定压值和定压范围。

3. 质量检查

应符合现行行业标准《城镇供热管网工程施工及验收规范》CJJ 28 的规定。

6.8 防腐和保温

6.8.1 防腐

1. 材料质量控制

（1）防腐材料及涂料的品种、规格、性能应符合设计和环保要求，产品应具有质量合格证明文件。

（2）防腐材料在运输、储存和施工过程中应采取防止变质和污染环境的措施。涂料应密封保存，不得遇明火或曝晒。所用材料应在有效期内使用。

（3）当采用多种涂料配合使用时，应按产品说明书对涂料进行选择。各涂料性能应相互匹配，配比应合适。调制成的涂料内不得有漆皮等影响涂刷的杂物。涂料应按涂刷工艺要求稀释，搅拌应均匀，色调应一致，并应密封保存。

2. 工序质量控制点

（1）涂料和玻璃纤维加强防腐层

1）底漆应涂刷均匀完整，不得有空白、凝块和流痕。

2）玻璃纤维的厚度、密度、层数应符合设计要求，缠绕重叠部分宽度应大于布宽的1/2，压边量应为 10～15mm。当采用机械缠绕时，缠布机应稳定匀速，并应与钢管旋转转速相配合。

3）玻璃纤维两面沾油应均匀，经刮板或挤压滚轮后，布面应无空白，且不得淌油和滴油。

4）防腐层的厚度不得小于设计厚度。玻璃纤维与管壁粘结牢固应无空隙，缠绕应紧密且无皱褶。防腐层表面应光滑，不得有气孔、针孔和裂纹。钢管两端应留 200～250mm 空白段。

（2）埋地钢管牺牲阳极防腐检查

1）检查安装的牺牲阳极规格、数量及埋设深度应符合设计要求，当设计无规定时，应按现行国家标准《埋地钢质管道阴极保护技术规范》GB/T 21448 的相关规定执行。

2）牺牲阳极填包料应注水浸润。

3）牺牲阳极电缆焊接应牢固，焊点应进行防腐处理。

4）检查钢管的保护电位值，且不应小于$-0.85V_{\text{cse}}$。

（3）涂刷作业

1）涂料涂刷前应对钢材表面进行处理，并应符合设计要求和现行国家标准《涂覆涂料前钢材表面处理表面清洁度的目视评定》GB/T 8923.1～GB/T 8923.4 的相关规定。

2）涂料涂刷时的环境温度和相对湿度应符合涂料产品说明书的要求。当产品说明书无要求时，环境温度宜为 5～40℃，相对湿度不应大于 75％。涂刷时金属表面应干燥，不得有结露。在雨雪和大风天气中进行涂刷时，应进行遮挡。涂料未干燥前应免受雨淋。环境温度在 5℃以下施工时应有防冻措施，在相对湿度大于 75％时应采取防结露措施。

3）现场涂刷过程中应防止漆膜被污染和受损坏。当多层涂刷时，第一遍漆膜未干前不得涂刷第二遍漆。全部涂层完成后，漆膜未干燥固化前，不得进行下道工序施工。

4）对已完成防腐的管道、管路附件、设备和支架等，在漆膜干燥过程中应防止冻结、撞击、振动和湿度剧烈变化，且不得进行施焊、气割等作业。

5）对已完成防腐的成品应做保护，不得踩踏或当作支架使用。

6）对管道、管路附件、设备和支架安装后无法涂刷或不易涂刷涂料的部位，安装前应预先涂刷。

7）预留的未涂刷涂料部位，在其他工序完成后，应按要求进行涂刷。

8）涂层上的缺陷、不合格处以及损坏的部位应及时修补，并应验收合格。

3. 质量检查

（1）涂层应与基面粘结牢固、均匀，厚度应符合产品说明书的要求，面层颜色应一致。

（2）漆膜应光滑平整，不得有皱纹、起泡、针孔、流挂等现象，并应均匀完整，不得漏涂、损坏。

（3）色环宽度应一致，间距应均匀，且应与管道轴线垂直。

（4）当设计有要求时应进行涂层附着力测试。

（5）检查钢材除锈、涂刷质量。

（6）工程竣工验收前，管道、设备外露金属部分所刷涂料的品种、性能、颜色等应与原管道和设备所刷涂料一致。

6.8.2 保温

1. 材料质量控制

（1）保温材料的品种、规格、性能等应符合设计和环保的要求，产品应具有质量合格证明文件。

（2）管道、管路附件、设备的保温应在压力试验、防腐验收合格后进行。当钢管需预先做保温时，应将环形焊缝等需检查处留出，待各项检验合格后，方可对留出部位进行防腐、保温。

（3）保温材料其他质量控制要求，参见本书 6.1.2 节中相关内容。

2. 工序质量控制点

（1）保温层施作

1）当保温层厚度大于 100mm 时，应分为两层或多层逐层施工。

2）检查保温棉毡、垫的密实度是否均匀，外形是否规整，保温厚度和容重是否符合设计要求。

3）检查瓦块保温拼缝宽度及错缝做法：瓦块式保温制品的拼缝宽度不得大于 5mm。当保温层为聚氨酯瓦块时，应用同类材料将缝隙填满。其他类硬质保温瓦内应抹 3～5mm 厚的石棉灰胶泥层，并应砌严密。保温层应错缝铺设，缝隙处应采用石棉灰胶泥填实。当使用两层以上的保温制品时，同层应错缝，里外层应压缝，其搭接长度不应小于 50mm。每块瓦应使用两道镀锌钢丝或箍带扎紧，不得采用螺旋形捆扎方法，镀锌钢丝的直径不得小于设计要求。

4）检查支架及管道设备等部位的保温，是否预留出一定间隙，保温结构不得妨碍支架的滑动及设备的正常运行。

5）检查管道端部或有盲板的部位是否做保温。

（2）硬质保温预留伸缩缝位置

1）硬质保温施工应按设计要求预留伸缩缝。

2）两固定支架间的水平管道至少应预留 1 道伸缩缝。

3）立式设备及垂直管道，应在支承环下面预留伸缩缝。

4）弯头两端的直管段上，宜各预留 1 道伸缩缝。

5）当两弯头之间的距离小于 1m 时，可仅预留 1 道伸缩缝。

6）管径大于 DN300、介质温度大于 120°的管道应在弯头中部预留 1 道伸缩缝。

7）伸缩缝的宽度：管道宜为 20mm，设备宜为 25mm。

8）伸缩缝材料应采用导热系数与保温材料相接近的软质保温材料，并应充填严实、捆扎牢固。

（3）保温细节

1）立式设备和垂直管道应设置保温固定件或支撑件，每隔 3～5m 应设保温层承重环或抱箍，承重环或抱箍的宽度应为保温层厚度的 2/3，并应对承重环或抱箍进行防腐。

2）设备应按设计要求进行保温。当保温层遮盖设备铭牌时，应将铭牌复制到保温层外。

3）保温层端部应做封端处理。设备人孔、手孔等需要拆装的部位，保温层应做成 45°坡面。

4）保温结构不应影响阀门、法兰的更换及维修。靠近法兰处，应在法兰的一侧留出螺栓长度加 25mm 的空隙。有冷紧或热紧要求的法兰，应在完成冷紧或热紧后再进行保温。

5）纤维制品保温层应与被保温表面贴实，纵向接缝应位于下方 45°位置，接头处不得有间隙。双层保温结构的层间应盖缝，表面应保持平整，厚度应均匀，捆扎间距不应大于 200mm，并应适当紧固。

6）软质复合硅酸盐保温材料应按设计要求施工。当设计无要求时，每层可抹 10mm 并应压实，待第一层有一定强度后，再抹第二层并应压光。

7）预制保温管道保温质量检验应按"预制直埋管道"的相关执行。

3. 质量检查

（1）保温固定件、支承件的安装应正确、牢固，支承件不得外露，其安装间距应符合设计要求。

（2）保温层厚度应符合设计要求。

（3）保温层密度应现场取试样检查。对棉毡类保温层，密度允许偏差为 0～10%，保温板、壳类密度允许偏差为 0～5%；聚氨酯类保温的密度不得小于设计要求。

（4）检查保温层施工允许偏差。

6.8.3 保护层

1. 材料质量控制

玻璃纤维布、铝箔、玻璃钢保护壳、保温材料、石棉、水泥、镀锌薄钢板、铝合金板等材料质量控制要求，参见本书 6.1.3 节中相关内容。

2. 工序质量控制点

（1）复合材料保护层

1）检查玻璃纤维布搭接及捆扎：玻璃纤维布应以螺纹状紧缠在保温层外，前后均搭接不应小于 50mm。布带两端及每隔 300mm 应采用镀锌钢丝或钢带捆扎，镀锌钢丝的直径不得小于设计要求，搭接处应进行防水处理。

2）检查复合铝箔接缝处是否采用压敏胶带粘贴、铆钉固定。

3）检查玻璃钢保护壳连接处是否采用铆钉固定，沿轴向搭接宽度应为 50～60mm，环向搭接宽度应为 40～50mm。

4）用于软质保温材料保护层的铝塑复合板正面应朝外，不得损伤其表面。轴向接缝应用保温钉固定，且间距应为 60～80mm。环向搭接宽度应为 30～40mm，纵向搭接宽度不得小于 10mm。

5）顺水接缝检查：当垂直管道及设备的保护层采用复合铝箔、玻璃钢保护壳和铝塑复合板等时，应由下向上，成顺水接缝。

（2）石棉水泥保护层

1）涂抹石棉水泥保护层应检查钢丝网有无松动，并应对有缺陷的部位进行修整，保温层的空隙应采用胶泥填充。保护层应分 2 层，首层应找平、挤压严实，第 2 层应在首层稍干后加灰泥压实、压光。保护层厚度不应小于 15mm。

2）抹面保护层的灰浆干燥后不得产生裂缝、脱壳等现象，金属网不得外露。

3）抹面保护层未硬化前应防雨雪。当环境温度小于 5℃，应采取防冻措施。

（3）金属保护层

1）金属保护层材料应符合设计要求，当设计无要求时，宜选用镀锌薄钢板或铝合金板。

2）安装前，金属板两边应先压出两道半圆凸缘。设备的保温，可在每张金属板对角线上压两条交叉筋线。

3）水平管道的施工可直接将金属板卷合在保温层外，并应按管道坡向下而上顺序安装。两板环向半圆凸缘应重叠，金属板接口应在管道下方。

4）搭接处应采用铆钉固定，其间距不应大于 200mm。

5）金属保护层应留出设备及管道运行受热膨胀量。

6）当在结露或潮湿环境安装时，金属保护层应嵌填密封剂或在接缝处包缠密封带。

7）金属保护层上不得踩踏或堆放物品。

3. 质量检查

（1）缠绕式保护层应裹紧，搭接部分应为 100～150mm，不得有松脱、翻边、皱褶和鼓包等缺陷，缠绕的起点和终点应采用镀锌钢丝或箍带捆扎结实，接缝处应进行防水处理。

（2）保护层表面应平整光洁、轮廓整齐，镀锌钢丝头不得外露，抹面层不得有酥松和裂缝。

（3）金属保护层不得有松脱、翻边、豁口、翘缝和明显的凹坑。保护层的环向接缝应与管道轴线保持垂直。纵向接缝应与管道轴线保持平行。保护层的接缝方向应与设备、管道的坡度方向一致。保护层的不圆度不得大于 10mm。

（4）用 1m 钢尺和靠尺、塞尺检查保护层表面不平度，其允许偏差应符合现行行业标准《城镇供热管网工程施工及验收规范》CJJ 28 的规定。

6.9 管道试验、清洗、试运行

6.9.1 压力试验

1. 试验压力的确定

供热管网工程施工完成后应按设计要求进行强度试验和严密性试验，当设计无要求时应符合下列规定：

（1）强度试验压力应为 1.5 倍设计压力，且不得小于 0.6MPa；严密性试验压力应为 1.25 倍设计压力，且不得小于 0.6MPa。

（2）当设备有特殊要求时，试验压力应按产品说明书或根据设备性质确定。

（3）开式设备应进行满水试验，以无渗漏为合格。

2. 试验作业准备

（1）压力试验应按强度试验、严密性试验的顺序进行，试验介质宜采用清洁水。

（2）压力试验前，检查焊接质量外观和无损检验是否合格。

（3）检查安全阀的爆破片与仪表组件等是否拆除或已加盲板隔离。

（4）加盲板处应有明显的标记，并应做记录。安全阀应处于全开，填料应密实。

（5）检查压力试验方案，在试验前应进行技术、安全交底。

（6）应在试验前划定试验区、设置安全标志。在整个试验过程有专人值守试验区。

（7）站内、检查室和沟槽中应有可靠的排水系统。试验现场应进行清理，具备检查的条件。

3. 强度试验条件检查

（1）强度试验应在试验段内的管道接口防腐、保温及设备安装前进行。

（2）管道安装使用的材料、设备资料应齐全。

（3）管道自由端的临时加固装置应安装完成，并应经设计核算与检查确认安全可靠。试验管道与其他管线应用盲板或采取其他措施隔开，不得影响其他系统的安全。

（4）试验用的压力表应经校验，其精度不得小于 1.0 级，量程应为试验压力的 1.5～2 倍，数量不得少于 2 块，并应分别安装在试验泵出口和试验系统末端。

4. 严密性试验条件检查

（1）严密性试验应在试验范围内的管道工程全部安装完成后进行。压力试验长度宜为一个完整的设计施工段。

（2）试验用的压力表应经校验，其精度不得小于1.5级，量程应为试验压力的1.5～2倍，数量不得少于2块，并应分别安装在试验泵出口和试验系统末端。

（3）横向型、铰接型补偿器在严密性试验前不宜进行预变位。

（4）管道各种支架已安装调整完毕，固定支架的混凝土已达到设计强度，回填土及填充物已满足设计要求。

（5）管道自由端的临时加固装置已安装完成，并经设计核算与检查确认安全可靠。试验管道与无关系统应采用盲板或采取其他措施隔开，不得影响其他系统的安全。

5. 试验步骤

（1）当管道充水时应将管道及设备中的空气排尽。

（2）试验时环境温度不宜低于5℃。当环境温度低于5℃时，应有防冻措施。

（3）当运行管道与压力试验管道之间的温度差大于100℃时，应根据传热量对压力试验的影响采取运行管道和试验管道安全的措施。

（4）地面高差较大的管道，试验介质的静压应计入试验压力中。热水管道的试验压力应以最高点的压力为准，最低点的压力不得大于管道及设备能承受的额定压力。

（5）试验过程中发现渗漏时，不得带压处理。消除缺陷后，应重新进行试验。

（6）试验结束后应及时排尽管内积水、拆除试验用临时加固装置。排水时不得形成负压，试验用水应排到指定地点，不得随意排放，不得污染环境。

（7）压力试验合格后应填写供热管道水压试验记录、设备强度和严密性试验记录。

6.9.2 清洗

1. 清洗方法与方案

（1）清洗方法应根据设计及供热管网的运行要求、介质类别确定。可采用人工清洗、水力冲洗和气体吹洗。当采用人工清洗时，管道的公称直径应大于或等于DN800；蒸汽管道应采用蒸汽吹洗。空气吹洗适用于管径小于DN300的热水管道。

（2）检查清洗前编制的清洗方案，方案中应包括清洗方法、技术要求、操作及安全措施等内容。

（3）应在清洗前应进行技术、安全交底。

2. 清洗准备

（1）减压器、疏水器、流量计和流量孔板（或喷嘴）、滤网、调节阀芯、止回阀芯及温度计的插入管等应已拆下并妥善存放，待清洗结束后方可复装。

（2）不与管道同时清洗的设备、容器及仪表管等应隔开或拆除。

（3）支架的承载力应能承受清洗时的冲击力，必要时应经设计核算。

（4）水力冲洗进水管的截面积不得小于被冲洗管截面积的50%，排水管截面积不得小于进水管截面积。

（5）蒸汽吹洗排汽管的管径应按设计计算确定。吹洗口及冲洗箱应已按设计要求加固。

（6）设备和容器应有单独的排水口。

（7）清洗使用的其他装置已安装完成，并应经检查合格。

3. 人工清洗

（1）钢管安装前应进行人工清洗，管内不得有浮锈等杂物。

（2）钢管安装完成后、设备安装前应进行人工清洗，管内不得有焊渣等杂物，并应验收合格。

（3）人工清洗过程应有保证安全的措施。

4. 水力冲洗

（1）冲洗应按主干线、支干线、支线分别进行。二级管网应单独进行冲洗。冲洗前先应充满水并浸泡管道。冲洗水流方向应与设计的介质流向一致。

（2）清洗过程中管道中的脏物不得进入设备；已冲洗合格的管道不得被污染。

（3）冲洗应连续进行，冲洗时的管内平均流速不应小于 1m/s；排水时，管内不得形成负压。

（4）冲洗水量不能满足要求时，宜采用密闭循环的水力冲洗方式。循环水冲洗时管道内流速应达到或接近管道正常运行时的流速。在循环冲洗后的水质不合格时，应更换循环水继续进行冲洗，并达到合格。

（5）水力冲洗应以排水水样中固形物的含量接近或等于冲洗用水中固形物的含量为合格。

（6）水力清洗结束后应打开排水阀门排污，合格后应对排污管、除污器等装置进行人工清洗。

（7）排放的污水不得随意排放，不得污染环境。

5. 蒸汽吹洗

（1）蒸汽吹洗时必须划定安全区，并设置标志。在整个吹洗作业过程中，应有专人值守。

（2）吹洗前应缓慢升温进行暖管，暖管速度不宜过快，并应及时疏水。检查管道热伸长、补偿器、管路附件及设备等工作情况，恒温 1h 后再进行吹洗。

（3）吹洗使用的蒸汽压力和流量应按设计计算确定。吹洗压力不应大于管道工作压力的 75%。

（4）吹洗次数应为 2~3 次，每次的间隔时间宜为 20~30min。

（5）蒸汽吹洗应以出口蒸汽无污物为合格。

6.9.3 试运行

1. 试运行检查

（1）试运行应在单位工程验收合格、热源具备供热条件后进行。

（2）检查试运行方案。在环境温度低于 5℃时，应制定的防冻措施。试运行方案应线管部门审查同意，并应进行技术交底。

（3）供热管线工程应与热力站工程联合进行试运行。

（4）试运行应有完善可靠的通信系统及安全保障措施。

（5）试运行应在设计的参数下运行。试运行的时间应在达到试运行的参数条件下连续运行72h。试运行应缓慢升温，升温速度不得大于10℃/h，在低温试运行期间，应对管道、设备进行全面检查，支架的工作状况应作重点检查。在低温试运行正常以后，方可缓慢升温至试运行温度下运行。

（6）在试运行期间管道法兰、阀门、补偿器及仪表等处的螺栓应进行热拧紧。热拧紧时的运行压力应降低至0.3MPa以下。

（7）试运行期间应观察管道、设备的工作状态，并应运行正常。试运行应完成各项检查，并应做好试运行记录。

（8）解决的问题时，应先停止试运行，然后进行处理。问题处理完后，应重新进行72h试运行。

（9）试运行完成后应对运行资料、记录等进行整理，并应存档。

2. 蒸汽管网工程的试运行

（1）蒸汽管网工程的试运行应带热负荷进行，试运行合格后可直接转入正常的供热运行。

（2）试运行前应进行暖管，暖管合格后方可略开启阀门，缓慢提高蒸汽管的压力。待管道内蒸汽压力和温度达到设计规定的参数后，保持恒温时间不宜少于1h。试运行期间应对管道、设备、支架及凝结水疏水系统进行全面检查。

（3）确认管网各部位符合要求后，应对用户用汽系统进行暖管和各部位的检查，确认合格后，再缓慢提高供汽压力，供汽参数达到运行参数，即可转入正常运行。

3. 热力站试运行

（1）供热管网与热用户系统应已具备试运行条件。

（2）热力站内所有系统和设备应已验收合格。

（3）热力站内的管道和设备的水压试验及冲洗应合格。

（4）软化水系统经调试应已合格后，并向补给水箱中注入软化水。

（5）水泵试运转应已合格，并检查是否符合下列规定：

1）各紧固连接部位不应松动。

2）润滑油的质量、数量应符合设备技术文件的规定。

3）安全、保护装置应灵敏、可靠。

4）盘车应灵活、正常。

5）启动前，泵的进口阀门应完全开启，出口阀门应完全关闭。

6）水泵在启动前应与管网连通，水泵应充满水并排净空气。

7）水泵应在水泵出口阀门关闭的状态下启动，水泵出口阀门前压力表显示的压力应符合水泵的最高扬程，水泵和电机应无异常情况。

8）逐渐开启水泵出口阀门，流入水泵的扬程与设计选定的扬程应接近或相同，水泵和电机应无异常情况。

9）水泵振动应符合设备技术文件的规定。

（6）应组织做好用户试运行准备工作。

（7）当换热器为板式换热器时，两侧应同步逐渐升压直至工作压力。

4. 热水管网和热力站试运行

（1）试运行前应确认关闭全部泄水阀门。

（2）排气充水，水满后应关闭放气阀门。

（3）全线水满后应再次逐个进行放气并确认管内无气体后，关闭放气阀。

（4）试运行开始后，每隔 1h 应对补偿器及其他设备和管路附件等进行检查，并记录。

第7章 市政工程施工质量资料管理

7.1 市政工程材料、配件、设备进场检验资料

7.1.1 市政工程材料进场检验资料

市政工程材料进场检验资料检查，见表7-1。

市政工程材料进场检验资料检查 表7-1

序号	资料名称	检查要点	备注
1	水泥出厂合格证书及进场检验报告	（1）水泥出厂合格证书或检验报告的水泥品种、各项技术性能、编号、出厂日期等项目应填写齐全，检验项目应完整，数据指标应符合要求。 （2）水泥出厂合格证书与进场检验报告、混凝土配合比试配报告的水泥品种、强度等级、厂别、编号应一致；核对出厂日期和实际使用的日期是否超期而未做抽样检验；各批量水泥之和应与单位工程的需用量基本一致。 （3）核查应见证检验的水泥，是否实施见证取样送检。 （4）水泥化学指标、凝结时间、安定性、强度等主要检验项目检验及检验结果应符合要求。 （5）核查出厂日期和实际使用的日期是否超期而未做抽样检验；各批量水泥之和应与单位工程的需用量基本一致	水泥检验报告、混凝土配合比设计报告上注明的水泥品种、出厂日期、强度等级、出厂编号等应与水泥合格证相一致
2	钢材出厂合格证书及进场检验报告	（1）按照单位工程结构设计、变更设计文件，钢材出厂合格证书（商检证）与进场检验报告中的钢材品种、规格应一致，应按批取样，取样所代表的批量之和应与实际用量相符。 （2）钢材应按批取样检验，检验结果应符合标准要求。 （3）合格证、检验报告中各项技术数据、信息量应符合标准规定，检验方法及计算结论应正确，检验项目应齐全。 （4）钢筋代换使用应有设计变更文件	热轧带肋钢筋、热轧光圆钢筋、冷轧带肋钢筋、成型钢筋、余热处理钢筋。 碳素结构钢、低合金高强度结构钢。 钢绞线、碳素钢丝、冷拔钢丝、无粘结预应力筋
3	预应力筋用锚具、夹具、连接器、金属波纹管及塑料波纹管出厂合格证及进场检验报告	（1）按照单位工程设计文件、变更设计文件，锚具、夹具、连接器、金属波纹管及塑料波纹管出厂合格证（商检证）及检验报告中的品种、规格应一致，应按批取样，取样所代表的批量之和应与实际用量相符。 （2）预应力筋用锚具、夹具、连接器、金属波纹管及塑料波纹管应按批取样检验，检验结果应符合标准规定。 （3）合格证、检验报告中各项技术数据、信息量应符合标准规定，检验方法及计算结论应正确，检验项目应齐全	预应力筋用锚具、夹具和连接器应有出厂合格证，进场后应按批抽样检验并提供检验报告。 预应力混凝土用金属波纹管、塑料波纹管应有出厂合格证，进场后应按批抽样检验，并提供检验报告

序号	资料名称	检查要点	备注
4	砖、砌块出厂合格证书及进场检验报告	（1）砖和砌块出厂合格证书或检验报告的检验结果应符合要求，砖、砌块的强度等级（有密度要求的产品应增加密度等级）应满足设计要求，检验项目应齐全，检验结论应正确。 （2）合格证或检验报告应按批提供，批量总数和实际用量应基本一致。 （3）按规定进行见证取样送检	烧结普通砖、烧结多孔砖、烧结空心砖和空心砌块、蒸压灰砂空心砖、粉煤灰砖、混凝土多孔砖、蒸压灰砂砖。 粉煤灰砌块、普通混凝土小型空心砌块、蒸压加气混凝土砌块、粉煤灰混凝土小型空心砌块、混凝土普通砖
5	砂、石进场检验报告	（1）砂、石进场检验报告的检验结果应符合要求，检验项目应齐全，检验结果应正确。 （2）检验报告应按批提供，批量总数和实际用量应基本一致。 （3）每批砂应进行颗粒级配、含泥量、泥块含量检验，对重要工程或特殊工程应根据工程要求，增加检测项目。 （4）每批石应进行颗粒级配、含泥量、泥块含量及针、片状含量和压碎值检验，对重要工程或特殊工程应根据工程要求，增加检测项目。 （5）按规定进行见证取样送检	普通混凝土用砂、石，人工砂及混合砂
6	外加剂出厂合格证书及进场检验报告	（1）外加剂出厂合格证书和检验报告应符合要求，外加剂的品种性能指标是否与应用要求一致。 （2）预应力混凝土结构中，严禁使用含氯化物外加剂。 （3）外加剂应按进场的批次和产品的抽样检验方案进行取样检验，并提供检验报告单。 （4）对照单位工程材料用料汇总表，合格证或检验报告应按批提供，批量总数和实际用量应基本一致	普通减水剂高效减水剂、早强减水剂、缓凝减水剂缓凝高效减水剂、引气减水剂、早强剂、缓凝剂、泵送剂、防冻剂、膨胀剂、引气剂、防水剂、速凝剂。 外加剂检验报告主要的检验指标不得缺检、漏检，检验方法应符合该产品国家及行业标准规定，设计有特殊要求的外加剂应有专项性能检验报告
7	掺合料出厂合格证书及进场检验报告	（1）粉煤灰、高炉矿渣粉出厂合格证书或检验报告的检验结果应符合要求，粉煤灰和高炉矿渣粉等级和应用要求应一致，检验项目应齐全，检验结果应正确。 （2）粉煤灰检验报告中的细度、烧失量和需水量比等检验指标不得缺检、遗漏；若其中一项不符合要求时，则应重新从同一批中加倍取样进行复检。复检仍不合格时，则该批粉煤灰应降级处理。 （3）合格证书或检验报告应按批提供，批量总数和实际用量应基本一致	混凝土及砂浆用粉煤灰、矿渣粉

序号	资料名称	检查要点	备注
8	预拌混凝土出厂合格证及进场检验报告	（1）对照图纸，供需订货单或合同与发货单内容应相符。 （2）预拌混凝土出厂合格证应与施工记录相符。 （3）出厂合格证中的内容填写应完整，质量控制资料应齐全；原材料试验方法、计算数据应正确，试验结论应明确	交货时，预拌混凝土生产厂家必须在交货点现场制作混凝土抗压强度试件，有抗渗要求的还应做抗渗试件，并应做好试件样品标识，送有资质的检测机构进行抗压强度、抗渗性能试验
9	防水材料合格证书及检验报告	（1）防水材料检验报告的检验项目应齐全，结论应正确。 （2）出厂合格证书、检验报告中的各项物理性能指标应符合相关标准的要求，如单项检验项目不合格，应有复检及处理记录。 （3）各类防水材料物理性能检验时，如有一项指标不符合标准要求，应在受检产品中加倍取样进行该项目的复检，达到指标要求时，该批产品为物理性能合格。 （4）核查是否按批取样，取样批量之和与实际用量应相符。 （5）所选用的防水材料应符合设计要求或相关标准的规定	沥青防水卷材、高聚物改性沥青防水卷材、合成高分子防水卷材、石油沥青、沥青玛瑞脂。 高聚物改性沥青防水涂料、合成高分子防水涂料、胎体增强材料。 改性石油沥青密封材料、合成高分子密封材料。 高分子防水材料止水带、高分子防水材料遇水膨胀橡胶、橡胶止水带、塑料止水带。 金属板材、乙烯－醋酸乙烯共聚物防水板、乙烯－醋酸乙烯与沥青共聚物防水板、聚乙烯防水板
10	沥青混合料或基层用粗、细集料出厂检验报告和进场检验报告	（1）出厂检验报告和进场检验报告的检验项目应齐全、检验结果应符合要求。 （2）每批粗集料应检验粒径规格、含泥量、针片状颗粒含量、压碎值、吸水率、表观相对密度、洛杉矶磨耗损失、软石含量等。对重要工程或特殊工程应根据工程要求增加检测项目。 （3）每批细集料应检验颗粒分析、含泥量或砂当量、表观相对密度、亚甲蓝值、棱角性等，对重要工程或特殊工程应根据工程要求增加检测项目。 （4）核查应见证检验的集料是否实施见证取样送检；凡属下列情况之一，必须按规定取样检验。 1）粗、细集料进场使用前。 2）使用中对质量有怀疑时。 3）设计有特殊要求。 （5）出厂检验报告和进场检验报告应按批检验，批量和实际用量应基本一致	基层用粗、细集料检验报告主要检验指标不得缺项、漏检，检验方法采用现行行业标准《公路工程集料试验规程》JTG E 42；技术指标应符合相关标准的规定

序号	资料名称	检查要点	备注
11	沥青、改性沥青出厂检验报告及进场检验报告	（1）沥青材料出厂沥青检验报告和进场检验报告的项目应齐全，检测方法及结论应正确。 （2）沥青进场复检合格后方能使用，下列主要检验指标不得缺漏。 1）沥青：针入度、延度、软化点、密度、动力黏度、质量变化等。 2）改性沥青：针入度、针入度指数、低温延度、软化点、密度、溶解度、运动黏度、蜡含量、离析软化点差、弹性恢复、质量变化等。 （3）沥青检验报告与沥青混合料配合设计报告上注明的沥青品种、生产日期、标号应与出厂质量检验报告一致。 （4）核查应见证检验的沥青、改性沥青是否实施见证取样送检。 （5）沥青材料应符合设计和标准要求。 （6）沥青材料的实际用量与出厂检验报告或进场检验报告所代表的总量应相符	城镇道路工程用的沥青材料应附沥青材料检验报告，同时各项技术指标还应符合现行行业标准《城镇道路工程施工与质量验收规范》CJJ 1的要求
12	路用矿粉、石灰、粉煤灰出厂合格证及进场检验报告	（1）出厂合格证、检验报告的检验项目应齐全，检测方法及结论应正确。 （2）每批矿粉应检验表观密度、粒度范围、亲水系数、塑性指数、含水量、加热安定性等；每批石灰应检验氧化钙、氧化镁、细度、含水量等；每批粉煤灰应检验细度和烧失量等。 （3）核查是否按批取样，取样批量与实际用量应相符；凡属下列情况之一，必须按规定取样检验，并提供检验报告： 1）材料使用前。 2）使用中对矿粉质量有怀疑时。 3）设计有特殊要求。 （4）检验报告中如单项试验项目不合格时，应有复检及处理记录。 （5）出厂合格证或进场检验报告所代表的总量与实际用量应相符	路用矿粉、石灰、粉煤灰应符合现行行业标准《城镇道路工程施工与质量验收规范》CJJ 1及现行国家标准《粉煤灰混凝土应用技术规范》GB/T 50146的规定
13	沥青混合料外加剂木质纤维、抗剥落剂出厂合格证及进场检验报告	（1）出厂合格证、检验报告的检验项目应齐全，检测方法及结论应正确。 （2）每批木质纤维应检验纤维长度、pH值、吸油率、含水率等；每批抗剥落剂应检验氯离子含量、铁离子含量、含水量、分解温度、熔点、pH值等。 （3）核查是否按批取样，取样批量与实际用量应相符；凡属下列情况之一，必须按规定取样检验，并提供检验报告。 1）材料使用前。 2）使用中对木质纤维、抗剥落剂质量有怀疑时。 3）设计有特殊要求。 （4）检验报告中如单项试验项目不合格时，应有复检及处理记录。 （5）出厂合格证或进场检验报告所代表的总量与实际用量应相符	木质纤维应符合现行行业标准《城镇道路工程施工与质量验收规范》CJJ 1的相关规定，抗剥落剂应符合设计要求或相关标准的规定。 木质纤维、抗剥落剂检验报告应在配合比设计前提供，主要检验指标不得缺检、遗漏。 木质纤维、抗剥落剂按批检验，每批应有出厂合格证

序号	资料名称	检查要点	备注
14	隧道工程用管棚、超前小导管出厂合格证及进场检验报告	（1）按照单位工程结构设计、变更设计文件和原材料配料汇总表，核查原材料或产品出厂合格证（商检证）及检验报告中的原材料品种、规格应一致。 （2）核查应见证的钢材检验是否规定见证取样送检；钢材力学性能检验项目应齐全、力学性能指标应合格，应按规定进行复验。 （3）核查是否按批取样，取样所代表的数量之和与实际用量应相符。 （4）对照施工图纸、拼装简图，检验报告应符合设计及标准要求。 （5）检验报告中的工程名称与实际工程应一致，各项技术数据应符合标准规定，检验方法及计算结论应正确，检验项目应齐全	管棚、超前小导管应有产品出厂合格证，其品种、规格、性能等应符合相关标准和设计要求

7.1.2 市政工程成品、半成品、构配件、设备进场检验资料控制

市政工程成品、半成品、构配件、设备进场检验资料检查，见表7-2。

市政工程成品、半成品、构配件、设备进场检验资料检查　　　　　表7-2

序号	资料名称	检查要点	备注
1	土工合成材料出厂检验报告及进场检验报告	（1）合格证或出厂检验报告和进场检验报告的项目、结论应符合设计和标准要求。 （2）检验抽样批及检验指标应符合标准要求，如单项检验项目不合格，应有复检及处理记录。 （3）核查是否按规定进场检验，取样批量之和与实际用量应相符。 （4）土工合成材料应有技术质量检验证明	土工格栅、土工膜、土工布、排水板（带）材料等土工合成材料必须有出厂合格证或出厂检验报告。 土工合成材的外观质量检查和物理性能检验，要求全部指标达到合格
2	钢材、钢铸件出厂合格证及进场检验报告	（1）按照单位工程结构设计、变更设计文件和原材料配料汇总表，原材料或产品出厂合格证（商检证）及检验报告中的原材料品种、规格应一致，应按批取样，取样所代表的批量之和与实际用量应相符。 （2）对照施工图、拼装简图，核查原材料及进场检验报告应符合设计和标准要求。 （3）核查检验报告中的工程名称与实际工程应一致，各项技术数据应符合标准规定，检验方法及计算结论应正确，检验项目应齐全。 （4）核查原材料或成品代换使用应有计算书及设计签证，计算结果应符合相关标准的规定	钢材、钢铸件应有产品出厂合格证
3	焊接材料出厂合格证及进场检验报告	（1）按照单位工程结构设计、变更设计文件和原材料配料汇总表，核查原材料或产品出厂合格证（商检证）及检验报告中的原材料品种、规格应一致，应按批取样，取样所代表的批量之和与实际用量应相符。	焊接材料应提供质量合格证明文件、中文标志及出厂检验报告等。

序号	资料名称	检查要点	备注
3	焊接材料出厂合格证及进场检验报告	（2）对照施工图、拼装简图，核查原材料的检验报告应符合设计和标准要求。 （3）核查检验报告中的工程名称与实际工程应一致，各项技术数据应符合标准规范的规定，检验方法及计算结论应正确，检验项目应齐全	重要钢结构采用的焊接材料应进行抽样检验，检验结果应符合现行国家产品标准和设计要求
4	连接用紧固标准件出厂合格证及进场检验报告	同上	扭剪型高强度螺栓连接副应检验预拉力，扭剪型高强度螺栓连接副使用前应按出厂批号检验紧固轴力（预应力），提供检验报告。 螺栓球节点钢网架结构连接高强度螺栓应进行拉力载荷或表面硬度试验，并提供螺栓拉力荷载复验报告和螺栓表面硬度复验报告。 对设计有螺栓实物最小荷载检验要求的螺栓，其抗拉强度应符合设计要求
5	涂装材料出厂合格证及进场检验报告	同上	钢结构防腐、防火涂料、稀释剂和固化剂等材料的品种、规格、性能等应符合现行国家产品标准和设计要求，并提供产品的质量合格证明文件、中文标志及出厂检验报告等
6	混凝土路面砖和透水砖出厂检验报告及进场检验报告	（1）合格证或出厂检验报告和进场检验报告检验项目应齐全、结论应正确。 （2）凡属下列情况之一，必须按规定取样检验，并提供进场检验报告： 1）材料使用前。 2）使用中对产品质量有怀疑的。 （3）进场检验应符合以下规定： 1）混凝土路面砖检验项目为外观质量、尺寸、抗压强度、抗折强度等物理力学性能检验。 2）透水砖检验项目应包括强度、耐磨性、透水系数、防滑性等指标。 （4）进场检验报告应按批检验，批量总数和实际用量应基本一致	道路工程所用的混凝土路面砖和透水砖应有出厂合格证或出厂检验报告，其物理力学性能指标应符合设计要求和现行国家标准《混凝土路面砖》GB 28635、《透水路面砖和透水路面板》GB/T 25993 的规定

序号	资料名称	检查要点	备注
7	天然花岗石、天然板石出厂检验报告及进场检验报告	（1）核查出厂检验报告或检测检验报告应符合要求，检验项目应齐全，检验结论应正确。 （2）属下列情况之一，必须按规定取样检验，并提供进场检验报告。 1）材料使用前。 2）使用中对产品质量有怀疑的。 （3）应按规定进场检验，检验报告中主要检验项目外观质量、弯曲强度、吸水率、耐磨性指标不得缺漏。 （4）检查出厂检验报告或进场检验报告应按批检验，批量总数和工程实际用量应基本一致	道路工程所用的天然花岗石建筑板材，天然板石应有出厂检验报告
8	预拌混凝土出厂检验报告及进场检验报告	（1）对照图纸，核查供需订货单或合同，与发货单内容应相符。 （2）预拌混凝土出厂检验报告和进场检验报告应与施工记录相符。 （3）出厂检验报告和进场检验报告中的内容填写应完整，质量控制资料应齐全，原材料检验方法、计算数据应正确，检验结论应明确	预拌混凝土所使用的各种原材料必须符合国家现行标准、规范的规定，进厂的原材料必须有相应的产品说明书、每批产品合格证和出厂检验报告
9	混凝土预制构件出厂合格证及进场检验报告	（1）核查构件出厂合格证和出厂检验报告。 （2）对照图纸，核查构件合格证中的品种、规格、型号、数量应满足要求。 （3）结构性能检验抽样频率及检验数据应满足要求，必要时检查构件厂构件结构性能检验台账。 （4）对照混凝土构件安装隐蔽记录，核对构件出厂（或生产）日期，应先提供合格证或试验报告，后安装。 （5）现场制作的混凝土构件，核查其施工制作记录、分项质量评定；核对图纸，检查材质证明及有关试验报告	预制混凝土构件应提供构件合格证或出厂检验报告，相关指标应符合要求。 结构承重预制构件及桩应按规定提供合格证及有关结构性能检验报告。 先张法预应力混凝土管桩出厂时应提供合格证及材质检验报告
10	桥梁伸缩缝出厂检验报告及进场检验报告	（1）合格证或出厂检验报告和进场检验报告项目和结论，应符合设计和标准要求。 （2）检验抽样批及检验指标应符合标准要求。 （3）属下列情况之一，必须按规定见证取样送检，并提供进场检验报告。 1）材料使用前。 2）使用中对产品质量有怀疑的。 3）设计有特殊要求。 （4）核查是否按规定进场检验，桥梁伸缩缝检验报告中主要检验项目：拉伸、压缩时最大水平摩阻力，拉伸、压缩时变位均匀性，拉伸、压缩时最大竖向偏差或变形，相对错位后拉伸、压缩试验，最大荷载时中梁应力、横梁应力、应变测定、水平力（模拟制动力），防水性能试验等指标不得缺漏。 （5）应按规定进场检验，取样批量之和与实际用量应相符	用于桥梁工程的伸缩缝应有合格证和出厂检验报告，其质量检验应符合设计要求和现行行业标准《公路桥梁伸缩装置通用技术条件》JT/T 327 的规定

序号	资料名称	检查要点	备注
11	桥梁支座出厂合格证及检验报告	（1）合格证或出厂检验报告和进场检验报告项目和结论应符合设计和标准要求。 （2）检验抽样批及检验指标应符合标准要求。 （3）下列情况之一，必须按规定见证取样送检，并提供进场检验报告。 1）材料使用前。 2）使用中对产品质量有怀疑。 3）设计有特殊要求。 （4）应按以下规定项目进场检验： 1）板式支座、盆式支座、球型支座检验报告中主要检验指标不得缺漏。 2）板式支座主要检验指标：抗压弹性模量、抗剪弹性模量、极限抗压强度、转角。 3）当板式支座为四氟板支座时应检验四氟板与不锈钢板表面的摩擦系数。 4）盆式支座主要检验指标：竖向承载力、水平承载力、摩擦系数、转角。 5）球形支座主要检验指标为：支座竖向承载力试验、支座水平承载力试验、支座摩擦系数试验、支座转动性能试验。 （5）取样批量之和与实际用量应相符	用于桥梁工程的支座应有合格证和出厂检验报告，其理化力学性能指标应符合设计和现行行业标准《公路桥梁板式橡胶支座》JT/T 4、《公路桥梁盆式支座》JT/T 391 和现行国家标准《桥梁球型支座》GB/T 17955 的要求
12	钢管出厂合格证及进场检验报告	（1）合格证中的品种、规格、型号、尺寸、数量应符合设计要求。 （2）检验抽样批及检验指标应符合标准要求。凡属下列情况之一，必须按规定取样检验，并提供进场检验报告。 1）使用中对产品质量有怀疑。 2）设计有特殊要求。 （3）应按以下规定项目进场检验： 1）焊接钢管检验报告的主要检验项目：拉伸试验、焊接接头拉伸试验、弯曲试验和压扁试验。 2）无缝钢管检验报告的主要检验项目：拉伸试验、冲击试验、压扁试验和弯曲试验。 3）直缝电焊钢管检验报告的主要检验项目：拉伸试验、焊缝拉伸试验、压扁试验、弯曲试验和扩口试验。 （4）进场检验报告应按批检验，批量总数和实际用量应基本一致	钢管进场应有出厂合格证、出厂检验报告，其质量检验应符合设计和现行国家标准《低压流体输送用焊接钢管》GB/T 3091、《结构用无缝钢管》GB/T 8162 等的规定
13	球墨铸铁管出厂合格证及进场检验报告	（1）合格证中的品种、规格、型号、尺寸、数量应符合设计要求。 （2）核查检验抽样批及检验指标应符合标准要求；凡属下列情况之一，必须按规定取样检验，并提供检验报告： 1）使用中对产品质量有怀疑。 2）设计有特殊要求。 （3）应按以下规定项目进场检验： 1）水及燃气用球墨铸铁管的主要检验项目：抗拉强度、断后伸长率和布氏硬度。	铸铁管包括水及燃气用球墨铸铁管、污水用球墨铸铁管、排水用铸铁管。 铸铁管涉及的现行国家标准主要为《水及燃气用球墨铸铁管、管件和附件》GB/T 13295、《污水用球墨铸铁管、

序号	资料名称	检查要点	备注
13	球墨铸铁管出厂合格证及进场检验报告	2）污水用球墨铸铁管主要检验指标：抗拉强度、断后伸长率和布氏硬度。 3）排水用铸铁管的主要检验指标为抗拉强度。 （4）进场检验报告应按批检验，批量总数和实际用量应基本一致	管件和附件》GB/T 26081和《排水用柔性接口铸铁管、管件及附件》GB/T 12772
14	塑料管材出厂合格证及进场检验报告	（1）合格证中的品种、规格、型号、尺寸、数量应符合设计要求。 （2）检验抽样批及检验指标应符合标准要求，凡属下列情况之一，必须按规定取样检验，并提供进场检验报告： 1）使用中对产品质量有怀疑。 2）设计有特殊要求。 （3）应按以下规定检验项目进场检验： 1）塑料管材进场检验报告主要检验项目：环刚度、环柔性、冲击性能、烘箱试验、纵向回缩率、缝的拉伸强度试验、断裂伸长率、静液压强度、维卡软化温度、密度、拉伸屈服强度和环段热压缩力。 2）硬聚氯乙烯双壁波纹管材检验报告主要检验项目：环刚度、环柔性、冲击性能和烘箱试验。 3）聚乙烯双壁波纹管检验报告的主要检验项目：环刚度、环柔性和烘箱试验。 4）聚乙烯缠绕结构壁管材检验报告的主要检验项目：环刚度、环柔性、纵向回缩率、烘箱试验和缝的拉伸强度试验。 5）钢带增强聚乙烯螺旋波纹管检验报告的主要检验项目：环刚度、环柔性、管材层压壁的拉伸强度和烘箱试验。 6）给水用硬聚氯乙烯管检验报告的主要检验项目：液压试验、纵向回缩率、落锤冲击试验、维卡软化温度和密度。 7）建筑排水用硬聚氯乙烯管检验报告的主要检验项目：纵向回缩率、落锤冲击试验、维卡软化温度、拉伸屈服强度和密度。 8）聚乙烯排水管检验报告的主要检验项目：环刚度、环柔性、拉伸屈服应力、纵向回缩率、断裂伸长率和抗冲击性能。 9）氯化聚氯乙烯套管检验报告的主要检验项目：维卡软化温度、纵向回缩率、落锤冲击试验和环段热压缩力。 （4）进场检验报告应按批检验，批量总数和实际用量应基本一致	塑料管材进场应有出厂合格证、出厂检验报告，其质量检验应符合设计和相应产品标准的要求
15	混凝土和钢筋混凝土排水管出厂合格证及进场检验报告	（1）合格证中的品种、规格、型号、尺寸、数量应符合设计要求。 （2）检验抽样批及检验指标应符合标准要求，凡属下列情况之一，必须按规定取样检验，并提供进场检验报告： 1）使用中对产品质量有怀疑。 2）设计有特殊要求。	排水工程用混凝土排水管、钢筋混凝土排水管外观质量、尺寸、抗压强度、内水压力和外压荷载及结论均应符合现行国家标准《混凝土和钢筋混凝土排水管》

序号	资料名称	检查要点	备注
15	混凝土和钢筋混凝土排水管出厂合格证及进场检验报告	（3）应按规定进场检验，混凝土排水管进场检验指标主要为破坏荷载，钢筋混凝土管进场检验指标主要为裂缝荷载和破坏荷载。 （4）进场检验报告应按批检验，批量总数和实际用量应基本一致	GB/T 11836 的要求，检验方法应符合现行国家标准《混凝土和钢筋混凝土排水管试验方法》GB/T 16752 的规定
16	检查井盖出厂检验报告及进场检验报告	（1）出厂检验报告和进场检验报告检验项目应齐全、结论是否正确。 （2）属下列情况之一，必须按规定见证取样送检，并提供进场检验报告： 1）材料使用前。 2）使用中对产品质量有怀疑的。 （3）应按以下规定项目进场检验： 1）铸铁检查井盖检验报告中主要检验指标不得缺漏，主要检验项目为承载能力（允许残留变形）。 2）钢纤维混凝土检查井盖、钢纤维混凝土水箅盖检验报告中主要检验指标不得缺漏，主要检验项目为承载能力检验（裂缝荷载）。 3）再生树脂复合材料检查井盖、再生树脂复合材料水箅检验报告中主要检验指标不得缺漏，主要检验项目为承载能力（允许残留变形）。 4）聚合物基复合材料检查井盖检验报告中承载性能（允许残留变形）检验指标不得缺漏。 （4）进场检验报告应按批检验，批量总数和实际用量应相符	道路工程所用的铸铁检查井盖、钢纤维混凝土检查井盖、钢纤维混凝土水箅盖、再生树脂复合材料检查井盖、再生树脂复合材料水箅、聚合物基复合材料检查井盖应有出厂检验报告，其质量检验应符合设计和现行国家标准《检查井盖》GB/T 23858、现行行业标准《铸铁检查井盖》CJ/T 511 等的规定
17	阀门出厂合格证及进场检（试）验报告	（1）合格证中的设备名称、规格、型号、尺寸、数量应符合设计或合同要求。 （2）阀门上的铭牌及铭牌上的标示内容应与实际吻合，检测外观质量和防腐应符合要求。 （3）检验报告中阀门压力、密闭等内容应符合要求，无有漏项；压力、密闭性能应进行复试	阀门检测报告中主要包括阀体上的铭牌及铭牌上的标示内容，外观质量及配套传动装置、阀门压力试验情况、阀门密闭试验情况及其他特殊用途阀门要求需要检测的内容
18	路灯灯杆、灯具出厂合格证及检验报告	（1）出厂合格证和出厂检验报告。 （2）对照图纸，核查合格证中的品牌、规格、型号应满足要求	路灯灯杆、灯具应提供出厂合格证或出厂检验报告

7.2 市政工程施工试验检测资料

7.2.1 市政工程材料、构配件检测资料检查

市政工程材料、构配件检测资料检查，见表 7-3。

序号	资料名称	检查要点	备注
1	见证检测报告	（1）下列试块、试件、材料必须实施见证送检： 1）道路基层无侧限抗压试块、混凝土路面抗弯拉试块、排水构造物混凝土试块、桥涵混凝土试块、隧道初期支护及二次衬砌混凝土试块、边坡承力构件混凝土试块和污水处理厂承重结构混凝土试块。 2）钢筋、预应力钢筋及钢筋连接接头和焊接接头试件。 3）拌制混凝土和砌筑砂浆及水泥搅拌桩的水泥。 4）承重结构的砖、混凝土小型砌块和路面砖。 5）承重墙体及各种窨井砌筑砂浆试块。 6）混凝土中使用的掺加剂和路用掺和料。 7）工程使用的土工合成材料和防水材料。 8）沥青、改性沥青和沥青混合料。 9）路基路面压实度，桥涵、隧道、管道等构筑物回填土密实度。 10）预应力筋用锚具、夹具、连接器、金属波纹管及塑料波纹管和桥梁支座。 11）给水排水工程井盖。 12）相关规定必须见证送检的其他试块、试件和材料。 （2）对照设计图纸、进场材料汇总表、施工记录、见证记录、见证检测报告等，应按规定比例实施见证取样送检。 （3）见证人员应持证上岗，签名、工程师证书号、监理证号、见证员证号等应与证件相符。 （4）见证检测报告应注明检验性质，见证内容应真实。 （5）见证不合格的报告应经设计单位处理和签认	市政工程中涉及结构安全和重要使用功能的试块、试件和材料必须见证取样
2	钢筋焊接检验报告	（1）检验报告中检验项目、内容应按规定填写完整，试件取样数量应符合要求，检验结果及结论应正确。 （2）对照钢筋隐蔽验收记录，核查钢材焊接应按规定逐批抽样检验，批量总和和用量应一致。 （3）采用电弧焊和埋弧焊、电渣压力焊的接头等，应分别核查焊条、焊剂、连接件等的出厂合格证或检验报告应符合要求。 （4）进口钢材应提供的质量资料应齐全，化学成分检验及可焊性检验应符合有关规定。 （5）对照施工技术资料，核查接头是否先隐蔽后提供检验报告。 （6）焊接操作人员资格应符合要求	不同的钢筋接头其力性能检验应从外观检查合格的成品接头或制品中按批随机抽取试件分别作拉伸、弯曲或抗剪等检验，并提供检验报告。 焊接用的各种钢筋及型钢均应有质量证明书；焊条、焊剂应有产品合格证，焊条的规格、型号必须与设计要求一致
3	钢筋机械连接检验报告	（1）检验报告中检验项目、内容应按规定填写完整，试件取样数量应符合要求，检验结果及结论应正确。 （2）对照钢筋隐蔽验收记录，连接接头应按规定逐批抽样检验，批量总和和用量应一致。 （3）采用机械连接接头，连接件的出厂合格证或型式检验报告应符合要求。 （4）核查进口钢材应提供的质量资料应齐全，化学成分	不同的连接接头其力学性能检验应从外观检查合格的成品接头或制品中按批随机抽取试件分别作拉伸检验，并提供检验报告。

序号	资料名称	检查要点	备注
3	钢筋机械连接检验报告	检验及可焊性检验应符合有关规定。 （5）对照施工技术资料，核查接头有否先隐蔽，后提供检验报告。 （6）连接接头操作人员资格应符合要求	机械连接接头使用的连接件必须具备出厂合格证并按规定提供型式检验报告
4	砂浆配合比检验报告	（1）核对设计图纸、施工记录和配合比试验报告，核查砂浆配合比应按不同品种、强度等级提供，当砂浆的组成材料变更时，其配合比应重新确定。 （2）核查砂浆配合比试验报告，内容应完整，签章应齐全，应符合相关规范的要求。 （3）核对砂浆各组成材料的出厂合格证和进场检验报告。核查原材料检验结果应符合有关规定	砂浆应按设计要求由有资质检测机构通过试配确定配合比，并提供配合比试验报告
5	砂浆试块抗压强度检验报告	（1）核对设计图纸、施工记录、砂浆试块强度试验报告，砂浆试块的取样组数、制作日期、品种应相符，留置数量应满足要求。 （2）试验报告中的内容应填写完整，养护、龄期应符合要求，计算数据应正确，应按要求实施见证。 （3）核对设计图纸和施工组织设计，核查砂浆强度评定应按不同品种、强度等级及验收批进行评定	砂浆应按设计分类提供试块抗压强度试验报告 砂浆试块取样留置范围，一般包括：桥涵、隧道构筑物，道路挡土墙、护坡等构筑物，给水排水构筑物及管道工程构筑物
6	压实度检验报告	（1）对照设计图纸、施工记录、检验报告，应按层、按频率检验，检验报告应实施见证。 （2）检验结果应符合设计及规范要求	包括：路基压实度，沥青路面压实度，管道沟槽压实度，桥涵台背压实度
7	最大干密度检验报告	（1）应按频率检验，检验报告应实施见证。 （2）核查检验结果应符合设计及规范要求	砂最大干密度，不同土质应有相应的最大干密度与最佳含水量，沥青混合料应检验最大理论密度或标准密度
8	混凝土配合比报告	（1）混凝土配合比报告应符合设计和规范要求。 （2）核对混凝土各组成材料的出厂合格证和进场检验报告，原材料检验结果应符合有关规定。 （3）当原材料发生变化时，其配合比应重新配制。 （4）当砂、石含水率有变化时，现场施工配合比应有相应调整的相关资料	混凝土应按设计要求由试验检测单位确定并出具配合比报告
9	混凝土试件抗压强度检验报告	（1）对照设计图纸、施工记录、强度检验报告，试件的留置数量应符合要求，应实施见证。 （2）检验报告强度指标应符合设计要求。 （3）混凝土强度应按验收批评定，评定方法应正确。 （4）当评定结果不合格时，应按规定进行鉴定并由设计	凝土应按规范要求提供试块抗压强度检验报告。 承重构件一般包括：混凝土结构的梁、板、柱及剪力墙；钢结构屋

続表

序号	资料名称	检查要点	备注
9	混凝土试件抗压强度检验报告	单位确认。 （5）承重构件混凝土结构实体质量评定的同条件养护试件应按要求留置	面的钢梁、檩条、彩板、钢柱等；桥梁的墩、柱、梁、预制板块、挡土墙，管道的支撑等
10	混凝土抗水渗透检验报告	（1）核对设计图纸，施工记录、混凝土配合比设计报告、混凝土抗渗试验报告。 （2）试件的取样组数、制作日期、取样部件等应与规定相符，留置数量应满足要求。 （3）混凝土抗渗检验报告中的内容填写完整，养护、龄期应符合要求，应按要求实施见证	混凝土应按设计要求提供试件抗水渗透试验报告。 对有抗渗要求的混凝土结构，其混凝土试件应在浇筑地点随机取样
11	混凝土试件弯拉检验报告	（1）对照设计图纸、施工记录、弯拉强度检验报告，核查试件的留置数量应符合要求，应实施见证。 （2）核查检验报告弯拉强度指标应符合设计要求。 （3）核查混凝土弯拉强度应按验收批评定，评定方法应正确；当评定结果不合格时，应按规定进行鉴定并由设计单位确认。 （4）混凝土路面结构实体质量评定的同条件养护试件应按要求留置	混凝土应按设计要求提供试件弯拉试验报告
12	水泥混凝土路面取芯（劈裂）检验报告	（1）水泥混凝土配合比报告应符合施工图设计的混凝土特性和不同强度等级。 （2）核对混凝土施工记录，混凝土所用的原材料品种、规格、厂牌（产地）、出厂日期、工程部位、钻芯取样试压日期、试件编号与混凝土强度报告应一致。 （3）对照施工组织设计和混凝土施工记录，不合格混凝土强度报告中的部位与混凝土芯样取样位置应一致。 （4）混凝土劈裂强度检验报告满足要求，当不合格时应及时鉴定或采取有关技术措施进行处理。鉴定报告和处理记录应齐全，设计单位应签认。 （5）核查混凝土劈裂强度试验报告中的内容填写应完整，试验方法、计算数据及检验结论应正确	当混凝土强度代表性不真实或怀疑而又无从证实时，应委托有相应资质检测单位从结构中钻芯取试件进行劈裂试验或轴心抗压试验，并提供相应的检验报告
13	热拌沥青、改性沥青混合料配合比报告	（1）核对设计图纸和配合比试验报告，核查沥青混合料各类型应符合现场和设计要求；填写应完整、试验方法、计算数据、参数应正确。 （2）核查提供沥青混合料配合比的检测机构应有相应资质，沥青混合料配合比所用的原材料的品种、规格、产地、出厂日期、结构部位应与配合比相符。 （3）核对混凝土各组成材料的出厂合格证和进场检验报告，核查原材料检验结果是否符合有关规定的要求。 （4）核查热拌沥青混合料配合比设计应按目标配合比、生产配合比及试拌铺验证的三个阶段的原则，并核查三个阶段相应资料。 （5）核查配合比设计报告的日期应在沥青混合料施工前完成	按设计要求由有资质检测机构通过试配确定配合比；提交配合比检验报告

序号	资料名称	检查要点	备注
14	沥青、改性沥青混合料出厂检验报告和进场检验报告	（1）沥青混合料生产单位应按同类型、同配比、每次工作班向施工单位提供一份出厂检验报告。 （2）按台班、按日、按频率检验混合料的各项技术指标应满足设计要求。 （3）核查混合料报告的内容填写应完整，检验方法和计算数据应正确，检验结论应明确。 （4）各类型混合料的取芯检测压实度，压实度试验结果应100%满足设计和标准要求。 （5）出场检验报告不合格的同批混合料应及时鉴定或采取有关技术措施进行处理，鉴定报告和处理记录应齐全，设计单位应签认	沥青混合料的生产单位应向施工单位提供出厂检验报告，施工单位还应提供相应进场见证检验报告；连续生产时，每2000t提供一次出厂检验报告和进场检验报告
15	稳定土的配合比试验报告	（1）核对设计图纸、施工记录和配合比试验报告，稳定土配合比应按设计的不同强度等级提供，当稳定土的组成材料变化时，其配合比应重新确定。 （2）核查稳定土配合比试验报告，内容应完整，签章应齐全，应符合相关规范的要求。 （3）核对稳定土各组成材料的出厂合格证和进场检验报告，核查原材料检验结果应符合有关规定	稳定土应按设计要求由有相应资质检测机构通过试配确定配合比，并提交配合比试验报告

7.2.2 市政工程施工试验资料检查

市政工程施工试验资料检查，见表7-4。

市政工程施工试验资料检查 表7-4

序号	资料名称	检查要点	备注
1	稳定土无侧限抗压检验报告	（1）稳定土配合比报告应符合施工图设计的稳定土设计特性和不同强度核对稳定土施工记录，查稳定土所用的原材料品种、规格、厂牌（产地）、出厂日期、工程部位、试块制作日期、试件编号与稳定土无侧限抗压强度报告应一致。 （2）对照施工组织设计和稳定土施工记录，核查稳定土试块取样频率、强度等级应满足要求。 （3）稳定土无侧限抗压强度评定应成组进行评定。评定方法、结论应满足标准要求。当评定不合格时，应及时鉴定或采取有关技术措施进行处理，鉴定报告和处理记录应齐全。 （4）稳定土无侧限抗压试块报告中的内容填写应完整，试验方法、计算数据、参数应正确	基层和底基层无侧限强度应符合设计和现行行业标准《公路工程无机结合料稳定材料试验规程》JTG E51的规定，并提供稳定土无侧限抗压报告
2	土（岩）地基载荷试验报告	（1）设计文件及检测报告，检查检测数量应符合要求。 （2）检测报告格式、内容应完整，结论应正确。 （3）检测终止条件及承载力特征值判定依据应符合相关规范规定。 （4）每个试验点承载力检测值和单位工程的承载力特征值应满足设计要求	土（岩）地基载荷试验分为浅层平板载荷试验、深层平板载荷试验和岩基载荷试验。 地基处理后，如设计有要求时，应进行地基承载力检测，并提供检测报告

序号	资料名称	检查要点	备注
3	复合地基载荷试验报告	（1）设计文件及检测报告，检查检测数量应符合要求。 （2）检测报告格式、内容应完整，结论应正确。 （3）检测终止条件应符合现行行业标准《建筑地基处理技术规范》JGJ 79、《建筑地基检测技术规范》JGJ 340 的规定。 （4）核查每个试验点承载力检测值和单位工程的地基承载力特征值，并评价复合地基承载力特征值应满足设计要求	用于水泥土搅拌桩、砂石桩、旋喷桩、夯实水泥土桩、水泥粉煤灰碎石桩、混凝土桩、树根桩、灰土桩、桩锤冲扩桩及强夯置换墩等竖向增强体和周边地基土组成的复合地基的单桩复合地基和多桩复合地基载荷试验
4	竖向增强体载荷试验报告	（1）设计文件及检测报告，检查检测数量应符合要求。 （2）检测报告格式、内容应完整，结论应正确。 （3）检测终止条件应符合现行行业标准《建筑地基处理技术规范》JGJ 79、《建筑地基检测技术规范》JGJ 340 的规定。 （4）核查每个试验增强体的承载力检测值和单位工程的增强体承载力特征值，并评价竖向增强体承载力特征值应满足设计要求	于确定水泥土搅拌桩、旋喷桩、夯实水泥土桩、水泥粉煤灰碎石桩、混凝土桩、树根桩、强夯转换墩等复合地基竖向增强体的竖向承载力
5	标准贯入检测报告	（1）设计文件及检测报告，核查检测数量应符合要求。 （2）试验仪器、试验方法应符合现行行业标准《城镇道路工程施工与质量验收规范》CJJ 1、《建筑地基检测技术规范》JGJ 340 的有关规定。 （3）标准贯入试验报告内容应齐全。 （4）检测结果如未达到设计要求，委托方应采取其他补强措施	用于判定砂土、粉土、黏性土天然地基及其采用换填垫层、压实、挤密、夯实、注浆加固等处理后的地基承载力、变形参数，也可用于砂桩和初凝状态的水泥搅拌桩、旋喷桩、灰土桩、夯实水泥桩等竖向增强体的施工质量评价
6	圆锥动力触探试验报告	（1）设计文件及检测报告，核查检测数量应符合要求。 （2）圆锥动力触探试验类型、试验仪器、试验方法应符合现行行业标准《城镇道路工程施工与质量验收规范》CJJ 1、《建筑地基检测技术规范》JGJ 340 的有关规定。 （3）检测结果如未达到设计要求，委托方应采取其他补强措施。 （4）圆锥动力触探试验报告内容应齐全，结论应准确	用于评价黏性土、粉土、粉砂、细砂、砂土、碎石土、极软岩和软岩等地基土性状、地基处理效果和判定地基承载力。 可分为轻型动力触探试验、重型动力触探试验和超重型动力触探
7	静力触探试验报告	（1）设计文件及检测报告，核查检测数量应符合要求。 （2）试验仪器应标定合格并在有效期内。 （3）试验方法应符合现行行业标准《城镇道路工程施工与质量验收规范》CJJ 1、《建筑地基检测技术规范》JGJ 340 的有关规定。 （4）检测结果如未达到设计要求，委托方应采取其他补强措施 （5）静力触探试验报告内容应完整，结论应准确	用于判定软土、一般黏性土、粉土和砂土的天然地基及采用换填垫层、预压、压实、挤密、夯实处理的人工地基的地基承载力、变形参数和评价地基处理效果

序号	资料名称	检查要点	备注
8	十字板剪切试验报告	（1）核查设计文件及检测报告，检查检测数量是否符合要求。 （2）核查试验仪器是否标定合格并在有效期内。 （3）核查试验方法是否符合现行行业标准《建筑地基处理技术规范》JGJ 79、《建筑地基检测技术规范》JGJ 340的有关规定。 （4）检测结果如未达到设计要求，委托方是否采取其他补强措施 （5）核查十字板试验报告内容是否完整，结论是否准确	用于饱和软黏性土天然地基及其人工地基的不排水抗剪强度和灵敏度试验
9	水泥土钻芯法试验报告	（1）钻芯法检测芯样试件截取加工、芯样试件抗压强度、检测数据分析与判定应正确。 （2）检测报告内容应符合规定。 （3）受检桩芯样试件抗压强度代表值小于设计强度等级的桩，或桩长、桩底沉渣厚度不满足设计与规范要求，或桩底持力层岩土性状、厚度未达到设计与规范要求，应采取补强措施。 （4）桩身质量评价结果应符合设计要求。 （5）核查有无芯样彩色照片	用于检测水泥土桩的桩长、桩身强度和均匀性，判定或鉴别桩底持力层岩土性状
10	单桩竖向抗压静载检验报告	（1）单桩竖向抗压静载试验的检测数据分析与判定应正确。 （2）单桩竖向抗压承载力特征值应符合设计要求。 （3）单桩承载力不符合设计要求，应分析原因，应经有关各方确认后扩大抽检数量。 （4）核查检测报告内容应符合规定，结论应准确	用于检测单桩竖向抗压承载力
11	单桩竖向抗拔静载检验报告	（1）检测数据分析与判定应正确。 （2）单桩竖向抗拔承载力特征值应符合设计要求。 （3）检测报告内容应符合规定，结论应准确	用于检测单桩竖向抗拔承载力
12	单桩水平静载检验报告	（1）单桩水平静载检测的数据分析与判定应正确。 （2）单桩水平承载力特征值应满足设计要求。 （3）检测报告的内容应符合规定。	用于检测单桩水平承载力
13	桩基钻芯检测报告	（1）钻芯法检测芯样试件截取加工、芯样试件抗压强度、检测数据分析与判定应正确。 （2）核查检测报告内容应符合规定，一般应包括：桩长、桩身混凝土强度、桩底沉渣厚度和桩身完整性的判定或鉴别桩端持力层岩土性状等项目。 （3）受检桩混凝土芯样试件抗压强度代表值小于混凝土设计强度等级的桩，或桩长、桩底沉渣厚度不满足设计与规范要求，或桩底持力层岩土性状、厚度未达到设计与规范要求，应采取补强措施。 （4）核查成桩质量评价结果应符合设计要求。 （5）核查有无芯样彩色照片	用于检测冲钻孔、人工挖孔等现浇混凝土灌注桩成桩质量

序号	资料名称	检查要点	备注
14	桩身低应变法检验报告	（1）核查应由具有相应检测资质的单位承担。 （2）核查检测报告内容应符合规定。 （3）核查检测报告应附有桩身完整性检测的实测信号曲线。 （4）核查检测报告有无桩身波速取值、桩身完整性描述、缺陷位置及桩身完整性类别等基本信息	用于检测桩身完整性，检测内容一般为检测桩身缺陷及其位置，判定桩身完整性类别，并提交低应变法检测报告
15	桩身高应变法检验报告	（1）核查试验应由具有相应检测资质的单位承担。 （2）核查单桩竖向抗压承载力特征值应满足设计要求，不满足设计要求时，应采取补强措施。 （3）核查检测报告应附有桩身完整性检测的实测信号曲线。 （4）采用实测曲线拟合法判定桩承载力，其检测报告有无各单元桩土模型参数、拟合曲线、土阻力沿桩身分布图。 （5）核查检测报告有无锤重、实测贯入度、桩身波速值等基本信息 （6）检测报告内容应符合规定，结论应准确	用于检测预制桩单桩竖向抗压承载力
16	桩身声波透射法检验报告	（1）核查试验应由具有相应检测资质的单位承担，操作人员应具有相应的岗位证书。 （2）检测报告中受检桩每个检测剖面应都有声速—深度曲线、波幅—深度曲线、波列图。 （3）核查检测结果应符合设计要求，检测结果桩身完整性类别为Ⅲ、Ⅳ类的桩，应采取补强措施。 （4）核查检测报告应附有桩身完整性检测的实测信号曲线	用于检测灌注桩桩身完整性，判定桩身缺陷及其位置
17	边坡工程监测报告	（1）核查应由有资质的监测单位出具检测报告。 （2）核查边坡的监测项目、监测频率应符合设计、规范和监测方案的要求。 （3）核查边坡工程质量检测报告中监测点的分布、检测方法与仪器资料的整理、分析和结论等内容应符合要求	监测项目宜包括：坡顶水平位移和垂直位移、地表裂缝、坡顶建（构）筑物变形、降雨和洪水与时间关系、锚杆拉力、支护结构变形、支护结构应力以及地下水、渗水与降雨关系等
18	回弹法检测混凝土强度报告	（1）对照设计图纸、施工记录、构件强度检测报告，核查构件强度推定值应满足要求；当强度推定值不符合设计要求时，应按规定进行处理。 （2）核查构件强度报告中的内容应填写完整，应按要求实施见证	用于检测构件混凝土强度
19	超声－回弹综合法检测混凝土强度报告	（1）对照设计图纸、施工记录、构件强度检测报告，核查构件强度推定值应满足要求；当强度推定值不符合设计要求时，应按规定进行处理。 （2）每一测区宜先进行回弹测试，然后进行超声测试，对非同一测区的回弹值和超声声速值不能按综合法计算混凝土强度。 （3）核查构件强度报告中的内容应填写完整，应按要求实施见证	用于检测构件或结构混凝土强度

序号	资料名称	检查要点	备注
20	钢筋保护层厚度检测记录	（1）核查检验的结构部件应由监理（建设）、施工等各方共同选定。 （2）核查其检验的构件数量和构件类型应符合要求。 （3）核查检验报告中的内容填写应完整，保护层要求的厚度应符合设计和规范要求。 （4）签章应齐全，应按规定实施见证。 （5）核查检验结论应符合要求	用于涉及混凝结构安全的重要部位（例如悬挑梁、悬挑板等）应进行结构实体的钢筋保护层厚度检验

7.3 市政工程施工记录

市政工程施工记录检查，见表7-5。

市政工程施工记录检查　　　　　　　　　　表7-5

序号	资料名称	检查要点	备注
1	地基验槽记录	（1）核查验槽记录内容应齐全，应符合设计要求，签证应齐全，结论应明确。 （2）对地基承载力有疑义的，应根据设计要求或验槽处理意见进行地基承载力检验。 （3）需重新处理的基槽应复验，复验结论应明确	验槽应检查槽底土层情况、地基承载力、基槽（坑）的几何尺寸和槽底高程应符合设计要求，并附图说明
2	地基处理记录	（1）进行试桩的应有相应的试桩记录，试桩记录中应经设计等单位确定了有关施工参数。 （2）核查各种地基处理记录中相关项目、参数应无缺项。 　1）强夯地基应进行试夯，确定夯锤质量、落距、夯点布置、夯击次数和夯击遍数等施工参数，填写强夯试夯记录；施工中应填写强夯施工记录表。 　2）振冲地基施工前应进行试桩试验，确定有关施工参数，填写试桩记录；施工中应填写振冲地基施工记录。 　3）高压喷射注浆地基、水泥浆搅拌桩地基、粉体喷射搅拌桩地基应进行现场试桩试验，确定施工参数及控桩标准，填写试桩记录；施工中应填写相应的施工记录。 　4）袋装砂井、碎石（砂）桩（干法）、碎石（砂）桩（湿法）、塑料排水板、反压护道（或抛石挤淤）等地基处理施工过程中应填写施工记录。 （3）记录中的主要技术指标应符合设计要求。 （4）记录应完整、齐全，数据应真实，签证应齐全	地基处理均应填写地基处理记录
3	沉降观测记录	（1）记录应完整、齐全，数据应真实，签证应齐全，记录中的主要技术指标应符合设计要求。 （2）沉降观测用水准点应定期核对。测量仪器应在检定有效期内使用。 （3）施工单位应事先制定有沉降观测计划，应报监理工程师批准后实施	大跨径桥梁、深基坑开挖支护、经地基处理的建筑物和构筑物及设计文件有沉降观测要求的工程，均应按单位工程提供沉降观测记录，并附有水准高程测量记录

序号	资料名称	检查要点	备注
4	桩基施工记录	（1）桩基施工记录中主要技术指标应符合设计要求。 （2）桩基施工记录及汇总表、钢筋骨架的隐蔽检查验收记录和混凝土浇筑记录填写应完整、齐全，数据应真实，签证应齐全。 （3）人工挖孔桩和钻孔灌注桩施工记录应注意： 1）钻孔桩成孔后，安装钢筋笼骨架前，应先会同监理进行成孔质量检查并记录。 2）安装、焊接钢筋骨架过程中应按安装顺序记录骨架的每节长度、总长度、连接方法及骨架的底面标高，形成钢筋骨架的隐蔽检查验收记录。 3）钻孔桩灌注水下混凝土时应由每工作班当班施工员如实记录灌注全过程，每次拆除导管或因其他原因发生停灌时应记录以下内容： ① 时间、导管拆除的节数与长度、混凝土本次灌注数量与累计数量。 ② 分别测量护筒顶至混凝土面与导管下口的深度。 ③ 描述钢筋位置、孔内情况、停灌原因和处理情况等重要记事。 （4）"桩位竣工平面示意图"中应注明桩编号、方位、轴线、标高等，补桩应标注并加以说明	桩基施工应按桩基类型和施工阶段填写相应的施工记录
5	锚孔施工成型检查记录	（1）锚孔施工成型检查记录应完整、齐全。 （2）数据应真实，签证应齐全。 （3）记录中的主要技术指标应符合设计要求。 （4）检查结论应符合设计及规范要求	锚孔施工成型后应填写锚孔施工成型检查记录
6	岩石锚杆（索）锚固施工记录	（1）岩石锚杆（索）锚固施工记录填写应完整、齐全。 （2）数据应真实，签证应齐全。 （3）记录中的主要技术指标应符合设计要求。 （4）记录中的结论应符合设计及规范要求	岩石锚杆（索）锚固施工过程中应填写岩石锚杆（索）锚固施工记录
7	锚喷支护施工记录	（1）锚喷支护施工记录填写应完整、齐全。 （2）数据应真实，签证应齐全。 （3）锚喷混凝土配合比、锚杆布置、喷射混凝土厚度等主要技术指标应符合设计及规范要求	锚喷施工过程中应填写锚喷支护施工记录
8	预应力张拉记录	（1）油泵、千斤顶、压力表等张拉设备应有法定计量检测单位提供定期检测报告和配套标定报告，并绘有相应的 P–T 曲线。 （2）有无预应力张拉数据表、预应力张拉记录、预应力张拉孔道压浆记录。 （3）预留孔道与预应力筋的实际摩擦系数应根据设计要求计算。 （4）施工记录能否真实反映预应力张拉施工的工艺，项目应填写齐全。 （5）记录填写应完整、齐全，数据应真实，签证应齐全，记录中的主要技术指标应符合设计要求	施工单位应根据设计要求计算出张拉所需的各种参数，填写预应力张拉数据表。 施加预应力应提供预应力张拉记录。 压浆作业应提供预应力张拉孔道压浆记录

序号	资料名称	检查要点	备注
9	混凝土浇筑记录	（1）对照施工图设计文件和施工日志，所有C20等级以上的混凝土结构均应有浇筑记录，且应按浇筑次数记录，遇暴雨、酷暑、大风等特殊情况时，应有重新填写的浇筑记录。 （2）对照施工图设计文件与施工日志，检验每次混凝土浇筑的数量和时间，试块留置的数量和种类应符合要求。 （3）对照施工日志，混凝土浇筑中出现的问题及处理办法均应详细记录。 （4）浇筑的混凝土配合比通知单应有效，每盘材料品种、用量计算应正确。 （5）混凝土浇筑记录内容应无缺项，各有关人员签证应齐全	一般情况下现场浇筑C20（含C20）强度等级以上的结构混凝土，均应填写混凝土浇筑记录
10	大体积混凝土温控检测记录	（1）大体积混凝土应有专项施工方案，专项施工方案应按规定要求审批。 （2）记录中各项目应填写完整。 （3）记录数据应符合要求	大体积混凝土的温控施工中，应进行水泥水化热的测试、混凝土浇筑温度、混凝土浇筑块体升降温、内外温差、降温速度及环境温度等监测，同时填写大体积混凝土养护测孔平面图和大体积混凝土测温记录
11	沉井工程下沉记录	（1）对照施工图设计文件与施工日志，所有的沉井工程均有沉井工程下沉记录。 （2）沉井下沉过程中每个工作班均应测量沉井井身的倾斜度与平面位置，推算刃角标高，同时记录地质情况及孔内水位标高；在交接班、地质情况发生变化或因故停歇时，均应对以上项目进行测量记录，并注明停歇原因及时间。 （3）记录填写应完整、齐全，数据应真实，签证应齐全	沉井下沉过程中应填写沉井工程下沉记录
12	沥青混合料测温记录	（1）沥青混合料测温记录填写应完整、齐全。 （2）记录中数据应真实，签证应齐全。 （3）记录中的主要技术指标应符合设计要求	包括沥青混合料到场及摊铺测温记录和沥青混合料碾压温度检测记录
13	构件吊装施工记录	（1）钢筋混凝土大型构件由施工单位自行预制时，施工单位应按照钢筋混凝土构件的施工质量控制过程提供原材料的合格证及复检报告，混凝土的配合比报告，各检验批、分项工程施工质量检查验收资料，钢筋工程验收资料，混凝土强度试验报告等一整套的质控资料。 钢筋混凝土大型构件采用外购时，供应厂商应提供出厂合格证，合格证的内容应包括产品名称、规格及数量，各种原材料的产地或厂别、出厂合格证编号、复检编号及检验结论，钢筋连接性能试验报告的编号及结论，混凝土配合比及强度情况，构件外观及外形尺寸检查情况等质控资料。	钢筋混凝土大型构件、钢结构构件等吊装应填写构件吊装施工记录

序号	资料名称	检查要点	备注
13	构件吊装施工记录	（2）钢结构构件制作单位应按照现行国家标准《钢结构工程施工质量验收规范》GB50205 及相关规范的要求进行质量控制，并提供完整的质控资料。 （3）钢筋混凝土大型构件、钢结构构件吊装前，对照设计文件，构件质控资料应齐全、真实、有效。 （4）对照设计文件核查主要技术指标应符合设计要求。 （5）构件吊装施工记录应完整、齐全，数据应真实，签证应齐全	钢筋混凝土大型构件、钢结构构件等吊装应填写构件吊装施工记录
14	钢结构涂装施工记录	（1）钢结构涂装施工记录填写应完整、齐全。 （2）记录中数据应真实，签证应齐全。 （3）记录中的主要技术指标应符合设计要求	钢结构涂装过程中应填写钢结构涂装施工记录
15	桥梁伸缩缝安装记录	（1）桥梁伸缩缝安装记录填写应完整、齐全。 （2）记录中数据应真实，签证应齐全。 （3）记录中的主要技术指标应符合设计要求	桥梁伸缩缝安装过程中应填写桥梁伸缩缝安装记录
16	桥梁支座安装成型检测记录	（1）桥梁支座安装成型检测记录填写应完整、齐全。 （2）记录中数据应真实，签证应齐全。 （3）记录中的主要技术指标应符合设计要求	桥梁支座安装成型后应填写桥梁支座安装成型检测记录
17	管道 / 设备焊接检查记录	（1）管道 / 设备焊接检查记录填写应完整、齐全。 （2）记录中数据应真实，签证应齐全。 （3）记录中焊缝最终评定结论应符合设计及规范要求	管道 / 设备焊接施工应填写检查记录
18	系统清洗记录	（1）系统清洗记录填写应完整、齐全。 （2）记录中数据应真实，签证应齐全。 （3）记录中的结论应符合设计要求	系统清洗主要包括：管道和设备安装前，清除内部污垢和杂物；管道和设备安装完毕，进行清洗除污；饮用水管道在使用前进行消毒并取样送检
19	电缆敷设施工检查记录	（1）高压电缆敷设前应经耐压测试合格。 （2）电缆敷设施工检查记录填写应完整、齐全。 （3）记录中数据应真实，签证应齐全。 （4）记录中的主要技术指标应符合设计要求	电缆敷设施工应填写检查记录
20	电气接地电阻测试记录	（1）电气接地电阻测试记录填写应完整、齐全。 （2）记录中数据应真实，签证应齐全。 （3）记录中的主要技术指标应符合设计要求	电气接地电阻测试应填写记录
21	防雷工程施工检查记录	（1）防雷工程施工检查记录填写应完整、齐全。 （2）记录中数据应真实，签证应齐全。 （3）记录中的主要技术指标应符合设计要求	防雷工程施工应填写相应的检查记录
22	施工日志	（1）对照开工报告、竣工报告等资料文件，施工日志的起止时间应与之相符。 （2）施工日志的连续性、完整性，应逐日按不同单位工程分别记录。	施工日志由施工项目负责人逐日进行记录

序号	资料名称	检查要点	备注
22	施工日志	（3）施工日志内容应翔实、全面。施工日志应记录以下内容： 1）日期及天气情况。 2）施工的分部分项工程名称、施工起止时间、施工班组、实际完成量以及投入的人、材、机数量等。 3）施工中特殊情况记录，如停水、停电、停工、窝工等现象。 4）质量、安全、设备事故（或未遂事故）发生的原因、处理意见、处理方法。 5）进行技术交底、质量控制及验收等施工管理活动情况的简要记录。 6）建设（代建）、工程总承包、设计、监理等单位在现场解决问题的记录。 7）主管部门要求改正的问题整改反馈情况。 8）有关部门对该项工程所做的决定、建议	施工日志由施工项目负责人逐日进行记录

7.4 市政工程质量验收记录

市政工程质量验收记录检查，见表 7-6。

市政工程质量验收记录检查 　　　　表 7-6

序号	资料名称	检查要点	备注
1	隐蔽工程检查验收记录	（1）对照施工图设计文件，隐蔽工程检查验收记录填写应完整、齐全，数据应真实，签证应齐全。 （2）核查隐蔽工程项目应无缺项。 （3）记录中的验收结论应符合设计要求，应同意下一道工序施工	市政工程涉及的隐蔽工程项目主要参考范围见表 7-7
2	检验批工程质量验收记录	（1）验收的组织形式和程序应符合要求；验收记录应真实。 （2）对照设计文件和工程验收规范，验收部位中主控项目、一般项目以及相关的允许偏差项目检查验收应符合设计和规范要求。 （3）施工单位应对存在的质量问题进行整改；整改后监理单位应重新组织验收，验收记录应完整。 （4）施工、监理单位参加验收的有关责任人签证应齐全	检验批工程质量验收应对照设计文件和验收规范要求，按标准规定的检查数量和检验方法，对主控项目、一般项目以及相关的允许偏差项目逐项检查验收
3	分项工程质量验收记录	（1）验收的组织形式和程序应符合要求；验收记录应真实。 （2）对照设计施工图，验收的范围应明确，内容应与设计和验收规范要求一致。 （3）对照验收规范，所含检验批应符合设计和验收规范要求。 （4）施工单位应对监理单位提出的质量问题进行整改，整改后，监理单位应重新组织验收，记录应完整。 （5）施工、监理单位各自的验收日期应符合规定的验收程序要求。 （6）施工、监理单位参加验收的有关责任人签证应齐全	分项工程质量验收应对照设计文件和验收规范要求，对所含的检验批进行逐项检查验收

序号	资料名称	检查要点	备注
4	分部（子分部）工程质量验收记录	（1）验收的组织形式和程序应符合要求，验收记录应真实。 （2）对照设计文件，验收的范围和内容应与设计要求一致。 （3）对照设计文件和工程质量验收标准，原材料的合格证及其复检或试验报告、施工记录、试块试件试验报告、检测检验报告、所包含的分项工程质量验收记录、功能性试验等应齐全并符合设计要求。 （4）施工单位应对参验各方提出的质量问题和质量缺陷进行整改。整改后，监理单位应组织复验，有复验记录。 （5）验收结论应明确；参验各方有关责任人应及时签证并加盖所在单位印章	分部（子分部）工程质量验收应对照设计文件和验收规范要求，分别对原材料的合格证及其复检报告、施工记录、试块强度报告、相关的检测报告、所包含的分项工程质量验收记录、功能性试验以及工程观感质量进行检查

市政工程隐蔽工程项目参考范围　　　　表7-7

序号	项目	隐蔽工程项目参考范围
1	道路工程	土方路基：路床清理，坑穴整治；地面水排除、疏干。 石方路基：路床清理，坑穴整治。 特殊路基：软土路基填筑前应排除地表水；清除腐殖土、淤泥。 涵洞处置：预制涵洞；砌体涵洞；现浇钢筋混凝土涵洞。 土石类基层：石灰稳定土类基层；石灰、粉煤灰稳定砂砾基层；石灰、粉煤灰、钢渣稳定土类基层；水泥稳定土类基层；级配砂砾及级配砾石基层；级配碎石及级配碎砾石基层。 旧有基层处理：旧沥青路面基层处理；旧水泥混凝土路面基层处理。 水泥混凝土基层：基层表面位置、标高、面板分块、胀缝和构造物位置。钢筋规格、品种、间距等；传力杆。 人行地道结构：现浇混凝土垫层；外防水层；变形缝、止水缝、沉降缝，顶板。 现浇钢筋混凝土挡土墙、加筋挡土墙：基槽，基础垫层、基础混凝土、钢筋。 装配式钢筋混凝土挡土墙：挡土墙板焊接。 附属构筑物：隔离墩预埋件焊接
2	桥梁工程	钢筋分项：钢筋连接，钢筋骨架和钢筋网，预埋件，桩、柱节点。 预应力混凝土分项：预应力钢筋，先张法预应力、后张法预应力。 基础：扩大基础，沉入桩，灌注桩，沉井；地下连续墙。 桥面防水：基层处理，防水卷材，防水涂料
3	给水排水构筑物工程	土石方与地基基础：基坑开挖；基础桩；灌注桩；基坑边坡。 取水与排放构筑物：混凝土结构钢筋；预制构件试拼。 埋地管道：水处理构筑物、泵房、调蓄构筑物基坑施工影响范围内的管道。 现浇钢筋混凝土结构：钢筋加工、连接、安装；预埋件。 预应力混凝土结构：锚具、连接器；预留孔道；锚固区局部加强。 设备安装：预埋件、预留孔洞；设备基础
4	给水排水管道工程	土石方与地基处理：沟槽开挖与支护；地基处理；沟槽回填。 开槽施工管道主体结构：管道基础；钢管；钢管内外防腐；球墨铸铁管；钢筋混凝土管及预（自）应力混凝土管；预应力钢筒混凝土管；玻璃钢管；硬聚氯乙烯管、聚乙烯管及其复合管。 不开槽施工管道主体结构：盾构二次衬砌；防水封堵；预埋件、螺栓孔、螺栓手孔防水及防腐；管片拼装接缝。

序号	项目	隐蔽工程项目参考范围
4	给水排水管道工程	浅埋暗挖：防水层；二次衬砌；模板（模板的外形尺寸、中线、标高、各种顶埋件）。 给水管道：管道管径、管道分支及阀门井位置；管道坐标和标高以及水平管纵横向弯曲；管道接口质量及防腐处理；水压试验。 排水管道：管道管径、管道分支及检查井位置；管道坐标、标高、坡度以及水平管纵横向弯曲；管道接口质量及管道支座；闭水试验
5	供热管网工程	土建工程：土方开挖及地基处理；沟槽、检查室等土建主体结构。 供热管网暗挖：检查室竖井锚喷支护；结构防水（柔性外包防水层、细部构造）；二次衬砌（钢筋、预埋件、施工缝、变形缝、后浇带）。 直埋热水管道：安装，试验和清洗。 供热直埋蒸汽管道：安装，保温补口，真空系统；强度和严密性试验。 防腐：管道、管路附件、设备的压力试验及除锈、防腐。 保温：管道、管路附件、设备保温层。 检查井：井坑开挖；地基与基础；井底座；井筒及收口锥体；连接管件与配件
6	燃气管道工程	埋地钢管：沟底标高，管基；管道焊接；埋地引入管；穿越建筑物基础或管沟的套管；管道、管件防腐层。 球墨铸铁管敷设：沟底标高，管基；管道承插连接；螺栓防腐。 聚乙烯管道敷设：沟底标高，管基；热熔连接。 钢骨架聚乙烯复合管道：沟底标高，管基；热熔连接；法兰连接

7.5 市政工程结构安全和重要使用功能检验资料

市政工程结构安全和重要使用功能检验资料检查，见表7-8。

市政工程结构安全和重要使用功能检验资料检查　　　　　　表7-8

序号	资料名称	检查要点	备注
1	土的承载比（CBR）进场检验报告	（1）检验报告的检验结果应符合要求，CBR值应和设计或规范一致，检验结论应正确。 （2）按规定见证取样送检；见证取样的数量与规定相符。 （3）检验报告应按批检验，批量总数应和实际用量基本一致	进场的每种土样必须取样检验，并提供检验报告。 填方材料的强度（CBR）值首先要先按设计图纸的要求进行规定
2	道路弯沉试验记录	（1）道路弯沉试验所用汽车应有过磅，后轴重应符合标准轴载。 （2）道路弯沉试验所用汽车其胎压面积应满足要求。 （3）道路弯沉试验所用汽车其轮胎气压应满足要求。 （4）评定路段检查点数应足够。 （5）沥青面层的弯沉值应经过修正，结果应符合要求，考虑季节影响系数	道路弯沉试验是工程验收之前规定履行的检验项目，应按规定内容做好记录

序号	资料名称	检查要点	备注
3	路面平整度试验记录	（1）平整度试验使用汽车牵引连续式平整度仪时，应保持匀速，速度应超过12km/h。 （2）平整度试验所用连续式平整度仪其检测箱各部分应满足要求。 （3）评定路段检查点数应足够	路面平整度试验是工程验收之前按规定履行的一个检验项目，应按规定内容做好记录。 城市快速路使用连续式平整度仪测定平整度
4	污水管道闭水试验记录	（1）管道及检查井外观质量记录，管道闭水试验时，试验管道应具备下列条件： 1）管道及检查井外观质量已验收合格。 2）管道未回填土且沟槽内无积水。 3）全部预留孔应封堵，不得渗水。 4）管道两端堵板承载力经核算应大于水压力的合力；除预留进出水管外，应封堵坚固，不得渗水。 5）顶管施工，其注浆孔封堵且管口按设计要求处理完毕，地下水位于管底以下。 （2）对照施工日志、试验记录等，试验时间应在管道回填之前，闭水试验水头应符合规定。 （3）闭水试验记录内容及试验结果应符合要求。 （4）闭水试验记录各方签证应齐全	污水管道回填土方前应采用闭水试验法进行严密性试验。 管道闭水试验时，应进行管道外观检查，不得出现漏水现象，且实测渗水量小于或等于规范规定的允许渗水量时，管道严密性试验判定为合格
5	池体满水试验记录	（1）满水试验测读水位初读数与末读数的间隔时间，应不小于24h。 （2）池体无盖时必须进行蒸发量测定。 （3）水池渗水量计算按池壁（不含内隔墙）和池底的浸湿面积计算。 （4）满水试验记录内容及满水试验结果应符合要求。 （5）满水试验记录各方签证应齐全	池体满水试验应符合现行国家标准《给水排水构筑物工程施工及验收规范》GB 50141的规定
6	消化池气密性试验记录	（1）气密性试验记录中池内气压值的初读数与末读数间隔时间，应间隔24h以上。 （2）气密性试验压力应符合规定，宜为池体工作压力的1.5倍，当24h的气压降不超过试验压力的20%时，气密性试验判定为合格。 （3）气密性试验记录内容和气密性试验结果应符合要求。 （4）气密性试验记录中各方签证应齐全	需进行满水试验和气密性试验的池体，应在满水试验合格后再进行气密性试验；气密性试验应符合现行国家标准《给水排水构筑物工程施工及验收规范》GB 50141的规定
7	压力管道水压试验记录	（1）管道水压试验的分段长度不宜大于1.0km。 （2）对照施工日志、试验记录等，试验时间应符合现行国家标准《给水排水管道工程施工及验收规范》GB 50268的规定。	压力管道水压试验是工程验收之前必须进行的一个试验项目，压力管道的强度和严密性试验应采用水压试验法。 水压试验应在压力管道全部回填土方前进行。

序号	资料名称	检查要点	备注
7	压力管道水压试验记录	（3）水压试验压力应符合规定。 （4）水压试验记录内容和水压试验结果应符合要求。 （5）水压试验记录中各方签证应齐全	正式水压试验之前，一般需要进行多次初步升压试验，方可将管道内气体排净，仅当确认管道内的气体已排除后，方可进行正式水压试验
8	混凝土结构实体检验记录	（1）试验检测单位资质和人员、设备应符合有关要求。 （2）下列部位在工程验收前应进行实体检测： 1）桥梁工程的墩台、索塔、桥跨承重结构。 2）隧道工程洞身衬砌。 3）综合管廊工程的现浇主体结构。 4）人行地道现浇主体结构。 5）污水处理厂主体结构工程。 （3）检验内容应包括混凝土强度、钢筋保护层厚度、结构位置与尺寸偏差以及工程合同约定的项目；检验日期应在工程验收之前。 （4）结构实体检验的抽样数量和检验结果应合格，签章应齐全	混凝土结构工程验收前，应对涉及混凝土结构安全的有代表性的部位进行结构实体检验。 混凝土结构实体检验的内容应包括混凝土强度、钢筋保护层厚度、结构位置与尺寸偏差以及合同约定的项目，必要时可检验其他项目
9	桥梁结构荷载试验记录	（1）试验单位和人员、设备应符合有关要求。 （2）试验日期应在工程验收之前；具体试验时间应在昼夜温差最小的阴天或温差小的时段进行。 （3）荷载试验结果应满足桥梁结构设计强度、刚度、稳定性和裂缝宽度限值要求。 （4）试验结论应合格，签章应齐全	城市桥梁工程的安全使用功能主要是指桥梁桥跨结构的荷载试验。 荷载试验包含静载试验和动载试验两部分内容。静载试验测试结构所设测点的静应变、静位移以及其他试验项目；动载试验主要内容是测定桥梁的自振频率及阻尼比，行车及跳车冲击系数，有时候还需测定制动冲击系数
10	锚杆（索）拉拔试验记录	（1）拉拔设备时效应符合规定。 （2）锚杆拉力计油缸的中心线与锚杆轴线重合。 （3）锚杆（索）拉拔试验记录初读数与末读数应标号清晰、匹配、完整、齐全，异常读数应有处理记录。 （4）锚杆（索）拉拔记录内容及试验结果应符合要求。 （5）锚杆（索）拉拔记录各方签证应齐全	锚杆（索）拉拔试验法是在现场检测实体结构的喷射混凝土强度质量
11	排水管道检测与评估报告	（1）试验单位和人员应符合有关要求，排水管道检测和评估的单位应具有相应的资质，检测人员应具备相应的资格。 （2）电视检测、声呐检测、管道潜望镜检测相关设备时效应符合规定。 （3）内容应包括现场记录表、影像资料等。 （4）管道评估工作应采用计算机软件进行。 （5）检测与评估结果签章应齐全	排水管道竣工验收前，应按规定进行管道检测与评估，并提供检测与评估成果资料（报告及光盘）

序号	资料名称	检查要点	备注
12	接地电阻测试记录	（1）接地电阻测试记录中的接地装置类型、测点部位应符合设计要求并与施工图一致。 （2）接地电阻测试项目和内容应齐全，测试方法应正确。 （3）接地电阻值应符合设计要求；接地电阻值大于设计值时，应有处理，并重新测试。 （4）测试记录应真实，有关人员签证应齐全。 （5）接地电阻测试仪应有法定计量认证机构检定合格证书，且在其有效期内使用	包括现行国家标准《建筑电气工程施工质量验收规范》GB 50303、《建筑物防雷工程施工与质量验收规范》GB 50601 规定的和设计要求的建筑物（构筑物）、电气设备（系统）的防雷接地、保护接地、屏蔽体接地、防静电接地等接地电阻的测试。 接地体施工完成后应对接地装置的接地电阻进行测试；避雷接闪器安装完毕，且整个避雷接地系统连成回路后，应对避雷接地系统的接地电阻进行测试
13	绝缘电阻测试记录	（1）绝缘电阻值应符合现行国家标准和电气产品技术文件的规定。绝缘电阻值小于规定值时，应有处理，并重新测试；现行国家标准《建筑电气工程施工质量验收规范》GB 50303 对绝缘电阻值的规定如下： 1）低压电器的触头在断开位置时，同极的进线与出线端带电部件之间；触头在闭合位置时，不同极的带电部件之间；各带电部分与非带电金属外壳之间；绝缘电阻值均应大于 0.5MΩ。 2）对于低压成套配电柜、箱及控制柜（台、箱）间线路的线间和线对地间绝缘电阻值，馈电线路不应小于 0.5MΩ，二次回路不应小于 1MΩ。 3）对于发电机组至配电柜馈电线路的相间、相对地间的绝缘电阻值，低压馈电线路不应小于 0.5MΩ，高压馈电线路不应小于 1MΩ/kV。 4）低压成套配电柜和馈电线路的每路配电开关及保护装置的相间和相对地间的绝缘电阻值不应小于 0.5MΩ。 5）直流柜试验时，应将屏内电子器件从线路上退出，主回路线间和线对地间绝缘电阻值不应小于 0.5MΩ。 6）UPS 的输入端、输出端对地间绝缘电阻值不应小于 2MΩ；UPS 及 EPS 连线及出线的线间、线对地间绝缘电阻值不应小于 0.5MΩ。 7）低压电动机、电加热器及电动执行机构的绝缘电阻值不应小于 0.5MΩ。 8）低压的动力线路、照明线路（电缆、电线）绝缘电阻测试时，其线（相）间、线（相）对地间绝缘电阻值应大于 0.5MΩ。 9）母线槽组对前，每段母线的绝缘电阻值不应小于	一般包括：动力与照明线路、电气设备、电气器件、照明器具等绝缘电阻测试。

序号	资料名称	检查要点	备注
13	绝缘电阻测试记录	20MΩ；低压母线绝缘电阻值不应小于 0.5MΩ。 10）二次回路测试绝缘电阻时，小母线在断开所有其他并联支路时，不应小于 10MΩ。 11）照明灯具的绝缘电阻应不小于 2MΩ。 12）开关、插座的绝缘电阻应不小于 5MΩ。 13）低压或特低电压配电线路线间和线对地间的绝缘电阻测试电压及绝缘电阻值应符合现行国家标准《建筑电气工程施工质量验收规范》GB 50303 的规定，矿物绝缘电缆线间和线对地间的绝缘电阻应符合国家现行有关产品标准的规定。 （2）绝缘电阻测试记录中的线路（设备、装置）名称、编号（位号）应符合设计要求。 （3）绝缘电阻测试项目和内容应齐全，测试方法应正确。 （4）测试记录应真实，有关人员签证应齐全。 （5）兆欧表应有法定计量认证机构检定合格证书，且在其有效期内使用	绝缘电阻值应符合现行国家标准《建筑电气工程施工质量验收规范》GB 50303、《电气装置安装工程　电缆线路施工及验收标准》GB 50168、《电气装置安装工程　电气设备交接试验标准》GB 50150 和电气产品技术文件的规定
14	城市隧道电气照明系统通电测试记录	（1）电气照明系统应有通电测试，通电测试过程中发现的问题，应有处理，处理结果应符合要求。 （2）照明配电箱内电器、仪表等通电测试检查： ① 箱内电器器件上标明的被控回路名称及编号应符合设计要求和工程实际情况。 ② 自动开关的可动部分动作应灵活，分、合闸应迅速可靠，正常通断。 ③ 漏电保护装置模拟动作试验能否可靠动作、切断电源。 ④ 电流、电压互感器的极性、组别和接线应正确。 ⑤ 箱上的电压、电流等各种仪表指示应正常。 （3）总照明配电盘（箱）内的照明系统的接地形式应按施工图的设计要求接线正确。 （4）开关应切断相线，且操作灵活、接触可靠，通断位置应一致，控制应有序无错位。 （5）插座接线应正确，采用能切断电源的带开关插座，开关应断开相线。 （6）灯具应能正常发光，相线应经开关控制后再接到灯头。 （7）记录应真实，签证应齐全	电气照明工程安装施工完毕，应对照明配电箱、线路、开关、插座和灯具等做通电试验和电气照明系统全负荷试运行。 在电气照明系统全负荷试运行之前，应对电气照明系统进行通电测试
15	城市隧道电气照明系统全负荷试运行记录	（1）电气照明系统应有通电测试，通电测试过程中发现的问题，应有处理，处理结果应符合要求。 （2）应有电气照明系统全负荷试运行，通电连续运行时间应符合规定，试运行过程中出现的质量问题或故障应及时排除处理，处理结果应符合要求。 1）试运行时所有照明灯具均应开启，连续试运行时间内应无故障。 2）城市隧道照明系统通电连续试运行时间应为 24h。 （3）记录应真实，签证应齐全	电气照明系统全负荷试运行是对城市隧道整个电气照明系统在单位（子单位）工程竣工验收前进行最终的综合性检验，其应在电气照明系统通电测试合格后进行

参 考 文 献

[1] 国家能源局.钢质管道熔结环氧粉末外涂层技术规范 SY/T 0315—2013[S].北京:石油工业出版社, 2014.

[2] 国家能源局.埋地钢质管道环氧煤沥青防腐层技术标准 SY/T0447—2014[S].北京:中国标准出版社, 2015.

[3] 交通运输部.桥梁球型支座 GB/T 17955—2009[S].北京:中国标准出版社,2009.

[4] 全国钢标准化技术委员会(SAC/TC 183).水及燃气用球墨铸铁管、管件和附件 GB/T 13295—2013[S].北京:中国标准出版社,2014.

[5] 全国焊接标准化技术委员会(SAC/TC 55).非合金钢及细晶粒钢焊条 GB/T 5117—2012[S].北京:中国标准出版社,2013.

[6] 全国焊接标准化技术委员会(SAC/TC 55).焊缝无损检测 超声检测 技术、检测等级和评定 GB/T 11345—2013[S].北京:中国标准出版社,2014.

[7] 全国焊接标准化技术委员会(SAC/TC 55).热强钢焊条 GB/T 5118—2012[S].北京:中国标准出版社,2013.

[8] 全国交通工程设施(公路)标准化技术委员会(SAC/TC 223).公路桥梁伸缩装置通用技术条件 JT/T 327—2016[S].北京:人民交通出版社,2017.

[9] 全国交通工程设施(公路)标准化技术委员会(SAC/TC 223).路桥用塑性体改性沥青防水卷材 JT/T 536—2018[S].北京:人民交通出版社,2018.

[10] 全国能源基础与管理标准化技术委员会.设备及管道绝热效果的测试与评价 GB/T 8174—2008[S].北京:中国标准出版社,2009.

[11] 全国石油产品和润滑剂标准化技术委员会.建筑石油沥青 GB/T 494—2010[S].北京:中国标准出版社,2011.

[12] 全国石油天然气标准化技术委员会(SAC/TC 355).埋地钢质管道阴极保护技术规范 GB/T 21448—2017[S].北京:中国标准出版社,2017.

[13] 全国石油天然气标准化技术委员会(SAC/TC 355).输送石油天然气及高挥发性液体钢质管道压力试验 GB/T 16805—2017[S].北京:中国标准出版社,2017.

[14] 中国船舶工业集团公司.涂覆涂料前钢材表面处理 表面清洁度的目视评定 第 2 部分:已涂覆过的钢材表面局部清除原有涂层后的处理等级 GB/T 8923.2—2008[S].北京:中国标准出版社,2008.

[15] 中国船舶工业集团公司.涂覆涂料前钢材表面处理 表面清洁度的目视评定 第 1 部分:未涂覆过的钢材表面和全面清除原有涂层后的钢材表面的锈蚀等级和处理等级 GB/T 8923.1—2011[S].北京:中国标准出版社,2012.

[16] 中国船舶工业集团公司.涂覆涂料前钢材表面处理 表面清洁度的目视评定 第 3 部分:焊缝、边缘

和其他区域的表面缺陷的处理等级 GB/T 8923.3—2009[S]. 北京：中国标准出版社，2009.

[17] 中国船舶工业集团公司. 涂覆涂料前钢材表面处理　表面清洁度的目视评定　第 4 部分：与高压水喷射处理有关的初始表面状态、处理等级和闪锈等级 GB/T 8923.4—2013[S]. 北京：中国标准出版社，2013.

[18] 中国船舶工业集团公司. 涂覆涂料前钢材表面处理　表面清洁度的目视评定　第 4 部分：与高压水喷射处理有关的初始表面状态、处理等级和闪锈等级 GB/T 8923.4—2013[S]. 北京：中国标准出版社，2013.

[19] 中国船舶工业集团公司. 涂覆涂料前钢材表面处理　表面清洁度的评定试验　第 3 部分：涂覆涂料前钢材表面的灰尘评定（压敏粘带法）GB/T 18570.3—2005[S]. 北京：中国标准出版社，2006.

[20] 中国纺织工业协会. 土工合成材料　长丝纺粘针刺非织造土工布 GB/T 17639—2008[S]. 北京：中国标准出版社，2008.

[21] 中国钢铁工业协会. 钢筋混凝土用钢　第 1 部分：热轧光圆钢筋 GB/T 1499.1—2017[S]. 北京：中国标准出版社，2017.

[22] 中国钢铁工业协会. 钢筋混凝土用钢　第 2 部分：热轧带肋钢筋 GB/T 1499.2—2018[S]. 北京：中国标准出版社，2018.

[23] 中国钢铁工业协会. 钢筋混凝土用钢　第 3 部分：钢筋焊接网 GB/T 1499.3—2010[S]. 北京：中国标准出版社，2011

[24] 中国钢铁工业协会. 低合金高强度结构钢 GB/T 1591—2018[S]. 北京：中国质检出版社，2018.

[25] 中国钢铁工业协会. 低压流体输送用焊接钢管 GB/T 3091—2015[S]. 北京：中国标准出版社，2016.

[26] 中国钢铁工业协会. 结构用无缝钢管 GB/T 8162—2018[S]. 北京：中国标准出版社，2018—05—01.

[27] 中国钢铁工业协会. 金属材料　夏比摆锤冲击试验方法 GB/T 229—2007[S]. 北京：中国质检出版社，2007.

[28] 中国钢铁工业协会. 冷轧带肋钢筋 GB/T 13788—2017[S]. 北京：中国标准出版社，2017.

[29] 中国钢铁工业协会. 排水用柔性接口铸铁管、管件及附件 GB/T 12772—2016[S]. 北京：中国标准出版社，2017.

[30] 中国钢铁工业协会. 输送流体用无缝钢管 GB/T 8163—2018[S]. 北京：中国标准出版社，2018.

[31] 中国钢铁工业协会. 碳素结构钢 GB/T 700—2006[S]. 北京：中国标准出版社，2007.

[32] 中国钢铁工业协会. 污水用球墨铸铁管、管件和附件 GB/T 26081—2010[S]. 北京：中国标准出版社，2011.

[33] 中国钢铁工业协会. 预应力混凝土用钢绞线 GB/T 5224—2014[S]. 北京：中国标准出版社，2015.

[34] 中国钢铁工业协会. 预应力混凝土用钢丝 GB/T 5223—2014[S]. 北京：中国标准出版社，2015.

[35] 中国机械工业联合会. 钢制对焊管件　技术规范 GB/T 13401—2017[S]. 北京：中国标准出版社，2017.

[36] 中国机械工业联合会 . 钢制对焊管件　类型与参数 GB/T 12459—2017[S]. 北京：中国标准出版社，2017.

[37] 中国机械工业联合会 . 钢制管法兰　技术条件 GB/T 9124—2010[S]. 北京：中国标准出版社，2011.

[38] 中国机械工业联合会 . 无损检测　金属管道熔化焊环向对接接头射线照相检测方法 GB/T 12605—2008[S]. 北京：中国标准出版社，2008.

[39] 中国建筑材料工业联合会 . 玻璃纤维无捻粗纱 GB/T 18369—2008[S]. 北京：中国标准出版社，2008.

[40] 中国建筑材料工业协会 . 道桥用防水涂料 JC/T 975—2005[S]. 北京：中国建材工业出版社，2005.

[41] 中国建筑材料工业协会 . 塑性体改性沥青防水卷材 GB 18243—2008[S]. 北京：中国标准出版社，2008.

[42] 中国建筑材料工业协会 . 通用硅酸盐水泥 GB 175—2007[S]. 北京：中国标准出版社，2008.

[43] 中国建筑材料工业协会 . 用于水泥中的火山灰质混合材料 GB/T 2847—2005[S]. 北京：中国标准出版社，2006.

[44] 中国建筑材料联合会 . 混凝土和钢筋混凝土排水管 GB/T 11836—2009 [S]. 北京：中国标准出版社，2009.

[45] 中国建筑材料联合会 . 混凝土和钢筋混凝土排水管试验方法 GB/T 16752—2017[S]. 北京：中国标准出版社，2017.

[46] 中国建筑材料联合会 . 混凝土路面砖 GB 28635—2012[S]. 北京：中国标准出版社，2013.

[47] 中国建筑材料联合会 . 混凝土外加剂 GB 8076—2008[S]. 北京：中国标准出版社，2009.

[48] 中国建筑材料联合会 . 建设用卵石、碎石 GB/T 14685—2011[S]. 北京：中国标准出版社，2012.

[49] 中国建筑材料联合会 . 透水路面砖和透水路面板 GB/T 25993—2010[S]. 北京：中国标准出版社，2011.

[50] 中国建筑材料联合会 . 用于水泥和混凝土中的粉煤灰 GB/T 1596—2017[S]. 北京：中国标准出版社，2014.

[51] 中国轻工业联合会 . 给水用聚乙烯（PE）管道系统 第 2 部分：管材 GB/T 13663.2—2018[S]. 北京：中国标准出版社，2018.

[52] 中国轻工业联合会 . 给水用聚乙烯（PE）柔性承插式管件 QB/T 2892—2007[S]. 北京：中国轻工业出版社，2008.

[53] 中国轻工业联合会 . 埋地钢塑复合缠绕排水管材 QB/T 2783—2006[S].2006.

[54] 中国轻工业联合会 . 埋地排水用硬聚氯乙烯（PVC—U）结构壁管道系统　第 1 部分：双壁波纹管材 GB/T 18477.1—2007[S]. 北京：中国标准出版社，2008.

[55] 中国轻工业联合会 . 埋地排水用硬聚氯乙烯（PVC—U）结构壁管道系统　第 2 部分：加筋管材 GB/T 18477.2—2011[S]. 北京：中国标准出版社，2012.

[56] 中国轻工业联合会 . 埋地用聚乙烯（PE）结构壁管道系统　第 1 部分：聚乙烯双壁波纹管材 GB/T

19472.1—2004[S]. 北京：中国标准出版社，2004.

[57] 中国轻工业联合会 . 燃气用聚乙烯管道系统的机械管件　第 1 部分：公称外径不大于 63mm 的管材用
钢塑转换管件 GB 26255.1—2010[S]. 北京：中国标准出版社，2011.

[58] 中国轻工业联合会 . 燃气用聚乙烯管道系统的机械管件　第 2 部分：公称外径大于 63mm 的管材用钢
塑转换管件 GB 26255.2—2010[S]. 北京：中国标准出版社，2011.

[59] 中国轻工业联合会 . 燃气用埋地聚乙烯（PE）管道系统　第 1 部分：管材 GB 15558.1—2015[S].
北京：中国标准出版社，2017.

[60] 中国轻工业联合会 . 燃气用埋地聚乙烯（PE）管道系统　第 2 部分：管件 GB 15558.2—2005[S].
北京：中国标准出版社，2005.

[61] 中国轻工业联合会 . 燃气用埋地聚乙烯（PE）管道系统　第 3 部分：阀门 GB 15558.3—2008[S].
北京：中国标准出版社，2010.

[62] 中国轻工业联合会 . 塑料管材和管件 燃气和给水输配系统用聚乙烯（PE）管材及管件的热熔对接程
序 GB/T 32434—2015[S]. 北京：中国标准出版社，2016.

[63] 中国轻工业联合会 . 无压埋地排污、排水用硬聚氯乙烯（PVC-U）管材 GB/T 20221—2006[S]. 北京：
中国标准出版社，2006.

[64] 中国轻工业联合会 . 硬聚氯乙烯（PVC-U）塑料管道系统用溶液剂型 QB/T 2568—2002[S]. 北京：
中国轻工业出版社，2003.

[65] 中国轻工业联合会埋地用聚乙烯（PE）结构壁管道系统　第 2 部分：聚乙烯缠绕结构壁管材 GB/T
19472.2—2017[S]. 北京：中国标准出版社，2018.

[66] 中国石油和化学工业协会 . 喷涂聚脲防护材料 HG/T 3831—2006[S]. 北京：化工出版社，2007.

[67] 中国石油和化学工业协会 . 橡胶密封件　给、排水管及污水管道用接口密封圈　材料规范 GB/T
21873—2008[S]. 北京：中国标准出版社，2008.

[68] 中国石油天然气集团公司 . 埋地钢质管道聚乙烯防腐层 GB/T 23257—2017[S]. 北京：中国标准出版
社，2017.

[69] 中华人民共和国工业和信息化部 . 钢制管路法兰　技术条件 JB/T 74—2015[S]. 北京：机械工业出版
社，2016.

[70] 中华人民共和国工业和信息化部 . 混凝土用钢纤维 YB/T 151—2017[S]. 北京：冶金工业出版社，
2018.

[71] 中华人民共和国工业和信息化部 . 预应力与自应力混凝土管用橡胶密封圈 JC/T 748—2010[S]. 北京：
建材工业出版社，2011.

[72] 中华人民共和国国家质量监督检验检疫总局，中国国家标准化管理委员会 . 土工合成材料 短纤针刺非
织造土工布 GB/T 17638—2017[S]. 北京：中国标准出版社，2017.

[73] 中华人民共和国建设部 . 混凝土用水标准 JGJ 63—2006[S]. 北京：中国建筑工业出版社，2006.

[74] 中华人民共和国建设部 . 城镇燃气输配工程施工及验收规范 CJJ 33—2005[S]. 北京：中国建筑工业

出版社，2005.

[75] 中华人民共和国建设部.钢结构工程施工质量验收规范 GB 50205—2001[S].北京：中国计划出版社，2002.

[76] 中华人民共和国建设部.普通混凝土用砂、石质量及检验方法标准 JGJ 52—2006[S].北京：中国建筑工业出版社，2007.

[77] 中华人民共和国建设部标准定额研究所.玻璃纤维增强塑料外护层聚氨酯泡沫塑料预制直埋保温管 CJ/T 129—2000[S].北京：中国标准出版社，2004.

[78] 中华人民共和国建设部标准定额研究所.预应力混凝土用金属波纹管 JG 225—2007[S].北京：中国标准出版社，2008.

[79] 中华人民共和国建设部.城镇燃气设计规范 GB 50028—2006[S].北京：中国建筑工业出版社，2006.

[80] 中华人民共和国交通部.公路工程集料试验规程 JTG E 42—2005[S].北京：人民交通出版社，2005.

[81] 中华人民共和国交通部.公路沥青路面施工技术规范 JTG F40—2004[S].北京：人民交通出版社，2005.

[82] 中华人民共和国交通运输部.公路桥涵施工技术规范 JTG/T F50—2011[S].北京：人民交通出版社，2011.

[83] 中华人民共和国交通运输部.公路工程沥青及沥青混合料试验规程 JTG E20—20111[S].北京：人民交通出版社，2011.

[84] 中华人民共和国交通运输部.公路工程无机结合料稳定材料试验规程 JTG E51—2009[S].北京：人民交通出版社，2009.

[85] 中华人民共和国住房和城乡建设部，中华人民共和国国家质量监督检验检疫总局.建筑物防雷工程施工与质量验收规范 GB 50601—2010[S].北京：中国计划出版社，2011.

[86] 中华人民共和国住房和城乡建设部，国家质量监督检验检疫总局.工业金属管道工程施工规范 GB 50235—2010[S].北京：中国计划出版社，2011.

[87] 中华人民共和国住房和城乡建设部.混凝土外加剂应用技术规范 GB 50119—2013[S].北京：中国建筑工业出版社，2014.

[88] 中华人民共和国住房和城乡建设部.城市供热管网暗挖工程技术规程 CJJ 200—2014 [S].北京：中国建筑工业出版社，2015.

[89] 中华人民共和国住房和城乡建设部.城市桥梁工程施工与质量验收规范 CJJ 2—2008[S].北京：中国建筑工业出版社，2009.

[90] 中华人民共和国住房和城乡建设部.城镇道路工程施工与质量验收规范 CJJ 1—2008[S].北京：中国建筑工业出版社，2008.

[91] 中华人民共和国住房和城乡建设部.城镇道路路面设计规范 CJJ 169—2012[S].北京：中国建筑工业

出版社，2012.

[92] 中华人民共和国住房和城乡建设部 . 城镇给水排水技术规范 GB 50788—2012[S]. 北京：中国建筑工业出版社，2012.

[93] 中华人民共和国住房和城乡建设部 . 城镇供热管网工程施工及验收规范 CJJ 28—2014[S]. 北京：中国建筑工业出版社，2014.

[94] 中华人民共和国住房和城乡建设部 . 地下防水工程质量验收规范 GB 50208—2011 [S]. 北京：中国建筑工业出版社，2012.

[95] 中华人民共和国住房和城乡建设部 . 地下工程防水技术规范 GB 50108—2008[S]. 北京：中国计划出版社，2008.

[96] 中华人民共和国住房和城乡建设部 . 地下铁道工程施工质量验收标准 GB/T 50299—2018[S]. 北京：中国建筑工业出版社，2018.

[97] 中华人民共和国住房和城乡建设部 . 电气装置安装工程　电缆线路施工及验收标准 GB 50168—2018[S]. 北京：中国计划出版社，2018.

[98] 中华人民共和国住房和城乡建设部 . 电气装置安装工程　电气设备交接试验标准 GB 50150—2016[S]. 北京：中国计划出版社，2016.

[99] 中华人民共和国住房和城乡建设部 . 电气装置安装工程　母线装置施工及验收规范 GB 50149—2010[S]. 北京：中国计划出版社，2011.

[100] 中华人民共和国住房和城乡建设部 . 粉煤灰混凝土应用技术规范 GB/T 50146—2014[S]. 北京：中国计划出版社，2015.

[101] 中华人民共和国住房和城乡建设部 . 钢结构高强度螺栓连接技术规程 JGJ 82—2011[S]. 北京：中国建筑工业出版社，2011.

[102] 中华人民共和国住房和城乡建设部 . 钢筋焊接及验收规程 JGJ 18—2012[S]. 北京：中国建筑工业出版社，2012.

[103] 中华人民共和国住房和城乡建设部 . 钢筋机械连接技术规程 JGJ 107—2016[S]. 北京：中国建筑工业出版社，2016.

[104] 中华人民共和国住房和城乡建设部 . 高密度聚乙烯外护管硬质聚氨酯泡沫塑料预制直埋保温管及管件 GB/T 29047—2012[S]. 北京：中国标准出版社，2013.

[105] 中华人民共和国住房和城乡建设部 . 给水排水构筑物工程施工及验收规范 GB 50141—2008 [S]. 北京：中国建筑工业出版社，2009.

[106] 中华人民共和国住房和城乡建设部 . 给水排水管道工程施工及验收规范 GB 50268—2008[S]. 北京：中国建筑工业出版社，2009.

[107] 中华人民共和国住房和城乡建设部 . 工业金属管道工程施工质量验收规范 GB 50184—2011[S]. 北京：中国计划出版社，2011.

[108] 中华人民共和国住房和城乡建设部 . 混凝土结构工程施工质量验收规范 GB 50204—2015[S]. 北京：

中国建筑工业出版社，2015.

[109] 中华人民共和国住房和城乡建设部.混凝土质量控制标准 GB 50164—2011[S]. 北京：中国建筑工业出版社，2012.

[110] 中华人民共和国住房和城乡建设部.检查井盖 GB/T 23858—2009[S]. 北京：中国标准出版社，2010.

[111] 中华人民共和国住房和城乡建设部.建筑地基处理技术规范 JGJ 79—2012[S]. 北京：中国建筑工业出版社，2013.

[112] 中华人民共和国住房和城乡建设部.建筑地基基础工程施工质量验收标准 GB 50202—2018[S]. 北京：中国计划出版社，2018.

[113] 中华人民共和国住房和城乡建设部.建筑地基检测技术规范 JGJ 340—2015[S]. 北京：中国建筑工业出版社，2015.

[114] 中华人民共和国住房和城乡建设部.建筑电气工程施工质量验收规范 GB 50303—2015[S]. 北京：中国建筑工业出版社，2016.

[115] 中华人民共和国住房和城乡建设部.埋地排水用钢带增强聚乙烯（PE）螺旋波纹管 CJ/T 225—2011[S]. 北京：中国标准出版社，2011.

[116] 中华人民共和国住房和城乡建设部.砌体结构工程施工质量验收规范 GB 50203—2011[S]. 北京：中国建筑工业出版社，2012.

[117] 中华人民共和国住房和城乡建设部.砂基透水砖 JG/T 376—2012[S]. 北京：中国标准出版社，2012.

[118] 中华人民共和国住房和城乡建设部.透水沥青路面技术规程 CJJ/T 190—2012[S]. 北京：中国建筑工业出版社，2012.

[119] 中华人民共和国住房和城乡建设部.透水水泥混凝土路面技术规程 CJJ/T 135—2009[S]. 北京：中国建筑工业出版社，2009.

[120] 中华人民共和国住房和城乡建设部.透水砖路面技术规程 CJJ/T 188—2012[S]. 北京：中国建筑工业出版社，2013.

[121] 中华人民共和国住房和城乡建设部.油气输送管道穿越工程施工规范 GB 50424—2015[S]. 北京：中国计划出版社，2016.

[122] 中华人民共和国住房和城乡建设部.预应力筋用锚具、夹具和连接器 GB/T 14370—2015[S]. 北京：中国标准出版社，2016.

[123] 中华人民共和国住房和城乡建设部.预应力筋用锚具、夹具和连接器应用技术规程 JGJ 85—2010[S]. 北京：中国建筑工业出版社，2010.

[124] 中华人民共和国住房和城乡建设部.再生骨料地面砖和透水砖 CJ/T 400—2012[S]. 北京：中国标准出版社，2012.

[125] 中华人民共和国住房和城乡建设部标准定额研究所.城镇供热预制直埋蒸汽保温管及管路附件 CJ/T

246—2018[S]. 北京：中国标准出版社，2018.

[126] 中华人民共和国住房和城乡建设部标准定额研究所 . 聚乙烯塑钢缠绕排水管及连接件 CJ/T 270—2017[S]. 北京：中国标准出版社，2017.

[127] 中华人民共和国住房和城乡建设部标准定额研究所 . 埋地双平壁钢塑复合缠绕排水管 CJ/T 329—2010[S]. 北京：中国标准出版社，2010.

[128] 中华人民共和国住房和城乡建设部标准定额研究所 . 燃气用钢骨架聚乙烯塑料复合管及管件 CJ/T 125—2014[S]. 北京：中国标准出版社，2015.

[129] 中华人民共和国住房和城乡建设部标准定额研究所 . 无预应力钢绞线 JG/T 161—2016[S]. 北京：中国标准出版社，2017.

[130] 中华人民共和国住房和城乡建设部标准定额研究所 . 铸铁检查井盖 CJ/T 511—2017[S]. 北京：中国标准出版社，2017.

[131] 中交公路规划设计院 . 公路桥梁板式橡胶支座 JT/T 4—2004[S]. 北京：人民交通出版社，2004.

[132] 中交公路规划设计院有限公司 . 公路桥梁盆式支座 JT/T 391—2009[S]. 北京：人民交通出版社，2009.